农业伦理学进展

（第一辑）

ADVANCES IN AGRICULTURAL ETHICS

(Volume 1)

王思明　主　编

李建军　林慧龙　副主编

社会科学文献出版社
SOCIAL SCIENCES ACADEMIC PRESS (CHINA)

《农业伦理学进展》
编　委　会

Franck L. B. Meijboom（荷兰乌德勒支大学教授）
陈　坚（山东大学教授）
姜　萍（南京农业大学副教授）
贺金瑞（中央民族大学教授）
徐旺生（中国农业博物馆研究员）
曹孟勤（南京师范大学教授）
董世魁（北京师范大学教授）
曾雄生（中国科学院自然科学史研究所研究员）
樊志民（西北农林科技大学教授）

序　言

改革开放以来，中国农业发展迅速，但也面临着一系列重大挑战，如粮食与食物安全保障、农业技术风险防控、农业环境污染治理、生态系统修复保护、城乡二元社会结构破解等。这些问题的产生有诸多历史背景，其解决之道也不能单纯依靠管理和技术手段，需要从思想观念和农业发展伦理上进行反思和改变。

中国自古以农立国，有着深厚的农耕文化积累，传统社会主导下中国经济社会发展一直是传统“农耕文明”的伦理观。这种观念与小农经济相伴生长，影响深远，直至今日。1949 年以来，中国经历了两次重大的农业结构性变革。第一次是从 20 世纪 50 年代到 80 年代，历时约 30 年，将小农经济变革为大型计划经济。这次农业变革带来了一些灾难性后果。第二次是 20 世纪 90 年代到现在，将计划经济转变为市场经济，作为对加入 WTO 的回应，中国农业从封闭融入世界。我们在这次变革中获益不少，但也付出了沉重代价。之所以出现这样的问题，与我们缺乏伦理观的自觉应对有着密不可分的关系。目前中国面临着第三次农业结构的大变革，如何未雨绸缪，在思想观念上有效应对经济社会和科技的这一重大变革是我们必须认真思考的课题。

有鉴于此，十多年前，我们就尝试着探究我国“三农”问题之历史根源，撰写了《中国农业系统发展史》，探讨中国农业系统发展变化的社会背景、历史进程以及“三农”问题的历史成因。中国农业的问题绝非单纯的技术和管理问题，从根本上说是农业哲学和农业伦理观念上衍生的问题。然而，以往的农业历史研究大多关注重农思想和农业技术发展，对农业伦理学原理原则的论述很少，因此，几年前中国工程院院士、兰州大学教授任继周先生的学术团体开始系统搜集和梳理古代农业伦理学的历史资料，编纂了中国第一本《中国农业伦理学史料汇编》，尝试使我们从“是”与“非”、“真”与“伪”的农业生态系统向更深层的“对”与“错”、“善”与“恶”的农业伦理学进行深入探讨。从2014年起，任继周先生与关心中国农业伦理学的部分学者率先在兰州大学开设了农业伦理学课程；2015年在安徽九华山组织召开了首届中国农业伦理学研讨会；2017年又在中国草学会下筹建了“农业伦理学研究会”，中国的农业伦理学研究有了一个良好的开端。然而，仅仅依靠这些努力是不够的，与欧美发达国家相比，我们在农业伦理学教学、研究和实践工作方面仍然存在相当大的差距：我们的农业伦理学研究力量还比较薄弱；我国的农业伦理学学科体系尚未形成；农业伦理学教育教学制度仍待建立；适合中国国情的农业伦理学学科规范和研究方法还在摸索之中。为推动农业伦理学的学科发展和理论探讨，尤其需要有一些农业伦理学的专门学术刊物。

令人欣慰的是，在兰州大学草地农业科技学院、南京农业大学中华农业文明研究院和社会科学文献出版社的积极支持下，中国农业伦理学的诸多专家学者共同努力，已完成编辑《农业伦理学进展（第一辑）》，即将付梓。该文集汇集了众多专家学者的智慧和学术积累，从哲学、伦理学、历史学、民族学、生态学、农学等不同角度，结合古今中外的思想资源，对农业伦理展开跨学科、多维度的分析研究。文集涵盖四个栏目，即“中国农业伦理思想”，“农业伦理学研究”，“农业、农村发展伦理研究”和“农业文明史”。首先对农业伦理学的系统特征、多维结构、思想资源和传统农学与农业伦理思想的关系展开挖掘和探讨；然后对农业伦理学的发展历史、理论方法、规范原则和学科体系展开广泛探讨，并结合生态文明建设分析生态农业的趋势、挑战与对策，探究农业可持续发展理念与路径；同时通过对乡村环境伦理、农耕伦理、特色小城镇建设、梁漱溟乡村建设等论题的分析，探讨了新型农业发展与乡村建设的伦理观念与发展模式；最后通过研究农业文明与伦理学容量、农业生产与宗教禁忌、文化遗产与农业伦理思想等主题展现了农业文明史与农业伦理学思想的多重维度的交叉与融合。值得一提的是，文集紧扣时代发展、国家需要以及十九大提出的“乡村振兴计划”的大背景，首次对中国农业伦理学思想、体系和面临的现实问题进行系统研究，这一开创性的工作具有重要的现实意义。

作为中国农业伦理学研究的倡导者和研究者，我们希望这本以梳理农业伦理学进展状况为主要内容的论文集，能起到抛砖引玉的作用，极大地促进我国农业伦理学研究工作的进一步发展，期望《农业伦理学进展（第一辑）》的出版，能够引起我国农学界对农业伦理学的更多关注，让中国众多的教学单位、科研机构和广大的中国科研工作者积极投入到农业伦理学教学和研究中来，让中国的农业伦理学发展更上一层楼。

王思明

2018 年 1 月 6 日于南京

目　录

中国农业伦理思想

中国农业伦理学的系统特征与多维结构刍议
…………………………………………… 任继周　林慧龙　胥　刚 / 1

从生态文明的视角看人工自然 ………………………………… 刘大椿 / 9

"时"的农业伦理学诠释 ……………………………………… 任继周 / 13

"地"的农业伦理学诠释 …………… 任继周　方锡良　胥 刚　林慧龙 / 27

草地生态生产力的界定及其伦理学诠释 ………………… 任继周 / 41

东西方传统农业伦理思想初探 ……………………………… 严火其 / 46

"守候与照料"的农业伦理观 ……………………………… 齐文涛 / 55

生态伦理思维下对农业的认知分析 ……………………… 于　川 / 62

还土地以尊严
——从土地伦理和生态伦理视角看农业伦理 ……………… 田　松 / 73

物种之本质与其道德地位的关联研究 …………………… 肖显静 / 80

农业伦理学研究

农业伦理学的兴起 …………………………………………… 邱仁宗 / 97

农业伦理学发展的基本脉络 ……………………………… 李建军 / 111

农业伦理学：一个有待作为的学术领域 …………… 齐文涛　任继周 / 119

农业伦理学对环境伦理学的补充与超越 …………… 齐文涛　任继周 / 136

科学与伦理的融合
——以动物福利科学兴起为主的研究 ……………… 严火其　郭　欣 / 143

美国农业伦理演进的文学表征及其启示 …………………… 王玉明 / 159
一种生态伦理替代学说
——永续农业及其设计中的生态思想分析 ………………… 李萍萍 / 173
论食品论的基本原则 ………………………………………… 何　昕 / 182
农业伦理学及其研究方法 …………………………………… 李建军 / 193
农业伦理何以可能？ ………………………………………… 陈爱华 / 206
构建有中国特色的农业伦理学学科体系 …………… 刘　巍　尹北直 / 216
中国传统“农本”思想及其现代思考 ……………………… 方锡良 / 224
中国农业伦理学应该研究的九个问题 ……………………… 王鸿生 / 243

农业、农村发展伦理研究

关于现代农业发展的伦理反思 ……………………………… 李建军 / 248
动物伦理学视野中的畜牧业 ………………………………… 蒋劲松 / 258
中国城乡二元结构的生成、发展与消亡的农业伦理学诠释
……………………………………………………… 任继周　方锡良 / 265
后危机时代食品安全的伦理叩问和救赎 …… 曾　鹰　曾丹东　曾天雄 / 280
对中国乡村环境伦理建设的哲学思考 ……………………… 曹孟勤 / 291
草地农业是生态安全、伦理周延和农业供给侧改革的突破口
……………………………………………………… 林慧龙　任继周 / 302
三江源区家畜生产系统现状及草地生态畜牧业发展对策探讨
…………… 董全民　施建军　赵新全　俞　旸　杨晓霞　张春平 / 310
农业可持续发展中的绿色发展理念 ………………………… 林　坚 / 320
特色小镇推动新型城镇化建设的迷思与现实
——基于社会伦理学的思考 …………… 史玉丁　李建军　杨如安 / 326

农业文明史

论传统农业伦理与中华农业文明的关系 …………… 王思明　刘启振 / 343
伦理学容量与中国农业现代化的史学启示
……………………………………………… 任继周　方锡良　林慧龙 / 359

"农禅并重"的农业伦理意境与佛教中国化 ………………………… 陈　坚 / 372
农业生产和宗教禁忌：基于人类食物文明的一个考察 ……… 陈　坚 / 389
《齐民要术》天地人和合思想及其文化意义 ………………………… 孙金荣 / 406
农业文化遗产的内涵及保护中应注意把握的八组关系 ……… 王思明 / 419

中国农业伦理学的系统特征与多维结构刍议

任继周　林慧龙　胥　刚*

（一）农业系统的伦理学结构

农业伦理学就是探讨人类对自然生态系统农业化过程中发生的伦理关联的认知，亦即对这种关联的道义诠释，判断其合理性与正义性。农业的本质是人们将自然生态系统加以农艺加工和农业经营的手段，在保持生态系统健康的前提下收获和分配农产品，以满足社会需求的过程和归宿。在这里首先要明确自然生态系统经人为干预而农业化，实现自然生态系统与社会生态系统的系统耦合。概括地说，就是农业生态系统内部各个组分之间时空序列中物质的给予与获取，或付出与回报的伦理关联。

系统耦合的本质是各个子系统的界面反应导致系统进化过程。[①] 界面具有将各个子系统互相分隔又相互联通的双重功能。其分隔作用保持了子系统的特质。其联通作用使相关系统之间的能量和物质（价值），通过界面这个“反应灶”，发生系统耦合，导致系统进化，是系统开放特征的表达。作为组分之一的人，既是农业系统驱动力，也是伦理系统的构建者，居系统伦理

---

* 作者简介：任继周，兰州大学草地农业科技学院教授，中国工程院院士，研究领域为草原学、草原调查与规划、草原生态化学、草地农业生态学系统和农业伦理学等；林慧龙，兰州大学草地农业科技学院教授，研究领域为草地农业生态学；胥刚，兰州大学草地农业科技学院实验师，研究领域为草业人文与农业系统分析。

① 任继周、南志标、郝敦元：《草业系统中的界面论》，《草业学报》2000 年第 1 期，第 1 ~ 8 页。

关联的特殊地位。

这里需要强调农业活动包含的复杂的界面群。它们既有同级平列并存的，也有分级的先后有序的，整体上可称为“冯·诺依曼群集”（von Neumannset）的相阵群集。各个子系统在耦合群集界面过程中，必然表达其自然生态系统 A 和社会生态系统 B 的伦理学关联。A 为自然生态系统内部各个组分的物质（价值）交换的付出与回报的合理性的伦理诠释，B 表达为自然生态系统与社会生态系统耦合过程中的付出与回报的合理性的伦理诠释。总的来说就是各子系统的相阵群集的伦理关照。因此，可以认为农业伦理学自在地蕴于农业系统本体之中。农业伦理是农业的本体，而不是农业的外铄。对农业伦理的无视，将是铸成农业措施众多舛误之源。

（二）中国农业伦理学的天、地、人、道关联

纵观人类发展史，农业各个子系统界面群集的交互关联正是人类社会发育的生长点。人类社会从这里成长。人作为自然生态系统的组分之一，从自然生态系统内部驱动自然生态系统的发展。人类在推动自然生态系统农业化过程中，深刻影响着它所依存的生态系统。人既改变着农业生态系统的生存环境，同时也影响着人类自身。我们观察到人类在驯化野生植物为农作物，驯化野生动物为饲养动物时，也接受了自然生态系统对人类的“驯化”。例如初民跟随自己的食物源——草食动物逐水草而居、穴居野处的时候，与狼群跟随他们的食物源而迁徙没有区别。当初民熟悉了草食动物的习性，逐步把草食动物驯化为家畜，初民自身也被草食动物和它所处的环境所“驯化”而成了适应这样环境并具有生存能力的人。初民以主动放牧管理的方式与畜群和环境和谐共处，得以在更高层次上持续发展。这是人与野生动植物多个子系统之间互相融合的系统耦合过程，这使其成为新的系统，以新的规律持续发展。我们称为系统协同进化。由此类推，人类文明不论进入怎样发达的时代，都在与环境协同进化之中。这个环境包含了农业生态系统的自然因素和社会因素。农业伦理学为我们做出人类对其自身行为和对所在的生存系统关联的解读。

中国对农业和环境关系的认知源自远古。最初中国人对环境的认知是“天”，此为茫茫宇宙的总称。对天的理解大体分三个层次逐步开展。第一个层次是对天的敬畏。远在殷商时期，社会在泛神论的基础上，综合为天的概念。《尚书·尧典》记载："乃命羲、和，钦若昊天，历象日月星辰，敬授人时。"① 《尚书·益稷》记载："敕天之命，惟时惟几。"② 古代的"时"是指人在适当的地点和适当的时间做适当的事。"时"是人的行为与时空环境的美好协和。用"时"概括天、地与人的关系，表达了人类脱胎并延伸了原始文明的对天的敬畏之心。由此衍生了生民与天时之伦理观，是为天人和合。对天人和合的论述以管子为代表，他把天人关系归纳为："得天之时而为经，得人之心而为纪。"③ 所谓"得天之时"就是适应环境的时空特征的各类活动。所谓"得人之心"就是社会群体适应对社会时空特征的各类活动，也就是对所处环境的共同认知，即今天所说的思想认同。后起的古代思想家对此多有深刻的论述。荀子更进一步把这一观念与农业活动紧紧联系在一起。他说："故养长时则六畜育，杀生时则草木殖，政令时则百姓一，贤良服。"④ 这就是说动物饲养、植物繁殖、行政管理都要符合"时"的要求。孟子说："不违农时，谷不可胜食也；数罟不入洿池，鱼鳖不可胜食也；斧斤以时入山林，材木不可胜用也。谷与鱼鳖不可胜食，材木不可胜用，是使民养生丧死无憾也。"⑤ 这些论断都表达了农业社会人与天的时空机缘密不可分的伦理关系。

第二个层次是人与天的交流。古人认为天人是有意志的，天人之间可以互相交流，即所谓天人感应。春秋时期的《国语·周语上》记载"天道赏善而罚淫"，并对天人感应的伦理效应给以较为明晰的表述："夫亡者岂繄无宠？皆黄、炎之后也。唯不帅天地之度，不顺四时之序，不度民神之义，不仪生物之则，以殄灭无胤，至于今不祀。及其得之也，必有忠信之心间之。度于天地而顺于时动，和于民神而仪于物则，故高朗令终，显融昭明，命姓受氏，而附之以令名。"⑥ 这里举出一系列不善之举："不帅天地之度"，"不顺四时之序"，"不度民神之义"，"不仪生物之则"，而受上天谴责，部族则湮灭。族人的"绝后"是天降最重的惩罚。相反，心怀忠信顺势而动，

① 《四书五经》，中华书局，2009，第 217 页。

② 《四书五经》，中华书局，2009，第 223 页。

③ 戴望：《管子正义》，中华书局，1954（2006 年重印），第 291 页。

④ 王先谦：《荀子集解》，中华书局，1954（2006 年重印），第 105 页。

⑤ 焦循：《孟子正义》，中华书局，1954（2006 年重印），第 41 页。

⑥ 左丘明：《国语》，齐鲁书社，2005，第 51 页。

则系统耦合完善，上天赐予福祉。周秦之际《洪范》出，以五行、征兆、五福六极[①]等比附天道。早期如墨子说；“五谷不孰，六畜不遂，疾菑戾疫，飘风苦雨，荐臻而至者，此天之降罚也，将以罚下人之不尚同乎天者也。”[②]至于汉代董仲舒以阴阳五行说集其大成，以五行[③]演绎世界万象。这类思想一直延续至近代，例如遇灾害年景，皇帝下罪己诏，以祈求天的宽恕。至今民间仍流行拜佛祈福，遇旱祈雨[④]等。这里所说的天人感应，其实质是人对天的认知和祈求。当然这是一种主观的单向“交流”，是人本思想的无奈流露。

第三个层次是依照客观规律对天的适应性利用。认知天的客观存在，管子说：“如地如天，何私何亲。”（《管子·牧民》）“天不变其常，地不易其则，春秋冬夏不易其节。”（《管子·形势》）荀子更进一步，“从天而颂之，孰与制天命而用之。”[⑤] 对天有了比较客观的认知。认为“天行有常，不为尧存，不为桀亡”（《荀子·天论》）。天的异象是自然规律。荀子说“星坠、木鸣，国人皆恐。曰：是何也?”荀子回答：“无何也。而畏之非也。”“夫星之队、木之鸣，是天地之变，阴阳之化，物之罕至者也。”（《荀子·天论》）是“可怪而不可畏”的。然后他列举了一系列农事的、政令的、人伦的三类乱象，称之为“人袄”，都是人的行为与社会规律和自然规律之间的系统相悖[⑥]的结果。这个观点至今仍不过时。

中华古文化天地人息息相关，故常以天地人并称为“三才”[⑦]。儒家的《易·传》“天地变化，草木蕃。天地闭，贤人隐”[⑧]，表达天地人“三才”共兴衰的伦理关联，其实质是以人为原点来诠释世界。老子对天地人的关系

① 五福六极，出于《洪范》：五福：一曰寿，二曰富，三曰康宁，四曰行好德，五曰考终命终；六极：一曰凶短折，二曰极，三曰忧，四曰贫，五曰恶，六曰弱。

② 孙诒让：《墨子闻诂》，中华书局，1954（2006年重印），第49页。

③ 五行：木、火、土、金、水。

④ 晏子曰：“君诚避宫殿暴露，与灵山河伯共忧，其幸而雨乎！”于是景公出野居暴露，三日，天果大雨，民尽得种时。参见张纯一《晏子春秋校注》，中华书局，1954（2006年重印），第22页。也许这是中国祈雨的最早记载。

⑤ 《诸子集成》，中华书局，1978，第209~210页。

⑥ 任继周：《草业科学论纲》，江苏科学技术出版社，2012，第292页。

⑦ 《易经》系词下传“有天道焉，有地道焉，有人道焉”，或为“三才”说的源头（《易·传·系词下传》，载《五经四书》，中州古籍出版社，2002，第25页）。

⑧ 《易·传·坤文传》，载《五经四书》，中州古籍出版社，2002，第291页。

做了更深一层的探求，他说“故道大、天大、地大、人亦大。域中有四大，而人居其一焉”（《老子》第25章）。把天、地、人和道并称为“四大”。老子道的概念或与管子有所渊源。管子多处谈到：“凡道无根无茎，无叶无荣，万物以生，万物以成，命之曰道。”（《管子·内业》）“道者，成人之生也，非在人也。”（《管子·君臣上》）“藏之无形，天之道也。”（《管子·形势》）[①] 老子更进一步阐释“四大”的依存关系：“人法地，地法天，天法道，道法自然。”（《老子》第25章）老子认为人的存在受“地”的规范，地的存在受“天”的规范，天的存在受“道”的规范，而道最后受“玄之又玄，众妙之门”的“自然”的规范。[②] 值得关注的是老子对“四大”的论述是以人为原点逐层推论，由人而地，而天，而道，而自然，四个阶梯。老子从人的生存出发探讨宇宙的运行规律，契合农业伦理的人本思想。他把道这个自然规律置于伦理结构的最高层，将中华文化的伦理系统推上历史的高峰。中华农耕文明，遂在上述关于人、地、天、道的思维熏陶下逐步衍发而成。

中华民族的农耕文明主要发祥地黄河、长江流域，地处欧亚大陆东部，受东南季风区控制。虽常因季风到达的迟早、强弱，而致旱涝不均，冷热不调，但不失其变中不变的基本规律。在变与不变之中，更加丰富扩展了伦理学思维。其生物的繁衍，物候的变化，以及以此为依存的人文表达，成为中华农耕文化构成的本初元素。这类文献记载最早出现在黄河流域的《礼记·月令》[③] 中，详尽记录了这一地区的农事物候和人文景观。人依据气候的变化，时序的更替，做艰苦细致的管理，力求生存安全。凡属地块的划分，作物的选育、种植与倒茬，畜禽的种类和数量，年景的估测等，进行季节的、年际的，甚至年代际的精心设计，寄以“耕读传家久”的期盼。中华民族精耕细作的农业传统由此形成。

（三）农业伦理学的多维结构

在如此广袤和生态多样性的国土上，把众多的个体农户组织为中央集权的大帝国，需要有宽严适度、灵活有效的政事管理系统，其核心就是周延

① 《管子·形势》，载《诸子集成》，中华书局，1954，卷5，第5页。

② 任继愈：《老子绎读》，北京图书馆出版社，2006，第56页。

③ 此处管子对道的论述颇类似汉以后的语言，或为后人所伪托。

“天下”的伦理构架。以儒家三纲五常的伦理系统为主轴，附以法家的策术，佛、道两家的内省修持，构建了“内法外儒”，和“在朝为儒、为法，在野为道、为佛”的伦理模式，统御天下而卓有成效。这是社会上层收获的农业伦理学异化之果，属社会伦理学范畴。农业伦理学的研究对象，应该是农业伦理系统非异化部分的基底，此乃农业伦理学构建的基石，亦即农业伦理学本体。

新时代的农业伦理学核心应聚焦于农业生态系统生存权与发展权。农业系统的生存权体现为农业生态系统的持续健康，是为经；农业系统的发展权体现为农业系统的开放延伸，是为纬。在这个农业伦理学经纬结构的基础上，构建农业伦理学的多维结构。任何知识系统都有其多维结构[①]。其中的维性知识贯穿伦理系统存在的全时空，具有规范、联通伦理系统的功能。笔者认为农业伦理系统的多维结构应由时、地、度、法四者构成。谨试做简约诠释。

其一，时。敬畏天时以应时宜。不违农时是中华民族对农业伦理的本初认知。从周礼的《秋官·司寇》《礼记·月令》，到诸子百家的宏富论述，更推及坊间杂籍，与时宜有关的论述浩如烟海。其基本原理为生态系统内部各个组分都以其物候节律因时而动。农业生态系统本身由多界面的复杂作用协调运行，其时序之精微慎密，为现代科学所难以穷尽。现代农业系统趋于全球一体化，直至涉及生物圈整体，其时序之繁复更远甚于以往，对天时的遵循敬畏之情为农业伦理之首要。我们应切忌本末倒置，淆乱时序，陷农业系统于失控之中。

其二，地。施德于地以应地德。土地为万物滋生的载体。农业生态系统的初级生产[②]无不仰赖于土地。土地既是农业生物的载体，也是农业生物的产物[③]。农业系统的盛衰优劣，土地肥瘠可为表征。华夏族群从诗经时代起，即对土地多有歌颂[④]。《易经》给以理论升华，称为“地势坤，厚德载物”。周代已有“地官司徒”之专职官吏。《管子·地员》篇对土地类型学

① 任继周、侯扶江：《草业科学的多维结构》，《草业学报》2010 年第 3 期，第 1 ~5 页。

② 即有光合作用的植物生产。

③ 动植物的生活废弃物构成土壤必不可少的有机质。

④ 《诗经·郑风》，三友扶苏；秦风，东邻；小雅，黍苗等。

已有系统论述。中华民俗常以土地为神祇而顶礼膜拜，对厚德载物的土地自应厚养以德。我们应切忌对土地掠夺刮削，竭泽而渔，使其日趋瘠薄，甚至施加毒害，尽丧其载物之德。

其三，度。帅天地之度以定取予。生态系统具有开放性，即农业系统有物质输出与输入的功能。农业活动从而有付出与收获。其中取予之道，应使农业系统营养物质在一定阈限内涨落，保持相对平衡，以维持系统健康，即所谓取予有度，以实现生态系统的营养物质的合理循环。一旦农业系统营养物质入不敷出，突破涨落阈限，农业系统的生机即趋于衰败。中国小农经济时期，依靠农民的精耕细作，农业系统具有较为完善的自组织能力，农业系统的生机历久不衰。进入计划经济和市场经济以后，此种自组织能力丧失，农业系统的生机陷于迅速衰败之中。我们应切忌取予无度，而致系统的能流、物流、信息流枯竭窒息，使农业系统陷于无序的绝境。

其四，法。依自然之法精慎管理。“人法地，地法天，天法道，道法自然。”一个“法”字，统领管理之道。农业管理包含土地和附着于土地的人民，以及农业生产和产品分配的全过程。其中繁复的技术和社会工作需要周到的伦理关怀，而伦理关怀之中枢则为层层法理。中国农业从发生之日起，就表现为城乡二元结构。城乡二元结构的伦理系统，依靠农业的无私奉献，曾经引导中华民族走过辉煌历程。但当社会进入后工业化时代以后，城乡二元结构已经成为农业发展的重大障碍，也为社会正义所难容。我们正面对世界经济一体化大潮，各类不同规模、不同层次的农业系统耦合无处不在。时代要求中国农业伦理学应以众多系统的界面为节点，将各个系统连通为整体，并在不同界面伸出链接键，使系统耦合逐步延伸，以充分利用时代机遇谋求发展。我们应切忌主观臆断，自乱人、地、天、道之法的序列，作茧自缚而坐失系统逐级耦合良机。

上述农业伦理的四维结构，全方位渗透于农业生产各个部门。任何一维的缺失都将危及农业整体。在这里不妨借用管子的语境[①]说明农业多维结构的重要意义：一维绝则农业倾，二维绝则农业危，三维绝则农业覆，四维绝

① “一维绝则倾，二维绝则危，三维绝则覆，四维绝则灭。”（《管子·牧民》）“四维不张，国乃灭亡。”（《诸子集成》，中华书局，1954，卷5，第1页）

则农业殇。总结一句话，四维不张，农业乃殇。我们应汲取历史经验，理顺四维纲要，引导我国农业走上康庄大道。

习近平同志有一段话："时代精神要在全民族中张扬，民族精神就要从传统文化的深厚积淀中重铸。"（习近平，2014 年 2 月 25 日讲话）这里说的是文化"重铸"，而不是农耕文化的原封照搬。我国在天、地、人、道文化涵养中孕育而生的农业伦理学应为重铸民族文化不可或缺的一翼。

（原文刊载于《伦理学研究》2015 年第 1 期）

从生态文明的视角看人工自然

刘大椿*

自20世纪中叶以来，随着社会生产力发展和科学技术的进步，极大地增强了人的力量和人对自然的作用，人与自然的关系发生了质的变化，在人口、资源、环境问题与经济、社会发展问题上出现了一系列尖锐的矛盾，对人类提出严重挑战。

正如普里戈津所指出的："我们对自然的看法正经历着一个根本性的转变，即转向多重性、暂时性和复杂性。"① 自从有了大工业以后，人类已经创造了一个新的自然界——人工自然界。我们本质上生活在人工自然界之中。人类认识自然界的第一阶段是以旁观者的身份认识，建立天然自然观；第二阶段以参与者的身份认识，建立人工自然观。

人工自然是相对于天然自然来说的，可把天然自然称为第一自然，人工自然称为第二自然，是人类有目的活动的产物，是经过人类改造、创建、加工过的自然界。人类文明和社会发展，固然依靠天然自然，但其直接的可利用的基础部分是人工自然，已经拥有的人工自然是生产力的主要部分。天然自然只要打上技术的烙印就不成其为天然自然，而必然转变为人类可利用的人工自然。

讨论人工自然与技术的密切关系，必然涉及技术的伦理问题在人工自然

---

* 作者简介：刘大椿，中国人民大学哲学院教授，博士生导师，研究领域为科学技术哲学。

① 〔比〕普里戈津等：《从混沌到有序》，上海译文出版社，1987，第26页。

中的体现。人工自然不仅对人类社会具有积极意义，也会造成消极的影响甚至灾祸。人工自然的外延不仅包括有正价值的人工物及其系统，还应包括工业废物、生活垃圾、被破坏和污染了的自然环境，以及公害事故、武器、毒品等，因为它们也是人类应用技术的直接产物和间接产物，也是改造自然的后果，把这一部分排除在人工自然之外是不妥当的，因为这些东西并不是自然的产物。这类消极的人工自然已经成为现代困扰人类的重要问题。对人工自然也要全面地、辩证地认识，要从生态文明的视角去认识。

从生态演化的角度来看，无论是天然自然生态还是人工自然生态都是人类生存和发展的环境，这两个环境之间有着密切的关系。人类之所以要创造人工自然，是因为天然自然不能满足人类的生存和发展，人类不得不塑造一个人为的物质环境。这个环境是人类生存不可分割的一部分，它与人的关系血肉相依。人类建造人工自然的活动及其产生的结果，影响着自然环境的变化，这种变化反过来又作用于人类，从而影响着人类的生存和发展。但是，人类利用科学技术改造自然的力量，可能超过地球自然自身演化的力量。这种力量的不合理运用将导致人工自然的急剧扩张，给地球生物圈的自我调节功能带来严重的威胁，同时也危及人类的生存。人工自然是从天然自然中产生并存在于天然自然之中的，它受到自然演化规律的制约，必须重视人工自然的“自然化”问题。也就是说，自然在人工化过程中应该遵从自然的禀性和趋势，使整个自然生态系统走向协调发展。

当下，人与自然的关系出现了危机，人工自然是联系人与自然的中介，因此，这种危机实质上也是人工自然的危机。人工自然已表现出极端的非自然性和反自然性，关于人工自然的发展也开始与整个自然的命运和前途联系起来。

人工自然的产生、形成和发展不仅是天然自然长期演化的产物，而且是人通过实践改造天然自然的过程。人工自然就是打上人类烙印的自然。长期以来，人们把自然视为“取之不尽”的原料库和“容量无限”的消化器，盲目地索取天然资源，又把大量的废物和垃圾投向天然自然，从而导致人类及其创造的人工自然和天然自然的对立。这种对立就是天然自然的“无废物生产”与人工自然的“有废物生产”。人工自然远未建立起类似天然自然的物质循环。当代科学技术迅速发展，人类对技术的利用客观上具有的利人害人的两重性更为尖锐地显示了出来。从根本上说，人与自然的协调发展，关键在于天然自然与人工自然的协调发展。

对人与自然关系短期的、局部的、狭隘的理解，把个人利益、目前利益和局部利益放在人类整体利益之上的文化观，是构成人工自然危机的文化根源，也是克服人工自然反自然性的文化障碍。因此，为了摆脱人类的困境，克服人工自然的反自然性，必须要求实现一种文化控制，即实现一种深刻的文化战略转变。这种转变，首先，应当把握人工自然发展的自然限度。一方面，人工自然所依赖的天然自然中的物质、能量是有限的，即天然自然对人工自然发展的承载力是有限的。另一方面，天然自然中除了一些自然物（或自然生命）能直接满足人工自然发展的需要外，还存在着一些与人没有直接联系，或不能直接满足人的需要的自然物（或自然生命）。它们可能在间接的或更深的层面上与人工自然有联系。把握人工自然发展的自然限度也应包括关注与尊重这些自然物（或自然生命）的价值存在。其次，作为人工自然发展主体的人，既不能以自然的主人自居，也不能等待自然的恩赐，而应主动高扬其主体创造力，充分利用社会体制、科技文化进步不断摆脱认识和改造自然过程中的盲目性和不合理性。最后，要建立人工自然的全球发展范畴。随着不同民族向现代文明的迈进，人类正生活在一个地球村中。在这个地球村中，人类所面对的危机已不是哪个民族自己种下的恶果，而是全球性的危机。克服这一危机，人类必须超越社会制度和意识形态的限制，抑制民族文化传统间的颉颃，在不同社会制度的国家和不同文化传统的民族中建立一种新的全球伙伴关系，构成人工自然的全球发展范畴。

为了实现人与自然的协调发展，必须保持人类改造天然自然与保护天然自然的某种平衡。从天然自然对人类的适应性与不适应性的矛盾出发，认清人工自然就是这两者矛盾的产物。天然自然相对于人类的适应性与不适应性的并存，决定了我们既要依赖天然自然界，又要超越天然自然界；既要利用已有的自然界，又要创造新的自然界。这就是说，对天然自然应有双重态度——改造和保护并重。如果只有适应性，人类就不必改造天然自然、创造人工自然；如果只有不适应性，人类就不必保护天然自然。

改造天然自然与保护天然自然是相互补充、相互制约的。二者相互限定，不让对方过于强大，达到取消自己存在的程度。改造自然是对保护自然的限定，防止人们离开改造自然而单纯消极地保护天然自然，使保护自然变为被动的适应自然，终至在天然自然面前无所作为。同时，保护自然是对改造自然的限定，以防止人们离开保护自然而盲目地改造自然，使改造自然变为对自然的粗暴破坏，变为在天然自然面前胡作非为。

对人与自然协调发展的控制，关键在于抓住自然发展为人类发展的前提，认识到自然在人类社会实践面前是有自己的权利的。而且，自然与人类的权利是平等的，要把这种权利平等化为实践的信条与规范。这不仅是可持续发展的认识论基础，也是实践的立法基础。为此，必须确立新的伦理观念，要扩展到自然与人平等。在现实社会实践中，经济的发展直接取决于良好的自然环境。所以，只有达到了自然与人的平等，才能有真正的人与人的平等。在根本意义上，侵犯自然是侵犯人类的共同权利，也即侵犯人类的基本权利。比较而言，侵犯人权，容易中止与弥补，即使无法弥补，历史更新时限也短。但侵犯自然的后果，却很难消除，可能造成历史性的灾难。

（2016 年 7 月首届“农业伦理学与生态文明”研讨会的主题发言）

“时”的农业伦理学诠释*

任继周**

“时”是中国农业伦理观的重要元素。农业伦理观中“不违农时”的原则古今中外概莫能外。就笔者浅见所及，农时的“时”之内涵丰赡深奥，有进一步推究之必要。本文试做初步探索。

一　际会、时序、时宜

农业活动中的“时”有丰富的伦理学内涵。农业生物的生长发育，农业生产地境的吉凶顺逆，农业各个组分之间的兴衰消长，无不与“时”息息相关。“时”在农业生产过程中，以时段的相对间隔和延续构成时序。农业活动与时序的关联节点称为“际会”。际会表达事物从发生到消亡的过程与周围事物的相对坐标。各类农事与其相关事务存在彼此相关的多种际会。际会涵盖了时、地和相关事件三者协同发展的和合状态，即时、空、事件的三维结构状态过程。时是三维结构链接的枢纽。

我们对诸多际会不妨理解为时序的节点。节点与节点之间的时段，可能遭遇农事发展过程的顺利或艰难，表现为际会的顺逆。《周易》也许是人类对际会的杰出构想，它以节的断续组合，形象地表述各类际会的顺逆关联，

---

* 基金项目：本文系2016年国家社科基金西部项目“生态文明战略视域中的‘中国农业伦理学研究’”（编号：16XZX013）的阶段性研究成果。

** 作者简介：任继周，兰州大学草地农业科技学院教授，中国工程院院士，研究领域为草原学、草原调查与规划、草原生态化学、草地农业生态学系统和农业伦理学等。

并赋予德与非德，善与非善的多重解读。《周易》“极天地之渊蕴，尽人事之终始。”[①] 以事物的生发消长为“始终”，推究事物发生的始末际会。先民没有足够的形而上学理论支撑，多取诸自身生命的繁衍过程为譬喻，体悟宇宙生化之道，即所谓“父天母地”，由此认知“一阴一阳之谓道”（《周易·系辞上》），道化生万物；“天地之大德曰生”（《周易·系辞下》）。因生生不息而旧物得以翻新，这就是“日新之谓盛德，生生之谓易”（《周易·系辞上》）。于是把具有鲜明“时宜”语境的阐述表达为“日新”更替。由“日新”更替之德行和“生生”不息的序列动态过程，延而广之为宇宙的脉动之象。所谓脉动既含有相对的间断性，又具有绝对的连续性。由此衍发为以天地为依归的义理。“昔者圣人之作《易》也，将以顺性命之理。是以立天之道，曰阴与阳；立地之道，曰柔与刚；立人之道，曰仁与义。”（《周易·说卦传》）。当天父地母各得其位时，万事万物就“保合太和，乃利贞”（《乾卦·彖传》），达到宇宙和谐的至善境界。

在农业生态系统中这一至善境界是众多子系统的“和而不同”的适当构建和耦合。这里“和”与“同”是两个很关键的思维范畴。《国语·郑语》中史伯有一段很精彩的论述：“夫和实生物，同则不继。”用今天生态系统的语言来说，不妨以生态位做比喻，生态位不同的事物，可以发生系统耦合而结合，由结合而生发，是际会之上选。生态位相同的事物则因生态位的重合而相斥或相悖，由相斥、相悖而离散，而消亡，是际会之败选。世界万物的生发延续，无不依赖际会。生态系统的健康发展，就是生态系统内部各类“和而不同”的生物群相关联的际会序列。在农业生态系统中际会常有而不常驻，可遇而不可为。如植物花粉的传播与授粉，对于某些作物是必然发生的，但只能发生在一定时刻，我们也只能把握在这一时机实施授粉，而不能强迫作物发生不适时的授粉过程。其他如动物的性行为、动植物的发育过程无不如此。我们可以把际会看作事物生存过程中自为的节点，因此农事活动需要把握节点，适时而动。所谓不违农时的实质就是在事物发展的时序中，对可遇而不可求的际会的把握。不违农时是农业活动不可须臾离的大

① 《周易口义·系辞上》，“以言乎远则不御”之注语，参见胡瑗《周易口义》，吉林出版集团，2005，第311页。

法。时序包含的际会与天地同在，与宇宙共存，是中国一切农业行为伦理观的总依归。

农业活动必须遵循在适当的时间、适当的地点做适当的事，亦即时间、空间和农业行为三维连续体的完美际会。时宜帮助我们掌握际会的阀门，实施农业活动的时间、地点和行为的耦合，这是亘古不变的铁律。我们论述际会的吉或凶，泰或否，良或不良，善或非善，宜或非宜，在三维耦合体中，总是以时宜为主轴，将空间和行为加以串联，而不是三者并列。农事活动尤应构建以时间维为主轴的“三维耦合体”。因此，时宜所指的时间尺度的刻度，即节点，处于关键地位，亦即不同时序的节点，有其不同的时宜内涵。

不违农时是中华民族对农业伦理的本初认知。不违农时的实质在于对时宜的体验。从《周礼·秋官·司寇》《礼记·月令》，到诸子百家的宏富论述，更推及坊间杂籍，与时宜有关的论述浩如烟海。其基本原理为生态系统内部各个组分都以其物候节律因时而动，契合严密，协同发展。农业生态系统本身由多界面的复杂作用协调运行。其时序之精微慎密，为现代科学所难以穷尽。现代农业系统趋于全球一体化，直至涉及生物圈整体，其时序之繁复更远甚于以往，对时的敬畏之情为农业伦理之首要。

农业社会之所以成为一个肯定的式样而被认知，正是由于对于时序的共同遵循，是为农业时宜的趋同性。这种对时宜的趋同性构建了农业的时序节律。农民习惯遵循时序节律，体现为农业社会的众多公认的节日。每一个节日都有其特定的农业伦理学内涵。因此，节日不仅是民俗的标志，也是农业社会的时序自在生发的节理。节日系列构建了中国的历法这个时序量纲的恢恢巨网，不仅有效地指导广大幅员的农业生产和生活，还提供了认知农事际会的时间坐标。节日助推政令、管理生产、组织各项社会活动，有效地把分散的农户连缀为庞大帝国并维系其有序运行。如把历法比作人与自然、人与社会和谐乐章的总谱，而节日则是乐章上的众多音符。

二　农业伦理观的时序嬗变

时序体现一定时段内的农业社会活动的际会组合。时序包含不同的时段尺度。对于其短期尺度，《礼记·月令》有很形象的界说，年分四季，季含三个月；月半为一节气，年有二十四节气；节分三候，五日一候，年有七十二候。各个年、季、节、候相应的农事和农业社会的时序进程，构成农业社会的生动画图。

农业长期的时序尺度应是历史阶段。农业是自然生态系统经人为农业化的产物。而人类社会发展是有阶段性的，因而人在不同的历史阶段有不同时序的农业伦理观。时的本质是无尽永前的，因而社会发展阶段也是不可逆的。农业发展的阶段和它所附丽的农业伦理观也是变动不居而不可逆转的。这种因时序而变化的伦理观的发展过程尽管有时较快，有时较慢，但总体是渐变的、正向发展的。所谓渐变就是新旧伦理观的嬗替是“方生方死，方死方生”的蜕变过程。这一过程的本质就是新的伦理观从旧的伦理观中衍发而生。蜕变过程必然保留了某些旧伦理观基因，这就是新旧伦理观继承与发展的必然链接。在农业伦理观的蜕变过程中，以往的农业伦理观对当今农业有生命力的“基因”应该得到保留与继承，但不会是整个伦理系统的重复，此为蜕变的实质。“周虽旧邦，其命维新”，这是指旧有的优秀基因的传承与发展，而不是旧秩序的重复。否则，就是对“新”的否定，恋“旧”而不知变，有碍于社会发展，必将为时代所扬弃，而这类逆乎潮流而动的历史教训，在中国并不罕见。

纵观中国农业发展历史的农业伦理观，可以分为若干阶段。我们通常把农业发展史分为史前时期、历史时期两大部分。在历史时期内又分为前工业化时代、工业化时代和后工业化时代几大阶段。以此类推，农业在时序进行中，其合乎时宜的伦理观缤纷繁缛，难以备述，而农业伦理观也随着不同历史阶段的演进而嬗变。时序中合乎历史发展行为的契合点称为时宜，而每一阶段都有其农业伦理的时宜特征。

农业既然是自然生态系统人为农业化的过程，其时序阶段的刻度，都与自然生态系统和社会生态系统的发展进程相适应。但农业的时序阶段特征与社会发展阶段相应而未必相同。时序的每一阶段以其特有时宜为特征。

（一）氏族社会农业伦理的时宜观

中国耕地农业大约发生于商代中后期。从游牧社会到初步定居，开始发展耕地农业，但这时草地畜牧业仍居主流。族群在从事渔猎和放牧饲养家畜的同时，以家庭为生产和生活单元的居民，在住地周围经营小片土地，过着日出而作、日落而息的自给自足的生活。如农产品略有盈余，则在相对固定的地点和时间，施行物物交换以通有无，即所谓“日中为市”。氏族社会的农事活动必须顺应时序，农业生产贴近自然，受住地半径的限制，索取有限。其生产和生活与年岁的丰歉、季节的更替相适应，由于社会的生活和生产节律完全与自然生态系统物候相吻合，人类依偎于大自然怀抱中，过着令人向往的亲近自然的“天人合一”的生活。顺应自然物候学节律是当时唯一正确的时宜选择。

这一时期的时宜观源于“逐水草而居”的游牧生活。在初民眼里水草分布状态是当时自然景观中最突出的年际时宜坐标。它指示初民跟随自己的主要食物源草食动物，按照时间维为主轴的“三维耦合体”不断地拓印以自己为时宜所规范的足迹。初民逐渐对被动地跟随草食动物“逐水草而居”的时间维有所认知并加以抽象，转化为主动地顺应时间维的放牧行为，于是完成了人类最初的仿生学伟大创举。这应该是在时宜的启发下，人类文明的第一缕曙光。

（二）封建社会农业伦理的时宜观

西周初期中国进入封建社会。封建王朝最高层是天下共主，即后世所称的“天子”。共主将“天下”的土地和附着于土地上的居民，依据其与共主血缘关系的亲疏和对邦国建立的贡献大小实行分封。这时氏族群体已经脱离游牧生活，逐步增加其农耕社会特征，已有较为稳定的留居地，形成较为稳定的村社形式，较为严密的伦理系统也随之发生。为了抵御外族的侵掠，在要冲地区构筑城邑。贵族作为统治阶层居城邑，管理乡野土地与农民，并掌握产品的分配权。农民居乡野，在贵族管理之下，从事生产并承担各种劳役。其时邦国内部贵族与平民的区别已经显现。此为城乡二元结构分异的萌芽。这一时期政治系统极不完善，社会结构沿袭家族式的长幼有序、亲疏有别为准绳确立伦理关系。“家族制度过去是中国的社会制度。”[①] 社会的伦理结构就是个人在家族中地位的扩大和演绎并放大为社会的结构性等次关联。其社会关联样式就是繁复的礼仪，简称为“礼”，是为农耕社会的初始伦理系统，并由此逐步演绎为神圣不可侵犯的“道统”的滥觞。礼需乐来彰显其形态，歌颂其权威，是为礼乐治国，史称礼乐时代。其时平民在较为松散

① 冯友兰：《中国哲学简史》，北京大学出版社，2013，第21页。

的礼乐伦理管理之下，有较为宽松的生存环境，是为后人称道的“诗经时代”的田园生活。但这时贵族与平民之间的差异所引发的愤懑之情已经显露，如“君子所履，小人所视”的君子小人之分，而且“小人”看着君子的优越处境，心中不平而“眷言顾之，潸焉出涕。”（《诗经·小雅·大东》），“小人”没完没了地忙于公差，发出“王事靡盬，忧我父母。”（《诗经·小雅·北山》）的呼声。需着重指出，这时身居乡野的农业劳动者绝大部分应为奴隶，少数非奴隶的平民应为贵族下属的基层管理人员，相当于我们今天所说的“工头”。

诗经时代的农业是华夏早期的农业形态，充分体现了顺应自然而利用自然的特色，对自然很少改变，可称为适应性农业。《月令》记述源于黄河流域农事颇详，虽多有不甚恰当的神秘附会，但其思路遵循了中小尺度时段的农业伦理的际会认知。按照所列时序开展农事活动虽未必完全恰当，但如反时序而行则常致灾殃。

这一时期的自然伦理观为敬天覆地载之恩，对天地心存敬畏，对于象征自然时序的节日赋予际会内涵，崇敬有加。后经儒家的宣扬诠释，封建时期的等级森严的理论观深入人心。即使陶渊明这样洒脱的诗人，也在“命子”诗中对儿子谆谆告诫“肃矣我祖，慎终如始。”（陶渊明《命子》其六）“悠悠我祖，爰自陶唐。”（陶渊明《命子》其一），表达了血缘在农业伦理中的重大意涵。

因小农经济接触的自然资源半径较小，储备有限，养成了节约自然资源的美德。其社会伦理观可概括为敬天地法祖宗，忠实勤恳，珍爱物力。在这一农业社会的基础上产生了一系列伦理纲常和由此而形成的乡规民俗，即后来皇权时期发展为农耕文化的雏形。

封建社会起自西周，至东周而式微，终于为春秋战国时期所取代，历时771年（前1027—前256），在历史长河中只当瞬间，但后经儒家为主的推崇渲染，进一步发展融合于皇权社会，其影响所及逐代放大，绵延不衰直至近代。

（三）皇权社会的农业时宜伦理观

继封建伦理观时代之后，出现了皇权时代和与之相应的皇权伦理观。西周以后，“礼崩乐坏”，封建秩序崩溃，王霸之业兴起，进入春秋战国时期，历经近半个世纪的战乱纷争，直到秦统一六国，中国步入漫长的皇权时代。其社会特色为分散的小农经济与中央集权的大帝国的协和发展。皇权社会依靠小农经济的自组织功能，比较灵活地适应气候变化和社会需求，凡土地利用、家庭劳动组织、农业系统内部组分调整、培育家畜与作物品种、发展耕作技术、产品加工等农事活动，都是农户自主处理，这种农业系统使系统内的自组织功能充分发挥，维持农业的持续运行，从而支撑庞大帝国的生存。这里必须说明，以分散的个体农户为基础，居然构建了中央集权的中华大帝国而绵延数千年，应是一个历史奇迹。这不能不归功于农业伦理系统的发生和逐步完善。

战国时期出现邦国之间攻伐兼并的高潮，各诸侯国寻求自存之道，众多学者纷纷献策，寻求变法强国之策，表现为百家争鸣的历史奇观。在百家争鸣中管仲的“耕战论”脱颖而出。管仲说：“夫富国多粟，生于农，故先王贵之。凡为国之急者，必先禁末作文巧。末作文巧禁，则民无所游食。民无所游食，则必农。民事农则田垦，田垦则粟多，粟多则国富，国富者兵强，兵强者战胜，战胜者地广。”[①] 实际上这是邦国上层的农业伦理观。商鞅相秦，将管仲的耕战论引入秦国并进一步完善，将“农战”及“垦草”[②] 定为国策，发展耕地农业，国势大盛，各诸侯国奋起效尤，于是以耕战为目的的耕地农业大行于世，源于封建时期的农耕伦理系统至此而日趋完备。其主要特色之一就是将耕地和附着于土地的农民编为行伍，培养好战的农民，“民之见战也，如饿狼之见肉，则民用矣。”（《商君书·画策》）。农民被捆绑在举国耕战体制的战车上，平时务农生产粮食，战时则裹粮从军。秦国变法最早而系统完整，国势大盛，横扫六国统一华夏，建立了中华历史上第一个高度中央集权的皇权政治，但与之配套的伦理系统还没有来得及完善，皇权社会缺少伦理系统支撑，分散的小农户与高度集权的皇权大帝国难以协调，不过数年而崩溃（前 211—前 208），为汉朝所取代。汉承秦制，汲取了秦代失败的教训，寻找治国之道。汉初在民间采取黄老之道的宽松政策，谋取社会经济迅速发展；而在社会上层则多次肃反平乱，与此同时采纳叔孙

① 黎翔凤：《管子校注：中》，中华书局，2004，第 924 页。

② “国之所以兴也，农战也。”

通之议，制定朝廷礼仪以规范其伦理秩序。农业社会的上层贵族与基层平民之间出现伦理要求上严下宽的逆转。到汉武帝时期，随着社会的发展，社会下层工商业者富甲王侯，出现了“天下熙熙，皆为利来；天下攘攘，皆为利往。”（《史记·货殖列传》）的繁庶景象。尽管汉高祖制定了商人不得衣丝乘车等规定以限制工商业者发展，但富商大贾交接权贵，其权势骎骎然直逼皇室，汉武帝不能忍受此种挑战，在实施政治镇压的同时，采取“罢黜百家，独尊儒术”的国策，绳之以纲常伦理，构建了君君、臣臣、父父、子子伦理网络。从此儒家思想位居中华显学，而法家从儒家分离出来，成为儒家伦理的重要一翼。儒家的身心修持和纲常建设与法家的严刑峻法相结合，成为皇权农业伦理系统的软硬两手，维护皇权统治达两千多年。辟居乡野的平民与高踞城邑的贵族之间的二元结构也进一步固化。这是经过春秋战国近 5 个半世纪（前 770—前 221）和秦、汉两代近百年（公元前 221 年秦始皇即位到公元前 140 年汉武帝即位）探索筛选的农耕文化之硕果。

处于社会底层的平民，自周朝奴隶社会，经过封建社会的习濡，又饱受皇权社会的儒家、法家主流伦理系统的强大压力，在困苦中辗转求生。为了寻觅自己的精神寄托，于是出现了老子小国寡民、绝圣弃智、无为而治的道家伦理思想，以及汉以后从印度传入的佛家出世思想。前者以求解脱困苦于当下，而后者则冀希幸福于来世。历代皇权巧妙地运用儒道佛三家，施以不同的伦理教化，三者随机互相转化，达到巩固政权的目的。甚至同一个集团或个人，往往因所处社会地位的变迁而应时换位。他们在朝得势时信奉儒家、法家，在野失势时则尊崇道家、佛家。这样伦理思想的互相换位，不失为调节心态、稳定社会伦理秩序的安全阀。直到今天，在主流伦理教化之外，还有教堂、寺院和道观大量出现于城乡各地，表示这一伦理行为余绪犹延续不衰。

这一时期农业伦理的时宜观可归结为三足鼎立：顺应朝廷高压，安分守己，忍辱图存的知命观；不违农时，融入自然，及时调整农业结构，皈依物候规律安排农事的时节观；理解自然，适量享用自然的恩赐，不过分索取的勤俭度日的节用观。皇权当政者曾有多不胜数的圣谕、文书、诗文等申述这鼎足而立的三大农业伦理的时宜论。

（四）工业化和后工业化社会的农业时宜伦理观

我国社会变迁长期停滞于小农经济的皇权阶段，19世纪末国门大开，工业革命的大潮随着帝国主义的强权涌入中国。经过近两百年的动乱变迁和1949年中华人民共和国成立后的过渡期，从20世纪80年代后期开始，我国用30年走完了发达国家300年的工业化道路并跨入后工业化阶段。我国仓促进入工业化和后工业化时代。

社会工业化和后工业化的到来使我国农业从多方面受益。但也带来不容忽视的伦理缺失。例如我们的“设施农业”，以工业化手段制造人工季候，生产“反季节蔬菜”，满足市场需求，这无可厚非，但据此提出“农业工业化”的口号，企图摒弃农业伦理，把农业改变为工业则全然谬误。农业的本质是自然生态系统衍化而来的农业生态系统，不能背离农业生态系统的基本规律。农业本质上应与自然界的时序和生物的物候学相偕而行，持续生产，长盛不衰。这是自然界长期演化形成的最经济、合理的农业发展之路。反之，则将农业置于农业生态系统的对立面，亦即违背了自然生态系统的基本规律，必然祸不旋踵，种种意想不到的灾祸必然不期而遇。

三　农业时宜的历史规范

农业伦理观的若干时宜原则应经得起历史考验，我们不妨称为历史规范的时宜原则。

（一）农事活动的常态性时宜原则

农事活动有其基本时序，农业掌握时宜是保持农业时序常态运行的必要措施。一旦正常时序被打乱，将陷生态系统于无序状态，轻则系统受损，重则导致系统崩溃。“春生夏长，秋收冬藏。月省时考，岁终献功。”这类基本规律应该牢记，而且要制订农事日历按时检查。因为农业是以生物生产为基础的，而生物的生长发育是有其时序规律的，这种时序规律是生态系统内众多生物的时序协同进化的结果，很难模拟，更不能改造。生态系统的时序网络包含的各个系统犹如一部大的机器，它的运转由许多部件配合运转而实现。其中一个零件运行失准，会使整部机器失效。何况生态系统内部的互相关联的灵敏程度远胜于无生命的机器。如能“月省时考”，保持其运转正常，则“岁终献功”，得到预期的效果。这是“不言之令，不视之见”[①]。顺应自然，唾手可得。如打乱其时序，必将手忙脚乱，到处派工作组，劳而无功。一部礼记的“月令”篇，论述了各个季节逐月应该做什么。尤其发人深省的是还列举了不应该做什么。其具体建议或有未当，但这从正反两方面思考的思想方法颇有可取之处。

荀子说：“群道当，则万物皆得其宜，六畜皆得其长，群生皆得其命。故养长时，则六畜育；杀生时，则草木殖；政令时，则百姓一，贤良服。……春耕、夏耘、秋收、冬藏，四者不失时，故五谷不绝而百姓有馀食也。”这里说的“群道”相当于时序网络，是从正面阐述农时的重要性。墨子则从反面对逆时而动者提出警告：“春则废民耕稼树艺，秋则废民获敛，此不可以春秋为者也。今唯毋废一时，则百姓饥寒冻馁而死者，不可胜数。”[②] 这段话说得极其深刻，发人深省。

对农业生产的时序规律掌握，需熟悉其生态系统中众多系统耦合的际会。但际会的出现受相关因素的制约，因为制约因素是多变的，际会也是难以捕捉的，这需做艰苦细致的长期研习和科学研究，不能期望一蹴而就。

（二）生态保护的时宜原则

生态健康需要及时维护，其实践性很强。早春季节，“命祀山林川泽，牺牲毋用牝。禁止伐木。毋覆巢，毋杀孩虫、胎、夭、飞鸟。毋麛毋卵。……毋变天之道，毋绝地之理，毋乱人之纪”。否则，斬丧自然，伤及物种的繁衍，就是“绝地之理”“乱人之纪”，犯了伤天害理的罪过。仲春之月应“毋竭川泽，毋漉陂池，毋焚山林”。因黄河流域多春旱，其目的在于保持土壤水分。初夏时节野兽产子，“驱兽毋害五谷，毋大田猎”[③]，即使野兽为害五谷，也只要驱赶不要猎杀。

对于耕地农业来说，孟子有一段广为人知的话，“不违农时，谷不可胜食也；数罟不入洿池，鱼鳖不可胜食也；斧斤以时入山林，材木不可胜用也。谷与鱼鳖不可胜食，材木不可胜用，是使民养生丧死无憾也。养生丧死无憾，王道之始也”。[④]

---

① 高诱：《淮南子》，中华书局，2006。

② 孙诒让：《墨子间诂：上》，中华书局，2001，第130页。

③ 李学勤编《礼记正义》，北京大学出版社，1999。

④ 李学勤编《孟子注疏》，北京大学出版社，1999，第9～10页。

游牧民族对自然资源有爱护周到的时宜原则。例如游牧民族按照时节放牧利用草地，以保持草畜两旺①。他们把野生动物视作自然界仓库中的食物，猎取要有时②，有度③，不能随意浪费。《北虏风俗·耕猎》记载：“若夫射猎，虽夷人之常业哉，然亦颇知爱惜生长之道，故春不合围，夏不群搜，惟三五为朋，十数为党，小小袭取以充饥虚而已。”④《蒙古秘史》记载：“途中会有很多猎物，记住打猎时要有远见，只当猎物做补粮，禁止手下随心杀害”⑤，违者处以适当刑罚。

（三）农业地带性的时宜原则

生物的分布无不受地带性制约。地球上的自然地带（Geographical Zone）是自然界的普遍规律。地带形成的主要要素是水、热两者的特定组合和分异模式以及由此导致的生物地理区，通常表现为纬度地带性、经度地带性和垂直地带性。地带性对生物产生着广泛而深刻的影响，形成众所周知的生物地带性（Bio-geological Zone），即在上述地带范围内它们具有不同的水热组合和与之相适应的生物地理学特征。各种生物都有其类型适宜度，这表明生物与其生长地境之间有严格的相关性。这种相关性的核心内涵就是温度和水分，这两者都有明确的季节性，即时间特征，我国处于欧亚大陆的东部，受季风尤其是东南季风的影响，水热分布有明显的季节特色。我们通常所说的农时，这是一项必要的内涵。这种地带性以空间格局为特色，我们不妨称之为空间地带性（Spatial Zone）。

---

① 《察哈尔正镶白旗查干乌拉庙庙规》：“放羊人在夏季早晨太阳出来（时放牧），到晚上太阳落山时归牧，冬春季早晨太阳升到半个乌尼杆子高时出牧，下午太阳到陶脑下指高时归牧。放牧人放牧时要注意查看四季的草色，选择最好的水草放牧。遵守这个规定如果牲畜繁育增长，赏给放牧人马、牛。如违犯这个规定不执行，撤销那个人的吃穿，让他自力过活。”

② 《元典章·三十八·兵部》载：“在前正月为怀羔儿时分，至七月二十日休打捕者，打捕呵，肉瘦皮子不成用，可惜了性命。野物出了践踏田禾么道，依在先行了的圣旨体例。如今正月初一为头至七月二十日，不拣是谁休捕者，打捕人每有罪过者，道来。圣旨，钦此。”

③ 《喀尔喀吉鲁姆·1746年条约》载：“实巴噶塔因奇喇、桑衮达巴、楚勒和尔诸墓以上各地附近之兽不得捕杀。捕杀者按旧法典处置；……每月之初八、十五、十八、二十五、三十概不得宰杀牲畜。若有违犯宰杀者，见者即可夺取其宰杀之畜收归己有，并至法庭作证；不得杀死健康（无病、未残废、无残疾）之马、埃及鹅、蛇、蛙、海番鸭（婆罗门鸭）、野山羊羔、百灵鸟及狗。若有杀死者，见者可夺取其一马。”

④ 任继周：《中国农业伦理学史料汇编》，江苏凤凰科学技术出版社，2015。

⑤ 任继周：《草业科学研究方法》，中国农业出版社，1998，第124~125页。

但生物本身，在对自然地带性做出适应的同时，具有突破地带性限制的本能所表现的趋向性。体现其趋向性的策略是在不同的地带内截取适宜该生物生存的某一时段的生存环境，主要是水热和食物环境，避开不适宜该生物生存的某一时段的生存环境，完成其生命过程。从而构成了跨自然地带性的生物时间地带性（Bio-geological Time Zone）。在动物界如随着季节变化而迁徙的候鸟，动物的冬眠，以及放牧畜牧业的季节性牧场的转移等，都是截取对自然地带性适宜的时段以求生存。依据植物类型适宜度阈限移植，更是常见的利用时间地带性时宜观的范例。例如众多原产于低纬度的植物，只要在高纬度地区找到其生长发育阶段必需的水热条件就可移栽成功。因此原产于江南的水稻，可盛产于中国寒温带的东北地区，原产于南美洲的玉米、番薯、番茄等作物可成为我国温带甚至北温带的重要作物。时间地带性对地理地带性的突破，无疑是对人类农业伦理时宜观的一大创举。

（四）农业生产服务市场的时宜原则

全球一体化的时代，农业已经远离了自给自足的范式，农场所生产的产品主要是面对市场需要，时宜原则已经成为现代农业经营的伦理范畴。农产品的时宜特征可概括为三方面。

（1）农产品需满足消费者季节性和个性需要的时宜阈限，即通常所说的时令消费要求，当令蔬菜、水果等食品是大家最熟悉的时令消费品。产品的需求既有季节性也有地区性和个性的需求特色，夏季的凉爽用品，如凉席、草帽、蒲扇等；冬季的保暖用皮毛产品等。这些产品都有或长或短的时宜时段。

（2）农产品需满足从生产到市场的时宜阈限，即产品从产出到市场需要的时段可能保持其商品特性而不变质的时间阈限。商品的产地—市场的时宜阈限越长，越有利于占领并扩大市场。

（3）农产品需满足从产品到用户的贮藏时段的时宜阈限。大宗农产品的生产为了长期、稳定供应市场，克服产量的季节性和歉年与丰年之间的波动，往往需要长期贮存。有时为了特殊目的，如战备需要，需要跨几个年度的时段贮藏。这就需要从品种、收获、加工、贮藏多环节的科技管理。其核心思想就是农业对市场和社会管理的服务，发达国家服务行业达国民生产总值（GDP）的60%～70%，现代农业时宜观的贡献不可忽视。其中包含了农业服务于社会的伦理境界。

上述农产品时宜阈限的保持或突破，离不开市场的流通和交换过程的现代化。现在“互联网+”的模式应是满足现代农业伦理系统时宜要素的重要手段。

四 结束语

时：是中国农业伦理观的重要元素。不违农时是中华民族对农业伦理的本初认知。时在农业伦理系统中演绎为时序、时段、时宜等符号，并最后升华为际会。上述这几个关键词汇表述了时的农业伦理观内涵与衍发。

时序：表述农业生态系统的序的时间状态。任何生态系统都是有序运行的。生态系统一旦失序就呈现病态，如全然无序，则生态系统趋于崩溃。时在农业生产过程中，将众多子系统以时的相对间隔、延续和连缀构成农事活动的序。人的农业行为是自然生态系统人为衍化的产物，其原本在于自然生态系统的时序本质不可违。不违农时这一不可须臾离的农业伦理大法的依据在此。农业的时序具有社会趋同性。农业社会的众多的节日源自这一趋同性，并赋予一定农业伦理内涵，因此，节日不仅是民俗的标志，也是农业社会自发的时序的节理。节日系列完善了人类历法这一时序量纲的恢恢巨网。它不仅有效地指导广大幅员之内的农业生产和生活，还提供了认知农事际会的伦理坐标。

时段：表述某一时的区限内所发生的农业事件的片段。农业是发生在某一历史时段的社会组分，而人类社会发展是有阶段性的，因而人的农业伦理观必然随着历史阶段的演替而有所蜕变。所谓蜕变就是从旧的伦理观中衍发新的伦理观。新的伦理观应包含旧伦理观的合理基因，而不是所谓“大破大立”，更不可能“先破后立”。蜕变过程就是农业历史阶段发生与发展的本体。继承与发展的伦理观是农业赖以持续发展的时段演绎。

时宜：是农事的时间契合点。农业生物的生长发育，农业生产地境的吉凶顺逆，农业各个组分之间的兴衰消长，无不与时宜息息相关。同一措施，发生在不同的时间点则可产生不同的，甚至全然相反的效果。时宜是农事成效的基石。

际会：表达事物从产生到消亡的过程与周围事物的相对坐标。际会涵盖了时、地和相关事件三者协同发展的和合状态，是时、空、事件的三维耦合过程，是在农业生态系统中众多子系统的“和而不同”的协同进化时宜表述，或可称为各类农业伦理要素的时的升华。际会常有而不常驻，是农业伦理智慧的体用所在。

农业历史阶段与社会发展阶段相应而未必相同。中国农业时序有其阶段性特色，氏族社会农业伦理的时宜观，其核心为顺应自然物候学节律，为适应性农业。初民放牧生活引发的仿生学是人类自觉皈依自然伦理观的第一缕曙光；封建社会与皇权社会的农业伦理时宜观基本沿袭其敬天法祖，尊重传统，惜物节时传统。其唯一不同在于统治阶层以儒家伦理系统为主流，建立周密的乡绅文化作为社会道德的基石，对基层农事事宜的管束更加严厉而严密；工业化和后工业化社会的农业时宜伦理观的核心应为生产与生态兼顾，尊重自然，持续发展，彻底消除城乡二元结构的历史伤痕。直到 20 世纪 80 年代，我国才仓促进入工业化和后工业化时代。我国用 30 年走完了发达国家 300 年的工业化道路并转入后工业化阶段，成就辉煌。但工业化与后工业化之间缺乏足够的伦理学发育，导致我国农业伦理严重缺失。今后中国农业需遵循农事活动的常态性原则、生态保护原则、农业地带性原则、服务市场原则等系列原则，完成继往开来的历史使命，在偿还巨额生态赤字的同时，建立符合后现代化社会需求的中国农业理论系统的全新时宜观。

（原文刊载于《兰州大学学报》（社会科学版）2016 年第 4 期）

“地”的农业伦理学诠释*

任继周　方锡良　胥　刚　林慧龙**

“天地”相骈为词，在中国农业伦理学传统中源于《周易》的《大象》：“天行健，君子以自强不息；地势坤，君子以厚德载物。”世人由此遂化出“天地”一词，以表地可与天配的大义。关于天的论述，我们结合“时”与“命”当专文讨论。此处只就天地相骈的另一半，即地作伦理学加以阐述。

“地”作为华夏古农业文明创世纪的文化核心，为人类生存和农业活动所本初认知，地的农业伦理学蕴意深厚。如以现代语言来表述天地的含义，相当于“自然”并附丽某些人间感悟。这些感悟虽受时代局限，不乏神秘主观之处，但其总体不失对自然这个根本基石的肯定。

中华先民对“天”的认知，部分来自于对天象和气候的直接观察与间接体会，其中重要部分是通过天影响地，进而人对地所做的响应及其感受。例如在天候的作用下，地上的农业生物感受旱涝、寒暑而做出对策性适应，

---

* 基金项目：本文系国家社科基金西部项目“生态文明战略视域中的‘中国农业伦理学’研究”（编号：16XZX013）、中国工程院重点咨询项目“中国草业发展战略研究”（编号：2016－XZ－38）及兰州大学中央高校基本科研业务费专项资金（编号：lzujbky－2017－55，编号：IRT－17R50）的阶段性研究成果。

** 作者简介：任继周，兰州大学草地农业科技学院教授，中国工程院院士，研究领域为草原学、草原调查与规划、草原生态化学、草地农业生态学系统和农业伦理学等；方锡良，兰州大学哲学社会学院副教授，研究领域为生态哲学与生态伦理；胥刚，兰州大学草地农业科技学院实验师，研究领域为草业人文与农业系统分析；林慧龙，兰州大学草地农业科技学院教授，研究领域为草地农业生态学。

改变它们生活和生产状态。这种信息的传递层次表达就是老子所作的“人法地，地法天，天法道，道法自然”的所谓“四大”的哲学逻辑。儒家伦理观则为“天地人”三才说，缺“道法自然”这一最高层，而自然恰是农业行为的最后皈依。以儒家思想为主轴的中国农耕文明，以天地人“三才”为训，缺乏代表自然的“道”的范畴，这一缺陷，不可避免地对我国农业系统的建设产生了某些伦理缺失后遗症。

老子所说的“地法天”，就是地所具有的实质和它所表达的特征是天所规范的，或可表述为地对天所做的响应。地对天的响应可表达为生物及其载体土地的地带性。农业活动的特点就是人在陆地生态系统中，以地为载体，所做的生态系统的农业化的行为。人类赖以生存的土地资源，如地段、水体和矿藏等，都来自于地，遂升华感悟为地的好生之德。古籍地，从“土”，从“也”。“也”为哺乳动物雌性生殖器之象，为个体生命之所自出，这正是先民体察土地有好生之德的最直接的农业伦理观的表达。

地的农业伦理学理解，初始阶段源自游牧时期逐水草而居，对地境的认知唯水草丰歉为土地资源的印记。

约在殷商武丁晚期（前1250—前1192），人类进入农耕定居时期以后，对土地的知识有所深化而分为两支。其中一支为地境与作物和家畜的繁育有关的知识类，即农业生产用地的知识分支。此为土地类型学与农业区划学之滥觞。

另一支为对民居生活的非生产的居留地，如宅地、城邑构筑用地和丧葬用地的认知。这个有关土地知识分支可概括为关于居民生时宅居之地与死后丧葬用地的认知。先民对于当下生活用地必然关心，对宅居、城邑、道路等用地的建设布局，在实用意义之中，寄托以吉、凶、祸、福的期许而加以探究。同时古人认为灵魂不灭，出于对逝者的尊重和伦理关怀，“事死如生”，生者对逝者墓地的选择也至为慎重。对人的宅居和丧葬用地的关注的知识发展为后来的堪舆学。关于堪舆学的土地伦理观在《周礼》中有颇多体现。周代设有土地官员“土训”，应为掌管土地法规一类的高层官员，其下有“土方氏”①为建立邦国城邑选择吉凶的官员。另有“冢人”，“冢人掌公墓之地，辨其

① 《周礼·夏官司马·土方氏》：“土方氏，掌土圭之法，以致日景。以土地相宅，而建邦国都鄙。”郑玄注、贾公彦疏《周礼注疏》，北京大学出版社，1999，第881页。

兆域而为之图。先王之葬居中，以昭穆为左右"[①]，还有"墓大夫"，掌管墓葬的位列[②]。此处"土方氏"所表现的土地伦理观，将土地之德所施之于生者，也施之于死者，是为堪舆学范畴。

地德对生者的社会含义是我们农业伦理学所应探讨的主体。农业伦理学所关注的地德，应为土地对农业相关的农业伦理观。

土地具有好生之德这一农业伦理观，可概括为人们对地境生命生存意义的认知。所谓地境，就是我们通常所说的生物赖以生存的空间，当然必然同时包含这一空间的时间要素。因为空间总是与时间并存的。我们现在是以空间为主题，即把土地作为主题来论证，时间是其必然内涵。先民对自己生存地境由不自觉到逐步趋于自觉，赋予多重含义。以现阶段的科学水平，对农业地境的伦理解读含有四重要义：一为地理地带性的伦理学认知；二为地境的类型学之伦理认知；三为地境的生态学伦理认知；四为土地耕作之伦理认知。

一　地理地带性的伦理学认知

地理地带性是生物赖以生存的生物圈内的巨型资源环境。土地构建因子包含非生物因子（Abiotic Factors）和生物因子（Biological Factors）。非生物因子先于生物而发生，对生物具有制约性。非生物因子包括土地因子和大气因子，我们统称为地境，为人类生存与发展所倚赖。这两类因子由于在地球上地理位置的不同而发生地带性差异，称为地理地带性[③]。地带性的实质是地球上水热分布的地理组合。不同的地带性有不同的水热组合，不同种类的水热组合模型都对应着相应的生物组合。水热组合与生物组合有密切的对应关联，是为农业伦理观发生之基底。中华民族生存与发展于四大土地板块之中，其农业伦理观发生之基底——地理地带性也迥然不同。本文暂以华夏族聚居的黄土高原南部和黄河中下游为框架展开论述。

中国对土地的农业类型学认知最早见于以黄土高原为原发地的《周

① 郑玄注、贾公彦疏《周礼注疏》，北京大学出版社，1999，第567页。

② 郑玄注、贾公彦疏《周礼注疏》，北京大学出版社，1999。

③ 地理地带性即通常所说的热带、温带、寒带及各个地带之间的过渡地带。

礼》："大司徒之职，掌建邦之土地之图与其人民之数，以佐王安扰邦国。以天下土地之图，周知九州之地域广轮之数，辨其山林、川泽、丘陵、坟衍、原隰之名物。而辨其邦国、都鄙之数，制其畿疆而沟封之，设其社稷之壝，而树之田主，各以其野之所宜木，遂以名其社与其野。"① 这是对邦国土地的概略描述。这里引起我们注意的是大司徒的职责为管理土地和土地上的居民。这是中华邦国职能的重要特色，这一特色延续至今。其职能类似今天的国土资源部和民政部。

《周礼·大司徒》中论述了土地类型，称之为"土会之法"，将土地分为山林、川泽、丘陵、坟衍、原隰五大类。"辨五地之物生：一曰山林，其动物宜毛物，其植物宜皂物。其民毛而方。二曰川泽，其动物宜鳞物，其植物宜膏物，其民黑而津。三曰丘陵，其动物宜羽物，其植物宜核物，其民专而长。四曰坟衍，其动物宜介物，其植物宜荚物，其民晳而瘠。五曰原隰，其动物宜蠃物，其植物宜丛物，其民丰肉而庳。因此五物者民之常。"② 这种土地类型学的理论，限于当时的科学水平，或有牵强附会不够恰当之处，但其分类系统本身的提出还是对土地与生物群落之间关联的认识，是对地境综合性理解的进步。

《周礼·大司徒》中的"土宜之法"对农业国家的认知和管理有重要意义。"以土宜之法，辨十有二土之名物，以相民宅而知其利害，以阜人民，以蕃鸟兽，以毓草木，以任土事。辨十有二壤之物而知其种，以教稼穑树艺，以土均之法辨五物九等，制天下之地征，以作民职，以令地贡，以敛财赋，以均齐天下之政。"③ 其中包含了土地利用、地上的物产和据以实行的对当地居民的贡赋政策等，已经直接进入农业生产与农业管理的核心。

到管子时代，人们就把土地分为息土、赤垆、黄唐、斥埴、坟衍五大类。依据土壤的肥力分上、中、下三级，等级以下又分 90 个土种。每一土种都备述其适宜生存的动植物，已经达到相当细致的水平，具有朴素生态系统的胚芽。现代土壤学的知识也从古人的记载中吸取了不少知识。例如现在的"垆土"一词就见于《管子·地员》篇。

① 郑玄注、贾公彦疏《周礼注疏》，北京大学出版社，1999，第 241 ~ 242 页。
② 郑玄注、贾公彦疏《周礼注疏》，北京大学出版社，1999，第 243 ~ 246 页。
③ 郑玄注、贾公彦疏《周礼注疏》，北京大学出版社，1999，第 248 ~ 250 页。

农业生态系统的非生物因素中，土地因素处于不可忽视的地位。中国古代，从《尚书》到诸子百家，多有论述，其中以《管子·地员》篇较为全面地阐述了当时对土地的生态学含义。它不仅系统地论述了土地类型与农业的生态学关联，还进一步涉及土著居民状况。

华夏族群经过漫长的历史过程，从部族到邦国，最后形成国家，族群聚居的土地，即今天我们所说的国家版图，历史上多有变迁，但其国土基本格局可大致分为四大区域，以青藏高原为中心，呈三个台阶式分布：第一台阶是高原雪域的青藏高原，第二台阶为云贵高原、黄土高原，第三台阶为东南和华北的等大江大河的冲积平原。第四个大区为与海洋隔绝的内陆地区，属高山冰雪融化灌溉的内陆河流域与荒漠，本区以河西走廊为纽带接连河西以北和新疆地区，是为内地与西域及其以北地区交流的通道，今天我们称之为丝绸之路。这一地区除了少数族群较为稳定外，其绝大多数变动不居，来去飘忽，难以追溯其踪迹。古代华夏族群聚居发祥于黄河流域的中下游，然后逐步扩展至长江及珠江流域。其活动中心，位于第二台阶的黄土高原和黄河中下游一带。这里正是三个台阶和内陆河流域的交汇地区。各个不同地带的自然和人文景观，在此交融碰撞，为我国多元伦理观提供了丰富的历史资源。至于东北地区，特色突出，就其土地格局而言，其主要冲积平原可纳入华北—东北平原，其山地则纳入第二台阶地带。

在上述四个地理人文景观中，华夏族聚居的黄土高原南部和黄河中下游地区，土壤与气候较适宜耕作，大小部族之间，征伐兼并频繁，族群为了各自的生存与发展，较早转入定居和农耕，并较早产生了农耕文明，古籍文献较为完整，本文有关土地伦理观阐述也多以此为依据。春秋后期，农耕文明逐步扩展到江淮流域。

中国土地管理一向与居民管理密不可分。这一点草原游牧社会与农耕社会没有不同，只是前者社会集体意识较强，而农耕社会以农户为单元，个体意识较强。因居民生活的多层次、多面向，必然扩大了中国土地管理的内涵。老子得出的发展规律是"人法地，地法天，天法道，道法自然"。实际上这里展示了中国特有的"从人出发、以人为本"的农业社会生态系统的层次观。这应该是我们中华民族农业伦理学的总纲领，意义重大。

中国传统农业社会生态系统的层次观反映于对土地认知的不同层次。第一个层次就是土地的地带性分异。在地带性分异的基础上，依据农业生态系统的基本要素，我们可将土地资源进一步分为土地类型学。在一定类型的土地上，人类从事的农业劳作，必然与土地自然特性相和合，才能达到农业劳作所期望的收获。这里既含有“人法地”伦理关联，也有人与地的和合生发的意涵，表述了人与自然的同一性，这是农业伦理学的基本要义。这一认知系统说明了人类作为自然的一部分，应当属于自然，而不是高于自然、统治自然，更不是奴役自然。从这里我们可反省过去300年来，随着工业革命的发展和达尔文主义“物竞天择”的理论宣扬，人类以其空前强大的石化动力和钢铁机械，对自然巧取豪夺，对生存资源发生剧烈争夺，期间发生了两次世界大战。但近来经过人们对自然生态系统和社会生态系统的研究以后，人们发现生态系统内部各个组分合作多于分裂，共赢多于零和。这是人类对自然生态系统和社会生态系统的认知的深化，即竞争排斥观念的另一面还存在着互利共存，而互利共存更为生态系统的常态。这使我们现代农业伦理学的认知获得了更富建设意义的实质性提高。

二　地境类型学的农业伦理学认知

“人法地”为农业活动在地带性基础上的进一步开展，就是人类遵循地带性原则，探讨其地境的类型学特征。地境类型特征，如前所述，中国有四大地带性，只是主要论及中国文献记载的华夏族聚居的黄河中下游及其影响地区，如春秋时期已受中原文化影响的江淮地区的吴楚和长江上游的巴蜀，将现代中国的绝大部分付诸阙如。因此在这里我们不得不以现代科学对土地类型加以扩充。

面对现代农业，我们对土地类型展开系统研究，在全球范围内建立了土地类型系统。这一系统阐述了分布于全球各地的不同土地类型的发生学联系，使原本互相分隔、纷纭杂陈的土地现象纳入一个发生学系统，揭示了世界各地的地境的内在联系。只有土地与生物生存和发展的条件相协调，才符合农业伦理学的基本原理。为了纠正农业活动中土地与生物不相协调这一认知缺陷，我们采用草地综合顺序分类系统（CSCS）[①] 制定的土地分类系统。该土地分类系统以地带性生态发生学系列，缀以标志性植被命名，将土地分

① 任继周：《分类、聚类与草原类型》，《草地学报》2008年第1期，第4~10页。

为10个类型。

（1）高山冻原草地（Frigid Alpine Desert）。K值[1] <2.0，>0℃年积温为<1300℃，为生物的主要限制因素。基本无农业利用价值，只可作为冰雪水源涵养区。向阳部分可生长藻类、苔藓植物，可供高山野生动物觅食。

（2）斯泰普草地（Steppe）。K值为0.9左右，>0℃年积温为3700℃～5300℃，为北半球的主要草地资源，多种有蹄类动物原生地，为重要畜牧业基地。

（3）温带湿润草地（Warm-subhumid Grassland）。K值1.2左右，>0℃年积温为3700℃～5300℃，属森林草原带，分布斯泰普与优质中生草地与林木。为世界和中国主要栽培丰产草地区。

（4）冷荒漠草地（Cool Desert Grassland）。K值<0.3，>0℃年积温为1700℃～3700℃。分布于温带荒漠地区，以高度在2m以下的旱生、超旱生灌丛为主，兼有旱生和超旱生草本植物。

（5）热荒漠草地（Hot Desert Grassland）。K值<0.3，>0℃年积温为7200℃～8000℃。分布于热带和南亚热带，合欢属小乔木为主，间有桉树类生长。普遍生长旱生草本植物。

（6）半荒漠草地（Semidesert Grassland）。K值为0.3～0.9，>0℃年积温为2300℃～3700℃。为荒漠和草原过渡地带，以高度2m以下的旱生灌丛和半灌丛为主，旱生草本普遍分布。

（7）萨王纳草地（Savanna）。K值为0.9～1.2，>0℃年积温为5300℃～8600℃。以桉树类乔木为主，普遍生长中高草本植物。

（8）温带森林草地（Temperate Grassland）。K值为1.2～2.0，>0℃年积温为1300℃～5300℃。以盖度大于60%且高度超过2m的乔木为主，林下生长草本植物。其中寒温带广泛分布针叶林，暖温带分布落叶阔叶—针叶混交林。林下多草本植物，毁林后可建立优质永久草地。

（9）亚热带森林草地（Subtropical Forest Grassland）。K值为1.5～2.0，>0℃年积温为5300℃～6200℃。主要为盖度大于60%，高度超过2m的常绿阔叶林。林下可生草本植物，毁林后可建立优质多年生草地。

---

① K=年均降水量/0.1* >0℃年积温。

（10）热带森林草地（Tropical Forest Grassland）。K 值为 2.0，>0℃年积温为>8000℃。以盖度大于 60% 且高度超过 2m 的常绿阔叶林为主，林间多藤本植物，林间隙地生长高大草本植物。

上述 10 类土地类型地理分布是认知土地资源与农业生态系统的总钥匙。人们的农业行为对类型的忽视，将使我们对农业资源配置陷于盲目，使物种与地境之间发生伦理学悖反，这样的农业系统必然难以和谐发展而不能持久。我们推广某些良种或某些农艺改良措施，应恪守类型相似性原则，以顺应其物种与地境和合的伦理关联。物种与地境和合程度，可以土地类型指数[①]为尺度加以估测。依据综合顺序分类法（CSCS）所规定的土地类型发生学原则，我们将物种原生地的土地类型，或某项措施的原发地的土地类型指数作为“1”，与引入地的土地类型相对比，计量其相似程度。类型指数越高，越接近于生物与地境和合伦理，引入成功率也越高。反之，则成功率降低。反省我们过去的农业活动，在这一方面错误频发，损失惨重。例如解放初期，将处于温带森林草地类的新西兰考利代半细毛羊引入甘肃的盐池县（现属宁夏回族自治区）饲养，将罗姆尼半细毛羊引入天祝高山牧场饲养。但是盐池属半荒漠草地大类，天祝属寒温干旱草地大类。按原产地的草原类型指数计算，其生存适宜度仅 0.3 上下，接近引入半细毛羊的生存禁区，最终全军覆没。以后将考利代半细毛羊引入贵州的威宁，罗姆尼半细毛羊引入云南的寻甸，两者生存适宜度均为 80% 左右，则繁殖发育良好。至于引种树木、牧草，推广某项农业措施违背农业土地伦理原则的乖谬行为不胜枚举，对我国农业的现代化造成的障碍可想而知。

三　土地生态学的伦理学认知

（一）农业生物的多样性

人类属杂食动物，有水生食物和陆生食物，食物源带谱宽阔。但随着社会文明程度的发展，生产和生活方式的改变，食物生产在性价比的选择下，食物生产逐步趋于简化。但人类对于食物往往表现为需求无厌，“天生万

① 任继周：《草业科学论纲》，江苏科学技术出版社，2012，第 289~292 页。

物，唯人为贵”[①]，这赤裸裸地暴露了人的自我中心思想，以万物为奴仆而任意驱使宰割。这类远离伦理学原则的非正义思维，在中华民族发展的历史长卷中，不时被浓墨重彩地凸显出来，造成众多历史性失误，是中国传统农业伦理学中不容回避的疮痕。

自然之道告诉我们，陆地生态系统，多种生物繁缛共生，人作为陆地生态系统组分之一，不应自外于生态系统，更不能凌驾于生态系统。当人类随着时代的发展，以越来越强大的力量干预自然生态系统，驱使它的某些组分牺牲各自的生存权与发展权，造成不良后果，也必将殃及人类本身，使其丧失其生存权与发展权。

我们应遵循生态系统的基本规律，亦即农艺的必要伦理学范畴，人类才能与天地万物共生长存。中国传统农业原本据有较为复杂的种质资源，亦即农业生物多样性的有利基础。古人以食用和祭祀用价值认定食物的“重要值”[②]。古人的食物与祭祀用的祭品相通，但有时也采用代用祭品。我们可从两者的历史文献记载中判断食物的演变状态。

（1）动物性食物源。古华夏大地的居民源于以羲娲氏为代表的族群，其最初的食物构成，应始于渔猎时期，他们食物的首选，应是动物性食物。《周礼·天官·庖人》“掌共六畜、六兽、六禽”[③]的记载中，古人为应天地六合之义，以六为大数，多敷衍采用，实则六表众多之意。周礼将“六畜”置六兽之前，但揆诸史实，六兽应早于六畜的出现。因周礼出于战国、秦汉之际，此时已远离渔猎社会而进入农耕社会，按照农耕社会的习俗，将六畜置于六兽之前。实际在六兽之前应该还有鱼类。我们常说的渔猎社会，鱼作为食物源应与猎并列，甚至其重要性大于猎获的陆地动物。摩尔根在《古代社会》中，将鱼类食物作为最早的食物源，他甚至认为人类社会发展阶段的低级蒙昧社会的特征就是“止于鱼类食物和用火知识的获得”[④]。

六兽，据《周礼》郑玄注，为麋、鹿、熊、麇、野豕、兔。如六兽有缺，以狼替补。实际在渔猎时期，人们所食用的动物远多于六种，例如鱼类

① 刘向撰《说苑》，向宗鲁校正，中华书局，1987，第429页。

② 重要值，生态学中对各类生物在整体群落中所占价值判定的相对指标。

③ 郑玄注、贾公彦疏《周礼注疏》，北京大学出版社，1999，第86页。

④ 摩尔根：《古代社会》，杨东莼、马雍、马巨译，商务印书馆，1981，第9页。

等水产品，就是重要的食物源。先民的食物主要品种与祭祀用的供品没有区别。

六畜，也称六扰或六牲①。六畜都属驯养动物，表明先民已经进入定居时期，至夏商周时期已普遍饲养。一般是指马、牛、羊、豕、犬、鸡。祭祀用的五牲依次是“牛羊豕鸡狗”。古人认为马与龙通，称为“龙马”，伦理地位高于一般家畜，不用于祭祀。其中马、牛、羊为草食家畜，豕、犬、鸡为杂食动物，与人的食性相近，易于饲养，应为人类由游牧转到定居以后的家养动物。

六禽为雁、鹑、鷃、雉、鸠、鸽，实际也是禽类泛指的大数。这六种指定的禽类是常见主要品种，在《诗经》及古籍中多见。

（2）植物性食物源农作物种类繁多。早期人类一般食用植物性种子，种类繁杂，取多种草籽为食②，有百谷之称③，但产量与品质都极其混杂，后经长期选育，到西周时期就从中选育出几种主要禾谷类作物，泛称为五谷，即麻、黍、稷、麦、豆等五种主要作物。后来由中原文明经黄河流域向南扩展到江淮流域，作为五谷之一的“麻”让位于食用价值更高的“稻”，五谷改为“稻、黍、稷、麦、豆”，麻，只用作纤维植物。种类繁多的蔬菜、瓜果等也成为不可缺少的食用植物。

战国时期兼并之风大盛，为适应战争需要的农耕文明大发展，定居的耕地农业系统，在小农经营方式下，为了积粮备战的需求，社会食物供求系统逐渐集中于易于贮存和运输的谷类作物。动物类食物被逐渐压缩。至汉代，农业被定义为“辟土殖谷曰农”④，直到近世简化为“以粮为纲”的农业格局。农业生物的多样性被忽视。耕地农业连续两千多年，流弊丛生，如地力衰减、植病流行、土地生产效益减少、居民食物营养元素缺失等，都严重限制了中国农业的发展。

---

① 郑玄注、贾公彦疏《周礼注疏》，北京大学出版社，1999，第872～873页。

② 至今非洲北部仍以知风草（Eragrostis Japonica 及 E. ferruginea）种子为主要栽培食物。

③《书·舜典》：“帝曰：弃，黎民阻饥，汝后稷，播时百谷。”《诗·豳风·七月》：“亟其乘屋，其始播百谷。”《史记·五帝本纪》：“时播百谷草木。”《史记·殷本纪》：“后稷降播，农殖百谷。”《说文》释为谷之总名。稻、粱、菽各二十，蔬、果、助谷各二十也。

④ 班固：《汉书》，中华书局，1962，第1118页。

（二）农业生物的生态互补性对于土地利用的意义

农业生物受土地肥瘦、光照多少、水分丰歉、温度高低等多种非生物因素的影响，造就了农作物品种间分布的互补性幅度，即中国传统农业所称的“地宜”和“时宜”伦理观。

（1）农用土地利用植物的互补作用。农业生态系统应包含不同类型的植物，组成尽可能完备合理的群体，充分利用当地水、土、光、热资源，获取最高生产效益，以尽天时地利，顺应伦理之道。农业植物按其对土壤水分的适应性特征，可分为超旱生、旱生、中生、湿生、水生等类型，适当搭配，可以扩大土地的植被覆盖；按其对土壤的肥力适应特征，可分为喜肥和耐瘠薄等类型；按其对土壤盐碱的适应特征，可分为盐生植物、耐盐植物，耐酸植物和嗜酸植物等类型，可利用多种盐碱程度的土壤获取农业效益；按其对光照需求特征，可分为喜光植物、耐阴植物及其中间的过渡类型；按其生活性特征，可分为草本、灌木、小乔木、乔木、攀援型草本植物和藤本等类型。如将植物的光照特征与生活习性合理组合，可以形成不同高度的地被植物层，以充分利用地上空间，增加土地承载力。按其根的分布特征来分，有深根植物、浅根植物等多种不同根深的植物，可充分利用不同土层的水分和营养元素，提高土地的肥力效率。如按其寿命来分，可分为一年生、越年一年生、二年生以及不同寿命的多年生植物，利用这些特性，可以组建农用作物的倒茬设计，提高土地生产效益。土地的自然禀赋丰厚，我们的农业往往未尽其用，无异于货弃于地。

（2）土地利用的多层性经济与伦理观意义。农业生产系统本身具有多层性，即前植物生产层、植物生产层、动物生产层、后生物生产层。这是从自然生态系统本身的规律衍发而来。自然生态系统中含有植物生产和动物生产两个营养级，前者称为第一性生产，后者称为第二性生产。但在人的农艺劳动介入以后，随着社会文明的发展，人们将自然生态系统向植物生产层以前延伸，发生了前植物生产层；向动物生产层以后延伸，发生了后生物生产层。

前植物生产层，以原生态状态作为产品贡献社会，如水土保持、水源涵养、风景旅游、防风固沙等，不以收获农产品为主要目的农艺行为，这种不管理的管理，看来容易，实则需要严密监测其系统的整体动态，以适当的方式通过生态系统自组织过程，维持其景观的持续发展，需要更高水平的科学技术。前植物生产层的伦理学含义，随着社会文明程度的提高，对社会的贡献逐渐被重视。一旦碳贸易纳入常规市场，其经济价值也不容忽视。

植物生产层，这是人所共知的农业常规活动，如粮食、棉花、油料、牧草、果蔬、林木等为大家所熟知的植物性农业生产，是农业生产系统中最根本的产业层。

动物生产层，将植物生产的部分产品作为动物食物源，变为动物产品。在植物生产收获的产品中能够为人类直接利用的部分不过25%，其余大半产品需草食动物和腐食动物（如蚯蚓等）加以转化，并由此引发肉食动物和以动物为食物源间接转化的农产品。其经济效益一般高于植物生产层，至少不低于植物生产层。发达国家农业系统中动物产品的产值一般高于植物产品原因就在于此。

后生物生产层，上述各个生产层的产品加工流通等市场行为，其中包含了工业、信息、交通运输、经济管理等多项现代科学技术。它所创造的效益往往高于前几个生产层的总和。

上述几个生产层呈现一条高度现代化手段构成的农业产业链，它蕴涵了两重含义，其一，生态系统物质循环利用的精髓，前一个生产层产生的“废料”，是下一个生产层所赖以生存的食物源，如此逐级利用，将系统本身产生的废弃物消耗殆尽，是为“循环经济”，昭示了现代农业伦理观珍视自然赐予的重大意涵。其中任何一个生产层的缺失或不够完善，都是我们所常说的“暴殄天物”，对自然规律不够敬重。反思我们自汉代以来“辟土殖谷曰农”和晚近提倡的“以粮为纲”的农业结构，只利用植物生产层中的少部分产品，其他三个生产层或利用不足，或根本任其荒弃于地，其资源之浪费、伦理观的缺失何等严重。其二，各层之间可发生系统耦合导致显著的效益放大。其放大倍数可从数倍到百倍①②。这里揭示了一个重大伦理原则，即多层次的现代化农业文明与传统“农耕文明”的重大区别。

① 任继周、万长春：《系统耦合与草地农业系统》，《草业学报》1994年第3期，第1~8页。

② 任继周：《系统耦合在大农业中的战略意义》，《科学》1999年第6期，第12~14页。

四　土地耕作之伦理学认知

我们所耕作的任一地块，都属于以上所说的某一土地类型。在土地类型的基础上，我们所从事的农艺，其措施还必须依据正确的伦理认知，才能得到满意的收成，否则就会适得其反。耕作的伦理认知包括几大要素。

（一）耕作技艺需与光资源协调

绿色植物对光的适应性可由喜光植物到耐阴植物，包含多种等级。应根据其喜光或耐阴程度，安排其耕作季节、栽培位点，并选择适当栽培技艺。

（二）耕作技艺需与土壤水分协调

肥沃的土壤有很好的蓄水能力。依据作物的喜水程度，可分为旱生、中生、湿生、水生等几大类。于此需关注两类伦理问题：一是尊重水土相配合的自然属性，例如在干旱区造林，就是悖反伦理的；二是应发挥土地的蓄水能力，尽可能将水留在土壤中，充分发挥土壤的保墒能力，而不是过分排水。对于水资源短缺的我国来说，我们尤其应给予水资源以伦理关怀。

（三）耕作需与热资源协调

耕作农艺与热资源的调节和利用紧密协调，是适应农业地宜和时宜的重要手段。农作物的倒茬、地块选择以及作物品种的选择都不应该脱离热资源的条件，尤其是品种的引入与输出，都要慎重计量其与土地类型的适应性指数。

（四）耕作需与肥力资源相协调

农业用地的土地肥力是长期农业劳动培养的成果。从这个意义上说，土壤既是劳动的对象，也是劳动的产物。土地的基本肥力正是依靠正确的耕作技艺培养与不断调节所得。离开适当的农艺措施，土地肥力将难以维持。

（五）耕作需与种质资源协调

种质资源的好坏，是种质本身与其生境土地资源互相协调的综合表现。因此我们通常所说的“良种”其语义是不完整的。由于品种与生长地境的适宜度指数的差异，对此地来说的良种，在彼地可能表现为劣种。其优劣表达可能存在几个等级。

总之，土地需要农业耕作技艺不断加以协调与保养，以保持其合理的组织与结构。土地肥力协调与保养之道，可大体归纳为上述五项。

五 结语

儒家的天地人“三才”说盛行于中国，但老子的“人法地，地法天，天法道，道法自然”，以人为本的“人、地、天、道”的“四大”说更切合农事活动的内在联系。[①] 因农业系统生存与发展的最终依归为自然大道。儒家的三才说缺了“道”这个表述自然的最高范畴，导致传统耕地农业舛误多发而不自知。

华夏族群居留地经过漫长的历史演变，大致稳定于三个阶梯，即青藏高原、云贵高原和黄土高原以及江河下游的冲积平原；六大板块，即青藏高原、东部冲积平原、东南冲积平原及两者之间的过渡地带——云贵高原和黄土高原、内陆河流域和东北地区。

人类对土地的伦理学认知由混沌到清晰，其伦理学解读有前述四重要义，其农业伦理学内涵逐层加深，环环相扣，构建完整的农业伦理学系统。在此伦理学系统中，农业地境的类型学位居中枢。把土地类型学理解准确，农业伦理学的其他三个层自有立足处，从而使农事活动融汇圆熟，无所干葛。这是农业伦理学的多维结构中，地为四维之一的枢纽所在。农事活动中一旦类型维有所缺失，则农业活动必将漏洞百出，破败难收。

我们尤须关注农业多层结构的蕴涵。此为将结构简单扁平的传统“耕地农业”伦理观发展为结构丰富厚实的现代农业伦理观的动因，也是现代农业文明对传统“农耕文明”的重大发展，发人深思。

（原文刊载于《兰州大学学报》（社会科学版）2017 年第 6 期）

---

① 任继周：《中国农业伦理学史料汇编》，江苏凤凰科学技术出版社，2015。

草地生态生产力的界定及其伦理学诠释

任继周*

（一）生态生产力界定

生态生产力一词是由草地生态生产力衍生而来。草地生态生产力（Ecological Productivity of Grassland）是"在不破坏生态系统的健康状态下所表现的生产水平"①。笔者于1992年②提出这一概念以来，得到了广泛认同。近来就当前农业生产中所遇到的问题，深感有进一步加以界定，并给以伦理学诠释的必要。

首先，什么是草地生态生产力？过去我们停留于常识性理解，没有予以科学界定。现在出于草业科学管理的需要，对草地生态生产力有必要做出科学界定。草地生产力有多种表述方式。初级净生物产量（NPP），比较客观地反映生态系统的植物光合作用的生物量，为研究生态系统理论所常用。草地管理者常以此为基础，估测植被的地上生物量，来计算草地的承载能力，即通常所说的载畜量（Carrying Capacity）。但是从草地牧草生产到草地被利用，再到以其健康阈值来判断草地生态生产力，至少要经过6个

* 作者简介：任继周，兰州大学草地农业科技学院教授，中国工程院院士，研究领域为草原学、草原调查与规划、草原生态化学、草地农业生态学系统和农业伦理学等。

① 任继周：《草业大辞典》，中国农业出版社，2008，第73页。

② 任继周：《黄土高原草地的生态生产力特征》，黄土高原农业系统学术讨论会论文集，1992，第3~5页。

转化阶[1]，每一个转化阶都要经过检测[2]，过程复杂而费时。目前以 CVOR[3] 的草地健康评价指标检测草地生态生产力较为简便而准确。据此，草地的生态生产力可界定为：草地在某一利用方式之下，经过健康评价，其生态系统处于健康阈的草地，其利用程度可被认为属草地生态生产力利用水平，这时草地所表现的生产水平称为草地生态生产力，亦即在不破坏生态系统的健康状态下所表现的生产水平。草地利用方式不同，其生产力水平相差悬殊，其差异幅度可达 26 倍到上百倍。[4] 单纯以牧草产量作为草地生产力指标而做出利用规划不够安全，可能造成严重不良后果。

提出草地生态生产力的本意是给出一个客观、本真的草地生产力，防止草地利用过度，避免生态赤字，遏制草原退化，保持后续草地生产力稳定发展。草地生态生产力概念引发的生态效益，可概括为下列几项：保持植被的生物量稳定或有所增长；保持和植被植物学成分正常均衡；保持生草土肥力不致下降或有所提高；保持放牧家畜正常生长发育；保持草地生产水平、经济收益稳定发展。草地生态生产力是草原生态系统有序度的具体表征和保障，而有序度是任何生态系统所不可忽视的。

依据上述原理，各个不同农业生态系统应该有其独特的生态生产力。其测定方法各异，但基本含义相同，因此草地生产力也不妨泛称为农业生态生产力。但为了论述简约，本文仍以草地生态生产力为论述依据。

草地生态生产力对草地健康状况的影响广泛而深刻，是草地管理的重要概念。然而不止于此，草地生态生产力还有其伦理学内涵。

（二）草地生态生产力的伦理学诠释

草地农业是大农业系统中结构最繁复的一个分支。现代农业的多功能性，迫使我们对草地农业系统的生态生产力做农业伦理学思考。伦理学门派

---

① 任继周、王钦、胡自治等：《草原生产流程及草原季节畜牧业》，《中国农业科学》1978 年第 2 期，第 87～92 页。

② 任继周、朱兴运、王钦等：《高山草原草地有效生产能力（P_4）以前诸转化阶生产能力动态的研究》，《生态学杂志》1982 年第 2 期，第 1～8 页。

③ 侯扶江、于应文、傅华等：《阿拉善草地健康评价的 CVOR 指数》，《草业学报》2004 年第 4 期，第 117～126 页。

④ 任继周：《草原生态系统生产效益的放大》，《中国草原与牧草》1988 年第 3 期，第 7～8 页。

众多、理论杂驳，但落实到农业伦理学，不外乎农业生态系统为保持其健康状态，包含它所衍生的异化价值，所需要的付出与收入的合理性评价。生态生产力伦理学评估系统，主要应依据其生产过程和为此投入于产品分配的合理性与正义性。

第一，不违农时。草地农业生产活动须遵循严格的时序逻辑，“不违农时”，是一切农事活动的首要伦理准则。草地农业是与自然本体融合最密切的农业分支，与天时的积极配合尤为重要。如以放牧为主的生产方式，不同自然地理和地貌学的物候学特征从多方面影响其生产过程和市场效益。只有将农业动植物的生育期与当地物候节律紧密配合，才能获得最大生态生产力。

第二，取予有度。伦理原则要求保持草地生态生产力的当前收益与后续收益的均衡，即所谓“帅天地之度以定取予”。这不仅有利于生产管理和市场占有的常态运行，也有利于后续生产者的正当权益的保障。取予失常，尤其过分榨取的掠夺式生产，必然引发生态赤字，即前人预支了后人的生态资源，属于伦理学非正义行为。

第三，生态补偿。生态产力概念为生态补偿提供计量依据。维持生态生产力，往往需要某些措施，如放牧家畜头数与放牧时间的限制，放牧率的调剂，某些放牧地块的定期休闲，以及采取某些草地改良措施等，都需要一定投入。这些投入都是维持生态生产力的成本。这些成本的收回需要对生态生产力的各个环节加以计量，然后核算应付的生态补偿。至于代际（父代与子代之间）、行业际（如工矿业与草业之间）和地域际（草地生态系统地区对城市、农耕地、河流的上游与下游之间等）的生态关联，都需要依据维持生态生产力付出的成本，计量其生态补偿，制定生态补偿方案。可通过公积金的缴纳、政府税收项目等，来调剂其生态机制，给以生态补偿。在生态补偿中需要特别强调两类伦理原关怀：一是对于直接生产者农牧民的福利关怀；二是对草地的生态受损的补偿关怀。前者是生态生产力的直接维护者，后者是生态生产力的提供者。两者应是生态补偿的重点对象。

第四，资源保护。为了保护生态资源而做出的必要支付应给以回报，也是生态补偿的特殊方式。这类补偿的实质在于维持保护区的生态生产力，避免生态衰竭。随着社会的发展，这类生态补偿越来越多。例如为了保持草地生态生产力而进行种群调节；为了观测生态健康动态而设立的某些生物多样性保护区；为了保护某些濒危动植物品种而采取某些措施等，需要根据保护区或保护目标种群的不同目的，进行定位研究，设计研究项目和观测方案。然后依据研究成果制定管理措施，这都需要一定的付出。这里普遍存在一种误解，认为一切保护对象都是绝对不能触动的，不要任何成本的自然过程。诚然，有些保护区，目的在于观察其生物群落的自然演替规律，必须排除任何人为干扰，但这种避免干扰本身也需要一定成本。至于要保持现有景观的自然保护区，为了维持其相对静态的生态生产力，长久维持其原本景观而不变样，看似不管理的管理，实际上是建立一种严格的生态平衡的偏途演替，其科学含量很高，绝非易事，需要必要付出。又如某些家畜地方品种的保存；某些濒危动物的保护，大象、老虎、云豹、狼等，它们被迫在狭窄的空间内挣扎求存，人居与野生动物处于平等竞争环境，当地人居常为此付出代价，成为一种特殊生态负担，这是生态生产力的悖论。这类负担属自然—社会复合生态系统中农业伦理特例，不应把这类负担完全交给当地生态系统背负，尤其不该由当地群众背负。从生态生产力的广域视角审视，应进行系统性研究并给以生态补偿。

（三）结束语

由草地生态生产力衍生而来的农业生态生产力，保护了农业的完整属性和美好形态。简单地说，草地生态生产力是“在不破坏生态系统的健康状态下所表现的生产力水平”。它规定农业在保持生态健康的前提下获取产品，从而保持了农业生态系统的勃勃生机，历久常新。

草地的生态生产力可以 CVOR 这一比较规范的方法来求解草地生态系统的健康阈限。这个阈限之内所表现的生产力被认定为草地的生态生产力。其他农业系统也应该各有自己的健康阈限，来表述各自的生态生产力。

一旦离开这一阈限，人们所认知的草地生产力就背离生态生产力，可能伤及生态系统本身。它们的误差可达近 20 倍到上百倍。据此而做出草地的利用管理决策风险很大。

农业的多功能特色，随着社会文明的提高而日益突出。因而伦理学对农业的拷问也相继而来。运作以时，取予有度是保持生态生产力的主要因素。面对繁多的农业开发和维护草地的生态生产力持续发展，生态补偿是我们今天所应采取的必要手段。生态系统科学和农业伦理学为我们提供了打开难题之门的钥匙。

生态生产力是农业生态系统的完美形态的载体。它生生不息，与天地共存，成为多样生命、多种方式生存的家园。它创造的和谐景观是人类的宝贵财富，其中蕴涵了优美、醇厚的精神产品。所谓田园诗歌、画卷、音乐等，都是由此延伸的伦理境界。遗憾的是，人们对生态生产力的这一内涵还缺乏认识，做了许多背离生态生产力的错事，把生态系统搞得千疮百孔、面目全非，美其名曰“开发”而自毁家园。我们应该深刻反省。

（原文刊载于《草业学报》2015 年第 24 卷第 1 期）

东西方传统农业伦理思想初探

严火其*

农业是通过人工管理，利用动植物的生物机能，利用自然界的阳光、空气、土壤、水源等条件，为人类生产农副产品和部分工业原料的社会生产部门。人类在土地上劳作，对动植物进行管理，这都牵涉到人与自然的关系，人与万物的关系。人类的自然观以及人对自然界的基本看法制约和决定了传统的农业伦理。

西方文明是以古希腊文化为源头发展起来的。亚里士多德认为，人为制造的也好，自然界自己产生的也好，任何一个事物要存在都必须具有四个方面的原因，也即质料因、形式因、动力因和目的因。质料因是构成事物的材料或基质；形式因是决定事物“是什么”的本质规定性；动力因是事物形成、运动或变化的动力；目的因则为事物发展的目标。这里有重要意义的是，质料本身只是基质，它自身不能运动，质料运动的动力在质料之外。亚里士多德说：“阅读古代学术著作时使人感觉到，自然哲学家似乎只是同质料发生关系。如恩培多克勒和德谟克利特关于事物的形式亦即本质谈得少得可怜。”[①] 由于许多希腊人只谈质料，而质料本身不能运动，这使古代希腊人的世界观有一种机械论的意味。

* 作者简介：严火其，南京农业大学政治学院教授，研究领域为农学思想史、科学技术哲学、科学技术史。

① 亚里士多德：《物理学》，商务印书馆，1982，第48页。

与对自然界理解的机械论倾向不同，古希腊人高度推崇和赞赏人的主体性和人的理性。古希腊人认为“人是理性的动物”，因此人就应该过一种以理性为根据的生活。亚里士多德说：“除了人类，动物凭现象与记忆而生活着，很少相关联的经验；但人类还凭技术与理智而生活。”① 在亚里士多德看来，“凭技术与理智而生活”是人所应有和人所特有的生活方式。凭技术与理智而生活意味着用理智来认识自然规律，用技术来变革自然。

在希腊人的世界中，质料只是被动的物质基质，人则是积极主动的力量。人跟自然、人跟万物的伦理关系的基本倾向就表现为，人应该积极地发扬自己的理性，人可以任意地利用周围的各种资源，利用各种植物和动物。人对各种资源，对动物、植物利用的限度主要就是人类对这些事物的认识，人类利用这些事物的能力。

西方传统的另一个重要支柱是基督教的各种教义。在基督教中，神按照神的形象造人，使人“管理海里的鱼、空中的鸟、地上的牲畜和全地，并地上所爬的一切昆虫”。上帝要人“生养众多，遍满地面，治理这地，也要管理海里的鱼、空中的鸟和地上各样行动的活物”。神说：“地上的各种野兽、天空的各种飞鸟、地上的各种爬虫和水中的各种游鱼，都要对你们表示惊恐畏惧；这一切都已交在你们手中……我已把这一切赐给你们。”（《圣经·创世纪》）由于上帝把动物、植物和大地都交由人来控制和管理，人要怎么利用就怎么利用，要怎么管理就怎么管理。人利用动物、植物和土地时的伦理约束是很少的。

与西方传统不同，中国传统自然观的核心是元气论。在元气论自然观看来，整个世界是一团气，这团气自我运动。万事万物在气的运动过程中自然而然地产生，万事万物也随着气的运动而运动。因此，气既是质料因，同时也是形式因、动力因和目的因。

人与万物一样，在气的运动过程中产生，随着气的运动而运动，要受到气运动基本规律的制约。这种自然观的一个必然结果就是，在中国人看来，“天”（即自然界）是大的，人则是渺小的。气的运动既为人的存在提供了条件，同时也给出了限制。因此，中国传统农业伦理的一个基本倾向是要尊

① 亚里士多德：《形而上学》，吴寿彭译，商务印书馆，1959，第4页。

重自然，顺应自然，合理而有节制地利用自然。

《吕氏春秋·审时》说："夫稼，为之者人也，生之者地也，养之者天也。"因此，农业生产是人类对天时、地利条件的利用。人类对天时、地利条件利用的一个基本原则是"顺"。例如对天时的利用，不管是播种还是土壤耕作，都要顺时。先时、后时都是失时。以土壤耕作来说，"春候地气始通，橛木桄尺二寸，埋尺见其二寸。立春后土块散，上没橛，陈根可拔，此时二十日以后，和气即土刚，以此时耕，一而当四。和气去，耕，四不当一。"（《氾胜之书》）合天时的时候耕，"一而当四"；不合天时的时候耕，"四不当一"。对地利的利用也是一样。《吕氏春秋·任地》提出的土壤利用的基本原则是"凡耕之大方，力者欲柔，柔者欲力，息者欲劳，劳者欲息，棘者欲肥，肥者欲棘，急者欲缓，缓者欲急。湿者欲燥，燥者欲湿"。根据土壤不同的地利条件进行相应的耕作和利用。

马一农《农说》指出："合天时、地脉、物性之宜，而无所差失，则事半而功倍矣。"张标《农丹》则说："天有时，地有气，物有情，悉以人事司其柄。"农业生产不仅要合天时、地宜，而且要合物性。只有根据各种作物物性的特点，"遂其畅茂条达之性"，农业才能丰产丰收。

我国传统农学主张"夫稼，为之者人也"，人是农业生产的关键。但中国传统的农业伦理主张，人在农业生产中不能任意作为。人类的行为应该以尊重自然、顺应自然为前提。在此前提下，我国传统主张合理而有节制地利用自然界的资源。《荀子·王制》指出："草木荣华滋硕之时则斧斤不入山林，不夭其生，不绝其长也；鼋鼍、鱼鳖、鳅鳣孕别之时，罔罟、毒药不入泽，不夭其生，不绝其长也；春耕、夏耘、秋收、冬藏，四者不失时，故五谷不绝而百姓有余食也；污池、渊沼、川泽谨其时禁，故鱼鳖优多而百姓有余用也；斩伐养长不失其时，故山林不童而百姓有余材也"。我国人民反对"竭泽而渔""焚薮而田"地利用自然界。

在中国传统看来，"财（同裁）非其类，以养其类，夫是之谓天养。顺其类者谓之福，逆其类者谓之祸，夫是之谓天政。"（《荀子·天论》）自然界的事物相互依存，相互利用，彼此互为生存和发展的条件。正如狼吃羊是合理的一样，人对植物和动物的利用，以植物和动物为食也是合理的。这是"天养"，是"天政"，是人们不应也不能逃避的。虽然其中有"顺其类者”，有“逆其类者”，但这是自然界的正常状态。我国人民不是素食主义者，但涸竭自然界的资源，把一些物种都弄绝了，则是我国人民所坚决反对的。“竭泽而渔，岂不获得，而明年无鱼；焚薮而田，岂不获得，而明年无兽。”（《吕氏春秋·义赏》）中国传统反对竭泽而渔，焚薮而田的利用自然界资源的方式。

中国传统对资源的利用主张“范围天地之化而不过，曲成万物而不遗”（《周易·系辞上》）。人类对自然的利用应该仿照天地之化育万物而不使其有所偏差，曲尽细密地助成万物而不使有所遗漏。自然界的任何事物都有存在的权利，把某些物种弄绝了显然是违反自然的。人类对自然资源的利用应该普遍促进自然界的繁荣，以增加人类可以利用的资源量；维持自然界各种资源之间的平衡，不至于因为人类的利用而破坏了原来生物之间正常的比例关系。

与中国传统尊重自然、顺应自然，合理而有节制地利用自然界的资源不同，西方传统主张利用我们的理性认识自然界的规律，运用技术来变革自然。对自然资源利用的限度是我们对自然界的认识程度，是我们变革自然界的能力。例如在农业生产上，西方利用科学认识各种作物的生理特点，认识各种作物对光照、温度、湿度、矿质养分等的需要，然后利用技术手段来满足作物的需要。现代化的大型温室就是这样的一个典型。在这样的温室中，人们运用光、电、机械等设施，控制温室内的环境，从而实现单位面积作物的高产量。

西方这种变革自然、任意操作自然的态度是中国传统所反对的。根据《汉书·召信臣传》的描述，在汉代的时候，“太官园种冬生葱韭菜茹，覆以屋庑，昼夜燃蕴火，待温气乃生”。当时，这种人工增温，温室栽培的做法遭到了一些大臣的反对。召信臣等大臣认为，“此皆不时之物，有伤于人”。其他季节生长、食用的东西，现在通过人工增温，冬天生产冬天食用，是违反自然的。违反自然的生产和活动是不恰当的，必然对人有害，因此不宜栽培，不应食用。召信臣等的这一主张得到朝廷的认同，“省费岁数千万”。由于我国人民对不时之物的反对，温室栽培技术在我国很长一段时期里都失传了。《庄子·在宥》反对“欲取天地之精，以佐五谷……欲官阴阳以遂群生”的活动，表达了同样的态度。

害虫危害是农业生产的大敌，常给农民的收成造成重大灾难。为了减轻害虫危害，西方传统主张，运用科学认识害虫的生物学习性，认识害虫发生的条件，然后运用技术手段来控制害虫危害或消灭害虫。控制害虫发生的条件，来控制害虫往往难以实现。因为有利于作物生长的条件往往也有利于这种作物上相应害虫的生长；要环境条件使害虫难以生长，作物往往也难以有好的收成。西方传统控制害虫危害的理想办法就是设法消灭害虫。化学农药就是在这样的逻辑指导下发展起来的。

与西方控制害虫危害的思路不同，中国传统社会对害虫的发生有完全不同的观念，从而有完全不同的防治害虫危害的办法。在《二十四史》中记载了各种虫灾，并且有时虫灾还极为严重，但《二十四史》中并没有害虫一说，我国人民一般不将蝗虫等称为害虫，也即它们是虫，但并不是害虫。“害虫”与人一样，是自然界造化的产物，具有与人同等的在自然界生存的权利，因此不应被称为害虫。在中国传统看来，“万物并育而不相害，道并行而不相悖。”（《中庸》），各种生物在自然界共同存在，它们并不是一种相互对立的关系，而是一个相互依存，各得其所的共同体。在尊重自然、顺应自然的前提下，人类应该与万物共同存在，并各得其所。

中国传统相信，自然界中气的运动有其固有的规律。人们只有尊重自然并顺应自然，气的运动才会保持常规，就会风调雨顺。但气的运动为什么会偏离常规，会有各种反常，有大规模的虫灾呢？中国传统认为，虫灾的发生是人违反自然，盲目作为的结果。《国语·周语上》说：“夫天地之气，不失其序；若过其序，民乱之也”。因此害虫发生的原因不在虫这方面，而在人这方面。例如《礼记·月令》指出：仲春行夏令，“则国乃大旱，暖气早来，虫螟为害”。孟夏行春令，“则蝗虫为灾，暴风来格，秀草不实”。孟秋行冬令，“则阴气大胜，介虫败谷，戎兵乃来”。仲秋行夏令，“则其国乃旱，蛰虫不藏，五谷复生”。孟冬行夏令，“则国多风暴，方冬不寒，蛰虫复出”。仲冬行春令，“则蝗虫为败，水泉咸竭，民多疥疠”。人违反自然的不当行为导致了害虫的发生。因此，要防止昆虫为害，就不是要从根本上消灭害虫，而是要回到尊重自然、顺应自然的轨道上来。只要人们尊重自然、顺应自然就不会有害虫的大规模发生。这与西方传统“消灭害虫”以防止害虫危害的逻辑完全不同。

《淮南子·主术训》主张“昆虫未蛰，不得以火烧田”，《礼记·王制》说“昆虫未蛰，不以火田”。以火烧田，是农民们在作物收获后，以火烧除去田间作物残桩和杂草的作业。传统“昆虫未蛰，不得以火烧田”的规定，表明了我国社会保障“害虫”生存权利的思想。《齐民要术·耕田》反对秋天耕田过迟的理由之一也是，耕田过晚“逆天道，害蛰虫”。在过晚的季节耕田，把冬眠在土壤里的昆虫翻出来冻死了。

我国人民在观念上不主张消灭害虫，但在现实的农业生产中，害虫的大规模发生还是啃食了庄稼，影响农民的收成。我国人民在现实中又如何来控制害虫的危害呢？我国传统社会主张通过一系列的生物和物理措施来预防和减轻害虫危害。这些措施大致有：种植多样化；多耕多锄；合理轮作；恰当的水、肥管理；整治田间环境；种子处理等。这些控制害虫危害的措施与西方用化学农药消灭害虫的措施有原则性的不同。

中国传统社会有自己的土地观念和土壤肥力理论，有自己的一套用地养地、保持土壤肥力的技术措施。中国社会与西方有不同的土地观念。汉代思想家班固说：“地者，易也。言养万物怀妊，交易变化也。”（《白虎通德论·天地》）从养万物的含义上讲，土地如同母亲，具有养育的功能。从交易变化的角度看，人们对土地的耕作，付出了劳动，从而从土地上获得一定的收获，是与土地的一种交换。

在中国传统看来，“一阴一阳之为道”。万物的形成和发展都受阴阳规律的支配和主宰。与阴阳相对应的一对基本范畴是天与地。乾是天，它阳刚、主动。坤则是地，它“为母，为布，为釜，为吝啬，为均，为子，母牛，为大舆，为文，为众，为柄。其于地也为黑。”《周易正义》对此的解释是：“坤既为地，地受任生育，故谓之为母也。为布，取其地广载也。为釜，取其化生成熟也。为吝啬，取其地生物不转移也。为均，取其地道平均也。为子、母牛，取其多蕃育而顺之也。为大舆，取其能载万物也。为文，取其万物之色杂也。为众，取其地载物非一也。为柄，取其生物之本也。其与地也黑，取其极阴之色也。”地受任生育、广载、化生成熟、生物不转移、多蕃育而顺之等机能表明，中国人的大地是一个有机整体，并不是一个由元素、原子组成的无机世界。传统农学认为：“居表而运行以施种者，天之职也；居中而承载以生化者，地之职也。”① 作物的生长发育就是在“天”和“地”的共同作用下实现的。天是“父”，地是“母”，我们应该以母亲的形象来理解中国传统的大地观念。

在传统社会，中国人把祭祀土地的地方称为“社”，把祭祀土地的聚会称为“社会”。后来中文用“社会”来对应英文中的“Society”一词，可见土地和对土地的祭祀对中国人的重要性。

“万物各得其和以生”。由于自然的土壤并不能天生就处于一种“和”的状态，因此就需要人类的劳动来变革土壤，为作物创造一个“和”的环境条件。因此，《氾胜之书》说：“凡耕之本，在于趣时和土。务粪泽，早锄获春冻解”大地虽有生化的机能，但农业生产并不是坐等自然界的恩赐。在采集狩猎阶段，人类只是利用自然界提供的现存产品。当自然界提供的现存产品满足不了人的需要的时候，人们发明了农业，通过人工的栽培管理，以取得农副产品。因此，农业生产是人与土地之间的一种“交易”。人对土地进行耕作、松土、除草、施肥等投入，土地则以各种农副产品作为回报。

在中国人的观念中，土壤不是人类可以任意操作改造的无机自然物，而是一个有机的存在。土壤生长庄稼就如同母亲孕育儿女一样。人类要获得收获，就不能任意从土壤中索取，而是要与土壤进行交换。《陈旉农书》说：“凡田土种三五年，其力已乏。斯语殆不然也，是未深思也。若能时加新沃之土壤，以粪治之，则益精熟肥美，其力当常新壮矣，抑何蔽何衰之有。”如果不重视与土壤之间的交换关系，只是一味地索取，土壤肥力就会衰退。而如果注意与土壤之间的交换关系，在用地的同时注意养地，就能够保证土壤肥力，甚至使土壤越种越肥。我国传统农学相信：“是人有加倍之功，地有加倍之力，成熟之日亦必有加倍之收矣。”② 因此，我们可以在一定的意义上说，“人食其力”。

我国传统保持土壤肥力的基本措施有因地制宜、合理耕作，深耕细锄、多耕多锄，积肥造肥、合理用肥，轮作复种、间作套种等。

与中国传统对待土壤的态度不同，西方传统把土壤看成是一种由不同的

① 《知本提纲·修业章·农业之部》。

② 《知本提纲·农则耕稼》。

化学元素的原子所组成的无机世界，把土壤当成一个人类可以任意操作、变革和索取的对象。基于这样一种对待土壤的态度，西方传统也就往往忽视对土壤肥力的培育。可以预期，这种利用土壤的方式不可避免地会导致土壤肥力的衰退。李比希为现代农学奠定基础的《化学在农业和生理学上的应用》就描述了意大利、希腊、西班牙、美国等地，农业生产导致土壤肥力衰退的普遍现象。

李比希自己提出的作为现代施肥理论基础的养分归还学说认为，作物从土壤中摄取为其生长发育所必需的各种矿物质养分，每次收获都从土壤中带走了某些矿物质，从而导致土壤养分的贫瘠。为了保持土壤的养分平衡，就要为土壤施肥，人为地归还从土壤中取走的各种营养成分。近现代的农学虽然主张归还土壤损失的养分，但它仍然把土壤当作一个由不同的化学元素所组成的无机体，因此仍然难以解决土壤肥力衰退的问题。一方面，作物对土壤养分的需要是多种多样的，而施肥往往只是向土壤中施入了氮、磷、钾等少数营养成分，不可能真正归还土壤各种养分的损失。另一方面，土壤为作物提供的并不只是各种营养成分，还有各种物理环境，如土壤团粒结构、通气性、透水性等，施入化学肥料往往影响土壤结构，降低土壤肥力。在现代的农业生产上，各国的农民都切身感受到了长期施用化学肥料导致土壤结构性变差，养分失衡，肥力下降等严重问题。

由于自然观上的不同，东西方传统在农业生产中与周围的世界就有不同的伦理关系。中国传统主张尊重自然、顺应自然，合理而有节制的利用自然界的资源；西方传统则主张充分发挥人的理性来认识自然，运用人所掌握的各种技术来变革自然。这种不同的对待自然对待万物的态度，也就必然会产生不同的结果。对历史和逻辑的考察不难发现，中国的传统农业伦理有利于可持续发展，但改造自然操作自然的能力发展不足。西方的传统农业伦理不利于可持续发展，但改造自然操作自然的能力得以发展。

从逻辑上说，中国传统主张尊重自然、顺应自然，合理而有节制的利用自然界的资源，它当然有利于可持续发展。西方传统主张运用人的理性，为了满足人的利益而操作自然变革自然，它当然不利于可持续发展。

从农业发展的历史上看，还在近现代农学诞生的时候，李比希在指出西方农业导致土壤肥力衰退的大量事实以后就明确说："观察和经验使中国和日本的农民在农业上具有独特的经营方法。这种方法，可以使国家长期保持土壤肥力，并不断提高土壤的生产力以满足人口增长的需要。”[①] 在一百年前，美国威斯康星大学教授 F. H. King 在考察了中国、日本、朝鲜的农业和农村后，于 1911 年出版了 *Farmers of Forty Centuries or Permanent Agriculture in China*，*Korea and Japan* 一书。正如书名所表示的那样，他称我国的农业为永久或持久的农业（Permanent Agriculture）。书的另一个标题为 *Farmers of Forty Centuries*。他之所以称我国的农民为四千年的农民，乃是因为中国的土地经过了二千年、三千年，甚至四千年的连续使用，长期保持了土壤肥力。中国的传统农业和农业伦理确实有利于可持续发展。至于西方农业不利于持续发展的情形，不仅李比希等人早就指出过，现代农业大量依靠化肥、农药、农业机械所产生的土壤肥力下降、环境污染、生物多样性减少、食品安全受到威胁等都是不需赘述的事实。

西方传统致力于大力发展变革自然操作自然的能力，而中国传统则不致力于发展这种能力。这使两种传统在变革自然操作自然的能力方面表现出明显的差异。当今建立在西方农业伦理基础之上的现代农业，一个农户能耕种几千亩甚至几万亩的土地，而建立在中国传统农业伦理基础之上的传统农业，一个农户只能耕种几亩，最多几十亩土地。

（原文刊载于《伦理学研究》2015 年第 1 期）

① 〔德〕尤·李比希：《化学在农业和生理学上的应用》，刘更另译，农业出版社，1983，第 43 页。

“守候与照料”的农业伦理观*

齐文涛**

农业作为第一产业，可供给人类生存必需品、支撑社会经济运转，其作用不可替代。现代农业的出现也带来了许多伦理问题，这呼唤着农业伦理学的入场。农业是人干预自然以获取农产品的过程，农业伦理学所论者不外乎农民及其他涉农人员、农业资源与环境、农产品这三个维度的伦理问题，不妨称其为“人本身”、“自然界”和“农产品”的三维伦理学。

农业伦理学的三个维度并非相互独立，而是两两关联，表现为：“人本身”要干预“自然界”，“自然界”要提供“农产品”，“农产品”要供养“人本身”。如果农业伦理学要选择一个伦理学原则，那么它应该有能力兼顾和统摄这三个维度，使其同时获得伦理观照。

“守候与照料”的理念可堪此任。其完整表述是：区别于现代以来的“限定与强求”态度，“人本身”在农作活动中宜以“守候与照料”的态度面向“自然界”，对待“农产品”。“守候与照料”作为一种伦理命令，不仅直接申明了农作活动的应然状态，还同时连接了“人本身”、“自然界”与“农产品”三个维度。具体而言，如果把“守候与照料”视作一种态度，那么“人本身”是这一态度的发出者，“自然界”和“农产品”是这一态

* 基金项目：本文系中央高校基本科研业务费专项资金（编号：lzujbky－2014－83，编号：223000－861425）的阶段性研究成果。

** 作者简介：齐文涛，博士，兰州大学草学博士后流动站在站博士后，研究领域为农业伦理学、农业科技史。

度的接受者。这种“连接”绝不限于表面形式上的连接，而是从内在本质上将农业伦理学的三个维度紧密地关联在一起。三个维度中，“人本身”是最本质的一维，毕竟“物”层面的问题终归是“人”的问题，那么“守候与照料”如何对“人本身”发出伦理关注呢？

海德格尔提醒我们，如果以“守候与照料”的态度面向自然，人会因此切近和领会“存在”。他说：“一种做法是一味地利用大地，另一种做法则是领受大地的恩赐，并且去熟悉这种领受的法则，为的是保护存在之神秘，照管可能之物的不可侵犯性。”[①] 他认为“守候与照料”式的“农夫劳作的自然过程”呈现出来的是“生活的那种不可替代的大地的根基”，是“源始单纯的生存”，而只有当我们严肃对待这种生存方式时，“源始单纯的生存才能重新向我们言说它自己”[②]。根据张祥龙，“存在”与“天道”相类似，都是非现成的纯粹构成境遇，都是对终极实在和最高真理的称呼，所以可以摆脱狭义的西方语境，将领会存在拓展为领会终极实在的“入境”。人在“守候与照料”中能与存在发生何种关联呢？

一则，保护并敬畏着存在。这是从“守候与照料”这种人与自然的关系本身对“存在”的守持的角度而言。从本真的意义上来说，人的“本质的最高尊严”是“人守护着无蔽状态”[③]。但当人类走进技术时代，技术离间了人与“存在”之间的亲密关系。技术作为“集置咄咄逼人地把人拉扯到被认为是唯一的解蔽方式的订造之中，并且因而是把人推入牺牲其自由本质的危险之中”。现代技术的“限定与强求”特征极大意义上促进了“存在之被离弃状态”的发生，而“守候与照料”体现了人与自然之间完全不同的关系特征，可以发挥“保护存在之神秘”的使命，护持着“存在”的在场。

二则，感受并体悟着存在。这是从“守候与照料”下的自然审美与存在体认的关系的角度而言。“守候与照料”是在很大程度上对自然的任其自

① 〔德〕马丁·海德格尔：《演讲与论文集》，孙周兴译，生活·读书·新知三联书店，2005，第101~102页。

② 〔德〕马丁·海德格尔：《人，诗意地安居：海德格尔语要》，郜元宝译，上海远东出版社，2011。

③ 〔德〕马丁·海德格尔：《演讲与论文集》，孙周兴译，生活·读书·新知三联书店，2005。

然，当人寓于其中时，它便向人显现出自然美。这种美感的获得发源于“存在”，而且自然审美可以体认“存在”。在中国传统的语境下，自然是道之象，天地万物是道的载体和显现，故曰“山水以形媚道”（南朝·宗炳《画山水序》），而游于山水间可以经“象”体“道”，是为“澄怀味象”（同上）之旨归。华兹华斯“一世光阴自始至终贯穿着对自然的虔敬”，盖缘于“上帝寓居于周遭的天光云影，寓居于处处树林的青枝绿叶”[①]。梭罗在其荒野生活中也可以感受到“生命的最真实收获”[②]。

三则，亲近并交道于存在。这是从“守候与照料”作为农作活动与存在的直接交道关系的角度而言。“守候与照料”意味着，人真诚地守候着大地而恳切地请求它的帮助，朴素地照料着大地而虔诚地领受它的恩赐。然而，大地是存在的显像，人祈导的帮助、领受的恩赐，实际上都源自存在。人因此实现了与存在的亲近与交道，人在领受恩赐的同时也能够真切地倾听到存在的呼唤。陶渊明的农作是“守候与照料”式的，其“此中有真意，欲辨已忘言”（晋·陶渊明《饮酒·其五》）之“真意”，正是对“存在”有所领会，而与其相反的“限定与强求”态度只会将存在迫离。

四则，听命并摆布于存在。这是从“守候与照料”作为生活方式与存在的内在亲近关系的角度而言。老子“道法自然”之“自然”的本义是自然而然，自然而然是对道的状态描述，人如果过一种自然而然的生活则是近“道”的。自然而然的农作方式以人对自然的“守候与照料”为特征，人如果完全寓于“守候与照料”式的农作生活中，他将完全听命于存在，被存在所“摆布”。很多诗句直接道出了这种“听命和摆布”的情状：“荡漾与神游，莫知是与非。”（唐·储光羲《樵父词》）。“谁人得似牧童心，牛上横眠秋听深。时复往来吹一曲，何愁南北不知音。”（唐·卢肇《牧童》）。“凭这些辛劳，保住他正当的利益；原野和山岭，已经牢牢执掌了他的心灵。”

如果说“保护并敬畏着存在”是护持存在同时也是守护大地与人本身意义上的“物我互保”，“感受并体悟着存在”是人对自然审美意义上的“物我相分”，那么“亲近并交道于存在”则是人与自然在一定程度上的

① 〔英〕华兹华斯：《华兹华斯诗选》，杨德豫译，外语教学与研究出版社，2012。

② 〔美〕亨利·戴维·梭罗：《瓦尔登湖》，李暮译，上海三联书店，2008，第170页。

“物我交融”，“听命并摆布于存在”更是人与自然彻底意义上的“物我两忘”。四个层面逐层递进，共同构成了“守候与照料”的存在论意义。

正是这种存在论意义可以促进人的伦理完善。人通过切近和领会存在，可以“迈向本真存在、自我完善”[①]。海德格尔虽没有直接提出伦理学，但其“基础存在论，同时也是伦理学……涉及了完善论意义上的伦理学”[②]，不妨称其为“完善伦理学”。“此在的本真也不是脱离此在，而只是领会了存在，也就是说，人虽然沉沦于世，但是却能够以某种方式领会人之本性和人生的终极意义。”[③]“人之本性”和“终极意义”就是“本真存在”“自由存在”，而“‘人的完善’是指此在‘为其最本己的可能性而自由存在，在此自由存在中，成为其所能是的东西’”[④]。所以，此在与其他存在者不同，它可以通过领会更为根本性的存在，“朝向最终的完善而不懈努力”。

“守候与照料”通过恭迎存在入场而对“人本身”发出“完善”关怀，那么它又如何伦理地投向“自然界”和“农产品”呢？

一方面，对“自然界”。

“守候与照料”“自然界”，“守候”其意重在“守”，既强调人天相守、天人合一，人应该真正意义上与自然融为一体，又特指“干预”过程中不可破坏其生态平衡；“照料”首先以“随顺”为前提，强调尊重自然本性、遵守自然规律，在此基础上，人力又应对自然加以辅佐，助其保持生态平衡。与其相反的态度是“限定与强求”，其“限定”意味着人将自然视为客体、当成外物，并施以宰割，“强求”则意味着迫使自然丢失其本性而服从人的意愿。

比如，在水资源紧缺的西北地区垦草种粮，此举既打破了千百年来的人草畜共生系统，又超出了当地生态系统的服务能力。水资源不够就抽地下水，浅层地下水抽光了就用石油钻井设备来抽深层地下水，这是一种典型的“限定与强求”态度，而如退耕还草，适当种草养畜，则符合“守候与照

① 杜战涛：《论此在伦理生活中的自我完善》，《道德与文明》2014年第1期，第32～40页。

② 杜战涛：《论此在伦理生活中的自我完善》，《道德与文明》2014年第1期，第32～40页。

③ 肖朗：《回归原初的生活世界——海德格尔的伦理之思》，《湖北大学学报》（哲学社会科学版）2013年第2期，第10～15页。

④ 杜战涛：《论此在伦理生活中的自我完善》，《道德与文明》2014年第1期，第32～40页。

料"的原则。再如，林地草地鼠害泛滥可能毁坏植被生长，进而导致当地生态恶化，如将其天敌引回或围封禁牧（因为某些鼠类喜食退化草地群落优势种的根茎），佐助生态恢复，就是对"自然界"的合理"照料"了。

我国古代之永续型农业，是"守候与照料"观念的重要历史依据。老子曰："以辅万物之自然，而不敢为也"（《道德经》第64章），韩非具象化到农业曰："故冬耕之稼，后稷不能羡也；丰年大禾，臧获不能恶也。以一人力，则后稷不足；随自然，则臧获有余。"（《韩非子·喻老》）《齐民要术》将之发挥成"顺天时，量地利"，其作为传统农学的核心理念衍生出了具有东方特色的农学理论、耕作技术体系及小农经济的生产生活方式，致使传统农业常盛未衰、自然生态常保平衡。

放眼来看，资源短缺、环境污染、生态破坏是目前全球性的三大危机，它们源于人对自然的无节制索取，其根源是人对自然的"限定与强求"观念，而倡导"守候与照料"观念可在一定程度上匡纠时弊，并有助于生态文明建设。此为"守候与照料""自然界"的现实意义。

需要明确的是，"守候与照料"观念与"守护"观念有差别。John Passmore 于20世纪70年代重新提出并阐释了源于基督教的"守护"观念：人不应一味剥削自然，而是有责任关怀自然，但却可以利用自然。重点是，他的"守护"观念并未承认环境的主体价值，这容易让人获得一种高于万物的优越感，甚至导致人是地球主宰者的心理的膨胀。"守候与照料"在词义解析上与"守护"大有相近之处，在一些情况下也强调人的"守护者"或"护持者"形象，那么如何避免"主宰者心理"在其中的滋生蔓延呢？环境伦理学对自然以及生物、动物、生态系统之具有内在价值做出了充分肯定，主张"敬畏自然"，其倡导人不应试图征服自然、主宰自然，人应甘作自然之子、与自然合一。农业伦理学应在充分承诺环境伦理学理论成果的基础上，引"敬畏自然"为二阶原则。如此，农业伦理学可以尽情吸纳环境伦理学的理论资源，并与其表现为交叉关系，交叉点为对农业资源与环境内在价值的承认。

另一方面，对"农产品"。

"守候与照料""农产品"，"守候"其意重在"候"，所候者是自然的赠与，人在其中充分听任自然的节律，这主要体现尊重时间规律和甘居被动地位；“照料”意味着发其内心、尽其所能地“照顾”和“料理”。“照料”对植物表现为“料理”，比如“晨兴理荒秽，戴月荷锄归”，一个农民在田间地头耐心地锄掉杂草，并把自家牛粪填补苗旁，就是典型的“料理”；“照料”对动物表现为“照顾”，即考虑动物感受、关心动物疾苦，这意味着对动物伦理学的吸纳，它将努力在动物福利论与动物权利论之间寻求平衡。在与其相反的“限定与强求”态度中，“限定”与“照料”相对，展现出傲慢的姿态，体现为纯粹的索取，其耕作时没有情感付出，其收获时没有内心感恩；“强求”与“守候”相对，非但不尊重“农产品”自身的时间节律与生理节律，还强迫“农产品”符合人的意愿节律。

以鸡的养殖为例。目前我国特定品种的肉鸡从孵出到端上餐桌平均只需42天（随地域气候差异会略有缩短或延长），它们整个过程都被限制在狭小的生活空间里而无法自由活动，被饲喂以不同成分、满足不同目标设定的饲料，并被注射多种药物以提高抗病力。这当中，鸡被“限定”为纯粹的鸡肉提供者，进而被施以各种手段“强求”其生产鸡肉。相对比地，农民在自家庭院中散养几只“溜达鸡”，雄的打鸣，雌的生蛋，这种历史上常见而现今逐渐式微的养殖方式，更契合“守候与照料”理念。此外，现代农业对农产品过度施加的农药、化肥、激素、抗生素等，都是“限定与强求”观念的具象表现。

以“守候与照料”态度对待“农产品”，除应充分尊重动物伦理学的主张、吸纳动物伦理学的结论外，还应积极地与食品伦理学寻求合作。农业伦理学与食品伦理学也是交叉关系，农业伦理学对“农产品”的关注主要集中于初级农产品，而食品伦理学还关注农产品的加工、包装、流通及销售过程。目前食品伦理学中的代表性理论有食品的商谈伦理学和责任伦理学，它们分别主张建立诉求表达的有效对话方式和构建食品安全的整体性责任主体框架，这正为“守候与照料”理念提供了传播方式和制度保障，所以三者构成互补关系。

对“自然界”与“农产品”两个维度的关系，有两点须明确。第一，同作为“守候与照料”的对象，“自然界”与“农产品”二者只能获得大体区分，前者略宏观抽象而后者略微观具体，但其间没有截然界限，因为“农产品”是“自然界”之所从出，二者往往融合一处，以“农化自然”

的形式现身，终使"自然界""农产品"两个维度难以割分。比如闻名世界的作为"守候与照料"理念表现极佳的青田稻田养鱼，对稻鱼共生的场景进行分析，人们"守候与照料"的对象既可说是"自然界"，又可说是"农产品"。第二，"农产品"是"自然界"的赠与，但要加入"人本身"一维并使三者皆可持续，则必须对"人本身"获取"农产品"的"度"做明确规定，那就是："农产品"必须作为"自然界"之盈余而存在，不妨称其为"仅取盈余"原则，并作为"守候与照料"原则的另一个补充。以实例说明，种树取果符合此原则，用绝户网捕捞水产违反此原则。

综上所述，"守候与照料"理念在"敬畏自然"和"仅取盈余"两个二阶原则的补充下，通过吸纳、融合美德伦理学（完善伦理学）、环境伦理学、动物伦理学和食品伦理学的理论资源，可以有效地对"人本身"、"自然界"与"农产品"三维度发出伦理观照，"守候与照料"因此堪作农业伦理学的基本原则。

（原文刊载于《伦理学研究》2015 年第 1 期）

生态伦理思维下对农业的认知分析

于　川*

在众多人类活动中，农业作为一种人类生存活动早已为人所熟知，但在生态伦理思维层面却又显得并非“真知”。当农业行为成为发生生态胁迫的原因之一的时候，人类社会就有必要对其进行生态伦理层面的反思。

一　农业行为的哲学轮廓

历史地看，人类的社会结构对于自然生态关系的最早认知借由农业行为而产生与延续。考古学发现，在新石器时代的美索不达米亚南部或苏美尔的神庙由圣祠演变而来；在对神庙建筑的构造的考察中，科学家们发现众多神庙之间的连接是粮仓。这反映了人群生活里面充斥了对于超自然力量的崇拜，而此类崇拜的初始动因就很可能与农业有关——“他们认为这些神明是他们所耕种这片土地的拥有者和创造者。”① 人们为了享用丰富的食物和居住条件，向神灵献出尊崇与劳动产品。土地成为了人类生活的“中心”。无论是在物质基础还是心灵深处，人类对于自然界的（包括人类对于自然生态系统的各要素之间的平衡感）感情深深地扎根于一种行为——农业，并通过这种劳动方式表达人类对于生态自然与社会建构的理解。

---

* 作者简介：于川，中国科学技术大学科技哲学部，安徽大学马克思主义学院讲师，研究领域为科学技术与社会。

① 查尔斯·辛格等：《技术史》，刘则渊等译，上海科技教育出版社，2004。

在传统西方哲学视野中，对于农业的哲学形态认知更多地集中于“某种社会政治活动意义上的土地改革，或者旨在改善农业人口经济状况的政治行为”①。然而，农业行为也是一种人类劳动（力）与自然野性的互相干涉。这其中的思维范式表达通过土地以及人类对于土地的行为（结果）而有所体现：农业行为蕴涵着文化表征、精神境界、基础的社会与政治建构观念、价值形态、对人与自然的审美取向。在英语语境和语言逻辑上，“Agrarianism”强调一类思维层面的感知，或者感觉，内容包括：管理、对地域和劳动的深层解读、植根于人类生存共同体并由此演化出的道德属性、非工业化农业化行为所持有的人类—自然—宇宙的关系。② 一种非工业化的农业行为对于人与自然关系的培育、调整与蕴涵，则可以说是人类农业行为所特有的内容。但是与哲学中的其他分支（如宗教）不同的是，农业行为对人类思维的“潜移默化式”的教化功能，更多地表现为性情、情感、情操等精神境界层面的形态。这也使得人们很难在逻辑语言上系统化地对农业行为进行理论化的揭示与阐述。但通过对思维传统的分析，人们仍然可以发现，农业行为所占据的观念体系强调这样一种理解——“农业实践对从事农业活动的主体的道德属性所持有的塑造功能，以及由所有（社会建构）反射出来的一个社会的农业文化。（在哲学范畴上，）农业的理念既是道德的，也是美学的。”③

从哲学传统上看，以农业生产活动为主题的人类行为的描写始于赫西俄德的800行诗歌集《工作与时日》（*Works and Days*）。诗歌鲜明地表达了两条普适性原则：劳动是人类的普遍需求；通过劳动即可获得其所需。④ 赫西俄德将人类的主体性（地位）直接与人类行为（实践）相连接，表达了这样一种理解：人类通过其行为不仅获得物质生存基础的满足，同时塑造了道德的轮廓与感知，并且在伦理学意义上，道德的感知具有实践（可操作）性。

---

① Paul Thompson, *The Agrarian Vision* (Kentucky: The University Press of Kentucky, 2010).

② Baird Callicott, J., *Encyclopedia of Environmental Ethics and Philosophy* (New York: Gale, 2009).

③ Paul Thompson, *The Agrarian Vision* (Kentucky: The University Press of Kentucky, 2010).

④ Hesiod, *Works and Days*, http://en.wikipedia.org/wiki/Hesiod, 最后访问日期：2016年6月22日。

在近代，约翰·洛克（John Locke）关于人类价值的劳动理论就认为人们通过劳动来利用土地，在此过程中也同时创造了价值的新形式，并成为私有财产（权）的重要来源。弗朗西斯·奎因（Franois Quesnay）进一步认为只有农业行为才能产生价值的新内容。黑格尔（Georg Wilhelm Friedrich Hegel）认为家庭、公民社会和国家是人类构成伦理意义生存的三大要素，三者之间就存在互相依赖、连接与支配的感知。其中，作为人类生存基本单位的"家庭"与外在的感知中介就是"爱"。在他看来，自然是理性的，自然秩序是靠理性获得并且得以维持的。自然就其本身来说是"在于人类理性之外的"（Outside Itself）。人类将理性加之于自然外在存在，自然之物就会反映理性的更高境界。[①] 黑格尔的理念为人类对自然外在施加影响提供了道德意义（伦理学意义）的支持和理解。温德利·贝利（Wendell Berry）将人类农业行为置于哲学的高度进行理解：农业绝非仅仅是物质生产活动那么简单，而是一种文化延续，甚至认为"食物生产也是一种文化产物，不是单独依靠技术形态就可以达到的。"[②]

尽管哲学家对农业的理解各有不同，但几乎可以确定的是，我们必须依靠食物（生产）来维持生存和人类社会结构的持续发展；因此，农业行为作为一种（食物）生产性实践而广为大众所认知与理解。如果仅此而已，人类对于自然、人类与生态系统的关系、自身境况和生存需求的认知就是狭隘和自封的。通过对技术史的梳理，我们发现：早在生态学作为一个独立的科学门类诞生之前，农业行为中的技术（科学）手段和认知就已经出现，并且在技术范式的进化中不断提升农业生产的能力，扩大并跨越了物种生产的种群界限。因此，可以认为，"农民（农业行为的主体之一），按其技巧性质来说，肯定在改变生物群上要比林业人员和野生动植物管理者更为激烈。"[③] 农业生产中的价值判断也一直存在误区：农产品的产量并非是产品的价值，也不能被认作是农业行为的全部价值。化肥等技术手段的运用提高

① Hya Kliger, "Hegel's Political Philosophy and the Social Imaginary of Early Russian Realism," *Stud East Eur Thought* 65（2013）：189 – 199.

② Wendell Berry, *The Unsettling of America*：*Culture&Agriculture*（California：Counterpoint Press, 2015）, p. 46.

③ 〔美〕奥尔多·利奥波德：《沙乡年鉴》，侯文惠译，吉林人民出版社，1997。

了肥力枯竭土壤上的农作物产出量，但在表面上却掩盖了土地生态学的损耗——站在这个角度看，农业工业化以科学技术手段获取的产量的调高，换来的却是土地生态状态的损毁。

在现代科学技术哲学研究的逻辑之下，农业作为一种人类行为，体现着人与自然的基本关系——共生与约束的功能（属性）。以这种人与自然关系的限定为前提，农业行为的范式就会呈现鲜明的哲学轮廓（同时具有生态学意义和生态伦理学意义）——社会政治（伦理）、农业伦理、生态（环境）伦理——三者都是围绕农业行为所产生的不同角度的理解以及现实存在，其核心是人类与自然生态的关系，即可视为一种生态哲学意义的思维（范式）存在。

二　农业行为的生态伦理内涵的动态表达

农业生态系统可以被视为一个包含自然行为和人类行为的生产—管理系统，其中的人类—自然的关系范式甚至可以说是人类整个生态思维的“缩微范式”。

人类对于自然生态系统的认知，就是通过技术的进步，不断增强其对人类永续生存与发展的支撑功能，这与农业行为的目标是一致的。从人类对自然界的干预层面看，农业生产活动是人工干预自然秩序最早的也是最“卓有成效的试验田”。在不断引入新型科学技术及其理念的过程中，农业行为开始越来越重视生产行为与生态认知—保护行为的复合关系。人们逐渐认识到依靠技术手段维持农业生态系统的健康运行的重要性，并以此获得农业生产水平的提升。

由于农业生产行为其本身就是一个动态的物理—生物—化学过程，因此，反映该过程的观念体系的思维认知行为也是一个动态的演进过程。农业生产行为受自然因素的制约很大，比如气候、水体、土壤等，同时，农业生态伦理范畴中的要素也呈现动态演进表达。在农业生产行为中，生态伦理要素表现为人类对于土地生产力与物种生态学（生物学）的认知。农作物进入经济体系之后（市场范式表达），农业行为的价值转而表达为经济学意义的价值体现，例如利润最大化、生产效费比等。我们把技术范式复合到农业行为范式里，就会发现，技术伦理要素也在农业行为范式功能里保持存在。

早期技术伦理要素表达主要集中在人们对技术器具与生产力水平提高的认知上，例如，生产效率与农作物产量等。在当代，技术伦理探讨的主题则扩大至农业行为对于环境、生态系统、人类健康的影响等议题。在社会建构视角下，农业行为带来的社会结构的演进，也使得农业所内含的伦理学要素出现了转变：农业行为的价值转变为社会人口分工与阶层、地位的区别，由私有财产和农业剩余产品再分配所形成的社会公平（正义）的表达，以及社会生态意识层次的提升等。在现代科学技术形态里，“全球变化”在概念内涵上就覆盖了几乎所有农业生态要素的表达。该研究中所涉及的生态伦理学要素的表达都分散为具体科学技术门类及其研究行为，其最终科学技术形态的研究成果（实践）则可以视为生态伦理要素的行为表达（实践）。

传统生态伦理意义的认知表达多集中于逻辑推演层面，同时辅以事实支撑。我们可以将这种分析范式看作“静态演进”。农业行为将人类的生存实践形成的习惯与认知逐步演进为思维范式形态。农业行为中蕴含的价值（体系）等要素也呈现了演进形态的不同，例如器具形态、经济形态、社会政治形态等。在自然科学思维范式与哲学思维范式之间，农业行为的伦理内涵也表现出了干涉特征，其实质是一种思维域的动态变换。农业行为的伦理内涵也随着历史的进化，而出现时间与空间表达的动态进化曲线。关于人类农业行为多种学科的研究都表明了农业行为的跨学科交叉性，同时这也构成了农业行为伦理学意义的构成要素的动态演变曲线。

我们借以表达人类—自然关系认知的生态伦理学各要素，如同自然生态系统中的各要素一样，在整个生态系统运行中始终处于流转的状态。若以一种假定的前提为思维范式的起点，难免使人类对于生态的认知陷入静态的、孤立的、有待证实的状态。这显然与生态系统处于不断运行、变化的状态相抵触；而人类的农业行为却将人类对于生态系统认知的各要素的流转（演变）特性鲜明地表达了出来，呈现一幅动态的逻辑与实践互相印证的画面。

三　农业行为的道德内涵

一般理解，“最初的伦理观念是处理人与人之间关系的……后来所增添的内容则是处理个人与社会的关系的。"[①] 农业的道德表达与农业行为的诞生一样，是出于对于人类自身生存权利的维护的需要。与此同时，我们忽略了人类的道德观念就其规范本身所调整的对象来说，存在多样性共存的形态；并且人类的道德观念体系也必将承受来自人类社会或者外界（包括生态自然、宇宙）的"负载"及其带来的打击，甚至摧毁。长久以来，人类强烈地寄希望于（道德）观念体系的调整和规范功能的发挥，而没有充分认识到这个观念体系的自身运行及其与外界的相互作用。

"太久以来，我们只是寄希望于信仰本身，然而现在不再是信仰的时代。我们必须让理性为我们服务——而阿奎那的存在恰恰告诉我们，完美的理性只能通往上帝。"[②] 透过科学幻想，我们不难发现理性思维范式与自然生态意识的博弈之困惑。人类对于生存未来的幻想，现实地看，将是以现有技术形态为思维基础，再覆盖以人类对于未来的追求与幻想，并在技术形态的选择上体现着永续生存的观念的需要。如果说在工业化思维范式之下的理性与人类未来进化的幻想之间还存在某种不确定性的话，"与工业化观念相反，农业哲学赋予（人类）一个远远超越人们对工业化（例如交通、制造业乃至医疗体系）的认知方式的道德意义。"[③] 这说明：在人类农业行为的道德内涵中，技术形态、精神境界和宇宙存在意识被巧妙地结合起来，并且通过人类劳动使之与人类社会后天的道德建构相融合。

今天的人类"把科学技术看作是技术的灵感，又把技术看作是富裕和繁荣生活的关键，然而，人类所不能看见的是，人类自身的无限曲折的复杂性"。[④] 这是一种对技术形态所做的道德理解的抽象性表达——技术范式服务于人类的道德范式的需求，人们面临更多的技术形态的选择。此刻，人类已经意识到，在技术范式进化之下对人类自身生存行为的评估应该是"向前看而不是向后看的，或许是有史以来第一次，人类对未来迟早要走的路有了一些依稀认识。"[⑤] 透过农业行为的技术形态表达，不难发现其中就包括

① 〔美〕奥尔多·利奥波德：《沙乡年鉴》，侯文惠译，吉林人民出版社，1997，第192页。

② 〔美〕艾萨克·阿西莫夫：《微宇宙的上帝》，刘冉译，北京新星出版社，2014，第122页。

③ Paul Thompson, *The Agrarian Vision* (Kentucky: The University Press of Kentucky, 2010), p. 36.

④ 查尔斯·辛格等：《技术史》，刘则渊等译，上海科技教育出版社，2004，第489页。

⑤ 查尔斯·辛格等：《技术史》，刘则渊等译，上海科技教育出版社，2004，第489页。

社会道德、生态意识内涵的表达。例如，灌溉技术。灌溉，作为一种劳动方式和技术形态的存在，其中包含了多种人类技术表达和伦理观念表达。概括地说，灌溉行为包含如下要素："土地分配结构、灌溉基础设施和管理（地表水和地下水）、灌溉用水管理包括配置和分配程序、灌溉高效生产技术、种植模式和作物多样化、支持措施包括信息、输入和输出市场等"，对它们所做的技术的、社会政治的、文化的等范畴的研究与思考，最终将致力于减少贫困和提高人类的生活标准。[①] 为人类所输入灌溉技术形态的（道德）观念体系，在不经意间逐步塑造着人类社会、人类与生态要素之间的关系和理解。这种观念层面的理解将在一定程度上主导技术范式的走向。

当全球人类习惯沉溺于"科学的胜利"之时，农业伦理则悄然提醒人们：尽管"普通的公民都认为，科学知道是什么在使这个共同体运转，但科学家始终确信他不知道。科学家懂得，生物系统是如此复杂，以致可能永远也不能充分了解它的活动情况。"人类文明离不开人类的生存，人类的生存扎根于农业行为的进化，而农业的发展受制于土地、河流、气候、海洋、物种等生态环境维持的状态。在今天，人类的生存和文明的延续受到了科学技术的助力，同时也受其负面效应的制约。虽然技术的进步来源于经验和实践，但是科学家们是否从中汲取了足够的能够具有前瞻性的经验呢，或者说科学家们是否重视在科学技术创新进程中对经验知识的反思呢。罗伯特·玻意耳（Robert Boyle）认为"科学家没有像他们所应该的那样从技术的经验和实践中学到很多东西。为了实践这一点，人们做出了许多努力——例如早期皇家学会的建立，尽管直接的效果并不是非常明朗，但是这样的努力的确强化了使科学变得更加现实和实用的企图。"[②] 辩证地看，任何一种超越性的思维范式，或许也必将是现实的。农业行为也是如此，在其技术范式逻辑之下理解，历史上的农业技术形态的进化与其产品的应用，是基于社会现实需求的满足和生态承载包线尚可承受的综合表达；反之亦然。人类的农业行为提供的不仅仅是一种道德的内涵（观念体系），也是一种思维的范式结构，其目的在于追求人类作为生态系统中一个物种的永续存在；其现实的表

① Souvik Ghosh, "Why Impacts of Irrigation on Agrarian Dynamism and Livelihoods Are Contrasting: Evidence from Eastern Indian States," *Irrig And Drain* 63 (2014): 573 – 583.

② 查尔斯·辛格等：《技术史》，刘则渊等译，上海科技教育出版社，2004，第489页。

达或许是在生态意识下对技术进化路径和思维演进的指引。

农业行为的道德内涵是人类文明形态的一种表达。以农业行为为核心形成了人类的生存观念体系，因此，农业的道德体系也是一种人类的文化形态。农业行为的器具与技术范式，历史地适应着人类生存需求以及人类社会建构进化的驱动；并在这个适应过程中，承担着进化人类文明的功能。同时也不断演化着人类对于自然界在文化层面的理解。人们在从事农业生产活动的实践中，不断更新着人类对于自然生态的认知和理解，并且通过科学技术的进步使这种生态意识的思维范式逐渐成为现实。人类农业行为的实施客体是自然界各要素。农业生产结果的获取，依赖于人类对于自然界各要素的认知以及与其关系的理解和相互行为的控制。随着时代的发展，农业生产的进步越来越依附于社会建构的整体的文化意识层次。这是一种生态文明适应与进化——长远地看，农业行为的思维范式正在重塑着人与自然的关系。

农业的（道德）伦理范畴，将人类的现实需求和对未来的美好愿望结合到一起，在人类自身的现实发展中逐步接近人类的理想，是现实主义和理想主义的一种“完美”结合。

四　农业行为的功利性（实用主义）是否得当

人们对于自然环境的天然之美总是向往的，每当人们经由乡村之时，总是能够激发出我们对于环境的感叹与热爱。藏匿于人们的感叹之下的是这样两种人类对于自然生态的情怀：一是，“土地及其恩惠都是上帝（大自然）的礼物;”二是，“乡村景色的美丽、平静与宽广。”[①] 一种美好的对于生态自然的感情往往在精神上支配着人们对于生态伦理和自然规律的理解与认知。例如，环境保护主义者就“怀念未经触碰的野外”；而在农业生产者那里“自然周期就是春天播种，秋天收获。（他们）认为土地如果不能归入这个（自然运动）的体制就不是自然的，只是无用的土地。”人们习惯认为，整个自然界“如果不是全部，也是部分为了给人类提供一种良好而有益的环境而存在的。”[②]

① Paul Thompson, *The Spirit of the Soil* (New York: Routledge, 1995).

② 〔美〕唐纳德·沃斯特：《自然的经济体系：生态思想史》，侯文蕙译，商务印书馆，1999，第26页。

这样一来，生态伦理思维下对农业的认知分析，似乎自然界作为人类社会建构的大的经济体系的“地位”和“作用”俨然成为人们对于生态系统的认知基础了。

生态哲学理解层面的功利主义原则，其内涵包括对存在着的个体权利进行优先争取与维护的含义。若是以这个角度来解读自然界的现象，我们不难发现，生态系统内各个要素之间的竞争与取代，就是功利主义原则的实践。人类作为地球上一个存在着的物种也不例外。生态系统内的每个要素之间都存在生克与互补的行为及关系，生物的进化本身也是种群或者个体对于环境及其他物种的适应与选择的结果。这类行为都表达着物种对于自身生存权利的优先占有与维持；与人类的理性选择相对而言，科学家们更愿意将其视为“自然法则”的运用结果。这在哲学思维上就稍微地回避了，或者说是弱化了自然界的功利主义色彩，因为人们习惯于接受的观念是：功利主义只存在于人类社会，功利主义似乎有些“不道德”。物种能否获得生存，很大程度上取决于对生存环境的适应以及对生存环境的改造与再创造，显然，人类在后者占了上风。

人类与其他物种的显著差异，就是工具的制造与技术的使用。考古学的发现证实：“在非洲各地的更新世早期遗址，以及在时间上稍晚一些的亚洲及西欧的遗址，都已经发现了定型的石器。这些发现表明工具制造已经不再纯属偶然，而是为了这些最早的人类的某种长久性的需要。”这是早期人类的一种对生存权利的有意识的争取，其中食物的获取是主要的动机和目的。工具和技术范式的存在使人类在物种进化过程中适应着生态自然，并同时建立起自己的生态环境。例如，“从牙科和营养的角度来看，我们应该是素食者。我们缺少真正的食肉动物的牙齿，而且我们具有与食草的饮食习惯相关的很长的肠道。”但是，“当人科动物进化成为工具制造者时，他们显然已经基本上是食肉的了。北京人（Pithecanthropus Pekinensis，北京猿人）的遗址中有许多肉骨残骸。”在器官进化形态意义上，人类可以随时根据环境变量的波动，“迅速”调整自身对于环境的适应力。可见，人类在一种目的性极强的意识作用之下，在全力争取自身的生存权利。从另一个侧面似乎也证明了，一直以来人类就在争夺生存的优先权利。

在技术应用视域之下，几乎人类所创造的每一项科学技术以及思维范式都深陷功利主义的“泥潭”之中，特别是环境保护主义者们所坚持的近乎绝对平等的道德主张与工业化的逐利需求之间的对抗与博弈行为。尤其是全球变化问题被以科学的理性思维范式公之于众的时候，人们丝毫不会怀疑：是时候该对人类的科学技术进化以及功利主义的驱动进行反思了。

相对于其他技术领域来说，农业技术领域对于功利主义原则的反应以及围绕功利主义进行的争论是最为迅速和观点鲜明的。因为，农业生产中涉及的有关功利主义原则的问题既包括狭义的社会建构，也包括广义的生态系统。农业行为对于生态系统（环境）的影响会立刻反映在社会群体意识中，从而可能掀起人们对社会生活领域存在的功利主义倾向的质疑与争论——其媒介是食物链。就是说，人们可以不去顾及利益最大化的追求（例如，超额经济利润的获取），以及为了获得超额商业利润而进行的技术研发与推广；但是当它们对食品安全构成威胁、对生态环境构成威胁并有可能通过食物链转移生态威胁的时候，就会激起人们的反抗。应当看到，农业技术进程是个相当复合与复杂的过程，其间既有经济竞争，也有对环境影响的顾虑。科学研究表明，“由农业源和工业源导致的活性氮（Nr）的泄漏造成了全球河口和海洋系统富营养化，陆地生态系统的酸化和营养化以及大气化学的改变。”[①] 因此，农业技术形态的发展已经不得不考虑到全球变化及其所引起的生态系统威胁的问题，这要求科学家们在满足社会现实的需求的同时也要考虑到“更为严格的环境影响的标准”[②]。科学家要在经济利益和生态利益之间做出选择和平衡。农业行为的现实意义（功利主义）与道德判断是“异体同构”的形态。这在生态哲学层面照顾到了两个方面的利益索取：物种繁衍和生态修复——今天看来，这是全球人类十分关切的时代主题之一。

纵观生物的进化与生存历史，人类与其他物种一样需要食物以维持生存。有所不同的是，其他生物依靠自然生态环境获取食物，人类则不仅依赖于自然生态获取食物，同时还在创造和改变着人工环境。这个人工环境既包括社会的环境，也包括经过人类改良和改变的生态环境，甚至是人工创造的

---

① Thomas A. Clair, “Interactions between Reactive Nitrogen and the Canadian Landscape: A Budget Approach,” *Global Biogeochemical Cycles* 11 (2014): 1343 - 1344.

② Srdan G. Aimovi, “Spatial and Temporal Distribution of Trunkinjected Imidacloprid in Apple Tree Canopies,” *Pest Manag Sci* 70 (2014): 1751.

生态环境。为了兼顾生态维持和人类生存，是否需要甚至强烈需要依靠人工环境保护自己，以求在生存斗争中维持生计，这是一个值得深入思索的问题。

（致谢：本研究得到美国密歇根州立大学哲学系教授 Paul B. Thompson 的宝贵建议。密歇根州立大学教授 Julie K. Eckinger 为本文的写作提供了诸多帮助。谨此致谢！）

（原文刊载于《兰州大学学报》（社会科学版）2015 年第 4 期）

还土地以尊严

——从土地伦理和生态伦理视角看农业伦理

田　松*

> 它如此暴力地攻击着土地，以至于交叉耕作都不必要了，于是土地被构造成长长的田垄。①

20世纪60年代，历史学家林恩·怀特在他的名篇《我们的生态危机的历史根源》中谈到农业，说早期的犁只是把地抓出来一道痕，所以需要交叉耕作。对于后来发明的威力更大的犁，林恩·怀特用了这个拟人的说法。此后，“土地的划分不再按照家庭需要，而是按照耕地机器的能力。人与土地的关系被彻底改变了。以往人是自然的一部分，现在是自然的剥削者。”②这种拟人描述喻示了与土地的伦理关系，虽然怀特在这篇文章中没有涉及这个问题。

人与土地的关系是人与自然关系的一部分，农业是与土地关联最为密切的人类活动。

---

* 作者简介：田松，北京师范大学哲学与社会学学院教授，研究领域为科技哲学、生态哲学研究。

① Lynn White, “The Historical Root of Our Ecological Crisis,” *Environmental Ethics, Reading in Theory and Application*, *Wadsworth* (2001): 16.

② Lynn White, “The Historical Root of Our Ecological Crisis,” *Environmental Ethics, Reading in Theory and Application*, *Wadsworth* (2001): 16.

农业伦理是一个以往被忽略的视角。农业是现代人生存的基础，关乎生产、消费，也关乎伦理。讨论农业伦理可以有多重视角。农业活动涉及的每一重关系，都存在相应的伦理问题，比如使用牛、马耕作，就会涉及动物伦理；培育种子，涉及生命伦理；农业经营，涉及商业伦理……本文从大地伦理和环境伦理的视角，讨论农业伦理。

大地伦理的观念是由美国环境思想先驱奥尔多·利奥波德在20世纪40年代提出的。他指出，伦理的概念是不断扩展的，从人与人之间拓展到人与社会，再拓展到人与自然。

利奥波德借助了共同体的概念完成了这个扩展。一个共同体可以理解为具有共同利益的群体。一个家庭是一个共同体，一个家族是一个共同体，一个村庄是一个共同体，进而言之，一个国家是一个共同体，整个人类社会是一个共同体。那些能够促进共同体利益增长的行为是合乎伦理的，反之是不合乎伦理的。利奥波德把共同体的概念扩展到土地上。

> 土地伦理扩大了这个共同体的界限，它包括土壤、水、植物和动物，或者把它们概括起来：土地。[①]

扩展之后，只有那些使土地共同体整体利益有所增长的行为才是合乎伦理的。以往单纯从人类共同体利益出发的合乎伦理的很多行为，可能会对土地共同体构成伤害，就变得不合伦理了。

这需要对土地与人的关系有新的认识。

什么是土地，土地是什么？

利奥波德在文章开篇讲了一个故事。俄底修斯从特洛伊战场回到家中，吊死了一打女奴，这件事在当时的人们看来，只是一个财产处置问题，不涉及伦理。因为在那个时代，奴隶只是主人的财产，是物，不是价值主体，不是伦理关怀的对象。

类似地，在工业文明之下的普遍观念中，土地也只是人类的财产，甚至整个大自然都是人类的资源。人们相信，人类有能力认识自然，也有权利改

① 〔美〕利奥波德：《沙乡的沉思》，侯文蕙译，新世界出版社，2010，第203~204页。

造自然。予取予夺，把自己视为自然的主人。土地是人类的生产资料，是为人类服务的。利奥波德描述了美国拓荒时代农民的生产方式。首先，农场主按照经济原则对土地以及土地上的事物进行划分，如果某种植物不具备经济价值，就没有必要存在，可以连根除掉。其次，农场主采取的是那些“能使他们获得最直接和最明显收益的措施”[①]。在利奥波德看来，这种方式伤害了土地共同体的利益，是一种竭泽而渔的生产方式。

一旦把共同体从人类拓展到土地，人对土地的理解就发生了变化。或者反过来说，只有对土地的观念发生了变化，人才会真正把土地视为自己的共同体。

简而言之，土地伦理就是要把人类在共同体中以征服者面目出现的角色，变成这个共同体中平等的一员。它暗含着对每个成员的尊敬，也包括对这个共同体本身的尊敬。

为此，利奥波德引入了生态学。从生态学的角度，所有的物种都是相互依存的。土地上的水、土、动物、植物以及微生物是相互关联、环环相扣的。人类不可以按照人类所理解的暂时的经济价值对它们进行区分。一旦生态自身的运行出现问题，最终导致土地荒芜，也会危及人类的生存。因而人类的利益与土地的利益是相关联的。人如果只考虑人类共同体，漠视土地共同体，也无法保障人类的利益。反过来，人如果把自己视为土地共同体中的一员，凡事从这个大共同体的整体利益出发，则人类的利益有更大的可能得以保全和提高。当然，人类希望在短期内获得最大利益的欲望必然会受到抑制。我在以这种方式描述人与土地的关系时，仍然具有人类中心主义的色彩，仍然是基于人类的利益来考虑土地利益的。这种思考方式可以作为从人类中心主义到非人类中心主义的过渡，但是不可以作为土地伦理思想本身。这里的关键在于，把何者视为最高价值？如果关爱土地共同体的最终目的是为了人类的利益，那么，人总是会有办法突破土地伦理，伤害土地共同体。所以，利奥波德直接给出的是一个非人类中心主义的土地伦理：把土地共同体的利益作为最终目的，把土地共同体的利益作为最高的价值。如此，人必须放下征服者的心态，成为土地共同体中与其他成员“平等的一员”，并且尊重其他成员。其他成员就是土壤、水、动物、植物，以及微生物，甚至包

① 〔美〕利奥波德：《沙乡的沉思》，侯文蕙译，新世界出版社，2010，第207页。

括土地上吹过的风。

利奥波德具体描述了土地之中的生态过程，他指出：

> 土地，不仅仅是土壤，它是流过土壤、植物和动物这个回路的能量的源泉。食物链是使能量上行的活的通道；死亡则使之返回土壤。这个回路不是封闭的。某些能量在腐败中耗散了；又通过吸收空气中的能量有所增补；还有一些储存在土壤、泥炭和长生的森林中。但是，这是一个持久存在的回路，像是一个缓慢递增的生命的循环库。[①]

土地是一个生命的集合体，共生共荣。利奥波德最后归纳：

> （1）土地不仅仅是土壤；
>
> （2）本土植物和动物能够保持能量回路的开放；其他的则未必；
>
> （3）人类所导致的变化与自然演化的变化是不同级别的，人类行为所产生的后果远比人类的意图和预想更为复杂。[②]

这里明确地指出了人类认知的局限性。人类总是短视的，人类在改变自然的时候，以为后果都在计算之中，但实际上，结果往往超出人类的预想。人类在使用氢氟烃作制冷剂的时候，无论如何都想不到，这会使臭氧层出现一个空洞。

从这个视角下审视当下的农业方式，很显然，工业化农业是违背土地伦理的。

随着所谓绿色革命的全球蔓延，工业化农业已经成为普遍采用的农业形态。支持工业化农业的各种科学理论都是建立在机械自然观之上的，机械自然观包括三个方面：机械论、还原论和决定论。这种观念把粮食还原为营养素的集合，把庄稼视为粮食——营养素的载体，视为在土壤上生长出来的生物机器。土地存在的意义，则是为庄稼提供所需要的养分，这些养分又被还原为氮、磷、钾等元素。于是农业活动就蜕变成类似某种搭积木的机械活

① Aldo Leopold, *A Sand County Almanc* (London: Oxford University Press, 1969), p. 216.

② Aldo Leopold, *A Sand County Almanc* (London: Oxford University Press, 1969), p. 218.

动。人类想象某种粮食需要什么化学元素，就为它提供、添加什么化学元素。除了这些化学元素之外，土地上的其他东西都被认为是不必要的，甚至是有害的。如果某块土地上缺乏某些被认为必要的元素，就人工生产出来，从远处运过来，施放到这块土地上。这就是化肥。如果某块土地上没有足够的水，就从远处的河道中运送过来，从很深的地下汲取出来，施放到这块土地上。对于土地共同体而言，这个过程是粗暴的。

进而，人类的利益被简化为粮食产量。

化肥是为了提高产量而施用的。专门设计的各种肥料大量且迅速地被庄稼吸收，变成庄稼中的元素。庄稼也被重新设计，重新改造，使其能够吸收更多的化肥。以这种方式生产出来的粮食，其实与传统的粮食已经有了质的差异。

农药也是为了保证产量而施用的。工业化农业大规模使用农药，虫口夺粮，对土壤中的昆虫和微生物构成了致命的伤害，亦即剥夺了土地共同体其他成员的生命，损害了它们的利益。

化肥对于共同体其他成员的伤害也同样致命。

虽然人类在短期内获得了相对高的粮食产量，但是几十年下来，土地板结、土壤退化、河流污染、地下水污染、地下水位下降。人类不尊重土地，不尊重土地共同体的其他成员，导致土地共同体整体利益遭到破坏，最终人类自身也深受其害。农田成为污染源，说起来是个讽刺。

在整个环境思想的谱系中，利奥波德虽然是早期思想家，他的思想却超越了他的时代，直接站到非人类中心主义的立场，并且成为深生态主义的思想资源。

从土地伦理，也能够引申出更具一般性的生态伦理。整个地球生物圈是一个巨大的生态系统，这个巨大的生态系统是由一个个不同层级不同大小的生态系统构成的。生物圈具有充分的多样性。不同地域的自然环境不同，孕育出不同的生态系统。在每个地域的生态系统中，各个物种与本地的土壤、水系、气候构成了复杂的共生共荣关系。人类的生存也必须依赖本地生态。那么，什么样的人类行为是合乎伦理的？把土地伦理的概念拓展一下，可以说，那些能够提高本地生态及地球生物圈整体利益的活动是合乎伦理的。这表现为两种不同的程度。

第一，人类活动本身是本地生态系统的一部分。比如某些游牧民族，牧民、牧群、草场，相互依赖，构成了某种有人参与的生态系统。这种生存方式无疑是合乎伦理的。

第二，人类活动虽然不是本地生态系统的一部分，但是对本地生态系统没有造成巨大的破坏，并且不持续破坏。中国传统农业就属于这种性质。

中国传统文化强调天人合一，这一观念贯穿到传统农业的各个环节。同时，传统社会普遍相信万物有灵，人类之外的事物从来不是单纯的物，而是具有生命、具有灵性的主体。天人合一、万物有灵，两者结合起来，支配着中国传统农民的思想。因而也可以说，中国传统农业内在地符合生态伦理和大地伦理。

农业本身是对自然进行改造的结果，必然要对本地生态构成破坏。但是，在农田建设完成之后，这个破坏就停止了。农田上的农业虽然不是本地原初生态系统的一部分，但是，传统农业无论在理论上还是在实践中，都重视农田自身的生态系统的健康，此外，对于农田与周边自然生态系统的关系，也予以足够的重视。

中国农民开荒种地，把荒野农田化的过程，是一个相对缓慢的、渐变的过程。在农民与土地、与更大的生态环境相互作用的过程中，农民形成了自己的历史、文化和传统，农民对土地存在着深厚的感情。在这种文化传统中，土地及土地上的生命是有灵的主体，而不是客体，不是简单的物。

从更大的视野看，拓荒者相对缓慢地切入本地生态系统，也是一个与本地生态逐渐协调的过程。在很多民族的传统中，开荒是一个非常大的事件，需要复杂的祭祀仪式，敬告神灵，敬告将要在垦荒过程中被伤害的万物之灵。传统农业对于自然、对于土地有着天然的敬畏之心。

中国传统农民与利奥波德所描述的美国农场主有着根本上的不同。美国农场主都是来自欧洲的移民，他们对美国的土地没有历史上的关联，没有深植于文化之中的情感，土地只是他们赚钱的工具，所以采用了尽可能快地剥夺土地的方式，在土地荒芜之后，他们可以换一个地方，继续剥夺。

在中国传统社会，农民安土重迁。农民与农业是在历史中逐渐形成的。中国农民一旦在某个地方安家落户，就做着世世代代、子子孙孙生存于此的打算，所以中国农民不可能不爱护自己的环境。只有保持与周边环境的和谐，保持农田自身的生态健康，才可能持续生存下去。反过来，如果中国传统农学不能使农业与周边环境之间保持和谐的关系，中国传统农业就不可能延续两千年。

进而，工业化农业也是不合乎生态伦理的。几十年的工业化农业对自然生态系统、对地球生态圈已经构成了巨大的破坏。除了前述土地伦理中所说过的那些问题，还包括如下几个方面。其一，化肥、农药在生产过程中对地球生物圈的破坏。化肥、农药的生产是全球性的，生产过程中的污染是全球性的。其二，农药和化肥不仅对本地土壤的生态系统构成了伤害，随着污染的扩散，对更大范围，乃至全球生态系统也造成了破坏。其三，与化肥农药配套的种子不是在本地生态中自然孕育的，与本地生态没有调适过程，是本地生态中的异类。传统的庄稼与本地昆虫和微生物是相互适应的，这类人工育种的庄稼则会与本地生态发生冲突。其四，大规模的人工灌溉破坏了本地水系，也造成了更大范围内的生态问题。

工业化农业是当初美国农场主的资本逻辑的自然延续，是以资本拥有者的短期利益为出发点和归宿的。

正在全球范围内兴起的生态农业或者有机农业，则表现出两个方面：第一是出于对工业化农业的反思，以生态学为理论基础，探索一条通向未来农业的道路；第二是向（中国式的）传统农业回归，使得与自然相和谐的传统农业在现代的语境中，获得新生。

生态农业是人类的未来，是建设生态文明的基础。中国曾经拥有自己的天人合一、万物有灵的农业思想，是当代中国人的幸运。

在符合生态伦理和土地伦理的未来新农业的建设过程中，伦理思考是一个非常好的维度。伦理学关乎态度。利奥波德说：

> 我不能想象，在没有对土地的热爱、尊敬和赞美，以及高度认知它的价值的情况下，能有一种对土地的伦理关系。所谓价值，我的意思当然是远比经济价值高的某种涵义，我指的是哲学意义上的价值。①

我们需要重新调整我们对于土地的理解方式，还土地以尊严。

唯有土地拥有尊严，人类才有未来。

（原文刊载于《兰州大学学报》（社会科学版）2015 年第 4 期）

① 〔美〕利奥波德：《沙乡的沉思》，侯文蕙译，新世界出版社，2010，第 221 页。

物种之本质与其道德地位的关联研究*

肖显静**

一　问题的提出及其研究思路

物种有道德地位吗？对于不同的历史时期，人们对此有不同的回答。

在古代，情况比较复杂。一派认为物种有道德地位，如“万物有灵论”就认为世上的万事万物都是有精神和灵魂的，具有与人一样的权利和价值，如此，动植物是有道德地位的，随之，物种也有道德地位；另外一派认为物种无道德地位，如“神学中心论”就认为，上帝是最伟大的存在，世上的一切都是为上帝服务的，人为上帝服务，万物为人服务，如此，人类可以为了自己的利益，随意处置其他万物。依据这一理论，托马斯·阿奎那就说，在自然存在物中，人是最完美的，人为上帝服务，更加接近上帝和天使，其他存在物如动植物都是为了人的存在而存在，因此，人可以随意使用动植物。① 不过，对这后一种观点，也有可商榷之处。如受到全球环境保护的影响，现代许多神学家及其他学者开始重新阐释基督教对自然的态度，重建基督教的“托管传统”和“合作传统”，“绿化”基督教，从而使得基督教也

* 基金项目：本文系国家社科基金重大项目“生态学范式争论的哲学研究”（编号：16ZDA112）、国家社科基金重点项目“生态学整体论—还原论争论及其解决路径研究”（编号：14AZX008）的阶段性研究成果。

** 作者简介：肖显静，中国社会科学院哲学研究所研究员，研究领域为生态学哲学、科技哲学与环境。

① Armstrong, S. J., Botzler, R. G., “Environmental Ethics: Divergence and Convergence,” *Proceedings of the Edinburgh Mathematical Society*18 (2003): 321 -324.

具有环境保护的意蕴。

到了近代，“人类中心主义”占据主导地位。笛卡尔持有“机械自然观”，认为人类是有肉体和灵魂的，其他万事万物只有肉体没有灵魂，像一架机器一样，由此，物种就没有道德地位。康德持有“理性优越论”，认为人类与动物具有完全不同的本质，只有人类才有理性，才有内在价值和尊严，才有资格获得道德关怀，其他的万事万物包括动物不是理性存在物，仅是人类实现自身目的的工具，没有道德地位。

达尔文时期，上述状况看起来应该有所改变。因为，根据达尔文的进化论，世界上的万事万物包括人都是自然界的进化产物，人类与自然界的其他万物之间并没有一条不可逾越的鸿沟。据此，既然人类有道德地位，那么，最起码在进化链上，距离人类较近的生物物种也应该具有道德地位。这是对物种之本质与其道德地位的关联研究“物种歧视论”（Specialism）的反驳。但是，考察达尔文时期以及其后的历史展现，达尔文的进化论对“物种歧视论”的冲击和影响并不大。

在现代，“人类中心主义”受到批判，“环境伦理学”开始出现，主要有“动物解放论”、“动物权利论”、“生物中心论”和“生态中心论”等，其代表人物有辛格、雷根、泰勒和利奥波德等。根据这些环境伦理学理论的内涵，“动物解放论”“动物权利论”“生物中心论”着眼于生物个体的“道德”地位，属于“道德个体论”（Moral Individualism）；“生态中心论”着眼于生态整体的“道德地位”，属于“道德整体论”（Moral Holism）。对于这些理论而言，虽然由其内涵可以引申出对“物种歧视”的反对，但是，重要的是生物个体和生态整体的特征，而非物种的性质，生物“道德个体论”以及生态“道德整体论”是可以辩护的，“物种道德论”并无涉及的必要。

由上述历史的回顾可见，对于物种的道德地位，人类并未给予过多的关注和肯定。这应该是现实社会普遍存在“物种歧视论”的一个重要原因。“物种歧视”加上其他原因，共同造成了现时代物种多样性锐减，也使得物种保护迫在眉睫。在这种情况下，人类应该如何对待并保护物种呢？是基于物种自身的道德地位对待并保护它，还是基于人类的利益或者基于生物个体或者生态整体，去对待并保护它？就成为环境伦理学必须回答的问题。

对于上述问题，未见学界给予深入系统探讨。本文结合生物学界和生物哲学界提出的“物种反本质主义”和“新物种本质主义”，对此进行深入研究。一个基本的思路是：物种具有什么特征？这样的特征是物种的本质特征吗？这样的本质特征能够使物种具有道德地位吗？如果物种没有本质或者没有类意义上的本质，则物种就没有道德地位，人类就可以为了自身的利益利用它；如果物种只有外在的本质，则物种凭其自身也很难获得完全独立的道德地位，人类也很难凭借物种自身去尊重并保护它；如果物种具有内在的本质，那么它就拥有内在的价值和目的，凭其自身就具有道德地位，人类就应该尊重它们这种道德地位并加以保护。

二　“物种个体论”的拒斥及其物种种类

生物个体道德地位的丧失，根据“物种个体论”典型代表人物霍尔（Hull，D. L.）的观点，物种是历史地连续进化的、受时空限制的单位，不可能是种类（因为种类是历史地不连续的），只可能是整体化的个体（Integrated Individuals），这样的个体由共同的宗谱世系维系，不具有共同的类的本质。①

按照霍尔的观点，物种是不具有共同的类的本质的，如此，它也就不能作为类，理所当然地，作为类的物种的道德地位也就不存在。不过，必须清楚，在霍尔那里，他是把物种作为“整体化的个体”。有鉴于此，作为“整体化的个体”的物种，有道德地位吗？

罗尔斯顿（Rolston，H.）认为是有的。他基于生物学家迈尔（Ernst Mayr）和霍尔的认识，认为物种是一个“整体化的个体”，是一个有机体，它捍卫生命的特定形式，寻求经历世界的路径，抵抗死亡或灭绝，一直再生以保持规范的身份，发现生存技能的创新能力，因此，它具有目的的结构，有着自身的“好”（Good）和内在价值，具有道德地位。②

① Hull，D. L.，“A Matter of Individuality，” *Philosophy of Science* 45（1978）：335 – 360.

② Heaf，David and J. Wirz，“Genetic Engineering and the Intrinsic Value and Integrity of Animals and Plants，” Proceedings of a Workshop at the Royal Botanic Garden，Edinburgh，UK，18 – 21 September，2002.

罗尔斯顿的上述观点受到罗伯德沃斯（Rob De Vries）的反驳。他认为罗尔斯顿所谓的“基于生物学家迈尔和霍尔的认识”是站不住脚的：迈尔是把物种看作有机体的种群存在，而不是看作个体性的存在，更不用说是带有目的的结构的个体性存在；霍尔虽然把物种看作是个体性的存在，但是是在时空限制的意义上而言的，与罗尔斯顿所说的“整体化的个体”不同，不带有目的的结构。由此导致的结果是：如果罗尔斯顿要坚持他的物种的认识，他必须引用生物学的理论来支撑他的观念，或者提供独立的形而上学的支撑。在缺少这些支撑的情况下，我们没有理由相信罗尔斯顿对物种的刻画不是隐喻；如果罗尔斯顿的刻画是隐喻，那么就没有理由宣称物种有目的的结构，而如果物种没有目的的结构，那么它就不满足生物个体具有道德地位的条件，即“生物中心论”，那么它也就不具有道德地位。[①]

罗伯德沃斯的观点有一定道理，但并不完全有道理。主要原因在于：第一，物种不是动物，不能凭借“动物中心论”来评判其是否拥有道德地位；第二，罗尔斯顿在引用生物学的证据为自己的观点辩护时确实有夸大之嫌，但是也不能说霍尔的物种个体论就没有“整体化的个体”之义，霍尔就坚持，物种不应当看作自然类，而应当看作具体的特定的整体性的个体（实体），其中有机体与物种之间的关系不是成—类的关系，而是部分—整体的关系。[②]

如此，就不能断言罗尔斯顿关于物种的描述是完全隐喻且没有科学根据的，相应地，也就不能断然地否认“整体化的个体”物种具有自身的目的结构，从而否认其道德地位。到此，问题的关键就归结到了这种“整体化的个体”物种是否存在？即“物种个体论”是否成立？

罗斯（M. Ruse）认为，自然选择和适应是作用于生物个体层面而非物种层面的，物种不是进化的单位，霍尔根据“物种是进化的单位”而将物种看作是个体性的存在，是站不住脚的[③]。凯特和凯蒂（D. B. Kitt 和 D. J. Kitts）认为，物种内部各个有机体之间不像生物有机体内各部分之间可

① Rob De Vries, “Genetic Engineering and the Integrity of Animals,” *Journal of Agricultural and Environmental Ethics* 19 (2006): 488.

② Hull, D. L., “A Matter of Individuality,” *Philosophy of Science* 45 (1978): 335 - 360.

③ Ruse, M., *The Darwinian Paradigm* (London and New York: Routledge, 1989).

以直接有机地连接而构成整体，物种可以独立于生物有机体个体而存在，从而不像生物有机体内部那样“整体与部分不可分离”，如此，物种就不是霍尔所称的那样的有机体个体。[①] 凯切尔（Kitcher，P.）认为，霍尔以“物种是历史连续的且受时空限制的”，来否定“物种是自然类”，站不住脚，因为“单性蜥蜴起源”的事例表明，“历史不连续的物种”仍是存在的。[②]

以上研究表明，无论从进化论的角度，还是从有机整体性的角度，或者是从物种历史存在的角度，霍尔的“物种个体论”都是站不住脚的。相应地，据此宣称物种具有类似于“整体化的有机体”（动物或植物个体）的道德地位，也是站不住脚的。具体而言，就是依据“动物解放论”“动物权利论”“生物中心论”来宣称“物种具有道德地位”乃至相应地评判人类的某种行为是否“侵犯到物种的道德地位”，也是错误的。

三 “物种多元论”的适当及其物种种类

道德地位确立的困难“物种多元论”（Species Pluralism）与“物种一元论”（Species Monism）相对，表示的是：对于物种的各种概念，没有哪一种是更基本、更有特权。考察哲学界和生物学界，主张“物种多元论”的哲学家和生物学家是很多的，典型的有杜普雷（Dupre，J.）和凯切尔（Kitcher，P.）。

杜普雷说道：“我已经论证，对于一定时间内所有存在的有机物，没有那样一种属性或关系具有特殊地位，就其自身就能无疑地和完全地用作客观的并且重要的分类。”[③] 换言之，一种为所有物种所具有的、稳定不变的并且能够解释其他非本质特征的本质特征是不存在的。如此，物种就不是自然类的存在。至于物种是否存在，杜普雷并不否定，这点正如他所指出的：“正像我努力去表达的，我的打算不是去主张物种是不真实的，而是说它们

① Kitt，D. B.，Kitts，D. J.，“Biological Species as Natural Kinds，” *Philosophy of Science* 46（1979）：613－622.

② Kitcher，P.，“Species，” *Philosophy of Science* 51（1984）：313－315.

③ Dupre，J.，“Natural Kinds and Biological Taxa，” *The Philosophical Review* 90（1981）：66－90.

缺少本质的属性，而且它们的成员不可能由某种具有特权的同样的关系来区分。”① 也正因为这样，人们把杜普雷的上述观点称为“混杂实在论”(Promiscuous Realism)。

如果物种真的如杜普雷所说的那样，不是自然类且缺少类意义上的本质属性和关系，那么，它就不具有凭其自身就具有的道德地位。

凯切尔提出物种的“多元实在论”(Pluralistic Realism)。他认为，这种多元实在论具有以下四方面的主旨。

(1) 物种能够被看作有机体的集合，生物与物种之间的关系能够被构建为元素集合之间的类似关系。

(2) 物种是由复杂的、生物的利益关系关联起来的生物的集合，有许多这样的关系能够被用来确定物种分类边界。然而，并没有一个特定的关系在这个物种分类中处于特殊地位，并由它来满足所有生物学家的需要以及应用到所有的生物群体中。一句话，特种范畴是混杂不纯的。

(3) 物种范畴混杂不纯的原因是有两个主要的物种分类的划界路径，并且在其每个划界路径之内，都有几个合法的变量 (Legitimate Variation)。一种路径是通过结构的类似来归类生物，由此产生的分类在某种类型的生物学调查和解释中是有用的。然而，有不同层次的结构类似去探寻。其他的路径是通过它们的系统发生的（动植物种类史的）关系来归类。由这种路径而来的分类可以用于回答不同类型的生物学问题。但是，有可替换的路径将系统发生分为进化单元。物种多元的观点能够被辩护，是因为它为生物中的结构关系以及系统发生的关系提供了一般性的理由，据此理由，不同分类单元的提倡者也能够应用。

(4) 关于物种分类的多元论不仅与物种的实在论相一致，它也提供了一种解开各种主张的方式，这种主张如“物种是真实地存在于自然中的实体，它的起源、延续和灭绝都需要解释”②。

根据凯切尔上述所述，如果物种是根据生物学的兴趣（如结构相似性或系统发育）划分出来的生物之间的集合关系，那么，鉴于生物学的兴趣

---

① Dupre, J., “Natural Kinds and Biological Taxa,” *The Philosophical Review* 90 (1981): 89.

② Kitcher, P., “Species,” *Philosophy of Science* 51 (1984): 309.

是多样的，划分出来的物种单元就是多样的，“一种为物种之成员共同拥有的恒定不变的本质”是不存在的。进一步地，物种作为自然类的本质就不存在，物种凭其自身也就不可能拥有道德地位。比较杜普雷和凯切尔的观点，虽然存在诸多不同之处，但有一点是相同的，即物种的分类与人类的兴趣和目的有关。这决定了物种分类是多样的，没有哪种分类具有特权，一种为所有物种所共同拥有的、优越于其他分类方法所依赖的非本质属性的本质属性是不存在的。

考察他们两人的观点，都持有“物种多元论”。“物种多元论”合理吗？要说明这一点，就要对物种分类概念优劣进行系统分析。

关于物种的概念，凯文·德奎罗兹（Kevin DeQueiroz）做了系统梳理和总结，见表1。

表1　一些主要的物种概念、定义及其提出者或参考文献*

物种概念	它所基于的属性（简要定义）	提出者/参考文献
隔离识别	生物学的交配（自然的繁殖导致可见的和大量的后代）	Wright（1940）；Mayr（1942）；Dobzhansky（1950）
	内在的繁殖隔离（异种特异性的有机体之间不能交配，与外在的地理分隔相对）	Mayr（1942）；Dobzhansky（1970）
	享有特定的交配识别或受孕系统（共同物种的有机体，或它们的接合体，通过这一机理，彼此识别或交配或受孕）	Paterson（1985）；Master et al.（1987）；Lambert and Spencer（1995）
生态学的	同样的生态位或适应区域（与物种有机体相互作用的所有的环境组成）	Van Valen（1976）；Andersson（1990）
进化	独特的进化作用、倾向与历史命运	Simpon（1951）；Wiley（1978）；Mayden（1997）
某些解释	形成一个可诊断性群体（定性的差异）	Grismer（1999，2001）
其他解释	世系或血统的分离（内在的或外在的）	
内聚	表现型的内聚（遗传或人口统计学的交换性）	Templeton（1989，1998a）
系统发生的	多样的（看以下四个范畴）	
Hennigian	当谱系分开时，祖先灭绝	Henning（1966）；Ridley（1989）；Meier and Willmann（2000）
单系类群	单系（包含一个祖先和所有后代，普遍参照共有的推演出来的特征）	Rosen（1979）；Donoghue（1985）；Mishler（1985）
系统树（或家谱）	单独等位基因的合并（所有给定的等位基因都由共同的祖先等位基因而来，这不被其他物种的等位基因享有）	Baum and Shaw（1995）；see also Avise and Ball（1990）

续表

物种概念	它所基于的属性(简要定义)	提出者/参考文献
可诊断的	可诊断性(定性的、固定的差异)	Nelson and Platnick (1981); Cracraft (1983); Nixon and Wheeler(1990)
表现型的	形成表现型簇(定量的差异)	Michener(1970); Sokal and Crovello (1983); Nixon and Wheeler(1990)
基因型的簇	形成一个基因型的簇(遗传中介的不足;例如异质接合体)	Maller(1995)

* Kevin De Queiroz, "Species Concepts and Species Delimitation," *Systematic Biology* 6 (2007): 879 – 886.

考察上述物种的诸种概念，可以发现它们各自存在着优劣，具体体现在以下几方面。

(1)"生物学种概念"，主要关注物种间的"生殖隔离"现象以及由此导致的基因流限制，强调"物种间不允许任何形式的基因流动"。它的优点在于：应用简单，与综合进化论之基因流和异域物种形成理论相一致，而且具有可检验性。[①] 它的不足在于：应用上不如形态种概念便宜，只适用于有性繁殖的生物，难于解释"某些植物物种间虽有基因交流但仍能保持物种不变"的现象，等等。

(2)"生态学种概念"，是通过生态位定义物种，认为只有通过种群在生物群落或生态系统中的地位和角色，才能明确地把不同的种群区分为不同的物种；一个物种就是占据某一"适应区"的一个单一世系种群，它们占据同样的生态位，利用同样的环境资源和栖息地。"生态学种概念"将物种与生物生存的环境结合起来，非常适合地理上隔离的种群演化以及物种形成——在此情况下，种群在自然选择、突变和环境因素等共同作用下，性状以及遗传逐渐趋异，最终分化产生不同的物种，与"作为历史的空间的存在的物种"理念相符。不过，这一概念在使用过程中缺少确定的标准和准确性，并不适合非生态成种的情况。

(3)"进化种概念"，将历史的观念引入物种的定义中，体现了生物或物种进化的历史性；与其他物种概念没有矛盾，具有广阔的应用前景；能够

① Judd, W. S., Campbell, C. S., Kellogg, E. A., et al., "Plant Systematics: A Phylogenetic Approach," *Cladistics the International Journal of the Willi Hennig Society* 24 (1999): 848 – 850.

应用于无性繁殖的生物以及生物化石，改变了其他物种概念如“生物学种概念”不能说明这些方面的状况。不过，“进化种概念”一旦缺乏历史证据，即在化石记录匮乏的情况下，很难应用，而且本身也缺乏过硬的可操作的或可鉴别的标准。

（4）“系统发生种概念”，基于物种的系统发生属性（单系的、可识别的，或者二者的结合），对一个类群的发生和发展进行分析，给出进化树，描绘同一谱系的进化关系，目的是重建生命世界的起源和进化历史以及各生物类群之间的亲缘关系，体现物种进化的历史性和现实地位。它虽然包含了分子进化（基因树）、物种进化以及分子进化和物种进化的综合，但是，忽视了进化极（Grade）在演化中的作用，人为地排除了复系类群和并系类群。这是它的致命弱点。

（5）“表现型的种概念”，与“形态种概念”的统计定量化相一致，事实上是考察生物表现型簇的量的差异，实质上与“形态种概念”相同，即根据“相似性原则”对物种进行分类。这样的物种概念，应用起来直观易行，实用性强，“隐含了种内变异的连续和种间变异的间断，但是并没有很好地解释自然界生物为什么以种的形式存在”[①]，也缺乏评判物种之间形态差异程度的客观性标准，容易受到形态可塑性（Morphological Plasticity）、形态演化停滞现象（Morphological Stasis）、遗传可变性等的影响，无法鉴定出隐存种和不同发育阶段的物种等。

（6）“基因型的簇种概念”虽然将分子遗传学的相关内涵用于物种的分类中，深入到了动物和植物物种的基因结构，与克里普克[②]和普特南[③]所坚持的“真实本质”思想相一致，即用“事关事物根本性的微观结构（Underlying Microstructure）属性来解释‘名义本质’或表观属性”，但是，鉴于某生物个体基因组序列发生突变而仍然属于原物种，因此，这样的物种概念应用仍然受到很大的限制。奥克萨就认为：“物种内的基因改变是相当广泛的，突变、基因重组和随机变异一道，使得有性生殖的物种成员

① 杨永、周浙昆：《物种——老问题新看法》，《中国科学：生命科学》2010年第4期，第313页。

② Kripke，S.，*Naming and Necessity*（Oxford：Basil Blackwell，1980），p.483.

③ 陈波、韩林主编《语言与逻辑——分析哲学经典文选》，东方出版社，2005，第520页。

能够展现的可能的基因型的序列几乎没有限制。对于‘给定物种所有成员所共有的某些共同的基因属性，并且所有其他物种成员所缺乏的基因属性’这一点，在物种中并不成立。相反地，关系近的物种典型地共有大部分它们的基因，但是在每一物种内有许多基因改变。”[①]“物种能以某种方式由它的 DNA 定义并没有生物学事实基础，尽管许多非生物学家看来相信它”[②]。

由上述各种物种概念的优劣分析可见，每种物种的概念，无论是外在的（如形态种概念或表现型种概念等）或内在的结构性的概念（如基因型的簇种概念），还是外在的历史性的或关系性的概念（生物学种概念、生态学种概念、进化种概念、系统发生种概念），都不是完全的，都不能涵盖、超越其他物种概念，而具有特殊地位并用作物种的本质和最终的分类标准。就此而言，杜普雷和凯切尔的上述观点还是有一定道理的。而且，即使不同意他们的观点，坚持“新物种本质主义”，走向“自我平衡属性簇”以及“关系本质主义”，但是，前者不能解释物种的“个体多态性”和“同一性难题”，并且与生物学的分类理论不一致[③]；后者（不包括形态种概念和基因型的簇种概念）不能回答“物种分类难题”，不能算作真正的本质主义[④]。

总之，就上述各种物种概念来看，它们内含的性质或属性确实不能作为物种的本质属性，鉴于此，不能据此就认为物种是自然类，其成员共同占有某种本质属性，其他重要属性从其推出，结果就是，凭以上几种物种概念，物种本身是不拥有道德地位的。

四　多样化的物种概念及其多样化的演进方式

物种伦理对待上面的论述表明，无论是基于物种反本质主义之“物种

① Okasha, S., “Darwinian Metaphysics: Species and the Question of Essentialism,” *Synthese* 2 (2002): 196 - 197.

② Okasha, S., “Darwinian Metaphysics: Species and the Question of Essentialism,” *Synthese* 2 (2002): 197.

③ 肖显静：《“新物种本质主义”的合理性分析》，《哲学研究》2016 年第 3 期，第 106 ~ 112 页。

④ Devitt, M., “Resurrecting Biological Essentialism”, *Philosophy of Science* 75 (2008): 344 - 382.

个体论”“物种多元论”，还是基于“新物种本质主义”之“自我平衡属性簇”“关系本质主义”，物种凭其自身是不具有道德地位的。不过，进一步的分析表明，物种凭其自身不拥有道德地位，并不意味着人类就可不伦理地对待物种，由上述物种的各种概念，人类还是可以并且应该采取相应的方式，遵循相应的伦理原则，去对待物种。

根据“生物学种概念”，同一物种或近亲物种之间才能交配。这是自然界的“生殖隔离”，人类应当尊重，不可强制远缘物种进行繁殖，否则，有违生物的生殖伦理。

根据“生态学种概念”，一定的物种生存于相应的生态环境中，特别是对于地理上隔离的物种，更是如此。由此，保持种群、群落、生态系统以及生态位的稳定性，对于生物物种是有利的，否则，是不利的。这符合“生态中心论”，也是伦理地对待物种所应遵循的原则。就此而言，将一个区域的物种人为地转移到另外一个区域中，从而造成“物种入侵”，是不道德的，违背了“生态中心论”。当然，由于这样的“物种入侵”侵害到当地的相关物种，因此，也违背“动物解放论”、“动物权利论”和“生物中心论”。

根据“进化种概念”，物种是经过千百万年的自然进化——竞争、选择等而来的，具有历史的必然性。人类应该尊重经过进化而来的物种，不可打破物种进化历程，改变物种独特的进化作用、倾向与历史命运。否则，就改变了生物进化的目的（目标）性，损害了生物的“好”，违背了“动物权利论”和“生物中心论”，是不道德的。

根据“系统发生种概念”，不同的物种拥有共同的祖先，拥有共同祖先的各物种间的演化关系呈现“系统发生树”，在树中，每个节点代表其各分支的最近共同祖先，而节点间的线段长度对应演化距离（如估计的演化时间）。由此，人类应该尊重物种系统发生树，不得随意改变物种的起源、物种的演化关系或生物类群之间的亲缘关系，不得随意改变物种谱系的分支库，不得随意改变物种进化的历史趋势、方向和现实，不得随意产生新的物种或者灭绝某一物种，一句话，不得随意改变物种在“系统发生树”中的位置。否则，是不道德的。

根据“表现型的种概念”，不得随意改变物种成员的共同拥有的性状，一旦改变，则是对生物肉体尤其是动物福利的侵害，违背了“动物解放论”。

根据“基因型的簇种概念”，随意改变物种成员的 DNA 序列是不被允许的，尤其是将一个物种中的基因转移到另外一个物种中则更不被允许。这违背了“基因完整性”，涉及基因伦理问题。

分析上述人类对待物种所遵循的伦理准则和伦理行为，只是根据已有的非物种的伦理准则（包括人类的和生物个体的、生态的等），判断人类的何种行为是否违反了伦理道德。人们之所以采取如上所述的行为而违背伦理道德，不是基于物种本身之道德地位，而是基于诸如生命伦理学、动物权利论、动物中心论、生物中心论、生态中心论甚至人类社会的伦理道德等，所做出的判断。

进一步的问题是：物种难道真的就没有完全的内在本质，从而使其成为自然类，并凭内在本质使其自身就具有道德地位？答案是否定的。理想的“DNA 条形码”的提出，为我们展现了可能的前景。

五　基于理想的“DNA 条形码”之物种道德地位确立

分子遗传学的诞生及其发展，对物种分类学产生了影响。进入 21 世纪后，生物学家提出并实际运用“DNA 条形码”去鉴别物种。这也促使一些生物学家和生物哲学家提出并赞同“温和的内在生物本质主义”——“物种的本质，至少部分地是内在的”①②。

对于“内在生物本质主义”（Intrinsic Biological Essentialism，简称 INBE），笔者进行了深入研究，得出的结论是：物种之内在本质是否定不了的；INBE 之“内在的本质”应该是基因或 DNA，具体体现于“DNA 条形码”；INBE 与分子生物学以及物种分类的进展相一致，是合理的，那种借 INBE 与物种分类学现实的不符而否定 INBE 的，与事实不符，是错误的；走向 INBE 既是现实的、可能的，也是必要的、重要的，是复活物种本质主

① Devitt，M.，“Resurrecting Biological Essentialism，” *Philosophy of Science* 75（2008）：344 - 382.

② Dumsday，T. A.，“New Argument for Intrinsic Biological Essentialism，” *The Phlosophical Quarterly* 248（2012）：486 - 504.

义的必由之路。[①]

不仅如此，笔者进一步的研究表明，温和的 INBE 者没有看到“基因种概念”的真实性和优越性，主张物种本质的“二元论”或“多元论”，这是错误的。虽然从现在的情形看，“DNA 条形码”还不能够作为“物种内在激进的 INBE”之载体，唯一完全地作为物种的本质，但是，物种的本质可以而且应该归结为物种成员之间共同拥有的内在微观结构——“DNA 序列片段”，即未来的、新的、理想的物种“DNA 条形码”。它是在物种的形成演变过程中确立的，蕴涵了物种演化变异的历史性、生态性和关系性，体现了“整体化的‘基因还原论’”以及“历史蕴涵的‘基因决定论’”，即它是在物种形成的过程中经过自然选择形成的，承载了该物种形成演化的历史印记，经历了物种基因组自身的新陈代谢，最终所有这些以相对稳定的和决定的形式“铸入”理想的“DNA 条形码”之中。这样一来，理想的“DNA 条形码”体现了生物物种演化的历史性、外在性、复杂性、可能性、整体性等，从而使之能够决定并体现物种的本质。[②]

这样的本质属于洛克意义上的“真实的本质”，也属于克里普克和普特南意义上的内在的、具有微观结构的“内在本质”。它不仅能够解释“物种范畴难题”，而且还能够解释“物种分类难题”；不仅能够解释其他物种概念能够解释的，而且还能够解释其他物种概念不能解释的。与生物学种、生态种、动植物物种种类史（系统发生学）等属于“关系种的概念”（Relational Species Concept）相比较，理想的“DNA 条形码”能够唯一完全地作为物种的本质，成为物种内在的、微观的、决定性的根据本质，作为某一物种之所以是这一物种的内在的、根本的根据，更根本、更深刻、更稳定，也能够更好地展现物种的特异性，根本性地决定生物的那些外在的、表现型的、生理结构的、历史的和环境的等方面属性，并且避免那些“名义

① 肖显静：《“新物种本质主义”的合理性分析》，《哲学研究》2016 年第 3 期，第 106 ~ 112 页。

② 肖显静：《物种“内在生物本质主义”：从温和走向激进》，《世界哲学》2016 年第 4 期，第 61 ~ 71 页。

本质”所存在的欠缺①。

如此，凭借这样的本质——理想的“DNA 条形码”，就使得物种自身拥有道德地位，理应受到人们的尊重。

不仅如此，由“DNA 条形码”定义物种，属于“基因种概念”，已经不同于“生物学种概念”，它不是通过物种间的“生殖隔离”以达到物种的“基因库隔离”，进而保护整个基因库，而是允许物种间存在一定形式的基因流动，只要该物种所有成员所共有并特有的那些基因组合没有被打破。如此，物种自身是在维护诸如“DNA 条形码”这样的“优良基因组合”的。一旦完成了这一点，则物种的本质或身份就得到维护和保护。②

这就表明，物种有其自身的利益、自身的“好”、自身的内在价值，它们体现于理想的物种“DNA 条形码”之中，从而使得物种有其自身的价值和道德地位，拥有一定的伟大性和神圣性，理应得到人类的尊重。对物种道德地位的维护和尊重，实质上就是对理想的“DNA 条形码”的维护和尊重。“基因神圣”“DNA 条形码神圣”，人类有直接的责任维护物种的这种道德地位，不去干涉物种的这种内在的本质。

六　结论及其反思

（1）“物种个体论”是不成立的，因此基于此而对“物种具有有机体般的道德地位”的辩护，是站不住脚的。

（2）“物种多元论”在不考虑“基因种”的情况下，有一定的合理性。但是，它否定了物种作为自然类的本质的存在，从而也就否定了物种具有类意义上的道德地位。

（3）“新物种本质主义”不是真正的本质主义，试图把物种的本质建立

① 我国学者陈明益鉴于“物种个体论”“混杂实在论”“自我平衡属性簇理论”的失当，提出一种动力学系统理论进路，把物种视作动力学系统状态空间中的吸引子，以反对“那些出于物种进化的可变性等而否认统一的物种概念的存在的观点”（参见陈明益《自然类、物种与动力学系统》，《自然辩证法研究》2016 年第 3 期，第 100 ~ 104 页）。这有一定道理，是一种新的“物种新本质主义”。但是，由于作者没有对“吸引子”存在的原因做出阐述，因此，这种“新本质主义”仍然与“关系本质主义”相似，不能算作真正的本质主义。

② Wu, C. Y., “The Genic View of the Process of Speciation,” *Journal of Evolutionary Biology* 14 (2001): 851 - 865.

在那些外在的、历史的或关系的物种概念上是站不住脚的。由此，通过生物学种概念、生态学种概念、进化种概念、系统发生种概念、表现型种概念甚至基因型簇种概念以确立物种具有道德地位，也是行不通的。

（4）即使根据上述物种概念认定物种没有道德地位，也并不意味着人类可以非伦理地对待物种，此时，仍然可以根据上述各种物种概念及其内涵，依据相应的伦理原则，如“动物权利论”“生物中心论”“生态中心论”等，伦理地对待物种。只不过，此时，对于物种而言，更多地基于“功利论”而非“道义论”，即不是基于物种自身的道德地位而去伦理地对待它，而是基于物种与物种、物种与环境、物种与生物体之间的关系，而去伦理地对待它。这样的伦理对待，是存在固有的欠缺的，不能全面、有效、客观、平等地保护物种。

（5）无论是“物种反本质主义”之“物种个体论”“物种多元论”，还是“新物种本质主义”之“自我平衡属性簇”“关系本质主义”，或者基于对“基因种”的概念的无知，或者虽然知道“基因种概念”，但是出于对生物 DNA 序列的变化，而拒斥物种内在本质的存在，由此也就拒斥了物种自身道德地位的存在。

（6）温和的“内在生物本质主义”虽然看到了 DNA 作为物种内在本质的可能性，或者虽然看到了作为“基因种”之“DNA 条形码”作为物种鉴定标准之一，但是，出于对“DNA 条形码”的无知以及其欠缺的扩大①，或者出于对“基因决定论”和“基因还原论”的拒斥，而不能意识到一种未来的、新的、理想达到两全其美的“DNA 条形码”是可能存在的，由此，也就不能意识到物种也是可以凭其自身具有道德地位的。

（7）物种凭其自身具有道德地位，不是基于其外在的、历史的或关系的性质，而是基于其内在的、根本性的、微观的结构——理想的“DNA 条形码”，它具有“整体化的还原论”以及“历史蕴涵的决定论”的特征，因此，使得它能够作为物种的内在本质，为该物种内所有成员占有，并作为它们作为这个类的充分的和必要的属性，既对物种相关的结构性的属性进行根

① 我国学者李胜辉就指出，“DNA 条形码”缺乏“内部构造”这样的组分，所以，无法对戴维特的“特征问题”做出解答（参见李胜辉《DNA 条形码理论与新生物学本质主义》，《自然辩证法研究》2013 年第 4 期，第 12 页）。这种观点值得商榷。

本性的结构和机理解释，也对涉及物种历史性的属性（时间、空间、环境和关系等）进行结构和机理方面的历史解释。

（8）根据理想的“DNA条形码”，物种具有内在的、天赋的价值，物种具有道德地位，所有物种都是平等的，“物种歧视”是错误的。不过，必须清楚，这种“平等”，就“DNA条形码”而言，是无差别的、抽象的、原则性的。也正因为如此，一旦打破了某一特定物种的“DNA条形码”，就损害了物种的本质，此时应该伦理地拒斥。就此而言，物种之道德地位是“道义”意义上的。

（9）“道义”意义上的物种道德地位的确立，并不意味着任何对物种的干涉都是不道德的。对于物种生殖的干涉、进化的干涉、生态环境的干涉等，只要没有引起物种理想的“DNA条形码”的改变，都有可能受到伦理的辩护。但是一旦相应的干涉造成物种的理想的“DNA条形码”的改变，则此时就必须受到道义论的拒斥，是绝对不允许的，因为此时改变了物种的内在的、微观的、深刻的、真实的本质，会导致物种的改变和新物种的产生，是极端危险的。

（10）“物种道德地位”的确立，对于深入理解西方环境伦理学，具有重要的意义。它表明，环境伦理学可以而且应该由“道德个体论”——“动物权利论”“动物中心论”“生物中心论”扩展到“道德群体论”——“物种权利论”　“种群权利论”　“群落权利论”，再扩展到“道德整体论”——“生态中心论”乃至“物种权利论”，否则在上述“道德个体论”与“道德整体论”之间就存在一条沟壑。“物种道德地位”，对于沟通两者并弥补两者具有一定的作用。雷切尔斯（Rachels）就说，当我们对世界以及我们在地球上的位置有了更深的理解后，一个新的平衡被发现，德性将再次共存，即“道德个体论”与“物种德性”的共存。[①]

（11）“物种具有道德地位”能够避免“物种优越”“物种平等”的困境。过去，人们总是认为“物种歧视论”以及与此相连的“人类优越论”是错误的，因此要提倡“物种平等”。但是，这样一来，人类似乎处于悖论之中。吉米森（Jamieson）认为，如果我们坚持“物种平等”，即人类与除

① James Rachels, “Darwin, Species, and Morality,” *Monist* 70 (1987): 98 - 113.

人以外的其他生物平等，则对诸如“我们应该吃什么”，“我们如何生活”，“我们应该努力创造什么样的世界”以及“我们如何去规避强的道德要求”，就很难处理了。鉴于此，应该对“反物种歧视”进行修正，以容纳人类作为自然的一部分所要求的那样一些东西。[①] 辛格（Singer）认为，如果我们坚持“物种不平等”，即坚持人类由于其比动物具有更高的认识能力而使其具有更高的道德地位，那么，对于那些具有严重智力迟钝的人类，鉴于他们的认识能力的欠缺，是否他们就不具有与其他人类同等的道德地位，甚至比动物还低的道德地位呢？肯定不是，鉴于此，应该放弃人类与其他生命具有平等价值的信念，而用一个等级化的观念来代替这一信念，并将此应用于人类和动物之中。[②] 根据上面学者的观点，“物种歧视”显然是错误的，但是，由此走向“物种平等”，即生物与人类具有平等的道德地位也是存在很大问题的。因此，要在人类与非人类生物之间采取等级制的道德地位策略。不过，这样一来，也是有问题的：凭什么人类生物就具有比非人类生物更高的道德地位呢？除人之外的不同的生物物种之间是否也具有不同的道德地位呢？如果答案是肯定的，那么，对于那些低级生物，是否就可以顺理成章地推理得出它们具有非常之低的道德地位甚至不具有道德地位呢？如果是这样，物种道德地位的拥有就不是普遍的，对于某些物种，它们是具有道德地位的，而对于另外一些，它们则没有道德地位或几乎没有道德地位。一旦有了理想的“DNA 条形码”作为“物种具有道德地位”之标准后，那么再来处理上述问题，就比较容易了：在生理学的层面，人类和非人类生物物种之间以及非人类生物物种之间，其道德地位都是平等的，即他们的理想的“DNA 条形码”都是不可损害的；在非生理学的层面，或者在人类社会背景的层面，作为物种的人类要比作为物种的其他生物拥有更加优越的道德地位。如此，就既维护了人类的“尊严”，也维护了非人类生物物种的道德地位，达到两全其美。

（原文刊载于《伦理学研究》2017 年第 2 期）

① Dale Jamieson, “The Rights of Animals and the Demands of Nature,” *Environmental Values* 17 (2008): 181 - 199.

② Peter Singer, “Speciesism and Moral Status,” *Metaphilosophy* 40 (2009): 567 - 581.

农业伦理学的兴起

邱仁宗*

农业是国民经济中的一个重要产业部门，以土地资源为生产对象的部门，通过培育动植物生产食品及工业原料。农业属于第一产业。利用土地资源进行种植的活动部门是种植业，利用土地空间进行水产养殖的是水产业（又叫渔业），利用土地资源培育采伐林木的是林业，利用土地资源培育或者直接利用草地发展畜牧的是牧业，对这些产品进行小规模加工或者制作的是副业，对这些景观或者所在地域资源进行开发展出的是观光业（又称休闲农业）。哲学主要探讨人类的知和行。伦理学是道德的哲学研究（概念分析、论证），道德是人类行动的社会规范，在历史上人类行动规范是根据权威人物或经典典籍规定的，往往无须辩护或论证。伦理学要用例如概念分析、价值权衡、论证等理性的方法研究人类行动规范。人的行动有三要素：行动者、行动和行动后果。主要的伦理学理论是后果论和义务论，这两种理论是人们在伦理推理中不可或缺的，人们不能不考虑行动后果，也不能不考虑基本的义务。它们各自有其优缺点。为弥补它们的缺点，哲学家为设法把它们结合起来做出不懈的努力，规则效用论和效用义务论等著名理论应运而生。人们根据实践经验，参照主要理论，形成了一些伦理原则，构成评价人的行动或决策的伦理框架，例如在生命伦理学中的不伤害、有益、尊重和公正等原则。由于伦理学是规范性学科，必须考虑价值，单靠观察实验不行，

---

* 作者简介：邱仁宗，中国社会科学院哲学所研究员，博士生导师，研究领域为生命伦理学。

因为从“是”中推不出“应该”，二者之间无逻辑通路，所以主要靠论证、反论证、概念分析、价值权衡、反思平衡、思想实验、判例法等。

农业伦理学有无必要和可能，那就要看农业有没有伦理问题，包括应该做什么的实质伦理问题和应该如何做的程序伦理问题。如果我们仔细读一下2014年中央的一号文件①，我们就会发现其中有许多伦理问题。农业中的伦理问题可包括与食品（粮食）保障、食品安全有关的伦理问题，与对待动物有关的伦理问题，与环境安全有关的伦理问题，与可持续性有关的伦理问题，与代际伦理有关的问题，与三农政策有关的伦理问题。

为什么农业伦理学似乎有些滞后？农业中伦理问题非常之多，对这些伦理问题的解决往往有多种选项，我们必须做出合乎伦理的选择，但我们很少主动对自己的行动从事伦理分析，或能够提供我们所做选择的伦理学理由。为什么长期以来人们没有去注意发展农业伦理学？从事农业的人往往认为从事农业本身就是合乎道德的。他们没有认识到：伦理难题会不断产生，不存在一劳永逸地解决伦理问题的情况。因为我们的价值观念不是一成不变的，而是与时俱进的（例如从战胜自然转变到与自然建立和谐关系）；新技术的应用往往会产生没有预料的后果（如DDT、绿色革命、基因技术）；新观念进入人心，如善待动物、保护自然环境这些观念现在已日益深入人心。

农业伦理学为谁而设？为从事农业的专业人员而设。专业与一般的职业不同，职业为谋生计，专业是系统知识，现代农业是现代科学技术的应用，专业人员有社会责任。我国各医学大家非常明确地将医学看作专业。如李杲（1180—1251）说：“汝来学觅钱医人乎？学传道医人乎？”李时珍（1518—1593）说：“医本仁术。”徐大椿（1693—1771）说：“救人心，做不得谋生计。”赵学敏（1719—1805）说：“医本期以济世。”形成专业的要素有：具有独特的系统知识作为知识基础，这种知识在大学获得认可；获得这种知识和技能需要较长时期专业化的教育和训练；不是仅为自己谋生，而是满足社会需要为他人服务，与它服务的人形成特殊关系；服务于社会和人类，有重要贡献，因而声誉卓著；有自己的标准和伦理准则，有自主性（包括自

① 中共中央、国务院印发《关于全面深化农村改革加快推进农业现代化的若干意见》，《农业科技与信息》2014年第3期，第4～11页。

律）。专业人员的形成和壮大是文明社会的标志、中产阶级的主体、社会的中坚。

在国际上我们看到农业伦理学已经得到学界重视，一些优秀的农业伦理学论文和著作已经出版，农业伦理学的名称也多种多样，如 Agriculture Ethics，Agricultural Ethics，Ethics of Agriculture，Agricultural Bioethics 等。

农业是社会和国家基础，也是其他部门的基础。“民以食为天”，同时，现代农业依赖工业、商业、教育、科技、医疗卫生。在历史上重农主义与重商主义这种两分法已经过时，重农抑商或重商抑农都不对。但如何平衡是一个需要探讨的问题，这涉及资源宏观分配的公正问题，包括资源在农业与其他部门之间如何公正分配，以及在农业各个部门之间如何公正分配。

当代农业的基本伦理问题是，如何在养活 90 亿人口与为未来世代保存地球生产食品的能力和自然生态系统之间保持平衡？农业伦理学探讨的主要问题有：农业的意义、农业的模型、科学和技术在农业中应用的伦理学、与农业相关的食品伦理学、与农业相关的动物伦理学、与农业相关的环境伦理学。

限于篇幅，本文主要探讨农业的模型、科技在农业中应用的伦理学以及与农业相关的食品伦理学问题。

一　农业的模型

农业已经超越温饱，而要为其他部门、其他地方，乃至其他国家提供粮食。农业已成为生产性农业（Production Agriculture）。农业的作用是以最低的成本向消费者供应丰富、安全又富营养的食物。为实现此目标，农民不断采用新技术来增加生产，这往往以牺牲环境为代价。这是农业唯一可能的前景吗？农民和消费者开始质疑一些技术，尤其是杀虫剂和基因工程作物，他们要知道它们是否符合人类健康、土地的守护，以及地球生态系统的可持续性。

生产主义（Productionism）。生产性农业中逐渐出现一种称为生产主义的倾向。生产主义是一种哲学思潮，认为生产是在伦理学上评价农业的唯一规范。在生产食物和纤维方面的成功，既是评价农业的必要条件，又是充分条件。生产主义本着“生产越多总是越好”的原则，其口号是“就是太多也不够”（Too Much Ain't Enough）。然而，人们越来越倾向于对生产性农业提出质疑。我们的农业系统高度依赖灌溉、单一作物和使用肥料、杀虫剂、除草剂、农用机械等，忽视了自然生态系统的规律和稳定的农业生态环境。我们的许多做法对环境有消极影响和严重的后果。除了生产，我们对其他价值全然不予考虑。虽然生产是重要的目标，但我们面临的21世纪的挑战是要从生产性农业过渡到可持续性农业。这种过渡要求实质性的体制革新。

农业守护（Stewardship）。人们试图用守护这个概念来补充生产主义。农民早就有守护土地，照料土壤、植物和动物的观念。大多数农民接受或曾承诺照料自然的责任，但对这一概念的伦理预设和价值需要进行批判评价。守护概念来自宗教，宗教要求人们有义务保护和促进上帝创造物的美和整体性。问题是这传统的农业守护的义务从属于生产，难以约束生产主义。守护概念应成为农业环境伦理学的一个成分。John Passmore（1914—2004）在1974年发表的《人对自然的责任》（*Man's Responsibility for Nature*）[①] 一书中论证说，需要迫切改变我们对环境的态度，人不应该继续无限制地剥削自然。但他反对抛弃西方的科学唯理论传统，也反对深层生态学家对伦理框架的过激修正。按照他的看法，守护一方面是人类关怀自然的责任，与人类有权剥削自然相对立；另一方面，守护虽反对剥削自然，但仍强调使用自然，与保存（Preservation）相对立，保存要求为自然本身保存自然。[②] 所以“守护”这个概念一方面虽然反对生产主义，但另一方面它并未充分承诺环境的价值。因此，这个朴素的守护概念需要在更为坚实的伦理原则基础之上，将它重建为普遍的伦理规范。

整体论（Holism）。有些学者提出，不能把生态系统视为其中个体或生命体存在或繁荣的工具，应重视其本身拥有的价值（内在价值）。对环境问题的探讨不能仅限个体水平，而应在物种或群体的水平。James Lovelock（1919—）提出Gaia假说，强调整个地球是一个“有机体”或是一个“超级有机体”（Superorganism），其中生物和无生命部分形成一个复杂的、相互作用的和自我调节的系统，以希腊女神Gaia命名。因而仅仅依靠力学和化学来说明生物学是错误的。整体论也叫新活力论。[③] 创立生态中心或整体论

---

① Passmore, J., “Man's Responsibility for Nature,” *Hospital Progress* 29 (1974): 3-4.

② Passmore, J., “Man's Responsibility for Nature,” *Hospital Progress* 29 (1974).

③ Lovelock, J., *Gaia: A New Look at Life on Earth* (Oxford: Oxford University Press, 2000).

伦理学的 Aldo Leopold（1887—1948）的格言是：保存生命共同体（Biotic Community）的整合性、稳定性和美的事情就是对的，否则就是错的（Leopold，1949）。整体论的困难在于，按照整体论观点，农业要保存生命共同体的完整性、稳定性和美，然而除了露天开矿和城镇化外，农业也许是人类对自然生态系统中最具侵入性和破坏性的，如果其完整性、稳定性和美要保存的是野性自然，那么就会不允许农民利用土地去从事作物的生产和动物的繁殖。

可持续性作为指导概念的出现。1962 年 Rachel Carson（1907—1964）《寂静的春天》[①] 一书的出版是标志性事件，说明我们的农业做法对环境和身体健康有害，我们目前生产食物的方法是不可持续的。20 世纪后半世纪，出现了一个不同的农业模型——可持续的和多功能的农业，所追求的不仅是低廉的食物，还有对土地的守护，农民和农场工人的健康，生物多样性，农村社区的价值，以及农业景观的价值。可持续性的规范意义在于，其目的是既要满足目前世代的需要，又不牺牲未来世代满足他们需要的能力；承认自然本身有价值，由此必然推出至少在某些情况下，人类利益可为生态价值而牺牲；认为生态平衡是重要的，因为它具有为人类（包括未来世代）使用的工具价值。这种可持续性思想可减少农业与环境伦理学之间的紧张。对可持续性概念可提出以下问题：可持续的是什么？是农业所用资源，还是生态可持续性或 Gaia 自身？除了生态考虑外是否有社会的可持续性和农村社区结构的可持续性？当我们说我们要使农业可持续时我们指的什么意思？生产性农业是不可持续的，然而放弃它，会影响到穷人和发展中国家的口粮，那里巨大的人口压力会驱使维持生计的农民去开垦生态脆弱的地区。他们应该如何平衡短期需要（生产）与未来时代的长期需要？我们如何帮助他们和我们自己走向一个可持续的未来？发达国家农业可持续性可能也依赖于发展中国家增加食品生产，使得他们不再需要压低商品价格的农业实践。[②③]

① Carson, R., *Silent Spring* (London: Penguin Modern Classics, 2000).

② Thompson, P., *The Spirit of the Soil: Agriculture and Environmental Ethics* (London: Routlege, 1996).

③ Chrispeels, M., Mandoli, D., "Agricultural ethics," *Plant Physiology* 132 (2003): 14 – 19.

二　科学和技术在农业中应用的伦理学

农业中应用机械化和化学技术已经250年。现代农业基本上是一种技术活动，农业实践中的技术革新不断进行，每当引进新技术，总是有得有失。我们应权衡利弊得失，政府的政策必须考虑：谁受益，谁受害，如何使受益最大化，风险最小化；如何使公民公平地享有科技带来的收益，而不能拿纳税人的钱资助科技研究应用后，仅让有钱人受益；要特别关注穷人、命运不济的人，对他们采取优惠或救助的政策；关注动物的福利，如何善待动物；关注环境所受污染和破坏，保护环境。

如何评价使用常规技术的农业？让我们将使用常规技术（农机、电气、化肥、杀虫剂、除草剂、杂交、人工授粉等）的现代农业、前现代农业（尚未利用化肥、农药）与有机农业（拒绝利用这些）加以比较，评价标准是它们如何对待人、饲养的动物、自然环境，及其对各方的影响，那么结果会怎样呢?

对人：现代农业提高生产率，使农民和非农民大大受益。美国农业在1910~1980年产量增加300%，农民人数仅为德国的3%，但比其他人更富裕，文化也比较高。农药残留通过严格和有效管制可减少到不影响健康的程度。人民不愿意退回到前现代耕作方式，除非受到强迫。也不应该要求发展中国家也这样做。有些NGO谴责绿色革命是欠考虑的。有机农业在美国只有1%，欧洲4%，因此只是例外不是常规。有机农业成本高，营养并不见得更好。非洲许多农民是前现代的有机农业，生产力低，贫穷不堪。

对饲养的动物：使用常规技术的现代农业对饲养的动物在伦理学上非常糟糕。人们似乎认为人类对饲养动物的义务只是比驯化植物稍微多一些。虽然屠宰方式已经改进得比较人道一些，但其他方面，如饲养条件，依然非常不人道，尤其是采取集中动物饲养法时；对饲养动物的福利不关心，没有专门的立法保护。

对环境：所有农业都损害自然环境。现代农业与前现代农业比较，前者造成化学污染，但其生产率高，耕地缩小，美国1920年以来耕地面积减少了50%。印度如果不进行绿色革命，耕地还需要增加3600万公顷。而《寂静的春天》面世之后，美国农民减少使用农药，改用降解快的农药，改用抗虫、抗杂草的种子，用 GPS 精确施肥，对环境的污染已有所减轻。现代农业与有机农业比较，由于有机农业产量低（一般低 60% ~70%），需要更多的耕地。如果欧洲靠有机农业养活，需要增加 2800 万公顷耕地。[①]

从 20 世纪 70 年代开始，一些新兴生物技术陆续涌现，重组 DNA（GMO 等）、标记辅助选择（MAS）、基因组学、生物信息学、纳米技术、合成生物学等。这些新兴的生物技术有一些特点，使得我们将它们应用于农业时需要注意。它们的特点是：不确定性（Uncertainty）、歧义性（Ambiguity）和转化潜能（Transformative Potential）。[②] 不确定性是指不知道可能发生的种种后果或每一种后果发生的概率。当我们谈论风险或受益时，这些后果是能够鉴定的，其概率是能够给出的。不确定性包括：技术应用后难以预测对健康和环境非意料之中的和不合意的后果；最难预测和控制的以及积累时间最长的是社会后果，即技术对人群内个体与群体之间关系的影响；除了非意料中的后果，还有不受控制使用的后果，包括双重使用（Dual Use），如合成病毒有助于研究病毒，但也可能被反社会或恐怖主义者恶意利用；不确定性还包括未知的未知（Unknown Unknowns），这种情况下风险分析是没有用的，甚至是严重误导的，因为在做风险评估时我们知道风险后果发生的概率，但在研究不确定性时我们对某一后果发生的概率一无所知。不确定性说明我们不知道未来事态的真正决定因素，这些决定因素过于多样、复杂、相互依赖而无法把握，因而对未来事态不能完全知晓。这就严重限制我们有可能精确预测有关生物技术决定的正面和负面后果，以及限制我们控制这些后果的努力的有效性。这使引入这些技术于医学、工业和农业的政府感到决策、管理上有困难，尤其是在有累积效应、仅在时间较长后才显示出来（如氯氟烃、DDT 等）的情况下。

歧义性是指对可能后果的意义、含义或重要性缺乏一致的意见，不管这些后果发生的可能性有多大。歧义性说明，对生物技术的实践、产品和后果有种种不同的且可能不相容的意义和价值。技术应用会有得有失，得失如何可得到辩护，失者如何得到补偿？对此意见不易达成一致。对新兴技术还容

① Paarlberg, R., "The Ethics of Modern Agriculture," *Society* 46 (2008): 4-8.

② Moran, Michael, et al., "Emerging Biotechnologies: Technology, Choice and the Public Good, a Guide to the Report," *Membrane Technology* 2007 (2012): 4.

易产生扮演上帝角色（Playing God，如文特尔的合成生物、创造人与非人动物混合体、含人基因的动物等）的反对意见，认为这样做跨越了可接受的界线，但对这条界线在哪里，意见很不一致。对某一现象可有两种或更多不相容的意义，使得我们对生物技术的前景、实践或产品难以达成一致的理解或评价，从而做出得到各方支持的决策。在现代多元社会，不同社会集团有不同的利益和价值几乎不可避免，新兴的技术可将这些分歧极化。不认真对待歧义性，不过是转移了这种歧义的后果，歧义性会在其他方面表达出来。过分狭隘地基于证据的决策程序，而不考虑更为广泛的社会、政治层面，会使公众对科学意见和决策的不偏不倚性产生怀疑。例如欧洲最初 20 年支持引进 GMC，引起公众反弹，就是由于在技术治理这一政治问题上过分夸大科学的作用。

转化潜能指的是新兴生物技术改变现存社会关系的能力，或创造先前不存在的或甚至不可想象的新能力和新机会。这些后果也许是完全出乎意料的或不是人们谋求的。新兴技术被称为颠覆性技术（Disruptive Technologies）。这种新技术与现存技术没有联系，但能产生新产品到市场，它们更便宜、更简单，使用更方便，或能开发以前不存在的新市场。对这种技术革新，我们关注其两个后果：比现存技术更有效地完成其功能的能力；完成新技术出现前根本不可能的功能的能力。然而，转化潜能不仅是指达到一定目的时功能方面的优点（速度、成本和效率方面），而且是思维方式和实践可能性范围方面的革新，是建立一个全新的范式（Paradigm）。

这些特点使得我们对新兴技术做出理性决策成为困难之事。如果我们不能确定新技术提供我们谋求的好处的概率，或者我们对应用后产生的是不是好处没有把握（还有可能产生哪些风险，风险多大，发生概率多大，及对该技术的意义和价值的歧义等），我们如何做出应用它的决定？

这需要我们采取反思的进路（Reflective Approach），当我们思考新兴技术时，我们要思考我们如何思考它们。

基于这些特点，一些学者认为对应用这些新兴技术采取占先原则（Proactionary Principle）是不合适的，因为它强调干起来再说，时不等人，赶紧抢占制高点。占先原则是一种“无罪推定”政策，即在没有证据证明对健康和环境有害、对社会有负面影响时就不应限制它们的应用。人们认为这种原则适用于常规技术，对新兴技术不适用。对新兴技术应采取防范原则（Precaution Aryprinciple），该原则强调要有证据证明对健康和环境没有有害作用时才能进行研究和应用，这是“有罪推定”政策。然而如果我们不着手进行研究和试验，如何知道其对健康和环境的可能影响呢？因此对于新兴技术（基因、纳米、合成生物）的创新、研发、应用，采取“积极、审慎”的方针，“摸着石头过河”也许较为合适。

这里比较大的争论是转基因作物和食品问题。我们尝试可以提出以下的伦理考虑。第一，目前没有充分证据证明粮食或食品问题唯有靠转基因技术解决，才能证明它可能是重要的解决办法之一。第二，对人体健康的影响，尤其是累积效应需要证据，证据的获得需要用科学的方法进行随机对照试验，包括动物和人；经验不是证据，至少不是充分的证据，以传统医药为例，服用数千年的药物一直以为安全可靠，可是一做临床试验，发现既不安全，又不有效。第三，对环境的影响如何也需要证据，对照法本来就是农学家发明的，后来移植到医学，大放异彩，成为“黄金方法”，为什么我们不用它来获得可靠的证据呢？第四，标识是 imperative（绝对至上命令），这是尊重消费者的选择，与安全性问题无关。即使 GMF 安全，有些人就是不愿意吃，我们也不能强迫他们吃；而且你不标识，非转基因食品也会自动标识。第五，要关注农民可能受的影响，不能任其利益受损，有人说，过去采用新技术，农民就是可能要破产的，然而过去对农民利益受损不作为，不能成为我们现在可以不考虑他们利益的辩护理由。第六，应该让其他利益攸关者（人文社科专家、社会组织、公众代表）与转基因的科学家、转基因公司（不包括外国公司）以及行政管理官员一起参与决策。对于主粮特别需要慎重，这有什么不对吗？毕竟没有一个国家主粮是转基因作物，争这个第一有必要吗？另外，我们对 GMO 应采取理性的态度，理性的态度要求“摆事实，讲道理”，如果证据证明我们的看法有误，就应该修正，这也是开放的态度。[①]

① Pence，G.，*The Ethics of Food：A Reader for the 21sy Century*（Oxford：Rowman&Littlefield，2002.

三　与农业相关的食品伦理学

与食品相关的伦理关注有：食品保障（全球、国家和个体层次）、食品无保障、资源和技术的可持续性、食品安全、生物多样性丧失、土壤和水的保护、转基因作物、生物燃料、食品浪费、农业—食品科学的研究资助和人才流失、饮食习惯和生活方式、平等机会和全球贸易、利益攸关者的参与、知识产权制度、公平竞争、食品价格等。其中有些问题与农业有关，有些则无关。

食品是伦理关注的焦点。这丝毫不令人奇怪，因为我们本身的存在依赖于安全的、有营养的食品的供应。目前世界食品或粮食的情况是，发达国家的多数人不仅有足够的东西吃，而且有许多选择，大概还吃得太多。但其他人，尤其在发展中国家，没有足够的东西吃，也没有那么多选择。我们周围的生态系统是地球上植物和动物生命之源，提供给我们一切东西：我们饮的水，吃的食物，以及穿衣、用品和木料等的纤维。到目前为止，食品产量还赶得上人口增长：1997 年农业提供的人均食品比 1961 年增加了 24%，尽管人口增长了 89%。①

处于第一优先地位以及在农业中应用任何技术必须坚持的指导原则如下：食品保障（Food Security）、食品安全（Food Safety）、可持续性（Sustainability）。

21 世纪食品方面的挑战是要求从生产性农业过渡到农业可持续性。这要求实质性的体制创新。最近 10 年世界人口（13%）、全球收入（36%）、肉食消费量（牛肉 14%、猪肉 11%、鸡肉 45%）的快速增加是需求增加的主要推动力。对付这一挑战基本上有以下选项：①增加耕种面积，这会进一步加大对剩余土地的压力，包括边缘土地和森林；②增强已开垦土地的生产能力，这是较为可持续的选项；③改善农业产品的分配，使它们在合适的时间用在合适的地方；④改变吃得太多的人的消费习惯，进行再分

① The European Group on Ethics in Science and New Technologies to the European Commission (EGE) 2008 Ethics of Modern Developments in Agricultural Technologies, http://ec.europa.eu/bepa/european-group-ethics/docs/opinion24_ en.pdf.

配；⑤大大减少食品浪费。据估计，食品浪费占食品生产的百分比，美国为30%～50%，日本为40%，英国为30%，荷兰为15%；每年浪费的食品，美国为2590万吨～5290万吨，日本为2000万吨，英国为670万吨，荷兰为300万吨。[①] 联合国粮农组织和国家粮食局数据显示，中国每年生产的粮食中有35%被浪费；据有关专家估算，我国每年在餐桌上浪费的食物约合2000亿元，相当于2亿多人一年的口粮（2014年10月19日新华网）。

现代农业现在喂养60亿人，22世纪食品生产必须翻一番才能喂饱世界人口。过去40年全球粮食生产翻了一番，但增加了水、肥料、农药、新作物品种以及与绿色革命相关的其他技术的使用，世界人口增长使食品保障问题永远存在。

1. 食品保障

最近50年全球收入增加7倍，人均收入增加3倍多，但财富分配不均。在1990年代初，大约20%的世界人口在发达国家，收入占世界的80%；而最穷的20%的人口，其收入只占1.4%。发达国家消费世界能源的70%、金属的75%、木材的85%和食品的60%，因此食品保障和可持续性是21世纪农业必须满足的特殊需要。农业在提供足够的食品给所有人，以及保证公平可及的食品资源中，是至关重要的。

根据2006年粮农组织关于食品保障政策的介绍，目前表征食品保障的主要概念是：①食品可得性（Food Availability），足量具有合适质量的食品可得，由本国生产或输入（包括食品救济）供给；②食品可及性（Food Access），为获得适宜的食品以供有营养的饮食，个人应拥有充足的资源；③食品的使用（Utilization），借助充足的饮食、洁净的水、卫生条件和医疗卫生，使用食品以达到营养安康的状态，各种生理需要得到满足；④食品的稳定性（Stability），为使食品有保障，人群、家庭或个人都必须时时刻刻有充足的食品，不因突然事件（经济或气候危机、季节性食品无保障）而中断。因此，当所有人一直都要在物质上、社会上和经济上获得充足、安全和

① The European Group on Ethics in Science and New Technologies to the European Commission (EGE) 2008 Ethics of Modern Developments in Agricultural Technologies, http://ec.europa.eu/bepa/european-group-ethics/docs/opinion24_en.pdf.

有营养的食品，以满足其饮食需要和食品偏好，过一个积极而健康的生活时，食品保障问题始终存在。

2. 可持续性

世界卫生组织前总干事 Brundtland 提出了一个比较好的可持续发展定义：发展要满足现在世代的需要，而不破坏未来世代满足他们自己需要的能力。①② 食品生产的水平和环境的状态取决于土地利用的方式。目前，大约全球一半已经使用的土地是用于耕种和放牧的，这对自然环境的影响是非常广泛的，农业将显著的、有害环境的氮和磷引入生态系统内。此外，大多数最好的土地已经用于农业，要增加土地利用必定开垦边缘土地，产量不可能高，且容易退化，因此必须利用科学技术来改进品种，使之耐旱耐盐。

3. 范式转换：从食品保障到食品安全

由于以下问题，人们越来越担心食品的安全性：新出现的病原体，如引起疯牛病的朊病毒、SARS、禽流感、艾滋病、埃博拉等都与食品有关；世界范围内爆发食品引起的疾病；食品加工中出现的种种问题（如奶粉、油、肉类等）；食品生产中出现的种种问题，如农药残留、重金属（与工业污染有关）、激素、抗生素、添加剂（与大规模饲养有关）。于是，食品安全和消费者权利成为食品政策的关键要素。农民和消费者也开始质疑技术，如作物的害虫控制和基因工程技术是否影响人体健康、生态环境和可持续性。③

4. 食品伦理学的基本原则

食品伦理学的基本原则，即评价食品领域行动或决策的伦理框架可建议如下。

（1）食品权（Right to Food）是最基本人权。意义：每个人都拥有食用食品的权利，有了足够数量和一定质量的食品，人才能生存，才能健康，才能从事其他活动，才能履行社会的职能，才能有美好生活（Wellbeing），才

---

① Thompson, Paul, *The Spirit of the Soil: Agriculture and Environmental Ethics*, 1995.

② Chrispeels, Maarten J., and D. F. Mandoli, "Agricultural Ethics," *Plant Physiology* 132.1 (2003): 4-9.

③ The European Group on Ethics in Science and New Technologies to the European Commission (EGE) 2008 Ethics of Modern Developments in Agricultural Technologies, http://ec.europa.eu/bepa/european-group-ethics/docs/opinion24_en.pdf.

能有人的尊严。含义：每个家庭、机构和国家都有义务使得每个成员都能拥有食用食品的权利。

（2）无伤害（Non-maleficence）。意义：在食品的生产、加工、运输、销售、储存各环节都要防止危害健康和环境的因素侵入。含义：个人、家庭、机构，尤其是食品生产、加工、运输、销售、储存各部门，以及政府有（问责的）责任防止食品引起的对人、动物健康和环境的伤害。

（3）知情选择（Informed Choice）。意义：食品消费者有权获得有关他们食用的食品的信息，并根据自己的价值、文化和偏好做出自由的选择。含义：将食品提供给消费者的部门以及政府有责任确保消费者能够做出知情选择（Food Consumers' Empowerment）。

（4）分配公正（Distributive Justice ）。意义：食品在人群和个人之间的分配要平等、公平。基本食品应按需要分配，对贫困人群要救援或救济；非基本的、奢侈食品可按购买力分配。含义：负责分配食品的家庭、机构和有关部门，以及政府有责任确保公民能在平等和公平的基础上享有食品权。

（5）社会公正（Social Justice）。意义：保护社会中最边缘、最贫困的人群，倡导机会均等，确保公平的国内和国际食品贸易。含义：政府有义务对最边缘、最贫困的人群进行救援、救济和支持工作，消除国内食品贸易壁垒；各国有义务确保公平的国际食品贸易。

（6）代际公正（Intergenerational Justice）。意义：保护未来世代的利益，避免因目前世代的过分开发而使自然环境丧失生产食品的能力。可持续性概念包含代际公正原则。基于对公正的广泛理解，未来和过去世代对现在世代拥有权利要求，或现在世代对未来和过去世代负有义务。未来世代对现在世代有分配公正的要求，即如果代际发生利益冲突，公正的考虑要求现在世代有义务不去执行只为自己谋利而牺牲生活在未来的人的政策。含义：政府有责任采取为了现在世代利益适当利用自然，同时应积极采取措施防止过度开发自然、破坏环境的政策，尤其在控制人口、生产结构的调整、脆弱环境的特殊保护、濒危动物的救援等方面。

（7）共济（Solidarity）。意义：人与人、社群与社群、国与国之间要互助团结。为了社群、社会和人类的利益，大家互相帮助，而不计较可能的回报。尤其在食品方面，食品富裕的家庭、社群、国家要帮助食品匮乏的家庭、社群和国家。含义：各国政府建立食品救援、救济的机制，各国之间有义务通过国际组织或在各国之间进行食品方面的救援、救济工作。[①][②]

（原文刊载于《伦理学研究》2015 年第 1 期）

① Korthals, Michiel, and F. Kooymans, "Before Dinner: Philosophy and Ethics of Food," *Ethics* (2004).

② The European Group on Ethics in Science and New Technologies to the European Commission (EGE) 2008 Ethics of Modern Developments in Agricultural Technologies, http://ec.europa.eu/bepa/european-group-ethics/docs/opinion24_en.pdf.

农业伦理学发展的基本脉络

李建军*

农业是饲养动物，栽培植物、菌类和其他生命形式以生产食物、纤维和用于维持生活的其他产品的社会活动。自1950年以来，农业和食品生产经历了引人注目的技术性变革，结果是农业和食品生产、加工、配送甚至消费的技术创新平台加速涌现。当创新者宣告通过效率改进和新颖化学品投入来应对环境污染、持续的人口增长、气候变化和“富贵病”(Disease of Affluence）时，公众关注凸显了这些技术创新所面临的深刻的价值冲突和前所未有的社会抵制。因此，现代技术的应用正在大规模地把自然农业生态系统转换为可控农业生态系统，进而在大幅度地提高农业生产率和资源利用率的同时也产生了一系列需要从伦理和道德层面进行思考和探讨的问题，如为了提高农业生产率而在农业生产活动中过量使用农药、化肥或抗生素的行为是否具有正当性？以科学和保障粮食安全的名义强力推行转基因作物而无视其他未预期的风险和不确定性，是否能得到伦理上和政治上的辩护？正是对这些问题的持续追问和相关的农业和环境问题的社会争辩，农业伦理学应运而生，并很快成为现代农业技术公共决策必不可少的理论工具和重要维度。

农业伦理学产生和发展有其特殊的文化语境，那就是：随着工业化、城

* 作者简介：李建军，中国农业大学人文与发展学院教授、博士生导师，研究领域为农业伦理学、农业科技管理与发展战略。

市化进程的加快，农业在生产主义的范式主导性逐步走向化学化、工业化和集约化，传统的农耕文化和乡村景观在加速消亡。许多自由主义作家，如海德·贝利（Hyde Bailey，1858—1954）、路易斯·布鲁姆费尔德（Louis Bromfield，1896—1956）和温德尔·柏瑞（Wendell Berry，1934—）首先对这种引发农村传统社区解体、环境问题多多的农业现代化走向进行了批判性反思。海德是康奈尔大学生物学家、农学院院长，曾在美国罗斯福总统执政时的乡村生活委员会（Commission on Country Life）任职。除大量科学著述外，他撰写了许多反思性的哲学论著，如呼唤环境意识的《神圣的地球》（*The Holy Earth*）。20 世纪 40 年代和 50 年代，路易斯在返回家乡俄亥俄州后发表了大量讴歌农耕生活的小说，成为美国自然环境和乡村生活价值保护的积极倡导者。1977 年，柏瑞因出版批评赠地大学科学研究和教育状况的书《躁动的美国》（*The Unsettling of America*）而被那些他熟知的农业科学家视为"敌人"。他出版的著作还有《家庭经济学》和《好土地的利物》等，曾被媒体誉称为"当代伟大的道德伦理作家"、倡导自然农耕的智者、拒绝使用拖拉机的著名农人和后现代农业的先驱。受这些作家的影响，一些农业科学家和哲学家开始独立地从各自学科的立场探索和讨论农业和食品生产中的伦理问题。20 世纪 80 年代，生物技术在农业和食品的应用领域所引发的公共决策困境和伦理争辩，为不同背景的农业伦理学研究资源的汇合提供了激励和平台，并使农业（和食品）伦理学在欧美国家成为具有独立建制的、新兴的跨学科领域。基于这些理解，我们尝试对 40 多年来农业伦理学发展的基本脉络做如下梳理。

1. 农业科学研究阵营内部的"反叛"

在长期从事渔业、种植业和养殖业的科学研究实践中，一些具有人文情怀的农业科学家痛感某些农业技术应用（如杀虫剂和除草剂应用）所造成的价值冲突：这些技术应用在大大减轻农业劳动者在田间地头的辛苦劳作、显著增加农业产量的同时，导致严重的生态或人类健康问题。他们首先在农业科学阵营内部追问这些技术应用的正当性，讨论相关农业科学家的社会责任。

1962 年，蕾切尔·卡森（Rachel Carso，1907—1964）基于对杀虫剂和除草剂等化学制剂的应用造成的环境危害进行大量调研，撰写了影响世界的著作《寂静的春天》(*Silent Spring*)，首先向全世界发出警示性声音：当前的农业生产方式对生态环境和我们的健康是有害的，因而是不可持续的。我们不应该把有毒的和对生物有效力的化学药品不加区分地、大量地、完全地交到人们手中，而对它潜在的危害视而不见。

1971 年，科罗拉多州立大学生物农业科学和病虫害管理系的资深教授罗伯特·泽姆丹（Robert L. Zimdahl）在美国草业科学学会（The Weed Science Society of America）年会生态学分会上发表题为“致畸性的人类试验”（Human Experiments in Teratogenicity）的演说，讨论在污染日益严重的情况下，草业科学家发挥的作用及其应该发挥的作用。罗伯特教授早年曾从事植物学和植物病理学教学，以及除草剂的土壤残留和农作物的杂草控制等研究工作，在目睹 2，4，5-T 除草剂（用作草场灌木丛的控制和森林杂草的控制）被明知有害健康和环境的情况下仍被大量用于越战和国内农业的残酷现实之后，对农业科学研究的合法性产生深深的怀疑。他开始思考除草剂在农业上的应用开发是否一种优先的善（A Priori Good），追问在什么条件下杀虫剂和除草剂的使用对农业和食品产业是绝对必要的，以至于其对人类的任何伤害都是可接受的。他认为，尽管杀虫剂和除草剂对农业生产是可取的，但那些与这些化学制剂使用相关的人必须考虑目的和手段的相容性；农业科学家应该负责任地研究联邦政府审批的除草剂合理使用的途径和办法。

1978 年，罗伯特在其发表的第二篇农业伦理学论文中明确指出，专业知识和受过严格训练的专家有其局限性，以至于众多专家将杀虫剂看作解决病虫害的唯一手段。这些专家过于执迷于专业结论而很难接受外部意见，因此，如何反思农业发展的历史和价值，是草业科学必须面对的一个艰难的挑战。他说，科学家所预言的农业科学前景是美好的、必要的，但许多希望注定会破灭，因为新的精英和思想正在强化特权、打压其他人的梦想，限制对其合法性的质疑和批判，更公平合理的社会理想可能因此“胎死腹中”。

2006 年，罗伯特在其多年农业科研实践的基础上，撰写了著作《农业的伦理视域》(*Agriculture's Ethical Horizon*)，以期探讨众多农业问题解决的伦理原则和理论基础，构建一套协调一致的、用于解决当前和未来价值冲突的理论体系。罗伯特在其中分析说，农（艺）学、植物病理学、草业科学、昆虫学等农业科学的道德立场通常是：科学研究必须通过促进粮食和纤维生产而有益于人类。除草剂开发减少了农业劳动力，因而是社会进步的推动力量，备受称赞。但这种使一些人方便的技术没有其他问题吗？在他看来，充斥在整个农业实践中的道德自信因未经细致的伦理审查而潜存某些危害。比如，给牲畜饲喂抗生素有助于动物快速增长（由于某些未知的原因）和预防某些疫情，但抗生素的大量使用经过遗传选择会导致在人感染一种耐药性的病毒“超级病菌”（Super Bugs）时，常规的治疗方法通常是无效的，进而引发更严重的疾病和可能的死亡。因此，持续给牲畜饲喂抗生素对社会是有害的，难以得到伦理学上的辩护和支持。

不仅仅在海洋渔业和草业科学领域存在对相关伦理问题进行哲学思考的科学家，在动物科学等诸多其他农业科学领域，同样存在诸多的“反叛者”。1978 年，动物学家罗伯特·博施（Rober Van Dan Bosch）等对昆虫学（Entomology）领域的相关问题进行伦理讨论，并吸引许多昆虫学家和动物科学家成为 1982 年创办的 *Agriculture and Human Values* 期刊的第一批撰稿人。

尽管在生产主义范式主导的农业科学文化中，道德关注常常被贬低为个人焦虑，公开讨论有些令人尴尬，相关的讨论“犹如在飓风中高举微弱烛光”以探寻前行的道路，困难重重，前景难测，但经过蕾切尔、罗伯特等诸多农业科学家的持续呼吁和倡导，越来越多的农业科学家和决策者已开始将审慎思考相关伦理问题、预警性地化解这些伦理冲突视为农业发展和人类文明的重要内容。毫无疑问，所有这些来自农业科学阵营内部的“反叛”宣言，是农业伦理学创建和发展的“第一桶金”，也是“第一推动力”。

2. 哲学家和伦理学的理论阐述

环境公害和食品安全事件的频发、公众环保意识的提高、动物解放运动的高涨等诸多社会因素促使一些敏感的哲学家开始应用规范伦理学的工具讨论农业生产活动和实践中的伦理问题。美国密西根大学的保罗·汤普森（Paul Thompson，1951—）可以说是这方面的代表性人物之一。

保罗·汤普森曾任德克萨斯州农工大学和普渡大学教授，担任农业和技术社团，农业、食品和人类价值社团的主席，是美国农业食品和社区伦理学凯洛格基金会主席（the W. K. Kellogg Chair in Agricultural Food and Community Ethics），还是美国国内和诸多国际组织有关动物生物技术、农业与自然资源和伦理学咨询委员会的成员。在多年的研究生涯中，他编辑出版了大量的农业伦理学著作，如《农业愿景：可持续性和环境伦理学》（*The Agrarian Vision: Sustainability and Environmental Ethics*, 2010）、《集约化的伦理学：农业发展和文化变迁》（*The Ethics of Intensification: Agricultural Development and Cultural Change*, 2008）、《农业伦理学：研究、教育和公共政策》（*Agricultural Ethics: Research, Teaching and Public Policy*, 1998）、《伦理视域中的食品生物技术》（*Food Biotechnology in Ethical Perspective*, 1997）和《土壤的精神：农业和环境伦理学》（*The Spirit of the Soil: Agriculture and Environmental Ethics*, 1995）等。

根据保罗的表述，当代农业伦理学始于20世纪70年代，起因是美国著名的农业经济学家Glenn L. Johnson利用学术休假，与牛津大学的哲学家开展的合作研究，并在70年代末和80年代初合作发表一系列呼吁对农业科学应用价值和问题解决范式从逻辑上进行批判性反思的论文。这些论文对当时的思想界有很大的影响，因为在此之前的美国农业科学界，受实证主义科学哲学的影响深重，多数人将诺曼·布劳格（Norman Ernest Borlaug，1914—2009）视为农业科学家的代表，坚信农业科学家的首要工作是经验数据的收集和对这些数据间数量关系的分析，农业科学家理应像布劳格那样不知疲倦地使现代作物（玉米、水稻和小麦）品种与肥料结合，以实现农业高产，并得到政府支持和农民接受。这意味着农业科学家从事的是一种超科学的活动（An Extra-scientific Activity），其与规范和价值无涉。这种实证主义哲学为诸多科学期刊编辑、终身教授和评审委员会的无数决定提供了辩护和理由，并以"那样的研究活动是不科学的"为由拒绝和排斥那些从事反思性探究活动的农业科学家。结果是，在这一时期的整个农业科学界，几乎很少能看到科学家思考化学杀虫剂、除草剂和肥料开发理由的论著，很少能看到农业科学的专业教授讨论理解农业对环境广泛影响的替代方法的课程安排，以及科学家辩论或反驳艾伯特·霍华德（Albert Howard，1873—1947，英国植物学家、有机农业运动的先驱）观点的证据，进而使许多科学家置身于那些推动化学和分子技术在植物科学中应用，以及动物饲养中机械革命的研究，并使当代科学家备受指责：他们是很少尊重农民、农场动物、环境或广大公众的冷血的人。即使在遭受卡森、柏瑞猛烈抨击的情况下，当时的农业科学领域也很少有人有意愿去讨论农业科学发展的理由、价值观和逻辑，因为潜存的功利主义价值观（农业科学家的主流观点）认为，工业化农业日益提高的生产率可降低消费者购买食品的成本；食品是必需品，每个人都要吃，而且食品支出对穷人来说尤其重要，消费者获得低价的好处足够抵消任何形式的环境影响和农场变得越来越少所可能造成的伤害。

自20世纪80年代开始，保罗开始对农业领域的相关伦理问题进行系统的哲学阐述。在他看来，所有科学研究领域必定与价值判断相关联。伦理学的任务是清楚地表述可能对理解农业和食品安全非常重要的价值判断，追问其相应的社会后果。比如，食品安全的科学概念依据与危险和暴露相关的价值判断而确立，但这与基于“纯的和有益健康的”（Pure and Wholesome）流行的价值观念相冲突。风险（Risk）的概念本身在其规范意义上是含混不清的。一方面，一旦决定进行审慎的评估，对危险和暴露的强调是适当的；另一方面，需要做进一步的分析以确定什么时候筹集必要的资源是可行的和正当的。总之，风险管理可在多个不同的规范性框架下进行，但追求结果在理性上的最优化与知情同意之间存在明显的冲突，这对农业和食品安全政策构成主要挑战。此外，他强调说，食品安全旨在规避伤害，至少在原则上讲，这是农业和食品生产的伦理学的底线。然而，要实施这一原则，还有一些伦理问题需要解决，如足够安全是对谁而言的？谁决定最低门槛或标准？农业伦理学能提供什么样的分析工具帮助我们化解这些困境？

粮食安全相关的伦理问题是保罗等许多伦理学家经常在探讨的问题。一方面，残酷的现实表明，迄今全球仍有10亿人未摆脱营养不良或饥饿，而且到2050年，人口将增加到90亿，这就产生一系列问题，我们是否可以为了解决饥饿问题采用一切能够增加产量的技术手段，即使这些技术手段可能产生严重的健康问题和环境损害？在一些人挨饿而我们能吃饱时，我们是否应当有强的道德责任去帮助前者？另一方面，受气候变化、过度开发或不可持续的农业实践的影响，耕地和鱼群等可获得的自然资源会锐减。为此，我们必须考虑在解决当前的食品供应时是否应该去考虑尚未出世的后代人的需要？

总之，在保罗等哲学家的努力下，诸多农业伦理学问题得到充分的阐述，一些可用于现实伦理决策的伦理学原则和方法得以构建，所有这些都为学科形态的农业伦理学的形成奠定了重要的知识和方法论基础，也彰显了农业伦理学作为重要的启发性工具在农业发展决策和文明进步中的重要作用。

3. 农业和食品生物技术公共决策的现实需要

自20世纪80年代开始，农业和食品生物技术的应用，如“牛生长激素”应用和“人造肉”“快乐鸡”等食材的创造，引发了广泛的公众辩论和消费者关注。必须指出的是，有关农业和食品生物技术的新兴技术作为一种（并非唯一）确保食品安全方法的价值的讨论已持续多年，但支持者和反对者之间的分歧无法通过经验事实或科学证据加以简单解决，因为其中涉及更深层次的价值分歧。这些分歧要求我们思考辩论被（和应当被）设置的方式，仔细分析不同设置中价值选择的重要性，探讨不同的伦理学原则和谐共存的可能性。

为了有效推进现代农业和食品生物技术领域的公共决策，欧洲多国都设立相应的生物技术委员来引导公众辩论、为政府提供决策咨询。如荷兰在有关“牛生长激素”的公众辩论中设置动物生物技术委员会，具体负责对政府资助的动物研究项目进行伦理审查，其基本流程和主要考察的问题有如下几个。涉及动物的研究项目是否具有重大的社会利益？有无可实现这种社会利益且争议很少的替代性方案？研究是否导致动物承受无法接受的痛苦和伤害？是否构成对动物的内在价值或完整性无法接受的伤害等？基于农业和食品新技术决策的需要，英国食品伦理委员会（Food Ethics Council，1999）建立了一个所谓的“伦理矩阵”：该矩阵主要依据三大原则对具体的农业和食品生物技术应用的现实影响包括可能对利益相关者所造成的伤害进行分析评价，进而推断不同利益群体可能对新技术应用所持的态度；其中第一原则是对幸福的判断，包括对健康问题和福利问题的关注；第二原则是自主原则，涉及自由、选择等问题；第三原则是社会的公平与正义。伦理矩阵虽然无法对相关决策提供决定性的意见，但可以启发决策者对相关问题做系统考量。

总之，现实的决策需求刺激了不同背景的农业伦理学资源的有效整合，促进了农业伦理学领域的理论探索和方法创新，也加快了农业伦理学体制化的进程。基于相关公共决策的需要，欧洲学者创建了欧洲农业和食品伦理学研究会（Eursafe），创办了《农业和环境伦理学》（*The Journal of Agricultural and Environmental Ethics*）期刊，并在瓦赫宁根大学等著名高等院校开始设置农业和食品伦理学的专业学位和课程体系。农业伦理学在 20 世纪 80 年代从环境伦理学和生命伦理学中能尽快脱颖而出，并在欧美国家形成独立的学科建制，与农业和食品生物技术决策的现实需求有很大的关联。

和西方国家相比较，我国作为一个农业和人口大国，虽然对农业伦理学的发展有十分紧迫的需要，尤其是近期出现的日益激化的有关转基因水稻商业化的社会争辩，迫切需要在相关的公众辩论和公共决策中引入农业伦理的维度，但受诸多因素的限制，农业和食品伦理学的相关探讨在我国的发展明显滞后。令人惊喜的是，兰州大学的草业科学家任继周院士，10 多年前就意识到缺少伦理关怀的农业注定会误入歧途。为了系统探索农业发展的新方向，他曾提出“存在论农业伦理学”框架，强调农业伦理学要探讨自然生态系统在人类农业化过程中发生的伦理关系，要“在以人为本的总纲下尊重一切生命生存权利和他们生存环境持续健康发展的权利”，在满足社会需求的过程中“守候和照料”自然生命，给自然生命以伦理关怀与指导。这是一个战略科学家的远见卓识和人文情怀，应该得到我们最崇高的敬意和感谢。从 2014 年 9 月份开始，任先生又率先在兰州大学开设“农业伦理学”系列讲座，邀请全国农业伦理学方面的研究者开始学术交流。星星之火，可以燎原。我们真诚地希望农业伦理学研究和发展的“火种”能在任先生的“点燃”和“助推”下释放出熊熊火焰，以使中国农业的可持续发展释放出更多智慧和道德之光以及正能量，以无愧于后代子孙的负责任的方式确保国家的粮食安全、食品安全和生态安全。

（原文刊载于《伦理学研究》2015 年第 1 期）

农业伦理学：一个有待作为的学术领域*

齐文涛　任继周**

农业是国民经济的基础，“三农”问题事关全局。“没有农民的小康，就没有全国人民的小康。”党的十八大报告重点强调了生态文明建设，而农业作为人与自然关系的基本形式，与生态文明无疑具有密切关联。然而，当我们从学术角度研究“三农”与生态问题时，却发现一个重要学术领域的缺席，那就是：农业伦理学。

农业伦理学是学术的薄弱领域，是农业的本有内涵

农业伦理学，顾名思义，在学科分类中应属应用伦理学范畴。从我国应用伦理学的发展现状看，经济伦理、管理伦理、公共伦理、商业伦理、企业伦理、环境伦理、生态伦理、生命伦理、医学伦理、工程伦理、科技伦理、网络伦理、家庭伦理等概念已运用频繁、为人接纳，“农业伦理”这一概念却略显陌生。一个学术领域的发展程度与高等院校的课程开设一定程度上具有对应关系，在国内高校中，上文所列举的这些应用伦理学的研究方向，或独立地作为一门课程已面向相关专业的学生开设（如企业伦理学之于经管

* 基金项目：本文受中央高校基本科研业务费专项资金（编号 lzujbky－2014－83）、草地农业生态系统国家重点实验室基本科研业务费（编号 04410211）资助。

** 作者简介：齐文涛，博士，兰州大学草学博士后流动站博士后，研究领域为农业伦理学、农业科技史；任继周，兰州大学草地农业科技学院教授，中国工程院院士，研究领域为草原学、草原调查与规划、草原生态化学、草地农业生态学系统和农业伦理学等。

类专业学生、工程伦理学之于工科类专业学生），或参与构成伦理学相关课程的重要议题（如生态伦理学、网络伦理学已成为一些专业课程上的热点论题），而农业伦理学既未成为一门独立课程，甚至也未成为一个独立论题。

现在援引医学伦理学与农业伦理学做一番比较。人们一向农医并提，二者在一定意义上可以说是与人类生存关系最为密切的两种学问，人们常以“农医类”作为农学专业和医学专业的合称。现行的医学伦理学主要讨论医患关系、医学道德、生命伦理等问题，如果说这些问题构成了医学伦理学的主要内容、使医学伦理学成为可能的话，那么相应地，农业中的人地关系、农产品安全与健康、畜禽福利、农业资源与环境伦理，以及农民生活质量与社会地位等问题也足以构成一个独立的学科方向：农业伦理学。然而，在中国知网（http：//www. cnki. net/）中以“农业伦理”为关键词进行论文检索，仅能找到1条结果，而以“医学伦理”为关键词进行检索，却能找到1100余条结果。我国各省几乎都有以农业、医学命名的高等院校，调查发现，几乎每个医学高校都把医学伦理学（或生命伦理学）作为其专业主干课或专业选修课，而目前尚无国内农业院校正式开设农业伦理学课程。这种鲜明对比和巨大反差充分体现了我国农业伦理学的缺失现状。①

国外学术界对农业伦理学有初步留意。如李建军教授所总结的，国外农业伦理学的研究产生在20世纪80年代，线索主要有两条：一是Robert L. Zimdahl等从种植业、养殖业和草业的生产实践中遭遇价值冲突，如“落叶剂”或“橙剂”等的使用造成生态或人类健康问题后，他们从农业科学阵营内部首先反思这些农业技术应用或实践的正当性，追问这些农业技术应用或实践主体的社会责任；二是环境公害和食品安全事件的频发，以及公众环保意识的提高、动物解放运动的高涨促使一些哲学家关注农业活动和实践，应用规范伦理学的工具来讨论相关的农业活动和实践中的伦理问题，如密西根大学的P. Thompson和瓦赫宁根大学的M. Korthals等。目前来看，国外的学术杂志与农业伦理关联比较密切的有*Agriculture and Human Values*

① 中国农业出版社于1995年曾出版过一本《农业伦理学》，其以“农业道德”为主要议题，尤其注重提倡社会主义精神文明建设中涉农人员的道德修养，与应用伦理学意义上的农业伦理学多异其趣。

[ISSN：0889 - 048X（Print），1572 - 8366（Online）] 和 *The Journal of Agricultural and Environmental Ethics* [ISSN：1187 - 7863（Print），1573 - 322X（Online）] 等，学术专著有 *Agriculture's Ethical Horizon The Search for an Agricultural Ethic* 以及 *Before Dinner：Philosophy and Ethics of Food*[①] 等。经考察发现，所列举的两本学术杂志刊载的文章中，经济学、管理学、社会学类型的居多数，哲学、伦理学类型的居少数；在少数的伦理学类文章中，讨论环境伦理、生命伦理、食品伦理、动物福利、生物多样性的居多[②]，有针对性地讨论农业伦理的居少，后者的文章或者局限于地区性个案分析，或者热衷于化肥、农药、转基因等热点话题分析。上述三本专著中，第一本重在提出问题，用一种被人忽视的伦理学的视野审视农业，虽“发微”之功难能可贵，却分析议论不足，终落得分列杂陈各种伦理学理论与农业热点问题的局面；第二本旨在追寻人们久违了的“重农主义”传统、提出农业伦理学的一种可能形式，虽颇具新意，却脱离了通常意义上的伦理学的话语语境；第三本虽通过汲取功利主义、义务论以及哈贝马斯哲学的理论养料，提出了食品伦理学的“商谈伦理”的理论观点，却因过于重视现代农业与食品工业中特定场景的分析与判断，导致在形而上层面的核心概念和基本问题上未有明显突破。

需要承认，国内外学术界对农业伦理范围内的许多具体问题都曾聚焦式地讨论过，但这些零散的讨论并未被整合成具有基本清晰讨论界域和明确研究方法的系统独立的研究方向。目前为止，国际学术界尚未形成相对成熟的农业伦理学的研究范式，也未出现系统完善的或具有较大国际影响力的农业伦理学的理论学说，这与农业伦理学的应然状态相去甚远。对国人来讲，“农业伦理”仍是个几近陌生的词语。因此说，农业伦理学远未发展成熟，甚至一定意义上还处在被忽视状态。

然而为何如此？人们对农业内涵的理解中缺失了伦理维度，是农业伦理学发展滞后的重要原因。对农业的通俗解释是，“农业是土壤耕作、作物收

① 该书已有中译本，中文书名为《追问膳食：食品哲学与伦理学》，由中国农业大学李建军教授带头翻译，北京大学出版社 2014 年 5 月出版。

② 这些议题虽与农业伦理学密切相关，却不是它的核心内容，下文也将提到，农业伦理学的研究对象应是农民、农业资源与环境，以及农产品。

获和家畜养殖的科学或艺术”①。由此可将其基本内涵有逻辑地区分为三个维度，即技术、科学与产业。其一，农业作为技术。原始农业以采集和渔猎为主要形式，采集和渔猎是早期人类谋求生存的主要技术手段。不仅如此，原始农业还参与塑造和确立了人，这是因为，“劳动创造了人本身”。技术即非自然，技术确立了人也对象化了自然，劳动、技术、人、自然在同一过程中绽出，所以原始农业较人类其他时期的其他技术更具原初性。此后以“农”为重要中介，人与自然相互驯化，农业也发展为畜牧、农耕等形式。可以认为，“农”作为一门技术，是人与自然最基本的交道样态之一。其二，农业作为科学。西方近代科学诞生不久便把新思想、新方法赠予农业，农业由此被科学化。随着光合作用原理和矿质营养学说运诸农业，近代农学得以初步建立，此后几乎近代科学每前进一步，都会在农学发展中有所体现。化学为近代农学提供了化肥、农药，物理学为近代农学提供了机械技术、水利技术，生物学为近代农学提供了育种学、营养学以及转基因技术……值得一提的是，作为社会科学的经济学运用于农业形成了农业经济学，这大大拓宽了农业科学维度的内涵。其三，农业作为产业。农业承担了哺育、繁衍人类的使命，它主要作用于人类的基本欲望——食欲，还为人类的衣、住、行、生做出难以替代的贡献，农业因此成为产业，而且是人类的基础产业。在相当长的历史时期内，农业在人类的各种文明中都居于举足轻重的地位，比如古代中国就以农立国、主张“农为治本、食乃民天”，马克思也说过，农业是整个古代世界的决定性的生产部门。工业革命以后，虽然一些国家和地区转以工业为支柱产业，但从世界范围看，农业作为第一产业仍不失其基础地位。② 由此可见，农业作为科学、技术、产业已经世所公认，当代人们一般将农业理解为科学、技术和产业的集合体，而这当中明显体现出伦理视角的缺失，就是说，人们并没有从伦理维度理解农业，“农业作为伦理”的判断令人陌生，这恰是农业伦理学未受重视的内里依据。然而问题是，农业与伦理之间具有何种关联？如果农业与伦

① *Webster's Third New International Dictionary* (G. &C. MERRIAM CO. , 1964), p. 44.

② 虽然有辟谷、断食等说，但从漫长的人类历史看，可能仅有极少数人可以摆脱对饮食的依赖，可以说，至少在可预见的人类未来中，农业仍不可或缺。我国古代的儒家就主张：“饮食者天理也。”

理本无内在关联，甚至不相容，或农业根本不需要伦理，那么农业伦理维度的缺席岂不理所应当？生造一个“农业伦理学”来规约农业，岂非难逃“向壁虚构”之嫌？

事实上，农业的伦理维度本应内在地包含于农业，农业在本质上就应有伦理维度。先看理论依据。对伦理学的浅白解释是，“讨论人的举止行为的对与错”[①]，可以说，凡有人处必有人的行为，也就有伦理存在。农业总起来说是人通过农作干涉自然以获得农产品的过程，那么，农业就内在地包含人、包含人的行为。此处“人的行为”集中表现为干涉自然，这势必涉及“行为的对与错”，即干涉自然的正当性、程度、方式、态度、目的等问题，此即农业的伦理维度。农业本来就是人与自然之间的一种关系形式，这种关系形式不仅应该回答人“能”对自然做什么，也应该回答人“应”对自然做什么，甚至还要回答人“不能”“不应”对自然做什么——这种关系既是科学关系，又是伦理关系，所以农业天然地应该拥有伦理维度，农业伦理学应该内含在农业的义涵之中。换言之，农业伦理学之于农业在本质上既不应该是表面的立法规约，也不应该是外在的人文批判，而应该是其有机组成。

事实依据是，中西古代农学都包含伦理维度。一方面，中国古代农学一向包含鲜明的伦理关怀。我国传统农学的精神实质可用“顺天时，量地利”的基本原则一言以蔽之，这个基本原则不仅体现在独具东方特色的耕作技术体系中，还完美地表现在传统农学理论里，其中的“顺”与“量”就充分体现了传统农学内含的生态伦理甚至是德性伦理特征。此外，传统农学还特别强调“农为治本，食乃民天”的政治伦理与“宁可少好，不可多恶”的经济伦理。另一方面，西方古代农学也包含伦理关怀。古希腊时期人们的农业观念中包含深重的“农民质朴纯真的土地情感”[②]，将“大地”视作“神、人活动的场所”[③]，这实际上是对自然与人本身的深切的伦理关怀，甚至作为西方早期农书的《工作和时日》实际上是一部“道德”

① 〔美〕雅克·蒂洛、基思·克拉斯曼：《伦理学与生活》，程立显、刘建等译，世界图书出版公司北京公司，2008，第4页。

② 栗仕超：《工作与时日》研究，硕士学位论文，兰州大学，2012，第27页。

③ 栗仕超：《工作与时日》研究，硕士学位论文，兰州大学，2012，第27页。

格言集，其中满是教人敬畏自然与尊重农作的谆谆教导。罗马时期，人们农业观念中所强调的“效用”、“获利”以及“乐趣”，实际上是建立在“召请”“专门指导农业的十二位大神”[①]“把这些土地叫作‘母亲’和‘色列斯’，而且相信耕作它的人所过的是一种神圣和有益于人的生活”[②]基础上的，而对农业环境“细心照顾”[③]、对土地田园留恋热爱[④]的观念更是深入人心。基督教时期推行的“劳动修身”思想，好似中国历代禅宗的丛林策略，其对农作的理解并非仅限于获取生活资料的实效手段，而是一种有益于修行的生活方式。

伦理维度从农业中“走失”是近代以来的事情。近代科学诞生以后，农学作为科学集中表现为阳光、土壤、水分、空气的配合关系，伦理关怀被剔除殆尽。随着近代科学与哲学的分道扬镳、现代科学与人文的鸿沟分野、当代科学主义的独占鳌头、后现代伦理价值的蛮荒虚无，农业本有的伦理维度早已被遗忘了。

综上可知，农业伦理学作为一个学术领域并未获得充分发展，从弥补学术不足、促进学术发展的意义上讲，农业伦理学有待作为；农业伦理学是农业的本有之维与应有之义，从唤回农业久违了的伦理维度、完善农业的内涵组成的意义上讲，农业伦理学也有待作为。

农业伦理学为现实迫切需要，其作用不可替代

当科学、技术与产业三个维度占据了农业的内涵，农业的伦理维度被遗忘，加之人类工业化进程的所向披靡，农业表现出时代的新形态——工业化农业。作为现代农业的主要形式，工业化农业自二战以来由发达国家首先开展，后广泛推广至世界各国。它主要利用工业化、产业化、集群化的方式生产粮食、果蔬、家禽、牲畜，并大量使用农药、化肥、激素、抗生素等化学物质以及降低劳动强度的农业机械，其外在效果是农产品价格的极大降低、每年收割次数的提高、动物生产中产量与占地面积之比的大幅增加、生产同

① 〔古罗马〕M. T. 瓦罗：《论农业》，王家绶译，商务印书馆，2006。
② 〔古罗马〕M. T. 瓦罗：《论农业》，王家绶译，商务印书馆，2006，第205页。
③ 〔古罗马〕M. T. 瓦罗：《论农业》，王家绶译，商务印书馆，2006，第31页。
④ 〔古罗马〕维吉尔：《牧歌》，杨宪益译，上海人民出版社，2009。

样数量农产品所需人工劳动力的减少、从田地和养殖场到餐桌之间时间的缩短等，其内在本质是资本化运作。近来常提的“设施农业”，即工业化农业的具象形式之一。

然而，随着传统农业生产方式渐趋隐退、工业化农业逐步走向统治地位，农业出现了也带来了许多令人始料未及的问题。Rachel Carson（1907—1964）第一次将其严肃地引入人类的视野，她于1962年发表的《寂静的春天》（*Silent Spring*）好似旷野中的一声呐喊，指出了农药对生态环境的严重危害。此后人们对更多问题有了更详尽的认识：森林、草原、河流、湖泊被过度利用，生态失去平衡；农药的大量喷洒使一些动植物死亡而破坏生态平衡，使农产品及土壤、地下水中具有农药残留而危害人体及其他生物健康；化肥的广泛施用造成了土壤中重金属及有毒元素污染现象频发、微生物因活性降低而降解能力下降、有机质逐年下降使土壤板结严重、硝酸盐累积及酸化加剧；除草剂的不当使用造成水土流失；农业机械的普及消耗了大量的石油和化工材料，所排废气造成空气污染；地膜使用后残留于土壤中难以降解，既影响人体健康又污染环境；转基因等高科技对人体、生态与国家经济安全具有潜在风险性；动物生产中，激素、抗生素、瘦肉精的滥用对动物、人体健康造成危害，动物粪便造成环境污染，集群化养殖往往违逆动物天性、忽视动物福利；农产品中防腐剂的滥用影响人体健康；城乡差距明显，农民生活贫困、生活质量差、幸福指数低；恬静的乡村生活被打破，传统的价值观与自然的审美感日渐衰微；农产品存在贸易壁垒，影响人们的食物多样性需求；农产品在国家间的竞争、对抗中被作为制裁手段，甚至在战争中被用作“武器”等。

这些问题的产生固然与人们对工业化农业甚至科学技术负面影响的乐观估计，与法律、制度建设的滞后和监管的不到位有必然关联，也与庸俗功利主义的不良世风有重要关系，但究其根源，人们对农业的伦理内涵理解不足、农业伦理学未受到充分重视，应为重要原因之一。换角度讲，这些问题的亟待解决，也急迫地期待农业伦理学有所作为，可以说，生态失衡、食品安全性差、农民生活质量低这些问题都殷切地呼唤农业伦理学的入场。然而，要想解决现代农业中的诸多问题，农业伦理学是否必不可少？农业伦理学能否被其他学术理论所替代？

面对现代农业存在的问题，农业作为科学首先寻求修正、完善自身，这主要是在生态学的影响下进行的。生态学被认为是生物科学的“哲学”，它被用于农业中形成了农业生态系统概念及农业系统耦合原理，也使得生态农业概念得以提出。一方面，农业生态系统是人工、自然、社会复合生态系统，是自然生态系统人为农业化的结果，要想农业生态系统健康持续运行，必须实现“系统耦合”。所谓系统耦合，指“两个或两个以上性质相近似的生态系统具有互相“亲合”的趋势，当条件成熟时，它们可以结合为一个新的、高一级的结构—功能体”①，它是“生态系统内部经过自由能—系统会聚—超循环系统的发育而发生的高一层的新系统”②，如果系统间进行耦合时发生结构性不完善结合、功能性不协调运行，则为“系统相悖”。系统耦合在农业中可有多层次体现。③ 另一方面，人们从更广阔的视野着眼提出了生态农业的概念。生态农业是根据生态学和经济学原理，兼顾现代科学技术成果、现代管理手段和传统农业的有效经验建立起来的，能获得较高的经济效益、生态效益和社会效益的现代化农业。生态农业是在人类从工业文明迈向生态文明的大背景下提出的，与发挥社会生产力相对，它更注重“自然生产力”和“生态生产力”④ 的发挥。与之相伴随，有机农业、生物农业、循环农业、绿色农业、持久农业、再生农业、可持续农业等概念纷纷被提出，其宗旨都是主张在农业中保护生态环境、合理利用资源，可以说这些都是传统工业化农业在生态学的影响下做出的现代转型尝试，甚至都是生态农业的不同

① 任继周：《草地农业生态系统通论》，安徽教育出版社，2004，第 348 页。

② 任继周：《草地农业生态系统通论》，安徽教育出版社，2004，第 348 页。

③ 任继周曾提出草业系统中的生产层论与界面论，他认为，草业系统含有前植物、植物、动物、后生物四个生产层，存在草丛—地境、草地—家畜、草畜—社会三个主要界面，三个界面将四个生产层连缀成完整的草业系统（任继周、侯扶江：《草业科学框架纲要》，《草业学报》2004 年第 13 期，第 1 ~6 页）。实际上大农业系统与此类似，也可分作四个生产层——前植物生产层、植物生产层、动物生产层、后生物生产层，三个主要界面——植物—生境［habitat，由美国 Grinnell（1917）首先提出，其定义是生物出现的环境空间范围，一般指生物居住的地方，或是生物生活的生态地理环境。按此定义，生境应包含地境和水体等部分］界面、耕地林地草地水域—动物界面、农产品—社会经营管理界面。以此作为农业系统的框架体系，则农业系统耦合既可体现在每个生产层内部，又可体现在各个生产层之间，后者也可说成是在每个界面内部。当然，这已内在地包含了农业系统各部分，即种植业生态系统、草业生态系统、林业生态系统、水产生态系统等之间的耦合。

④ 生态生产力，即保持生态健康的条件下所取得的生产力。参见任继周著《黄土高原草地的生态生产力特征》，载《黄土高原农业系统学术讨论会论文集》，1992，第 3 ~5 页。

分支侧面与表现形式。总体来说，农业生态系统耦合原理是生态农业得以成立的内在依据，生态农业是农业生态系统耦合原理的外烁体现，二者本质上都是农业的生态学改造尝试。农业的生态学改造恰合时机，是人类解决全球性问题、寻求可持续发展的必由之途。

然而，农业的生态学改造并不能代替农业伦理学。主要因为，科学之“是”无法替代伦理之“应该”。学术可区分为实证研究和规范研究，实证研究重在描述，规范研究则包含规定性因素，而科学主要是实证研究，伦理则重视规范研究。换言之，科学告诉我们“是什么”以及“能怎样”，伦理则告知“该怎样”。Robert L. Zimdahl 说，“科学告诉我们能做什么。我们知道能做什么之后，却没有必然的数据和结论告诉我们应该选择、决定做什么”①，即“是不必然推出应该”“能怎样不等同于该怎样”。例如，科学发现了 A 与 B 间的关联，描述为“若 A 则 B”，但究竟是否采取措施 A 或是否应该接受结果 B，则应依据伦理来评判。农业的生态学改造是在生态学的影响下进行的，它主要是科学层面的修正与探索，重点仍在广义的科学范围内。其总体上在言“是”与“能”，告诉人们生态学的农业“能够”成为现实，其中虽隐含了一点“应该”、包含了一些伦理意蕴，却是生态学自身携带的生态伦理基因使然，它实际上只完成了生态学原理的有限推论，在生态学可能作用的范围内改造农业，并未实现伦理的自觉。农业伦理学应是从根本上自觉地规定农业的应然状态，规定人对自然和农产品的应有态度，进而推出人对自然和农产品的应有的对待和获得方式，而并不执着和局限于生态学保持生态意义上的“能够”。农业的生态学改造可能为农业伦理学现实实现层面的某一维度提供可行手段，而绝不可能代替整个农业伦理学。所以，系统耦合、生态农业这种科学认识层面的发展十分必要，但不能替代哲学层面的深层反思与伦理层面的自觉规范。此外，学术的最终目的是谋求“人”的幸福，可农业的生态学改造仅仅观照了自然生态，并未对人的精神升华与幸福实现有充分关注，而谋求人类幸福的任务只能交由伦理学去完成。

在生态学作为一门科学直接影响农业转型的同时，由“生态”观念贯

① Robert，L.，*Agriculture's Ethical Horizon*（*Elsevier Academic Press*，2006），p. 43.

穿的环境伦理学（生态伦理学）学说也间接地向农业提出了要求。这些学说主要有以下五点。第一，非人类中心伦理学。西方一些人文学者认为西方传统的人类中心主义是目前环境危机的根源，继而对主流伦理学发起挑战，主张伦理学应该做出非人类中心的拓展。Joel Feinberg 认为，因为动物拥有因人类行为而受益或受损的利益，我们应该对动物负有责任；Christopher Stone 则主张自然客体、自然环境应该具有法定权利（Legal Rights）和法律身份（Legal Standing）。第二，动物解放论和动物权利论。Peter Singer 和 Tom Regan 将伦理学理论拓展到动物问题上，前者认为具备遭受痛苦的能力是动物应受道德考量的原因，继而论证了动物的道德身份，并强调“最小痛苦”，主张“动物解放”；后者通过区分道德主体（Moral Agent）与道德患者（Moral Patient）进一步论证动物的道德身份，最终得出主张素食主义、禁止猎捕动物、反对科研中的动物使用等结论。值得一提的是，他们都认为商业性动物饲养业应当被取消。第三，生物中心伦理学。生物中心伦理学更进一步，突破了动物具有道德身份的界限，将“内在价值”或“固有价值”拓展至所有生物。Albert Schweitzer 主张“敬畏生命”（Reverence for Life），认为所有生命都有内在价值，值得敬畏和尊重。Paul Taylor 将其深化为“生物中心展望”（Biocentric Outlook），并提出四个中心信条[①]。第四，生态中心伦理学。与生物中心伦理学强调个体生命的价值不同，Aldo Leopold 更强调物种和生态系统的价值，他提出的“土地伦理学”深含“生态”意识，认为“当某事物倾向于保护整体性、稳定性及生物群体之美时，它就是善，是正确的，否则就是错误的”[②]。随着生态学思想与方法的深入人心，这种“伦理整体主义”将人们对个体生命的强调转向对生态总体的关注。盖亚（Gaia）假说就是这种思想的最佳体现，伦理上的素食主义也由此被打开了一个缺口。第五，荒野理想与深生态学。荒野是指未被开发未受人干扰的区域，随着现代性的扩张，人们亲近自然的欲望愈加强烈，走进荒野随即成为一种理

① 它们是：其一，人类与其他生命一样，在同样意义上同样条件下被认为是地球生命团体中的成员；其二，包括人类的所有物种是互相依赖的系统的一部分；其三，所有生物以其自己的方式追寻自身的善（生命信仰之目的中心）；第四，人类被理解为并非天生地超越其他生命。参见〔美〕戴斯·贾丁斯著《环境伦理学》，林官明、杨爱民译，北京大学出版社，2002，第 160 页。

② 〔美〕戴斯·贾丁斯：《环境伦理学》，林官明、杨爱民译，北京大学出版社，2002，第 212 页。

想。这种思想源自 Jean-Jacques Rousseau，经由 Ralph Waldo Emerso，被 Henry David Thoreau 出色地实践和发挥出来。他们几乎都认为，在荒野中人们可以感觉到最高真理与精神美德。荒野理想也成为深（Deep）生态学的重要思想来源，后者以生物中心公平性和自我实现（Self-realization）为两个最终准则。

来自环境伦理学的规约对农业的转型发展不可或缺，但这些理论也不能替代农业伦理学。因为一则，它们对农业来说终究不具有直接的针对性，难逃隔靴搔痒之嫌，甚至出现“相悖”现象。这些理论始终以自然环境为主要关注点，总体上表现出弱化人类中心、强调环境价值的理念，而农业本质上就是人与自然之间的一种关系形式，其关注点为人与自然之间的张力保持，关注点的不同使二者无法实现系统的吻合，甚至还会出现矛盾。比如极端的动物权利伦理学认为素食是人类的责任、动物农业应该被彻底取消，这实际上动摇了现阶段畜牧业在整体农业系统中存在的合理性，至少提出了当代农业近期无法实现的目标。再如极端的生物中心伦理学认为所有生物都具内在价值、值得尊重，其中隐隐包含了一种反对任何占有和索取的理念，这显然与农业本来内含的人对自然的索取性“势不两立”，也与自然界的食物链、营养级、生态位的客观规律相悖。所以，环境伦理学并未充分关注农业，对农业的必要性、合理性与现实情况未投以接纳与同情。二则，这些理论一般“见物不见人”，否定了人在生态系统中的自在地位，而农业伦理学应同时包含对自然与人的伦理关怀。正如非人类中心伦理学发现的那样，过去西方的伦理学都是“人”的伦理学；而由非人类中心主义肇始的环境伦理学则走向了另一个极端，在强调动物、生物、生态内在价值的同时忽略了人的伦理实现。上文列举的环境伦理学理论，除荒野理想与深生态学外，几乎都呈现“见物不见人”的特征。而农业伦理学不同，农业本来就表现为人与自然之间的关系，对人的伦理关怀应是农业伦理学的必要组成。此外，当环境伦理学论证生态、生物具有的内在价值并号召人们表现尊重时，实际上提出的是一种立法式的要求，这种被动的“要求”难以唤起人们内心的主动关切。①

① 主流大抵如此，也有少数例外，如 David Clowney 主张把人热爱生命的天性作为环境伦理原则，参见 David，Clowney，“Biophilia as an Enviromental Virtue，” *The Journal of Agricultural and Environmental Ethics* 26（2013）：999 - 1014.

可以说，农业的生态学改造与来自环境伦理学的规约都无法代替农业伦理学的角色与地位，农业伦理学作为一门与农业具有密切内在关联的学科，可以从根本上为农业奠定认知基础，内在地为农业的转型提供指导，直接地为农业的发展做出规范，此皆为其他理论学说所不能及。

因此，当代农业中凸显的诸多问题需要农业伦理学做出应答，农业伦理学对农业的特殊作用决定了它不能被农业的生态学改造和来自环境伦理学的规约所替代，这都说明了农业伦理学之有待作为。

我们建设农业伦理学的路径和理念

所谓农业，概括说来是人干预自然以获取农产品的过程，那么农作活动即包含人、自然、农产品三种相互作用的要素。以此分析，农业伦理学的论域一定不外乎农民及其他涉农人员、农业资源与环境、农产品这三个维度的伦理问题，所以不妨称农业伦理学为关于“人本身”、“自然界”和“农产品”的三维伦理学。其中，“人本身”应是最本质的一维，毕竟“物”层面的问题终归是“人”的问题。

现有的农业伦理学学术成果主要是将伦理学领域相对成熟的理论与学说，如功利主义、道义论、美德伦理等运诸农业，对现代农业中出现的问题做逐个讨论。这些学术进路的优势是能够紧跟时代步伐、对现代农业的前沿问题进行研讨，而不足之处是：一方面，这些零散的议论缺乏“一以贯之”的系统性，不但众多伦理学理论缺乏共同的观念预设，对一个问题的讨论难免陷入众说纷纭的境地，而且对“自然界”、“农产品”和“人本身”这三个层面的分别讨论也未能被整合成一种相对系统的农业伦理学理论；另一方面，与各种应用伦理学多在讨论“外物”层面的问题而忽略了伦理学本该作用的“内心”问题相似，现有的农业伦理学研究针对“自然界”“农产品”两层面的讨论较多，而对“人本身”层面的讨论较少。概言之，现有的农业伦理学研究成果的缺陷是：理论性系统不足，对“人本身”关注不够。

鉴于此，我们致力于建构一种相对系统的农业伦理学理论。它应具有理论化特征，可以理论推演地解决具体问题，对农业现实具有连贯相继而逻辑自洽的指导作用；它应以“人本身”的问题为根本立足点，兼具普适性。

然而，何者可以作为其直接的母体理论资源呢？

一方面，西方近代以来的伦理学理论不能成为其母体理论。启蒙运动以来，西方伦理学流派迭出、大师频现，然而这种“百花齐放”未必是一种真正的繁荣，相反根据麦金太尔的研究，当代西方道德文化是由情感主义所代表的，个人的情感和好恶主导了道德的言辞和判断，日常的道德争论以“无休无止”为显著特征，导致了道德的解体与相对主义。用各种伦理学派的理论去讨论农业中的同一个伦理问题，不但可能出现完全不同的论证方式，甚至会产生截然相反的结论。这样的伦理学自然无法帮助农业伦理学达成对“人本身”的理论系统性关注。另一方面，中西古代的德性伦理学也不能成为其母体理论。其一，德性伦理主要观照“人心”，许多文明也曾发现农作活动与人的品德塑造间的关联，却多是点到为止，并未对农业投以过多的直接关注，并无现成的德性农业伦理原则供我们援引。其二，中西德性传统与现代、后现代社会从未相遇，不能观照当代农业的实际状况，进而不能“有的放矢”。其三，更为重要的是，传统的德性伦理记录了那些逝去时代的精神气质，它的基本概念与运思方式都契合于那些时代的症候，而今多已不合当下语境，甚至难以为人接纳。

鉴于此，我们选择作为宇宙人生本原的哲学存在论做出发点。因为，一来哲学存在论可以实现对“人本身”的直接关注，二来，存在论是契合当下的哲学话语，三来从存在论推演开来，容易达成理论性与系统性。具体方案是，从哲学存在论推演出农作活动应然状态的核心理念，再将此核心理念用于农业现实问题的逐一讨论与解决中，继而效法公理化方法建成一个由核心理念至具体问题的分析与推论组成的理论系统。因为这种农业伦理学是在哲学存在论层面阐发出来的，不妨将其命名为“存在论农业伦理学”。将农业伦理学诉诸存在论，正是我们的农业伦理学的主要特色。

什么可以作为存在论农业伦理学的核心理念呢？幽居于黑森林小木屋的海德格尔是大哲学家中为数不多的对农业有过直接观察与思考的人，他对农业的观察与思考是在追问“存在”、寻访“无蔽”的基础上完成的，故具有存在论意义。

海德格尔对农业的思考源于对现代技术本质的洞悉。在他看来，一方面，现代技术是一种限定或摆置（Stellen）。“限定意味着：从某一方向去取用某物……把某物确定在某物上，固定在某物上，定位在某物上。因此，限定总是定位。”[①] 比如，河流常被限定为水压提供者，森林常被限定为木材提供者。限定或摆置可分作两个层面，一是人本身被限定或摆置，二是人限定或摆置自然。后者表现为制造或订造，海氏说：“人把世界摆置到自己身上来并对自己制造自然。这种制造（Her-stellen），我们须得从其广大的和多样的本质上来思考。人在自然不足以应付人的表象之处，就订造（Bestellen）自然。”[②] 另一方面，现代技术是一种强求或促逼（Herausfordern）。海氏认为，现代技术虽也是一种解蔽（das Enthergen），但这种解蔽“是一种促逼，此种促逼向自然提出蛮横要求，要求自然提供本身能够被开采和贮藏的能量”[③]。事物被摆置出来后，又被逼迫丢弃其本真存在，强求成贫血的物质性与功能性。强求是限定的逻辑延续。

以限定与强求为主要特征的现代技术在当今社会中蔓延得无处不在，而过去却非如此，海德格尔进行今昔对比时选择了“农业”作为例子：“农民从前耕作的田野则是另一个样子；那时候，‘耕作’（Bestellen）还意味着关心和照料。农民的所作所为并不是促逼耕地。在播种时，它把种子交给生长之力，并且守护种子的发育。而现在，就连田地的耕作也已经沦为一种完全不同的摆置于自然的订造的漩涡中了。”[④]

如其所言，现代农业总体上表现为人对自然的订制与强求。土地被限定成农产品的提供者，继而农产品被如期地订制出来，土地如果缘其本性地稍有怠慢，则被加以一系列强求措施，终令其遂人所愿。这是现代农业的根本特征，也是现代农业诸多问题的症结所在。之所以有农药的过度喷洒，是因为人们希望对农产品的订制受到更少的干扰；之所以有化肥的过度施用，是因为人们希望土地能够按时交付订单；之所以有大量农用机械不遗余力地工

① 〔德〕冈特·绍伊博尔德：《海德格尔分析新时代的科技》，宋祖良译，中国社会科学出版社，1993，第74～75页。

② 〔德〕马丁·海德格尔：《演讲与论文集》，林中路、孙周兴译，上海译文出版社，2008，第260页。

③ 〔德〕马丁·海德格尔：《演讲与论文集》，孙周兴译，生活·读书·新知三联书店，2005，第12～13页。

④ 〔德〕马丁·海德格尔：《演讲与论文集》，孙周兴译，生活·读书·新知三联书店，2005，第13页。

作，是因为人们事先将土地限定为农产品的产出者；之所以有大棚和地膜的广泛覆盖，是因为人们的促逼使农作物成为早产儿。更进一步，之所以农民的贫困与幸福感低，是因为农民本身被限定为工业化农业流水线上反复从事同一操作的工人。

而海德格尔对从前耕作状态的描述为这些问题的解决带来了一丝希望，也为“存在论农业伦理学”遗赠了一份礼物。“关心和照料”“守护”恰构成对“订制与强求”的反动。人类对待自然，不应只有“订制”，还应“守候”；不应只有“强求”，还应“照料”。订制和强求对地球只是利用，而守候与照料就像海德格尔所说的，“是领受大地的恩赐，并且去熟悉这种领受的法则，为的是保护存在之神秘，照管可能之物的不可侵犯性”[①]。由此我们提炼出存在论农业伦理学的核心理念：人类在农作活动中对自然宜少些“订制和强求”，多些“守候与照料”。

“守候与照料”的存在论意义主要表现为它“保护存在的秘密，并照管可能的东西的不可侵犯性”。可以认为，如果人在农作活动中以“守候与照料”的态度对待自然，那么他可能会亲近“存在”，倾听到“澄明的无蔽”的呼唤。换言之，人以真诚恳切的态度——“守候与照料”——面向大地母亲，这种虔诚的举止可能有助于人对本源的亲近。海德格尔对他观察到的“守候与照料”式的“农夫劳作的自然过程”有过精彩描述：“当农家少年将沉重的雪橇拖上山坡，扶稳撬把，推上高高的山毛榉，沿危险的斜坡运回坡下的家里；当牧人一无所思，漫长缓行赶着他的牛群上山；当农夫在自己的棚屋里将数不清的盖屋顶用的木板整理就绪”[②]，这呈现出来的是一种自然的现实生活，是“生活的那种不可替代的大地的根基”[③]，他由此号召：“让我们……学会严肃地对待那里的原始单纯的生存吧！惟其如此，那种原

① 〔德〕马丁·海德格尔：《演讲与论文集》，孙周兴译，生活·读书·新知三联书店，2005，第101～102页。

② 〔德〕马丁·海德格尔：《人，诗意地安居：海德格尔语要》，郜元宝译，上海远东出版社，2011，第83～84页。

③ 〔德〕马丁·海德格尔：《人，诗意地安居：海德格尔语要》，郜元宝译，上海远东出版社，2011，第84页。

始单纯的生存才能重新向我们言说它自己。”[①] 这种在“守候与照料”中对“存在”的保护和亲近、可能“倾听”到的“言说”，恰是存在论农业伦理学对“人本身”走向本真与完善的关照方式。[②]

“守候与照料”绝非汪洋中的孤岛，它作为“人本身”精神升华的途径，与西方古代的“耕作……是一种神圣和有益于人的生活”的观点、“神圣的创造委托中去行动”[③] 的思想，与中国古代“顺天时，量地利”的理念、“晨兴理荒秽，戴月荷锄归”的“抱朴守真”的追求，在意旨上大有相合之处。

“守候与照料”，可以体现出对“自然界”的生态关怀：环境污染与生态失衡的根本原因是人对自然的过度索取，而守候即非限定强求，照料即非蛮横索取。它还可体现出对“农产品”的质量要求与权利保证：对作物的守候可保促食品安全，使其少受有害之物的污染；对畜禽的照料会兼顾动物福利，使其在生活中享有更多生命应有的权利。“守候与照料”不是对自然无条件地顺从，它为自然科学，尤其为生态农业中的系统耦合原理留下了施展拳脚的空间，所谓“以辅万物之自然”[④]。任继周多年来呼吁改革我国的农业结构，使之从粮猪型农业向草地农业转变，恰是以对我国农业生态环境恰当的“守候与照料”为观念前提之一；对于任继周申发的“放牧被废黜之忧”[⑤]，从存在论农业伦理学的角度看，密集圈养舍饲是典型的“限定与强求”，草原山林放养更多地体现出“守候与照料”。对农用土地生产力的片面强调而忽视其作为“家园”的人文价值，也是“限定与强求”在作祟；片面强调增加农民收入，依靠增收促进农民幸福，这些观念的产生也是由于

① 〔德〕马丁·海德格尔：《人，诗意地安居：海德格尔语要》，郜元宝译，上海远东出版社，2011，第85～86页。

② 根据杜战涛《论此在伦理生活中的自我完善》，载《道德与文明》2014年第1期，第32～40页；肖朗：《回归原初的生活世界——海德格尔的伦理之思》，载《湖北大学学报》（哲学社会科学版）2013年第2期，第10～15页等的研究，海德格尔没有提出伦理学，但其存在论涉及了完善论意义上的伦理学，即在此通过领会存在，能够领会人生的终极意义，能够迈向本真、朝向完善。

③ 〔德〕冈特·绍伊博尔德：《海德格尔分析新时代的科技》，宋祖良译，中国社会科学出版社，1993，第19页。

④ 范应元：《老子道德经古本集注》，华东师范大学出版社，2010，第113页。

⑤ 任继周：《草业科学论纲》，江苏科学技术出版社，2012，第355～384页。

“守候与照料”能促进人的完善的理念尚未深入人心。对这些观点的系统论证，将是我们下一步的工作，这也应是存在论农业伦理学的主要内容。

需要强调的是，海德格尔洞悉了现代人类的“无根性”，现代人的生存状态表现为“无家可归”，而“守候与照料”的存在论意义表明了它可能是一种人与自然交往的别种方式，是人类与久违了的“存在”重新亲近的一个契机。存在论农业伦理学也可能因此为人类搭建一条“归家”的路，帮助人类去思“那种圆满丰沛的无蔽本身”①。这是它的宏大的历史使命。

（原文刊载于《伦理学研究》2014 年第 5 期）

① 〔德〕马丁·海德格尔：《面向思的事情》，陈小文、孙周兴译，商务印书馆，2011，第 87 页。

农业伦理学对环境伦理学的补充与超越[*]

齐文涛　任继周[**]

引　言

人类遭遇环境危机后，环境伦理学应运而生。经典的环境伦理学学说主要有：Joel Feinberg 和 Christopher Stone 的非人类中心论、Peter Singer 和 Tom Regan 的动物权利论、Albert Schweitzer 和 Paul Taylor 的生物中心论、Aldo Leopold 和 Holmes Rolstonr 的生态中心论、Ame Naess 等的深生态学，以及 Bryan G. Norton 和 Willian H. Murdy 的人类中心论。

农业作为第一产业，可供给人类生存必需品、支撑社会经济运转，其作用不可替代。现代农业也出现了和带来了许多伦理问题，这呼唤着农业伦理学的入场。拙文《农业伦理学：一个有待作为的学术领域》[①]《"守候与照料"的农业伦理观》[②] 曾阐述农业伦理学之梗概：农业是人干预自然以获取农产品的过程，农业伦理学则是关注"自然界"、"农产品"与"人本身"的三维伦理学，这三个维度不是相互独立的而是两两关联的；宜选择"守

* 基金项目：本文受兰州大学中央高校基本科研业务费专项资金"存在论农业伦理学发微"（编号：lzujbky－2014－83）资助。

** 作者简介：齐文涛，博士，兰州大学草学博士后流动站博士后，研究领域为农业伦理学、农业科技史。任继周，兰州大学草地农业科技学院教授，中国工程院院士，研究领域为草原学、草原调查与规划、草原生态化学、草地农业生态学系统和农业伦理学等。

① 齐文涛、任继周：《农业伦理学：一个有待作为的学术领域》，《伦理学研究》2014 年第 5 期。

② 齐文涛：《守候与照料的农业伦理观》，《伦理学研究》2015 年第 1 期。

候与照料”——“人本身”在农作中宜以“守候与照料”的态度对待“自然界”和“农产品”——作为农业伦理学的伦理学原则，并以此统摄其三个维度。其中，人的完善可以获得适当观照。

可能有人认为，农业无外乎对自然环境的干预和改造，农业伦理学应属环境伦理学的范畴，所以它不足以作为一个独立的学科方向而存在，并终将成为环境伦理学之下的分支拓展。事实上，环境伦理学作为关注生态环境并发展相对成熟的应用伦理学，自然可在许多方面对农业伦理学做出指导，但农业伦理学作为星星之火也在积极发挥其后发优势，在若干方面寻求对环境伦理学“局限”的补充与超越。

一　环境伦理学不特别关注实践，而农业伦理学聚焦作为基本实践活动的农作

环境伦理学关注生态环境，它通过赋予自然、生物、动物及生态系统内在价值，将其纳入伦理学的观照范围，环境伦理学因此成为伦理学做出非人类中心主义拓展的范例。而农业伦理学聚焦人的农作实践。农业是农作活动的延伸，以农作为核心内容，所以农业伦理学以农作为首要关注点。农作不是一般的实践活动，它是人与自然的原始交道方式，在人类形成中发挥了举足轻重的作用，是人类生存的必要、基本而朴素的实践环节，可以提供给人以不可或缺的物质基础和符合人性的生活方式，所以农作活动较工业活动与商业活动更纯粹、更具优先性，农业伦理学也因此获得区别于一般部门伦理学的特殊地位。

环境伦理学虽然并不缺乏和排斥实践（如梭罗的荒野生活），但因为不直接聚焦于人的实践，有时会脱离人的实践谈环境，致使曾得出有违常识的结论。比如生物中心主义在“敬畏生命”的原则下，倾向于认为所有生命包括植物都具有内在价值，因而人不应该“干涉自然”，这实际上彻底动摇了人的一切实践行为的合理性；又如极端的动物权利论者有反对以任何形式利用动物的倾向，这也把与人类历史相伴随的养牛耕田、养羊剪毛、养蜂割蜜及养鱼肥田的合理性予以剥夺。

实际上，无论是环境伦理学还是农业伦理学，都不是以自在自然为目标，而是以人化自然的恰当与合理方式为目标。人类不可能抛除基本利益诉

求而无条件地保护生态环境，所以悬置维系人生存的实践的理论难以真正面对现实（当然，它仍具有弥足珍贵的理论意义）。在农业伦理学中，伴随着对农作合理性的肯定和“守候与照料”观念的贯彻，人与自然将以新的样态入场，人将以新的态度使二者重新恢复平衡。人类真正需要的不是静态的环保论证，而是在动态的实践中不断寻找对自然的恰当的干预尺度。“农产品”是人对自然干预实践的直接目标之一，农业伦理学规定了它只能作为“自然界”的“盈余”而存在。从这个角度说，农业伦理学比环境伦理学更积极地面向现实，其理论成果对人化自然的实践活动更具可操作性、更有实际的指导意义。

二 环境伦理学关注客观环境，而农业伦理学关注人与环境间的关系

中西古代伦理学都关注人，以促进人的至善实现为主要目标。这一传统在近代表现出人类中心主义的趋向。环境伦理学把伦理观照扩展到人外之物，认为自然环境也有伦理价值，并把环境、生物、动物、生态系统等作为现实物，分别给予伦理学的考察。环境伦理学虽然拓展了伦理学观照的范围，却仍然没有跳出要么是人的伦理学要么是物的伦理学的窠臼。可以认为，传统伦理学与环境伦理学都囿于习惯性的关注实体的思维方式。农业伦理学不采用传统的实体思维，代之以着眼于人与自然间的关系思维。“守候与照料”作为农业伦理学的核心理念，集中描述了人与自然间关系的应然状态，它作为关系架构，同时连接了“人本身”、“自然界”与“农产品”。

受西方近代科学的还原论影响，人们习惯于把具体的现成物作为研究对象，从而带来实体思维的流行。在还原论频频遭遇困难的同时，量子力学、复杂性科学等科学的新进展呈现一种关系思维特征。关系思维不但可以弥补实体思维的不足，还与中西古代文化的思维特征大有相合之处，所以其重要性逐渐提高，以致倍受追捧。

需要承认，环境伦理学中有许多表达人与环境关系的理念，但都是关注环境实体后的推论，是实体思维的演绎与衍发，与直接关注“关系”相比，它仍具有间接性。虽然生态中心论因为以生态系统为关注对象而具有关系特征，但仍主要是自然物之间的关系，而没有积极地将人纳为“关系”的一

端，尤其没有像农业伦理学一样将人与自然间的关系集中表述出来。实体思维观照下的伦理学未免顾此失彼，强调了人就轻视了物，反之亦然；关系思维观照下的农业伦理学有别于传统伦理学之处在于，它既关注了人的完善，又顾及了生态环境，而且也为人的实践设置了合理的态度与方式。农业伦理学主动地将人纳入地球生态大系统中。环境伦理学用内在价值概念为保护生态赋予依据，但当人与环境同时具有内在价值时，就很可能造成人与自然之间的对峙，比如生物中心主义可能否定人的利益诉求；而农业伦理学积极地规定了人与自然的恰当角色，人在“守候与照料”的原则下可以建立人与自然的耦合共生机制。

三　环境伦理学对环保有间接性与被动性，而农业伦理学有直接性和主动性

环境伦理学主张环境保护的逻辑是，先对环境、生物、动物、生态系统进行内在价值论证，当其具有内在价值时，则应具备伦理地位，故而人应对其投以伦理关注。所以环境伦理学的环保理由需要引入“内在价值”作为过渡概念。环境具有的内在价值有“人赋予之”的嫌疑，而正因为人赋予环境以内在价值，人才要敬畏之，这颇有先立法、再让人守法的意味。因此，人在环境伦理学中是被要求地去环保，其环保理由有“间接性”。

农业伦理学以“守候与照料”为核心理念，自然是人“守候与照料”的直接对象。自然在此并非因为有特殊之处而被“守候与照料”，而是本身就是人“守候与照料”的对象，这是“绝对命令”，无须更多理由。人与自然之间除“守候与照料”的伦理命令外，不再需要其他过渡概念。需要特别指出的是，这一命令之所以不具有“守法”的强迫性，全因为“人本身”在其中可以获得精神升华。因此，如果“守候与照料”的观念深入人心，人在农业伦理学中是主动地去“照料”自然，它对环保只有纯粹的“直接性”。

大家知道，法律是在相对消极意义上对人的行为的约束，环境伦理学采取这种立法的方式容易造成不情愿遵守与道德绑架，比如动物权利论认为食用动物是不道德的，但人们往往并不理解内在价值为何物，只好迫于道德压力而成为素食者。农业伦理学与此不同，“守候与照料”原则不仅是指关自

然的一种态度，还有助于人走向完善，人将因对自然的“守候与照料”而获得道德感，从而对自然、生命充满悲悯之心。因此，农业伦理学之于环保的直接劝善的方式对环境伦理学的间接立法方式有超越之处。

四　环境伦理学徘徊于人类中心与非人类中心之间，而农业伦理学超越二者之别

传统的西方伦理学主要是人类中心主义的，环境伦理学却要求做出非人类中心主义的拓展，二者在基本理念上存在差异。但环境伦理学的形而上学基础又主要由传统的规范伦理学理论提供，这就产生了争执，主要表现为环境伦理学内里具有人类中心主义与非人类中心主义两种趋向。人类中心主义的哲学根源是主客二分的思维框架。

如果把“守候与照料”的原则作为一个动作，那么该动作连接了作为施动者的人与作为受动者的自然，所以人与自然必然随着“守候与照料”这一动作本身而同时出场并发生关联。“守候与照料”又必然包含这样的意义：人充分尊重自然。“守候”意味着听任其本性，“照料”意味着顺随其本性，所以“守候与照料”意味着让自然“自然地存在”。这是一种“泰然让之”的“让在”态度。“让在”是让“天、地、人、神”共在，这种“让在”本身同时允纳了人之作为大地的守护者、大地之被作为大地护持及“存在”的持续在场。其中，没有一个实体充当中心，人与自然因“守候与照料”发生的关联，也不是传统意义上主体与客体的关系。人与自然的区分仅停留在逻辑上，而在现实中随着“泰然让之”而既消失了传统意义上主体的含义，也混淆了主客的界限。人、自然、存在，都在“守候与照料”发生的这一刻同时绽出。老子的“域中有四大，天大、地大、人大、道亦大”，海德格尔的“天、地、人、神”四重奏，都在描述这个境界，其虽有人与他物之区分，却早已超越了人类中心与非人类中心、主客二分之别了。

五　环境伦理学并不直接达求人之完善，而农业伦理学直接促进人的完善

区别于中西方传统伦理学关注人的伦理实现，环境伦理学主要关注环境

的伦理价值问题，人的完善并非其主要关注点。深生态学以“自我实现”为终极准则之一，它倾向于认为人的自我实现是在人与生态环境的互动中完成的，它虽然直接打出了“自我实现”旗号，却是以“自我实现”为理论前提而非理论目标，即“自我实现”因与自然界密不可分，故成为生态保护的重要理由，而非深生态学的理论宗的。

农业伦理学关注人与自然的关联，这种关联一边连接着“自然界”“农产品”，一边连接着“人本身”，所以农业伦理学必然包含对“人本身”的关注。农业伦理学对“人本身”的关注当然首先表现为为其提供“农产品”以维持其生理需要，促进其身体健康，但又不仅限于此。如果农业伦理学决定走从存在论演绎之路，它应该特别关注“人本身”的精神升华，即“守候与照料”活动本身对“人本身”的完善实现的促进。具体地，人在“守候与照料”自然时，可以保护并敬畏着存在，感受并体悟着存在，亲近并交道于存在以及听命并摆布于存在，这又分别体现为守护大地与人本身意义上的“物我互保”，人对自然审美意义上的“物我相分”，人与自然一定程度的“物我交融”以及人与自然彻底的“物我两忘”。[①] 总之，它能让人切近本真的生活状态。

不可否认，保护生态、使人们拥有美好的生存环境，不但不会有损于人的完善，而且会促进人的完善，从这个角度说，环境伦理学也有助于促进人的完善。但是，环境伦理学并不以此为目标，而是仅为此目标的实现做一些准备工作，这与农业伦理学内含的对“人本身”完善促进的直接观照还有距离。更重要的是，伦理学之本义就是人的至善达求，当今世界纷繁芜杂的问题终归是人本身的问题，将人的完善作为理论的重要目标，是农业伦理学的高明之处。

以上五点互相渗透、相辅相成，共同构成了农业伦理学对环境伦理学的补充与超越。但是，农业伦理学尚处襁褓，这些所谓的“超越”仅是它的高远理想与奋进目标，非通过脚踏实地辛勤努力则不能实现。环境伦理学步步为营的发展模式、蔚为壮观的现实形态，都是农业伦理学的学习对象，而环境伦理学自身也在通过不断的发展以努力冲破其局限。

---

① 齐文涛：《守候与照料的农业伦理观》，《伦理学研究》2015 年第 1 期。

在对待现实的具体问题时，二者的旨趣显然同大于异，它们是共同对抗科学主义与欲望社会的同壕战友。未来，农业伦理学将与环境伦理学进一步碰撞、对话与融合，为人类更生态、更美好的生活提供更清晰的伦理识度。

（原文刊载于《兰州大学学报》（社会科学版）2015 年第 3 期）

科学与伦理的融合

——以动物福利科学兴起为主的研究

严火其　郭　欣*

动物福利发展至今，从最初反对虐待动物的伦理呼吁转变为全面提升动物生存质量的科学探索，由原来的道德辩论演变为由多学科相互渗透、交叉而成的综合性科学。动物福利不仅包含畜牧、兽医、动物科学等自然学科，还包含伦理学、法学等人文学科。通过对动物福利科学兴起的考察，我们能够发现，动物福利作为一门新兴科学，突破了传统的科学观念与科学模式，实现了科学与伦理的融合，揭示了科学发展中求真与求善相统一的可能性。

一　动物福利科学的兴起

古希腊时期，人们不缺乏对动物的关爱。毕达哥拉斯认为人与动物的灵魂相互转化，教导人们尊重动物。① 普鲁塔克②也表述出关爱动物的思想。而到了中世纪，深受经院哲学、神学目的论的影响，人们认为动物缺乏理性、没有灵魂、为人类而存在，人类对动物没有道德义务。托马斯·阿奎那

---

* 作者简介：严火其，南京农业大学人文学院教授，中国自然辩证法研究会常务理事，研究领域为科学思想史、农业史；郭欣，南京农业大学人文学院博士生，研究领域为农业伦理。

① 罗马作家奥维德（Ovid, 43 BCE - 17 AD）写了一首名为《毕达哥拉斯的教导》的长诗，其中有记载。参见 Ovid, *The Teachings of Pythagoras*, *Ovid's Metamoephoses* (Bloomington: Indiana University Press, 1955), pp. 367 - 379。

② R., Sorabji, *Animal Minds and Human Morals: The Origins of the Western Debate* (Cornell University, 1993), p. 183.

在《理性生物与无理性生物的差别》中写道："动物是为了人而存在……博爱不涉及动物。"[①] 伴随近代科学的兴起，机械论盛行，深刻地影响了人类对待动物的态度。人们将动物的生命看作机械运动的一种形式，认为动物没有感觉。例如笛卡尔认为，动物不同于人，不能使用语言来表达思想，人是"活"的观察者和实际支配者，而动物是无感觉无理性的机器。[②] 在这种观念下，欧洲曾经对动物十分冷漠。比如，英国上层社会热衷于观看动物打斗表演、喜好打猎，下层社会也存在过度使用马匹、活拔羊毛等虐待动物的现象。人们还心安理得地进行动物活体解剖实验，观察动物的各种组织与器官，面对动物发出的痛苦哀号而无动于衷。因为动物是仅具有自我内部控制机制的装置，缺少感知和自我意识[③]；动物的哀号只是机器发出的声音，不代表痛苦。[④]

然而，启蒙运动之后，人们对动物的认识发生了转变。当时一些启蒙思想家，如伏尔泰[⑤]、约翰·柏林布鲁克[⑥]等，反驳"动物是机器"的观点，强调动物具备感知能力，谴责人们对动物的冷漠。伏尔泰在《哲学词典》中批判道："这只狗，忠诚与友善的程度不知比人高明多少，却有野蛮人把它抓住，钉在桌子上，活生生地把它剖开，让你看它的肠系膜血管，可是在它身上，你却见到所有与你一样的感觉器官……机械论者，请回答我：难道大自然在这只动物身上安排了一切感知用的弹簧，目的却是让它没有感觉吗?"自此，人们开始意识到动物具备感知能力，应当善待动物。英国近代的道德改良运动、福音主义运动、废奴运动、人道主义运动等，都呼吁人们善待动物。

18 世纪，边沁的功利主义思想为人们善待动物带来了新的启示。他认为人们在两位主公——快乐与痛苦——的控制之下，立法应当遵循"快乐

① 〔澳〕彼得·辛格、〔美〕汤姆·雷根：《动物权利与人类义务》，曾建平、代峰译，北京大学出版社，2009，第 25 页。

② 曾建平：《自然之思：西方生态伦理思想探究》，中国社会科学出版社，2004，第 25 页。

③ 〔法〕笛卡尔：《哲学原理》，关琪桐译，商务印书馆，1958，第 101 页。

④ 〔法〕笛卡尔：《论灵魂的激情》，贾江鸿译，商务印书馆，2013，第 67 页。

⑤ 〔澳〕彼得·辛格：《动物解放》，祖述宪译，青岛出版社，2004，第 187 页。

⑥ Harwood, D. , *Love for Animals and How it Developed in Great Britain* (Lewiston: Edwin Mellen Press, 1928), p. 159.

最大化，痛苦最小化”的原则。判断个体是否拥有权利的基础是“感知能力”。显然动物也有感知能力，因此除了人之外，动物也应该成为法律的主体，被纳入道德考虑的范畴。边沁主张为动物而立法，他在《论道德与立法的原则》中写道，“动物的痛苦与人类的痛苦其实并无本质差异”，并声称“低等动物的利益在立法中被不适当地忽略了”。[①] 除了边沁之外，其他一些思想家也主张为动物订立专门的法律。例如，劳伦斯在《关于马与人对牲畜的道德义务的哲学论文》中主张国家应正式承认动物的权利，制定专门的法律以保护它们免遭人类不负责任而又毫无顾忌的伤害。这些思想对当时英国的法律改革产生了重要影响，英国逐渐开始以法律的形式保障动物的权益，规范人类对待动物的行为。

1822 年，理查德·马丁提议的《防止残忍和不当对待家畜的法案》（简称《马丁法案》）在英国议会两院获得通过。该法案是世界上第一部反对任意对待动物的专门性法律，它被后人认为是动物福利发展史上的里程碑。1824 年，英国成立了世界上第一个动物福利协会——防止虐待动物协会（Society for the Prevention of Cruelty to Animals，简称 SPCA），目标是确保《马丁法案》的施行。他们设立稽查队，教育民众，并将残忍对待动物的人送上法庭。[②] 但是，法令执行过程中遇到了很多困难。因为法令没有明确界定何种行为构成残忍，所以法庭在判罚过程中往往因证据不足而无法断定某些行为是否违反《马丁法案》。为此，后来的法律经过了多次修订。比如，1849 年《防止残忍对待动物法令》，对“动物”一词重新定义，以“驯化动物”替代了之前的“家畜”，受保护动物的范围扩展到宠物、禽类等。并且，法令通过专门的目录对残忍行为进行归类，包括殴打、虐待、滥用和折磨以及其他造成动物不必要痛苦的行为。1911 年《动物保护法令》出台，整合了自《马丁法案》以来所有的相关法律，并补充了一些新规定，比如禁止在没有适当照料与关怀的情况下对动物进行任何手术等。虽然法律专门修订了目录，但仍无法列举所有的残忍行为。而且，以人的主观概念“不

① 〔英〕杰米里·边沁：《论道德与立法的原则》，程立显、宇文利译，陕西人民出版社，2009，第 267 页。

② 刘宁：《动物与国家：19 世纪英国动物保护立法及启示》，《昆明理工大学学报》（社会科学版）2013 年第 2 期，第 37～47 页。

必要的疼痛”来判定动物是否受到虐待，在具体的执行过程中难以把握。由于缺乏客观的标准，动物保护的法令难以执行，仍然有很多问题无法依靠法律解决。

最为突出的是动物实验的问题。随着反对虐待动物的观念深入人心，19世纪70年代，欧洲兴起了反动物实验的运动。1873年，伦敦大学的教授桑德森出版了《生理学手册》，对动物实验的过程进行了详细的描述，这引起了民众的公愤，人们认为这些残忍的行为应该被制止。第二年，英国医学协会的诺里奇会议上，一名法国生理学家将酒精注射到两只狗的体内以证明其作用，随后，人们以虐待动物的罪名，起诉了这名法国人与参与演示的诺里奇医生。[①] 法国的细菌理论创始人巴斯德进行了大量的动物活体解剖实验，政府于1883年打算给他增长薪资时，遭到了反动物解剖协会的抗议。[②] 迫于公众的压力，1876年英国两院通过《防止残忍对待动物法令》，规定了禁止动物活体解剖；但同时表明，可以预见能够推进生理学知识、拯救或延长人类生命、减轻人类痛苦等情形除外。[③]

这次立法遭到了科学界的反对与抵制，许多科学家都为动物实验辩护。比如贝尔纳说：“实验生理学的一切成果都能作为证据；没有一件事实不是某种活体解剖的直接与必然结果。”[④] 法国病理学家洛布斯坦在《论病理学解剖》中描述道：“医学的目的不在于了解无生命的器官，而是活的器官。”[⑤] 1881年，国际医学代表大会通过了一条决议，内容是“抵制任何对医学研究者利用动物从事研究的限制”。当时大多数科学家都坚信科学事业不应该受到伦理的约束，为了科学的进步、人类生活质量的改善，动物实验不应该受到谴责。

20世纪初，科学界开始针对动物实验问题提出解决方案。伦敦大学兽

---

① 〔英〕威廉·F. 拜纳姆：《19世纪医学科学史》，曹珍芬译，复旦大学出版社，2000，第212页。

② 刘远明：《19世纪医学科学史》，《中华医史杂志》2005年第1期，第58页。

③ 严火其：《世界主要国家和国际组织动物福利法律法规汇编》，江苏人民出版社，2015，第5页。

④ 〔法〕帕特里斯·德布雷：《德布雷·巴斯德传》，姜志辉译，商务印书馆，2000，第490～491页。

⑤ 刘远明：《19世纪有关动物活体解剖的争论》，《中华医史杂志》2005年第1期，第58页。

医学院的 C. W. 休姆教授，于1926年提出了“动物福利”（Animal Welfare）概念，认为“应当依靠科学方法解决动物问题，基于最大的同情与最小的感情用事”①。休姆的目的在于调和科学与伦理在解决动物问题中的矛盾，指出问题的解决需要科学以及伦理两方相互妥协。一方面，在进行动物实验时，科学家们要对动物投以最大的同情，要对动物进行必要的照料与关怀；另一方面，人们关切动物不能凭借感情用事，不能极端地取缔动物实验。同年，休姆建立起伦敦大学动物福利社团（University of London Animal Welfare Society）。随着社团的扩展，1938年它被更名为“动物福利大学联盟”（Universities Federation of Animal Welfare）。这是世界上最早的动物福利科学团体，主要职责是以科学方法研究动物福利，制定动物福利的科学准则，推广动物福利的科学观念。自此开始，动物福利科学逐渐发展起来。

1959年，动物福利大学联盟（Universities Federation for Animal Welfare, UFAW）的两位科学家威廉姆·拉塞尔和雷克斯·伯奇②提出了实验动物的人道使用标准——“3R”原则，该原则的主要内容有三。第一，替代（Replacement），指在实验或测试中尽可能避免使用动物。若一定要使用，尽可能以植物代替动物，或以非哺乳动物代替哺乳动物。第二，减少（Reduction），指研究者要以最少的动物来获得信息，或以同样数量的动物获得更多信息。第三，优化（Refinement），指对实验动物的住宿条件、照料和实验程序进行改进，从而减少潜在的痛苦或慢性伤害。“3R”原则不仅可以减少实验动物的痛苦，而且有助于提高实验结果的准确性。早在1876年就有相关证据表明：优化实验动物的生存体验，不仅对动物有利，还能够得出更为准确的研究结果。③ 这是第一个有关动物福利的科学标准，于1986年被英国《动物科学程序法令》所采用。

随着科学研究的发展，人们进一步认识到，要实现动物福利必须了解动

① Richard, P., Haynes, *Animal Welfare: Competing Conceptions and Their Ethical Implications* (Berlin: Springer, 2008).

② William Russell（1925—2006）是英国的动物学家和心理学家，一生大力推广实验室动物福利。Rex Burch（1926—1996）是英国人道主义科学家、预言家、梦想家。

③ *Universities Federation for Animal Welfare* (2015), *A History of Improving Animal Welfare* [2015-12-16], http://www.ufaw.org.uk/about-ufaw/history-of-ufaw.

物的需求。UFAW 在第三版《实验室动物手册》中提到："人们只有深刻理解动物的自然属性、需求以及习惯偏好，才能最好地保证动物的福利。"休姆主张用拟人论的方法来理解动物需求，即以人类的心理与生理属性、构造，推论出动物承受的应激程度。他认为："我们假设动物承受了与人类一样的痛苦，并去探究这种痛苦的原因，这有益于实现动物福利。否则，人们错失了解动物感受的机会，将可能给动物带来'无限的残忍'。"[①] 拟人论的方法对动物福利科学发展有重要的启示意义，后来人们在此基础上发展出动物福利的测量方法。同时，深入理解动物需求的观点，预示着动物福利不再是人们的一种主观印象，而是对客观事实的反映。

20 世纪 60 年代，集约化养殖技术中残忍对待动物的现象，再一次激发了英国社会对动物问题的关注。1964 年，英国社会活动家鲁斯·哈里森（Ruth Harrison）在对集约化养殖农场进行深入调查后，出版了《动物机器》。这本书引起了社会广泛的关注。哈里森认为动物所遭受的虐待，不再是人们直接施加给动物的，而是来自集约化养殖技术本身。在这种技术下，动物被当作人类攫取利益的工具，动物的生命意义丧失。她用"工厂化养殖"来表述集约化养殖，认为动物只是这个工厂中的零件。工厂化养殖违反了动物的自然属性，动物长期处于压抑状态，所产出的食品存在安全风险，直接影响人们的健康。哈里森提醒公众，每个人都有善待动物的伦理义务，这种义务也关系到人类的食品安全。

也有一些人为集约化养殖技术进行辩护。比如，联合国粮农组织认为："动物的密集生产提供了食品充足与安全保障的道路。"[②] 1964 年英国《卫报》的农业记者评论道："人们无法阻拦这种潮流（工厂化养殖），因为它改变了未来的粮食供应方式。[③]"还有些科学家认为集约化养殖中的动物问题不应归罪于科学与技术，相反我们应该将这一问题交予科学来解决。比如大卫·米勒说："应该公平地看待科学与传统之间的关系。农业科学解决了

① Charles, W., Hume, *Man and Beast* (Herts: The Universities Federation for Animal Welfare, 1962), p. 9.

② 尤晓霖：《英国动物福利观念发展的研究》，博士学位论文，南京农业大学人文与社会发展学院，2015，第 64 页。

③ *The Importance of Science to Animal Welfare*，动物福利大学联盟官方网站，ufaw. org. uk。

诸如饥饿、营养不良、疼痛、受伤及疾病等问题，科学仍然能够逐步解决诸如动物的行为自由等问题。”①

为了回应上述问题，英国政府于 1965 年成立了“牲畜畜牧体系中所保有动物的福利调查技术委员会”，委派罗杰·布兰贝尔（Roger Brambell）教授展开调查，希望通过科学的方式制定有关的新政策。经过调查，委员会发现英国的集约化养殖体系中确实存在很多动物福利问题。为了解决这些问题，帮助政府制定有效政策，委员会的成员进行了大量科学研究，完成了布兰贝尔报告，并且在报告中提出了重要的观点——动物福利是可测量的。威廉·萨普在报告中提出人们可以使用科学工具来测量动物的痛苦与应激，不仅仅是动物在生理层面所表现出的伤害、疾病，而且包含非有形的情绪上的压力。萨普还提出了很多有关测量动物疼痛与应激的生理指标、行为指标，研究了动物逃离人类圈养环境的动机以及动物在不同环境下的不同偏好。报告中还总结出动物应当具有“站立、躺卧、转身、梳理自身和伸展四肢”的五大自由，并申明：“福利是一个广泛的概念，既包括了动物生理方面的舒适，也包括了心理方面的健康。”② 根据该研究，1968 年英国政府修订了《农场动物法》，在防止虐待农场动物方面做出了重要补充。自此开始，在政府的支持下，动物福利逐渐成为科学研究的热点问题。

1972 年，英国皇家防止虐待动物协会（Royal Society for the Prevention of Cruelty to Animal，RSPCA）成立了科学咨询会，研究并推广农场动物、实验室动物和野生动物的福利。负责人里德在《政治动物》中也再次表达：“动物福利应集中于避免动物痛苦和疾病，动物的痛苦不仅仅是生理上的，还应包括精神状态方面的痛苦。”这种观点将动物福利科学研究引向了新的方向。

20 世纪 80 年代起，动物行为学家和心理学家对“动机系统”（Motivation Systems）的研究，为动物福利科学做出了重要贡献。Ian Duncan 和 David Wood-Gush 的研究解释了当动物需求没有得到满足时的内在动机问题，他们提出真正的动物福利取决于动物的感受。唐纳德·布鲁姆在《行

① David，J.，Mellor，Emily Patterson-Kane，Kevin J. Stafford，*The Sciences of Animal Welfare*，*UFAW Animal Welfare Series*（Wiley-Blackwell，2009），p. 173.

② Richard，P.，Haynes，*Animal Welfare*：*Competing Conceptions and Their Ethical Implications*（Berlin：Springer，2008），p. 72.

为的生物学》一书中指出，动物在很多方面是一个“复杂决策者”，他将“动物福利”定义为个体能够适应周围环境的状态。这种适应意味着个体可以将自己的精神和身体控制在稳定状态。Barry Hughes 等研究者解释了动物需求的生物学基础。此外，科学界还逐渐认识到动物福利科学必须与伦理共同发展，动物福利科学的研究既需要科学方法又需要满足社会的伦理需求。在这些研究的基础上，英国农场动物福利委员会（Farm Animal Welfare Council，UK）在 1992 年充实完善了动物的五项自由：①免除饥渴的自由，②免除不适的自由，③免除痛病伤的自由，④表现正常行为的自由，⑤免除恐惧焦虑的自由。由此开始，动物福利科学逐渐走向成熟，并且朝建制化发展。

20 世纪 80 年代末到 90 年代，动物福利的研究开始从零散的、分布于多个领域的状态走向统一的、建制化的模式。行为科学、营养科学、牲畜科学、生理学、兽医学和其他一些学科，共同构成了动物福利科学的基础。[①]动物福利科学逐渐具备了统一的信念、研究框架、方法与目标。共同的目标在于用科学的方法测量动物的福利水平，在深入理解动物的生物需求的基础之上全面提高动物的生存质量。

此外，动物福利科学完备了学科体系，包含学位课程、期刊和专门的研究部门。1986 年，英国剑桥大学动物医学院的布鲁姆教授在麦克劳德兽医协会基金的支持下开设了第一门动物福利课程。[②] 此后，世界各地的许多高校都将动物福利课程引入教学体系并得到进一步发展。到 2005 年，与动物福利相关的课程已经超过 100 门，[③] 包括神经内分泌学、役畜福利学、行为学、疼痛学、生理学、屠宰的福利学、环境伦理学科、宗教学、一般伦理学、营养与饲喂学、市场学科等。专业学术期刊的创立，为动物福利科学提供了学术交流与传播的平台和途径，比如，UFAW 设有学术期刊《动物福利》，大卫・弗雷泽创办了《应用动物行为科学》，RSPCA 于 1991 年创刊

① David, J., Mellor, et al., *The Sciences of Animal Welfare* (Hoboken: Wiley-Blackwell, 2009), p. 3.

② C., Hewson, E., Baranyiova, D., M., Broom, et al., "Approaches to Teaching Animal Welfare at 13 Veterinary Schools Worldwide," *Journal of Veterinary Medical Education* 32 (2005): 422 - 437.

③ D., M., Broom, "Animal Welfare Education: Development and Prospects," *Journal of Veterinary Medical Education* 4 (2005): 438 - 441.

《科学评论》——现在世界范围内已经有很多类似的学术期刊。动物福利科学于20世纪90年代正式兴起。时至今日，全球已经有6000多个动物福利组织，动物福利科学已经走向成熟。

二　科学与伦理的融合

考察动物福利科学兴起的历程，我们发现动物福利从反对虐待动物的伦理与法律规约发展到科学，由原来的伦理、道德辩论演变为由自然科学与人文科学相渗透、交叉而成的综合性学科。这个过程体现了科学与伦理的融合，突破了传统观念下科学与伦理二分的关系。

科学的传统是古希腊理性科学，这种科学蕴于自然哲学之中，不考虑知识的实用性和功利性，而关注知识本身的确定性及真理的推演。自然哲学家们将追求知识视为终极目的、最高的“善”。比如，苏格拉底提出了关于科学与道德的一般性命题“知识即道德”。[①] 亚里士多德则从目的的角度提出科学指向“善”。他在《尼各马科伦理学》第一卷中说：“一切技术和研究，正如一切行为或选择，看来都是趋近于某种善的，所以善被合理地认为是万物追求的目的。”可以看出，古希腊的理性科学与伦理是统一的。

自近代科学产生起，科学与伦理逐渐分离对峙。这是由近代科学主张的主客二分以及人与自然二分的先验结构决定的。近代科学孕育于文艺复兴，这场思想运动首先粉碎了自然的目的性，改变了人们对自然的态度，人类由认识自然转变到改造自然。培根奠定了近代科学的经验论基础，他在1605年《学术的进展》中指出，在能所给予人类的一切利益中，最伟大的利益就是发现新的技术和以改善人类生活为目的的物品[②]，而获得这些的主要途径就是运用以观察和实验为基础的“科学归纳法”。

近代科学强调知识的客观性，排除一切主观判断。比如，以笛卡尔、牛顿为代表的自然科学家及哲学家们，提出了机械自然观和“实验—数学”的实证研究方法。牛顿以“不做假设”为自豪，声称自己只发表由事实所得出的理论。在17、18世纪的多数思想家看来，科学是一种通过了解自然

① 汪子嵩等：《希腊哲学史》（第2卷），人民出版社，1993，第435～436页。

② 〔英〕培根：《学术的进展》，刘运同译，上海人民出版社，2007，第34页。

从而实现支配自然和造福人类的工具与手段，这种观念带来了工业革命，人类“第一次把物质生产过程变成科学在生产中的应用”[①]。可以看出，近代科学以实验、经验与数学为基础，追求知识的实用性与功利性，强调客观性，这样的科学必然与伦理相分离。

上述情形引起了休谟的注意，他提出了事实与价值二分的问题。休谟在《人性论》第三卷第一章“善与恶总论”的附论中陈述道：“在我所遇到的每一个道德学体系中，我注意到，我所遇到的不再是命题中通常‘是’与‘不是’的联系，而是没有一个命题不是由‘应该’或‘不应该’联系起来。”休谟在此提出了两种陈述，一种是由“是”所表达的陈述，另一种是由“应该”所表达的陈述，这两种陈述分别指向事实与价值。事实是人可以形成“印象”的东西，可以被经验和理性所察知。而价值（如善与恶）则根源于心灵特定的结构与组织，是一种情感，无法被经验和理性察知。康德对分析判断和综合判断的界定也呈现了事实与价值二分的倾向。他认为道德哲学不是经验科学，道德判断并不陈述任何事实内容，不依赖于经验。

到 19 世纪，科学体系逐渐完备，动力学实验与数学方法推广到物理学和其他学科，科学因此而更加精确化和严密化。此时，大多数科学家的信念是“科学研究最好避开形而上学的考虑”。比如，法国哲学家庞加莱认为：“科学与伦理之间相触（Touch），但是绝不会相互交融。伦理学告诉我们应当追求什么，而科学告诉我们如何达到这一目标。”而且，社会科学也追求精确性，出现了“价值中立”的观念，马克斯·韦伯认为科学家在进行科学研究时必须排除价值因素，保持价值中立，以便获得真实有效的研究结果。

20 世纪初，逻辑经验主义者则发出了拒斥一切形而上的口号，将科学与伦理的二分关系引向极致。在逻辑实证主义中，只有分析命题与事实命题有认知意义，价值判断、伦理判断都是无客观保证的主观判断，因此事实与价值是严格二分的。以卡尔纳普之见，事实和价值的分殊具有语言学上的根据。人类语言具有两个功能：描述和表达。前者指涉事实，后者指向人的主

① 中共中央马克思恩格斯列宁斯大林著作编译局：《马克思恩格斯全集》，人民出版社，2006，第 47 卷，第 576 页。

观价值与情感；前者有真假，而后者只是态度与情感的一种表达，没有真假之分。[①]

科学与伦理的二分关系在19世纪末到20世纪初成为普遍的观念，如雷舍尔所言："科学不包括价值的观点已经被广泛接受。科学已经为它本身赢得了鲜明的标志，即科学是价值中性的。"[②] 科学不再受到伦理的规约，科学研究的功利主义指向愈发明显。科学知识成为生活的重要组成部分，并且加速了社会物质财富的积累。"今天我们不再乞求自然，我们支配自然，因为我们发现了他的某些秘密。[③]"

然而，随着与伦理的不断分裂，科学虽然给社会带来了飞速的发展，但也带来了危机。由于过度强调科学而忽略伦理价值，人们已面临严重的资源危机、能源危机、环境污染、生态平衡破坏，还有意义丧失等一系列问题。正如胡塞尔所预言的："在19世纪后半叶，现代人让自己的整个世界观受实证科学支配。这种'理性信仰的崩溃'即形而上学冲动的消亡，将会导致'欧洲人性的危机'。"[④]

面临危机，人们开始意识到科学与伦理、事实与价值二分的不合理性。希拉里·普特南（Hilary Putnam）在《事实与价值二分法的崩溃》中说："在我们的时代，事实判断与价值判断之间的差别是什么的问题并不是一个象牙塔里的问题。可以说是一个生死攸关的问题。"[⑤] 重新审视事实与价值、科学与伦理的关系，已关乎人类的生死存亡。当下我们应呼唤科学与伦理的融合，以及新的科学观念，承认科学的价值负载，发展"求善"与"求真"相统一的科学。而动物福利科学为我们提供了一个良好的例证。

动物福利概念产生在20世纪上半叶，那时科学正处于重大的变革之中。物理学率先发动了科学革命，改变了传统的科学观。相对论与量子力学揭示

---

① 胡军良：《超越事实与价值之紧张——在普特南的视域中》，《浙江社会科学》2012年第4期，第84页。

② N.，Rescher，*The Ethical Dimension of Scientific Research*（New York：Promethevs Books，1980），p. 238.

③ 〔法〕昂利·彭加勒：《科学的价值》，李醒民译，光明日报出版社，1998，第277页。

④ 〔德〕胡塞尔：《欧洲科学危机和超验现象学》，张庆熊译，上海译文出版社，1988，第14页。

⑤ 〔美〕普特南：《事实与价值二分法的崩溃》，应奇译，东方出版社，2006，第22页。

了，客观对象所呈现的形式取决于观察主体与观察对象之间的相互影响。逻辑实证主义关于“绝对客观中立的观察与实验”的命题受到了质疑。批判者指出，“客观的观察与实验”根本无法与“主观的理论”相分离。对“事实”的观察性陈述总是由某种理论的语言来构成，观察本身并非一种客观的描述，而是一种主观建构的过程。此外，库恩也对逻辑实证主义的“科学价值无涉”观点进行了批驳，肯定了科学与价值相关。他指出：“科学是以价值为基础的事业，不同创造性学科的特点，首先在于不同的共有价值的集合。”① 库恩的范式理论揭示，科学并非与价值无关，价值等社会因素是科学不可分割的一个内在要素。对传统科学观的批判，逐渐促使事实与价值、科学与伦理的二分对立走向消解。动物福利科学在兴起的过程中，体现出事实与价值两分的消解，将求真与求善统一于科学研究之中。

首先，动物福利科学，既是求真的，又是求善的。动物福利科学的目的是用科学方法获得关于动物福利的“真知”，从而实现关切动物之“善”。休姆提出“动物福利”的初衷，是依靠科学方法解决动物问题，要投以最大的同情与最小的感情用事，便指明了动物福利科学“真”与“善”的双重目的。早期动物福利科学关注动物的需求与自然属性，强调只有理解动物的需求，才能最好地保证动物的福利。后期，动物福利的研究深入到动物的生理功能、行为等方面，并建立了测量动物福利的科学工具。科学研究回归到动物本身，目的在于揭示动物福利之“真”，这是为了能够切实提高动物的生存质量，这指向人们关切动物之“善”。因此，动物福利科学将“真”与“善”融为一个整体。

其次，动物福利科学负载着伦理价值。从历史角度看，动物福利科学是社会价值观念变迁的产物。就动物福利本质而言，它是人们对“人类应该怎样对待动物”问题的一种思考。该问题在不同历史时期呈现不同的主题。古希腊人对动物问题的思考着眼于“人们是否应该以公正的方式对待动物”。19 世纪，人们认为“善待动物是提高人类道德的体现”。而自 1926 年开始，“动物福利”主题便被确立，即提高动物的生存质量。

① 〔美〕库恩：《必要的张力》，范岱年、纪树立译，北京大学出版社，2004，第 331 ~ 332 页。

社会伦理观念的变迁改变着科学的形态，科学由此获得价值承载。20世纪后期以来的科学，常常关涉社会伦理问题，并以此为主题进行专门研究，比如环境、食品安全、动物福利等科学的兴起。这反映了社会价值观念的导向作用：一方面，科学的权威和解决社会问题的能力受到了人们的认可；另一方面，科学与伦理之间的关系成为社会关注的一个焦点，科学在此焦点上被赋予了社会责任。

传统观念下的科学，以“事实”为研究对象，与关涉“价值”的伦理不可通约。而自20世纪起，这种不可通约的传统被打破，正如普特南所指出的，价值与事实无法分开，每一个事实都有价值负载，而我们的每一个价值都负载事实。[①] 在动物福利科学研究中，事实与价值是相互负载的，它不仅研究“是什么”的问题，而且也涉及“应该怎么做”。动物福利概念产生于生活场域和科学场域两方面。它不同于纯粹产生于科学领域的一些概念，比如原子——它只具有科学意义，没有伦理意义。而动物的福利状态，作为科学测量结果的“事实判断”，却直接指向生活场域中好与坏的价值判断。因此，弗雷泽将动物福利划分为三层属性：第一层是“描述性陈述”，它只描述动物本身及动物所处生活环境的“事实”属性；第二层是“评价性陈述”，它是依据价值观的表述，即那些可以表述为“是好”或“是坏”的判断；第三层是“规定性陈述”，它用来指明我们对动物该做什么及不该做什么。“描述性陈述”对应揭示事实的部分，“评价性陈述”对应价值判断，而“规定性陈述”则体现出关于事实的“描述性陈述”与关于价值的“评价性陈述”的相互负载。

由于价值为事实所负载，我们要评判动物福利的好与坏，就须借助于科学研究。同时，事实也为价值所负载，科学家首先要明白动物福利在日常生活领域中的意义。如此，科学研究才能捕捉到有效“事实”，否则，科学研究的结论将与公众所关注的动物福利问题无关。

最后，动物福利搭建了“科学”与“伦理”的桥梁。研究动物福利的科学家与关注动物福利的伦理学家一直在努力实现一个相同的目标：获得一

① 〔美〕希拉里·普特南：《理性、真理与历史》，童世骏、李光程译，上海译文出版社，2005，第284页。

个可靠的框架，它能够帮助人们理解与表达动物的福利，并转化为有效的行动。基于这种共识，科学家与伦理学家之间，从缺乏沟通走向相互交流。

伦理学对于动物问题有一些基本原则，比如：一切生命主体的权利应该平等；生物的内在体验决定了它们应当被赋有何等的权利。[①] 而对于此类问题，科学不是把关于动物的伦理概念作为研究对象，而是重视对动物福利经验知识的获得，比如“测量福利水平”“合理照料动物”。虽然科学与伦理在动物福利问题上努力的目标一致，但如果双方局限于相互分离的发展模式，那么它们最终所获得的，只能是动物福利的某些部分而已。动物福利作为一个整体性事物，既要求有科学形式的理解与表达，又需要伦理考量。伦理学经常谈论“权利”“责任”，而科学往往关注动物的“疾病”和“行为”。动物福利的基本观念，要求人们把动物所罹患的疾病以及它们的行为，与“人们应该如何对待动物”这样的问题联系在一起。伦理学通常以“需要”与“偏好”作为讨论动物福利的线索。[②] 正如 Hurnik 指出的：动物所期望的，并不一定完全是关于“动物权益”的；它们真正需要的，是生存、健康与舒适。[③] 这些才是科学研究的主题。正如 Stolba 和 Wood-Gush 指出的：虽然科学家们可以把测量的精度不断提高，形成一套精确判定动物感觉的技术，但获得关于动物福利的完整知识，仍旧需要综合性的方法。[④] 这不单单是测量精度的问题，更是测量方式如何选择和设计、测量结果如何解释与表述等方面的综合性考虑，需要伦理的指导。否则，自然科学在研究动物福利时，便是无的放矢，其获得的知识也无用武之地。

综上所述，在动物福利这门日臻成熟的科学身上，我们看到：“科学伦理二分”被消解，以及科学与伦理、求真与求善在这门科学研究中的相互融合。

受到动物福利科学启发，在当代高扬科技力量的社会现实面前，我们应

① 〔美〕彼得·辛格：《动物解放》，祖述宪译，青岛出版社，2004，第 88 页。

② J.，Feinberg，“The Rights of Animals and Unborn Generations，” in Blackstone and W. T.，eds.，*Philosophy and Environmental Crisis*（Athens：University of Georgia Press，1974）.

③ J.，F.，Hurnik，Ethics and Animal Agriculture，*Agric. Environ. Ethics* 6（Suppl. 1）（1993）：21－35.

④ A.，Stolba，D.，G.，M.，Wood-Gush，“The Behaviour of Pigs in a Semi-natural Environment，” *Anim Production* 48（1989）：419－425.

当呼唤更多与伦理融合的科学。而当今的一些科学概念为我们提供了更多的启示，比如“技性科学”。“技性科学”（Techonoscience）最早由法国哲学家巴什拉（Gaston Bachelard）提出。这个概念体现了科学与技术之间由相互分离走向融合。[①] 而当代“技性科学”的主要意义，则由科学哲学家拉图尔（Bruno Latour）通过著名的“行动者网络理论”加以明确。他使用该术语指出科学、技术和社会之间彼此缠绕、无法分割的状态。[②] 从本质上说，拉图尔用“技性科学”概念来描述一切与科学有关的因素，突出了科学的社会性与实践性。[③]

“技性科学”帮助人们重新审视科学、技术、人、自然、社会之间的关系。在这样的关系中，不但技术与科学相互融合，而且这种融合还推广到多方的关系中。在科学、社会、政治、文化、自然、社会行为之间设置清晰的界线，不仅对科学发展无益，而且削弱了科学的作用。西斯蒙多提到：如果把科学抽离到社会生活的“家园”之外，那么它可能无法解决公共领域的问题，因为这样的科学无法赢得公众的信任，无法解读出自身所处社会的价值预设，也无力处理纷繁复杂的现实世界的问题。[④]

科学处理实际的问题，不仅需要发现事实，也不能脱离价值判断。在当代社会突出的公共健康问题中，便有典型的例子。在 20 世纪中叶以前，一项医药科学新成果问世，便能直接地提升相关人群的健康水平。而后来，人们评价健康，更多地受到经济因素（如费用投入）、政治因素（如社保政策）、生态环境因素的影响。公众健康问题，不再单纯是一个科学问题，而在很大程度上是一个社会伦理问题。因为在公共卫生资源、财政分配、环境条件等方面，人们面临道德判断与价值选择的问题，尤其是关于权益公平性的问题。如果关于公共问题的科学，一味地拘泥于“科技”研究，缺乏对社会公平正义等伦理议题的关切，便失去了更广泛的机会去理解公共问题的背景与实质，并导致人们对科技的恐惧和责难。“技性科学”时代的来临，

① D.，Ihde，“Techonoscience and the ‘Other’ Continental Philosophy，” *Continental Philosophy Review* 33（2000）：59 – 74.

② Bruno Latour and Steve Woolga，*Laboratory Life*：*the Social Construction of Scientific Facts*（Princeton：Princeton University Press，1979），p. 122.

③ Bruno，Latour，*Science in Action*（Milton Keynes：Open University Press，1987），p. 174.

④〔加〕西斯蒙多：《科学技术学导论》，许为民、孟强等译，上海世纪出版集团，2007。

使更多的科学研究活动将视野拓展到社会与自然生态场域，“技性科学”不能不关注伦理意涵。正如动物福利科学，科学家们只有回归到动物养殖的农场中，并且广泛地关注农场主、公众以及政府等多方对于动物问题的理解与需要，才能研究出切实有效的科学方法来提高动物的福利水平。由此可见，用“技性科学”的视角理解科学与以往受好奇心或功利驱动的科学有巨大的区别，它具有一定的伦理性。“技性科学”的视角有利于实现科学与伦理的融合。

传统的物理科学也是有价值蕴意的。培根提出了著名的“知识就是力量”的命题。历史的发展表明，科学知识确实也是力量，而且是最强大的力量。在与近现代科学兴起相伴随的市场经济条件下，科学及其运用能够提高生产效率，降低生产成本，提供具有新功能的产品，从而实现资本的增值。实现资本的增值正是资本主义和市场经济的实质。在近现代的社会背景下，科学主要是为资本增值服务的。资本家和资本主义国家的政府大力促进科学发展的伦理意蕴就在这里。

科学形态的发展，往往领先于科学观的重构。这种领先效应，并非是在科学理论内部对“硬事实”的推演与发展而获得的，而是科学与社会生活融合的必然结果。“科学必须价值无涉”“科学与伦理无法通融”等观念，已呈现消解的态势。以“技性科学”为代表的新的科学观念，逐渐成为科学与伦理之间、知识理论与社会生活之间的桥梁。动物福利科学的兴起为科学与伦理的融合提供了典型例证。我们期待科学的发展更多地呼应社会的伦理诉求，有更多的伦理考量，让科学实现求真与求善的统一。我们相信，这种求真与求善统一的科学将能够更好地造福人类，并有效地避免当今科学应用所面临的各种责难。

（原文刊载于《自然辩证法通讯》2017 年第 6 期）

美国农业伦理演进的文学表征及其启示*

王玉明**

现代农业给生态环境、人类健康和生存带来了诸多问题。这与农业过度工业化以及伦理在农业领域未能及时入场不无关联。农业伦理属于哲学研究范畴，重点关注土地、农业科技应用、可持续农业以及食品安全等问题。在美国，对现代农业衍生的诸多伦理问题的讨论有丰富的文学表征。不管是在早期的重农文学中，在两次世界大战之间的大地书写中，还是在当代“毒物话语”（Toxic Discourse）中，美国农业伦理始终为众多作家所关注，他们以文学的方式，从伦理的角度，对土地、农业科技以及食品等问题进行深刻反思。这在很大程度上提升了公众的伦理意识，促进了农业伦理的发展。从人文社会科学的视角重审、探讨农业中的伦理问题，将有助于我们更加正确地理解当下的农业生态危机，为推动农业走上健康永续的发展轨道奠定观念基础。本文聚焦美国重农伦理、土地伦理和食品伦理的文学呈现与反思，以期为我国农业伦理建构、农业科学与人文社会科学形成互动，以及农业发展道路选择等问题的研究提供启迪和借鉴。

---

* 基金项目：本文系安徽省社会科学知识普及规划项目“生态文学进高校及其对环境教育的提升研究”（编号：14GH032）、安徽农业大学学科骨干培育项目“美国文学”（编号：2014XKPY－77）的阶段性研究成果。

** 作者简介：王玉明，安徽农业大学外国语学院副教授、副院长，研究领域为美国生态文学、美国文学生态批评。

一 重农文学："农耕至上"的重农伦理

早期美国人多以农耕为生，农业是早期美国社会经济与文化的支柱。美国最初的农业伦理实则"农耕至上"的重农思想（Agrarianism），是一种源于欧洲的田园理想，抑或根植于北美荒野的西部想象。由此形成的重农伦理极富浪漫情怀，还未形成体系，却是后期农业伦理发展的基础。重农伦理蕴含于重农文学之中，两者相互交织，互为影响。

重农思想"Agrarianism"一词源于拉丁语"Agrarius"，意为"依附于土地"，是一种气质和道德取向，涵盖忠诚、情感和希望，注重传统和历史，对技术、产业化和现代性持一种怀疑的态度。[①] 基于重农思想的重农伦理将社区与土地、人类与文化、休闲与劳作之间和谐关系的构建置于中心地位，致力于为新大陆的美国民众设计一种浪漫诗意的栖居式。

托马斯·杰弗逊（Thomas Jefferson，1743—1826）堪称美国重农伦理的鼻祖。受古希腊农耕制度和诗学传统以及维吉尔等田园作家的影响，杰弗逊早在建国前夕就提出，土地的耕作者是最有价值、最守道德的公民，一个安定幸福的社会只应存在于农耕中，农业理想国是美国的最好选择。因为，土地所有权不仅让一个农耕者自给自足，而且给了他社会地位和尊严，农耕者有明确的家庭观和地方情怀，在自然中劳作使他幸福而向善。杰弗逊梦想美国成为一个充满人情味的、牧歌式的农业共和国。这种理想源于欧洲，更是北美独特地理环境的产物。置身荒野、与世隔绝的早期定居者，一心重建伊甸园，难免心生重建"新伊甸园"的幻景。重农伦理正是这种幻景的集中反映。

克里夫库尔（J. Hector St. John de Crevecoeur，1764—1813）可谓杰弗逊式重农伦理的代言人，1782 年于伦敦出版了《一位美国农夫的来信》（*Letters from an American Farmer*）。该书是对 18 世纪美国的理想化描绘，充满重农主义色彩，以及对东部因商业化而日渐颓废的担忧。苏格兰人安德鲁到达宾夕法尼亚的时候身无分文，在边疆置了土地，数年之后他就拥有了一切。这足以证明，有了土地，只要勤奋耕耘，必然会有丰厚的回报。克里夫

① Major, William, "The Agrarian Vision and Ecocriticism," *Interdisciplinary Studies in Literature and Environment* 14 (2007): 54.

库尔笔下的自耕农生活是介于堕落欧洲和荒蛮美国边疆之间的一种理想生活。在这片中间地带，人们生活有序，人性向善。[①] 安德鲁的故事是“农耕至上”思想的经典再现，是早期美国作家对农业的基本态度。

一战后，面对北方工业主义和现代化的入侵与腐蚀，一批南方作家高举重农思想，以对抗北方工业文明。他们提倡南方农耕传统，反对现代化、城市化。1929 年，以约翰·克罗·兰赛姆（John Crowe Ransom，1888—1974）为首的 12 个南方作家，发表了论文集《我要坚持我的立场：南方和农业传统》（*I'll Take My Stand*：*The South and the Agrarian Tradition*），被视为对南方农耕传统的总结与回顾。在南方重农作家眼里，农耕社会重视人与人、人与社区，以及人与自然的关系，和谐统一、秩序稳定。而北方则是一个信仰失落、弱肉强食、刺激与萧条交替出现的投机中心，工业割裂了人与他人及自然界之间的和谐关系，个体不断破碎、异化，最终失去了完整自我与确定身份。[②] 为抵制工业对个体的侵蚀，重农作家们提倡恢复以农耕为主导的生活方式与伦理追求，以期帮助民众摆脱利润的围堵，引导他们重拾亲情、返璞归真，过上一种勤俭自立、道德高尚的生活。

纵观美国早期文学和南方重农书写，对荒野田园化的想象是其中心意象，蕴含其中的是一种农耕情结，以及对农耕社会形态的伦理观照。不管是克里夫库尔笔下的自耕农文化，还是南方重农文学所推崇的农耕传统，都是田园理想和荒野文化相结合的产物。当时的农业工业化水平较低，所以作家们对农业的伦理观照还只是停留在为农耕传统正名阶段，“农耕至上”则成了美国农业伦理的初始形态。伴随农业工业化的推进以及科技的介入，文学中的农业伦理则越来越关注土地和农产品安全等问题。

二 大地书写：“土地为本”的地方伦理

1776 年，亚当·斯密（Adam Smith，1723—1790）在《国富论》（*The Wealth of Nations*）中曾指出：“一切新殖民地繁荣的两大原因，似乎是良好

① 刘畅：《〈一位美国农夫的来信〉：美国重农主义的典范之作》，《名作欣赏》2011 年第 12 期，第 56～57 页。

② 吴瑾瑾：《永远的重农主义——美国南方“重农派”文学运动研究》，《山东大学学报》（哲学社会科学版）2010 年第 6 期，第 21～25 页。

的土地很多，以及可以按照自己的方式处理自己的事务。”[①] 无限的土地资源意味着无尽的机会，以至于美国农民相信，与其拥有一个邻居还不如买下邻居的农场。[②] 美国人犹如游牧民族，很少定居某地，他们耕种田地、筑建农舍多半是为了能卖个好价钱。土地的无限富余加剧了美国农业粗放的经营模式。农民一味地耕种和收获，从不关心如何保持土壤的肥力，因为买一英亩新地比为一英亩土地施肥还要便宜。这种重取轻养的掠夺式农业经营，导致了林木和土壤中腐殖质日渐消失，土壤问题严重。[③] 很显然，美国并未成为杰弗逊所憧憬的农业理想国，而是陷入一种怪圈——人人从土地中受益，却无人关爱土地。恰恰是有良知的作家们，通过文学创作，致力于唤醒人们关注土地问题，以期构建一种根植于大地、以生命共同体为核心的新型伦理。

（一）凯瑟的土地伦理

薇拉·凯瑟（Willa Cather，1873—1947）以边疆为背景，潜心描写美国西部拓荒运动。

《啊，拓荒者!》（*O Pioneers*！1913）是她的第一部边疆小说。这部小说实质上是对人与土地关系一次独到而深入的伦理思考与哲学审视，蕴含一种颇具女性特质的地方伦理——只要尊重与热爱土地，她就会保持原有的生机与活力，并给人类以丰厚的回报。

法国启蒙思想家卢梭首先提出，根植于大地，直接与自然打交道的农民是道德典范，更能够认识到人的道德潜能。该小说主人公亚历山德拉就是这么一位扎根土地的农人，她之所以能在拓荒中获得丰收，首先就在于她的土地意识的萌芽与成长。在艰辛的日常劳作中，她体悟到了人与土地之间相互依存的血缘关系，从土地的征服者逐渐变为“土地共同体”中与土地平等的成员。三年大旱与歉收，令亚历山德拉的邻居们纷纷抛弃土地而进城谋生，恋人卡尔也弃她而去，到芝加哥另寻出路，最终却失去了灵魂的归宿。

---

① 转引自陈锡镖《论内战前美国土地政策的形成与变化》，《复旦学报》（社会科学版）1996年第1期，第85页。

② Kirkendall，Richard，“Up to Now：A History of American Agriculture from Jefferson to Revolution to Crisis，” *Agriculture and Human Values*，1987，p. 18.

③ 王思明：《从美国农业的历史发展看持续农业的兴起》，《农业考古》1995年第1期，第17～19页。

而亚历山德拉却对这土地拥有远见、想象力和创造力，因而真正拥有这片土地。她和弟弟经常和当地人聊农事，从中学会了多种种植技术，掌握了轮播的农业方法，积累了丰富的农事经验。更重要的是，在这一过程中，她对脚下的这片土地有了新的认识。经过多年的奋斗，亚历山德拉在土地上开辟了自己的生活道路，最终赢得了胜利。对于她，这片土地是美丽、富饶、强盛和荣耀的。①

小说的开始是一幅荒原景象，人在其中显得渺小、无能为力；然而小说的结尾，是一幅人地和谐的诗意画卷。这种人地共荣、生生不息的和谐图景主要来源于亚历山德拉与土地建立的亲密关系。通过对这种关系的认同，凯瑟传递的是一种新型的土地伦理——人与土地是一个相互依存的有机整体，人类对土地应保有热爱与尊重。凯瑟将人们的注意力从无限的荒野拉回到脚下的大地，并警示美国民众，过度拓荒或一味抛荒都是极坏的选择，农业的美好前景在于重审并尊重脚下的土地。

（二）斯坦贝克的角色道德

时至20世纪30年代，美国农业粗放的生产方式并未得到根本性改变。伴随土地的开发利用和农业机械化的推进，人与土地之间的矛盾日益激化，成千上万的农民因失地而背井离乡，涌向梦想中的西部，最终却梦断加州。面对肆虐的沙尘和因失地而集结西行的自耕农，约翰·斯坦贝克（John Steinbeck，1902—1968）开始对问题的根源进行伦理层面的探讨。其代表作《愤怒的葡萄》（*The Grapes of Wrath*，1939）以农业产业化和机械化为背景，聚焦失地农民约德一家的西行经历，揭示了美国农业悲剧背后的文化与道德危机。斯坦贝克基于角色道德理论，将人物分成男人、女人、土地和机械，其中，男性角色代表人类中心主义，机械则是其帮凶。因对土地丧失了守护的道德，男人逐渐被斯坦贝克驱逐出话语场。在小说的第5章，拖拉机驾驶员被描述成这样一个人：他并不懂土地，和银行家一样都不爱土地。此处，新兴的机械是一种暴力角色，毫无道德可言。基于这种技术文化，一种新的、只将土地看成生产要素的思维与经济模式占据了主导地位。② 为了提高

① 陈妙玲：《对人与土地关系的伦理审视——论〈啊，拓荒者〉中的生态伦理思想》，《外国文学研究》2010年第2期，第126～128页。

② Steinbeck, John, *The Grapes of Wrath* (New York: Penguin Books, 2002), p. 33.

产量，农业机械设备被拉到了大平原，它们不只是伤害了土地，还将土地上的住户逼离，失地农民失去了根基，前景渺茫。

在整部小说中，有关土地和女性的内容占了很大篇幅。土地承担的是养育生命的角色，却遭到了机械和人类的双重蹂躏。过度翻耕和单一的棉花种植破坏了土壤的物理结构，导致其肥力和繁殖力逐年下降，土壤流失也日趋严重。20 世纪 30 年代，大尘暴袭击了美国三分之二的国土，卷走了数亿吨的表层土，也带走了农民的希望。大地之母俨然成了一种毁坏的力量，其角色道德的丧失完全是技术革新等社会经济力量所致。为了拯救受难的民众和土地，斯坦贝克求助于女性价值。正因约德妈的存在，背井离乡的家庭又有了一线生机，女儿罗撒香则帮助约德一家最终实现灵魂的升华。在斯坦贝克看来，女性和土地有着内在的关联。同男性相比，女性会更加强烈地扎根于大地，更加深刻地理解自然。

约德一家曾经拥有土地，后来土地抵押给了银行，他们变成了佃户，渐被驱逐流放。斯坦贝克很清晰地看到约德一家命运变化的伦理根源，他对现代农业的批判根植于以角色道德观为核心的哲学，在他看来，个体与外界的联系是通过其与其他个体、家庭成员、邻里、土地等角色建立的关系网实现的，各种角色均承担一定的道德责任，相互依赖，互为支持。面对日渐被透支、被异化的土地，斯坦贝克试图通过借助女性价值来修复土地的自我更新能力，并试图以此唤醒西迁的美国民众——生活的本质不是迁移，承担起热爱并守护脚下土地的角色道德，才是出路。实际上这是一种基于循环时间观念的土地伦理，在后来温德尔·贝里（Wendell Berry，1934—）的家园哲学中得以明晰。

（三）贝里的家园意识

贝里（笔者注：也可译成“贝瑞”）是美国当代著名生态诗人，伟大的文化批评学者、农业评论家和农业伦理作家。贝里一直高度评价农业的内在价值，其农业伦理的核心是家园意识；将土地视为家园一样守护并照料，是贝里不变的追求。

在贝里看来，美国文化一直为线性时间模式所主宰。早期的西进扩张以及后来的工业发展论调均将时间视为一条直线，美国的进程则是一种旅行。基于此，当下失去了内在价值，希望只存在于未来。线性时间思维诱使人们认为，今天的罪过将来可以得到救赎，犹如一个企业主，为了发展企业而毁坏土地、矿藏或空气质量是不可避免的，从长远看是合情合理的。美国人的道德堕落恰恰源于其民族性中只看未来的特质，美国文化的最大问题则是缺失与土地的有机关联，生活的处所只是权宜之地，人们则会滥用脚下的土地，更不会善待她，因为他们丧失了道德动机。由此，贝里认为，拯救美国农业就必须丢弃线性时间观，提倡循环时间哲学。循环时间观是一种完整的、生物的有机时间观，蕴涵辛勤劳作、尊重自然、敬畏生命等价值观，认为生命生死循环，周而复始，生生不息，人们所处的环境就是永恒的家园。循环时间观用在农业上则表现为突出地方的重要性，以及家园的价值。贝里坚信，照顾好农场土地，同邻里及土地建立良好的关系对于社区的健康发展至关重要。生命不应该是一次旅行，人们应该向其启示方和社区表示尊重，热爱并守护脚下的大地，尊重当地的一切、自己的家园。[①]

在《破土而出》（*The Broken Ground*，1964）、《窗户组诗》（*Window Poems*，2007）和《空地》（*Clearing*，1977）等诗歌作品中，贝里均抒发了对邻里、地方和社区的赞美与热爱，也表达了他对工业文明的忧虑乃至厌倦之情。贝里认为，在高度工业化的美国，人的灵魂和身体疏离；健康完整的农耕却能帮助人们实现和土地及社区的关联，进而消除这种疏离与异化，最终帮助民众重建家园，回归自然与本真状态，获得归宿感。

贝里短篇小说《回家》（*Making it Home*，1992）中的主人公亚瑟在战争中受伤复原后，成为迷茫的虚无者。只有当他踏上曾经熟悉的土地后，自己的精神创伤才被慢慢地治愈，犹如迷失的羔羊找回了自己的那片草场。这是贝里对人的精神归属问题的探索，是对个体与家园、自然间文化关系的考量。强调“家”的重要性是贝里对现代人生活深刻反思的结果。工业化导致人的自然生活属性严重缺失、没有信仰、失去人生终极意义，使人类生活充满荒诞感和盲目性，异化的人物如浮萍漂泊无依。而“家”的凝聚力以及“家”所赋予人的归属感则是“异化”人物回归社会的良药，是现代人

① Thompson, Paul, B. and Douglas N. Kutach, “Agricultural Ethics in Rural Education,” *Peabody Journal of Education* 67 (1990): 138 - 141.

最后的精神依托之所。[①]

贝里曾说："如果我们不了解一个地方，不热爱一个地方，我们最终会糊里糊涂地毁了这个地方。"[②] 很显然，贝里深信，人类在本质上是自然存在，应扎根于大地，农耕与日常劳作才是有利于健康和精神需求的生存方式，为此，建立健康的人地关系尤为重要。但是美国是一个流动社会，没有形成与土地的持久关联，人们终将一无所有，丧失身份和栖居的家园。在此语境下，重审农耕文化传统，恢复美国人的家园意识对于重建农业伦理尤为重要，意义深远。

三　毒物话语：农业非生态特质的文学拷问

农业活动有史以来一直被视为一种道德活动，从事农业的人也被推崇为道德的典范。然而，现代农业让人们发现，农业生产同样会导致水体污染、空气污染、土壤流失，乃至物种伤害。农业不再是环境友好型的，农业甚至有毒。[③] 发轫于美国海洋生物学家雷彻尔·卡逊（Rachel Carson，1907—1964）《寂静的春天》（*Silent Spring*，1962）的"毒物话语"（Toxic Discourse），开启了人们对于农业非生态特质的思考。毒物话语是记录并反思化学物品破坏环境、威胁人类及其带来的焦虑和恐惧的书写形式，旨在通过对现代农业副作用进行文学拷问，弘扬环境与社会正义，倡导生态伦理。毒物话语凸显文学的政治性和科学性，是对科技伦理的人文修正和拓展。

（一）为失语的春天代言

农药、化肥、良种和机械实则是人类经济意识的代理，其广泛使用虽提高了农业产量，却也破坏了土壤结构，杀死了大量的生物，直至土壤的活力和生命力渐渐衰弱。人类的健康也直接受到威胁，癌症和不育症频发。然而，这些问题却被稳步提升的单位亩产和农业经济繁荣所淹没。

---

① 臧红宝、闫瑞娟：《"奥德修斯归家"之现代重述——解读温德尔·贝里的〈回家〉》，《宜宾学院学报》2013年第7期，第53～57页。

② 转引自朱新福著《温德尔·贝瑞笔下的农耕、农场和农民》，《外国文学评论》2010年第4期，第226页。

③ Wunderlich, Gene, "Hues of American Agrarianism," *Agriculture and Human Values* 17 (2000): 195－196.

卡逊的《寂静的春天》对农业工业化提出质疑。在大量调查的基础上，该书犹如旷野中的一声呐喊，对现代农业给社会、环境及人类健康造成的危害发出了警告，使普通民众感受到了问题的严重，自此美国开始了一场声势浩大、经久不衰的环境保护运动。卡逊通过广泛调查发现，杀虫剂借助土壤保持它的长效性，哪怕只是鼠尾草的灭绝，也会导致一个完整生命系统的退化乃至消失。各种人造物侵入水体，渗入土壤，植物表面的人造物残余则形成一层薄膜，对人体产生严重的危害。更为可悲和危险之处在于，人类在残杀自然与自身的时候却总是漫不经心，对此知之甚少或全无意识。

卡逊以密歇根州东兰辛市为消灭伤害榆树的甲虫所采取的措施为例，揭露了杀虫剂 DDT 危害其他生物的真相。由于大量使用 DDT 喷洒树木，蠕虫吃了有毒的落叶，大地回春后知更鸟吃了蠕虫，一周内全市的知更鸟几乎全部死亡。书中的春天不再万物复苏、鸟语花香，而是陷入死亡般的寂静，悄无声息，犹如被奇怪的阴影笼罩，一片荒芜。在最后一章，卡逊指出，人类正处在一个交叉口，面临选择。如果人类一意孤行，前方必将是灾难重重。而另一条“人迹罕至”的小道，或许才是人类最后的，也是唯一的机会。卡逊极富文学思维和散文特质的构思与语言，使这部充满数据和科学术语，且原本枯燥艰涩的作品，变得引人入胜。卡逊不愧为最杰出的作为艺术家的科学家。①

《寂静的春天》揭示了农业科技误用和滥用对环境与人体健康的致命危害。卡逊以女性特有的生动笔触，为昆虫发声，为遭遇污染的土地鸣不平，为失语的春天代言，开启了人们对科技伦理的深层反思。

（二）“一千英亩”的控诉

1991 年，美国女作家简 · 斯迈利（Jane Smiley，1949—）出版了描写美国中西部农业生活的长篇小说《一千英亩》（*A Thousand Acres*）。一千英亩土地，是爱荷华州泽布伦县农场主拉里 · 库克祖上经过三代苦心经营传下来的产业。小说从大女儿吉尼的视角，记录了一千英亩土地的兴衰过程，及其对农化药品的控诉。

---

① 李玲：《从荒野描写到毒物描写：美国环境文学的两个维度》，北京理工大学出版社，2013，第 84～85 页。

受利益的诱惑，到了20世纪80年代，美国化肥农药的使用量达到了顶峰。“推销员为了证明某种杀虫剂人喝了像喝母乳一样安全，他会演示着喝上几口。农场上人人都用氯丹（1608杀虫剂）杀灭玉米根虫。即便在养猪场，我们还喷各种各样的杀虫剂。”[①] 毒物随着水渗过土壤进入地下，然后又被抽上来，缓缓流进农户的饮用水池，悄悄进入他们的身体，吞噬他们的健康。农场上的一切都含有毒性成分，人体每个细胞都充满了人造化学物的成分。农场表面繁荣的背后却暗藏杀机和危机。这或许就是美国现代农业的一个缩影。

斯迈利曾坦言，在定居中西部后，她就对当地的农业污染表现出深深的忧虑——担心农场产的蜂蜜受到DDT污染，担心农场的井水硝酸盐含量超标，担心女性会患上不孕症或流产。事实表明，很多担心真的发生了。当地居民生活在有毒的环境中，形势严峻。即便如此，生活节俭的父亲拉里仍不惜代价，动用飞机大面积喷洒杀虫剂以消灭玉米害虫，只要能提高产量，什么新技术他都愿意一试。通过吉妮之口，斯迈利展示给读者的是一片充斥着毒物质的土地，施毒者自身也难保。这在小说中罗斯最终并没有死于吉妮之手，而是死于乳腺癌复发的结局中可见一斑。[②]

小说中的毒物描写是继《寂静的春天》之后对环境污染更为深层的伦理思考，是一千英亩土地对农业工业化及其背后“科技万能”幻想的有力控诉。

（三）“食物有毒”不是谣言

对食品安全问题的关注开启了食品伦理研究。食品伦理蕴含两个维度：一方面是“食品的伦理”，即内在的道德意义和价值尺度；另一方面是“伦理的食品”，即外在的道德秩序和道德规范，是研究人们在食品从产生到消亡过程中表现出来的道德现象及其规律性的学问。[③] 19世纪工业革命的兴起是食物工业化的开始，食物生产道德规范也随之退场。人类逐渐被食品工业

① 〔美〕简·斯迈利：《一千英亩》，张冲等译，上海译文出版社，2001，第343页。

② 张瑛：《土地·女性·绿色阅读——小说〈一千英亩〉生态批评解读》，《当代外国文学》2005年第3期，第73~76页。

③ 王伟、蒲丽娟：《食品伦理：食品安全的救赎之道》，《云南开放大学学报》2013年第3期，第90~91页。

繁荣的表象所蒙蔽，沉浸在琳琅满目的食品所带来的巨大富足感之中。一直以来，尤其是在农业工业化以后，作为连接人与自然的媒介，食物同样是美国文学的重要话题。1906 年，厄普顿·辛克莱（Upton Sinclair，1878—1968）的小说《屠场》（*The Jungle*）问世。该书揭露了 20 世纪初期芝加哥肉类加工业的各种弊病和黑暗面。辛克莱详尽描述了香肠的制作过程，情形不堪入目。当代美国作家则运用食物书写为我们揭开了隐藏在美国工业化农业生产背后的危机。其中，麦克·波伦（MichaelPollan，1955—）的《食物无罪》（*In Defense of Food*，2008）、《杂食动物的困境》（*The Omnivore's Dilemma*，2006），以及芭芭拉·金索夫（Barbara Kingsolver，1955—）的《动物、蔬菜、奇迹：一年的食物生活》（*Animal*，*Vegetable*，*Miracle*：*A Year of Food Life*，2007）等作品从不同角度揭露了食品与土地、食品与人类关系的异化。[①] 这种异化主要表现有二。其一，食物已完全被商品化，追求最大利益是其唯一目标。食物本应帮助人类维系与自我、家庭、社区以及自然的关系。然而，受到工业化和商业主义的影响，食物的上述功能已经日渐隐去，取而代之的是以“营养”和“健康”的名义被强加给食物的现代商品特质，其媒介则是形形色色的添加剂。食物的使命被压缩在狭小的营养与商业空间里，现代人类也被牢牢地禁锢在强大的工业食物链上——这一切在《食物无罪》中被批判得淋漓尽致。该书揭穿了食物营养的神话，致力于帮助人类恢复吃的乐趣和饮食之美。其二，食物的自然属性日渐被剥离。波伦和金索夫对食物与土地之间关联的丧失都表现出极大的担忧。因为，伴随农业工业化和商业化，食物的生产越来越依赖农药和化肥，食物的运输、仓储越来越依赖各种设备和能源，食物的经营越来越依赖于糖衣化的添加剂。现代饮食习惯抹去了人与牲畜、人与土地以及人与自然间那种互惠互利、共生共荣的初始关联。作家们的焦虑与担忧并非空穴来风，现代性食物已不再是纯粹的食物，被附加其中的现代物质破坏了食物原有的结构与自然特质，结果不只是改变人类的味觉体系，还在悄悄地影响人类的身心健康，这种影响非一朝一日所能显现，但终将发生，因为依附于石油衍生品的现代食物必然

① 杨颖育：《谁动了我们的“食物”——当代美国生态文学中的食物书写与环境预警》，《当代文坛》2011 年第 2 期，第 113 页。

有毒。正因此，有良知的当代作家通过对食物现代性进行深刻反思，期望构建一种新型的食物伦理，他们坚信：善待食物，善待土地，就是善待人类自己。

四　对我国农业伦理发展的启示

如前所言，美国农业伦理与文学的互动，推动了相关研究，丰富了美国农业伦理体系，对我国相关农业伦理问题的讨论与解决具有不可忽视的启示作用。

（一）土地是农业伦理的核心

古今中外生态智慧均集中表明一个道理：如果想在一片土地上生存下去，人类就必须尊重她。土地为万物发生的载体，一旦其结构被破坏，营养失衡，肥力退减，依附于土地的农业系统生命力将随之衰败，所以，农业发展的首要条件是善待土地，以保持其肥沃与活力。

反思现代农业生产迄今所带来的问题，无一与土地无关，美国农业伦理在不同时期文学中的反映同样与土地关联。重农文学将扎根于土地之上的农耕传统视为首要，农耕文化构成伦理的重要内容；凯瑟的文学创作关注的同样是土地，主张热爱并尊重土地，唯有此，土地才会给人类以源源不断的丰厚回报；斯坦贝克借助女性价值与角色道德，警示人类要端正角色，守护并照料土地，承担起应有的道德责任；贝里则将土地推崇为家园的核心，实现人与人、人与社区、人与自然关联的关键；食物书写则致力于让食物回归土地属性和自然、健康的状态。作家们纷纷担心现代农业根本无法守护土地，因为缺乏对土地足够的谦卑与敬畏，只会对土地发号施令。人类将自己的意志不断强加给土地，土地为人类提供的服务也越来越被单一化。而人类一旦离开了土地这一生存的根基，必将丧失家园感，在迷茫、无助中飘荡。美国文学中的土地观念对我国农业伦理的建构同样具有启示作用——不管如何发展，农业伦理的核心终将是土地。新型土地伦理的核心则应该包括土地健康和土地生态价值等多重含义，暗含对自然共同体每个成员内在价值的尊重。唯有践行对土地的守护与照料，才能使得农民、农耕和农产品同时获得伦理观照，继而帮助土地在技术化与现代化困境中求得生存。

（二）中间道路是必然选择

美国农业伦理实践经验及其文学考察均明晰了一个道理：“农耕至上”或“唯科技论”都是行不通的。前者虽富浪漫主义特质和浓郁的诗学意味，但缺乏实践的根基，后劲不足；后者是理性思维的产物，貌似前景美好，但无异于饮鸩止渴，终将偏离可持续发展的正确轨道。

源于欧洲的重农主义在某种程度上带有农业乌托邦色彩，其践行者——美国自然文学作家、哲学家，超验主义代表人物亨利·戴维·梭罗（Henry David Thoreau，1817—1862）曾为农耕理想呐喊，他用圣经般的话语批评农业产业，认为人类从荒野湖边狩猎的自给自足的猎人、建大房子大牲畜圈的农夫，到唯利是图的商人，实际上是一种沦落。[①] 很显然，梭罗对农业有着浪漫的想象，但浪漫的特质可能会掩盖农业中的劳作，终将脆弱地站不住脚。美国南方重农作家们则将重农主义的浪漫特质提升到新的高度。他们本想为身陷分裂中的现代美国南方民众提供一剂重建完整自我的灵丹妙药，以抵御工业文明的侵犯，但他们的主张在本质上仍是一种乌托邦式的空想，在现代性语境下缺乏实践基础，最终流于失败。

以儒释道等为主体的中国哲学一直注重万物生息。[②] 土地以及以土地为基础的农业要想生存，就应该在传统和现代之间寻求一种有益的平衡，走一条中间道路。健康的农业犹如一棵树，扎根于原处，与大地建立紧密联系，依附于万物。[③] 科技终究难以成就农业的终极救赎，浪漫的田园理想也因脱离现实而变成一种虚幻。在现代性语境下，乌托邦式的重农伦理已经越来越偏离现实，经营小型农场的自耕农也只能存在于文学作品中。现代人无法再回到生产力低下的前现代的农业模式。当然，现代农业也不应该完全寄希望于科技和石油衍生品，农业的前景前途应该在田园与科技之间，那是一条有助于恢复人类与土地亲密关系、有助于农业可持续发展的道路。

---

① Wojcik, Jan, *The American Wisdom Literature of Farming* , *Agriculture and Human Values*, Fall, (1984): 33.

② 沈顺福：《生存与超越：论中国哲学的基本特点》，《学术界》2015年第1期，第154页。

③ Tassel, Kristin Van, “Ecofeminism and a New Agrarianism : The Female Farmer in Barbara Kingsolver's Prodigal Summer and Charles Frazier 's Cold Mountain ,” *Interdisciplinary Studies in Literature and Environment*2 (2008): 83.

（三）农业伦理的发展需要文学介入

古今中外诸多经验均已表明，在特定的历史阶段，文学都会也能够承担起某种社会责任。排除其浪漫乃至乌托邦特质，农业伦理的文学想象，或者农业伦理研究中文学介入的教化力、政治性和催化效果不可小觑。

文学与农业伦理形成互动在美国由来已久，这与美国引领世界农业工业化不无关联，但还因为美国作家有参与公共事务的传统，他们无时无刻不在关注并介入农业问题，聚焦于伦理道德，追问自身命运和生存的意义。美国作家们之所以更愿意为失语的土地代言，或许是因为他们深知，唯有在文学战场上，弱者才有可能赢得强者。他们的努力也确实结出了累累硕果。

众所周知，从传统农业到现代农业的发展过程也是农药为农业做出贡献的历程。20 世纪 40 年代后，以 DDT 为代表的高效有机杀虫剂在抵御农作物病虫害、提高作物亩产，以及某些致命性疾病载体控制等方面起了积极的作用。但是，化学药品除去的不只是害虫杂草，还伤害了有益的动植物、破坏了土壤、污染了水源，食品中的农药残留更是直接威胁人类健康，导致了一系列伦理方面的问题。尽管如此，受利益驱动，人们有意无意地在忽视农药对环境和人类健康的负面影响。恰恰是卡逊，一位极富文学思维、擅长诗意语言的海洋生物学家，通过创作《寂静的春天》，以触动人心的文学方式，从伦理学的角度犀利地批判农药使用的后果，第一次让世人深刻意识到，科技的误用或滥用会引发生态灾难。该书出版 10 年之后，美国环保局开始明令禁止 DDT 的使用。《寂静的春天》还在某种程度上促成了世界上第一个地球日的设立，在世界范围内掀起了一股巨大的环境保护浪潮，促进了美国乃至世界农业生态学的发展，同时也激励了一代代学者开始更多考虑自然存在与人类发展如何权衡的现实问题。作为食物书写的先驱之作，《屠场》引发了人们对食品安全的强烈反响，直接推动了美国《纯净食品及药物管理法》的通过，提升了普通民众的食品安全意识，丰富了食品伦理的人文内涵。这些成果都是对文学精神引领作用的经典诠释，说明文学可以转换成强大的符号权力。这些作品是文学进入科学领域的典型，实现了文学诗性、科学理性、自然及社会的有机融合，使文学审美与拯救使命可以共存。

（原文刊载于《学术界》2015 年第 12 期）

一种生态伦理替代学说

——永续农业及其设计中的生态思想分析

李萍萍*

一　永续农业的含义及主要特征

永续农业（Permaculture）是由澳大利亚比尔·莫利森（Bill Mollison）于20世纪70年代开始创立的一个属于可持续农业范畴的学派。1974年，他与他的学生大卫·洪格兰合作演绎了可持续农业系统的框架，1978年出版了《永续农业·卷一》，以后又相继出版了多部著作。

Permaculture是由Permanent（永久）和Culture（栽培、文化）两个英文词合成的，所以在译成中文时就有不同的译法，有的译成永续耕作，有的译成永续文化，也有学者认为Permaculture是一个整合的设计体系，因此将其译成"永续设计"，而在台湾则把它音译成"朴门农业"或"朴门永续"。莫利森在其专著*Introduction of Permaculture*中指出，"Permaculture一词不单指永续农业，而且也指永续文化，因为从文化理念上看，我们不能长期生存在一个不可持续的农业基础和土地利用上"；但是从莫利森出版的另一本著作*Permaculture2：Practical Design for Town and Country in Permanent Agriculture*来看，译为"永续农业"最贴切。有关莫利森Permaculture的相关著作已经被译成26种文字，其中1991年出版的*Introduction of Permaculture*一

* 作者简介：李萍萍，南京林业大学森林资源与环境学院教授、博士生导师，研究领域为农业生态，主要研究设施农业生态环境调控，设施农业生态系统的能量流、物质流特点，以及信息技术在设施农业中的应用。

书，主要论述了永续农业的概念与设计策略，2009 年再版时印刷数达到 10300 册。笔者作为一名农业生态学工作者，出于对可持续文化理念传播的兴趣，与参加过由莫利森直接授课的 Permaculture 证书培训班的澳洲学者合作，将该书译成了中文《永续农业概论》，并于 2014 年由江苏大学出版社出版。

按照莫利森在《永续农业概论》绪论中的表述，永续农业的目标是创建一个生态学上合理的并且经济上可行的农村乃至城市的生活支持系统，该系统利用动、植物的固有性质并结合景观和建筑物的自然特性，能提供自身所需要的东西，不进行过分开发也不产生污染，因此从长远来说是可持续的。根据作者对全书的分析，永续农业是一个以生态学原理为指导的、模拟自然生态系统运作模式而精确设计的食物生产系统，其主要特征有以下几点。

（一）以人类活动为中心，将系统内的各种要素进行分区规划

将农场或庄园，乃至整个村庄或社区作为一个整体，以人类的活动为中心，根据人需要作业的频繁程度，进行各个生产要素（即动植物或建筑物）的分区规划。在一般情况下，是以住宅或者村庄等为中心的带状（或同心圆）模式：区域 I 接近住宅，是最受控制且每天一定要去的地方，如温室、菜园、苗圃、小型动物饲养室等皆在此区域。区域 II 安排需要经常照料的动植物单元，如小果树、奶牛饲养区等。区域 III 是主要农牧区，种植农作物、果园、人工林地，肉类动物、圈养牲畜的大牧场和为动物提供草料的大树。区域 IV 处于半管理半野生状态，主要用于草业和林产品生产。区域 V 是在土地足够大的条件下，不加人工设计的“野生的”自然生态系统，作为野生生物、鸟类和自然的一个走廊。

在实践中，设计时还需考虑地形、地势条件的适宜性，尤其是在区域中有多个住宅中心时，带状分区结构就要改变成为更加复杂的网状结构。

（二）以产量和稳定性为目标，建立以多年生植物为主体的生物多样性系统

莫利森在长期的实践中，积累了丰富的生物生态学知识，有关在不同的气候带、不同的季节适合菜园、果园、农田、草地种植的种类，译著中经常提及的植物有 400 种之多。永续农业把区域内生物资源的积累当作一种长期的投资，但是这些生物的布局必须经过精心设计。

第一，在选择生物要素时，必须考虑其需求可由系统内其他要素产生，而其产出能满足多种功能。如选择一种植物并种植在合适的地段，要使其在食物、燃料、动物草料、棚架、防风林、地表覆盖、土壤调节剂、防火阻燃、气候缓冲、侵蚀控制、野生生物栖息等方面发挥至少两种功能。

第二，在配置生物要素时，必须考虑有利于增强系统中要素之间的功能连接和协同。选择那些种间有互利作用又符合系统目标的生物搭配种植，并逐渐发展乔木、灌木和草本结合的多年生植物群落。通过系统安排有培肥地力、控制病虫害等功能的植物搭配，以及通过动物在农田中轮流共生的“动物拖拉机”模式，减少对机械、化肥、农药的需求。

第三，人工创造多元化环境，增加生态位。永续农业创造了很多在田间、水域和建筑物中增加边缘效应的模式，从而增加适宜生物种类和各种生物累加的总产量。如所创造的菜园“螺旋立体种植床”，造成上下部、阴阳面不同的光温水小气候条件，在很小面积上就可以满足家庭对数十种香料类蔬菜的需求。

（三）以能量高效利用为核心，进行建筑物与相关要素的整体节能设计

永续农业强调对于住宅、温室等附属建筑物、小型设施的节能设计，使得阳光、水、风乃至粪肥等能量在流出系统之前得到及时保存并以不同方式在不同地方被再利用。

针对不同气候带的特点，提出了建筑物从地段选择、结构布局、自然（生物质）保温材料选择，到建筑物与其他要素的联系，建筑物如何防止火灾、洪水和飓风等方面的生态设计理念。如住宅与庭院菜园一体、沐浴房与温室一体的结构，结合建筑结构、植物种类及种植方式的配置，用以协调住宅与植物之间在透光和遮阴、冬天保温和夏季降温之间的矛盾。

对于区域内小水坝、分流渠、洼沟乃至家庭水藏等小水利设施的设计，以尽可能拦截地表径流为原则，使降水能够充分保留在系统内，并且多次利用，而生活废水则经过油脂分离器过滤等技术用于灌溉菜园。

（四）以农产品就近供给为目标，建立制度配套的和谐社区系统

永续农业不满足于仅仅提供农产品家庭自给自足，而是发展面向整个社区的供需系统。为此，设计了一套郊区以社区为单位包括从产品、土地、信息和财政资源获得的制度和策略。如建立从生产者与消费者之间的商品供需的链接、会员制的农场俱乐部、实物交易制度、用工交换系统、社区废弃物品的回收制度，到区域自我贷款信托、地方经济自主协会，乃至道德信用社等等，以增进社区内的联系和发展。

把食物生产带回到城市中是永续农业的又一个重要理念。所有城市都有未被合理利用的开放的土地可以用作食物生产区。如过多的公园草坪可以用可食用并具有景观功能的草本植物来取代，工业区附近可以建立由用材林和果树组成的城市林地，社区的公园草地可以种植由灌木和草本混合的食物性植物。永续农业还设计了为城市家庭小空间种植蔬菜乃至小果树的多种种植模式。通过这些策略，将永续农业向多维度和多方向推进。

二　永续农业与各类替代农业形式的比较

20 世纪 60 年代以来，发达国家的现代常规农业由于大肆使用化肥、农药、大型机械，导致能源消耗高、环境污染大，一些有环保意识的人士开展了各种反常规农业的实践，出现了很多替代农业（Alternative Agriculture）的形式，如有机农业、生物农业、生物动力学农业、生态农业、免耕农业、自然农法等等；而发展中国家由于水土流失、能源不足等问题，也在研究一些传统农业的替代形式。

国外替代农业的共同点是以有机肥还田等生物质循环技术来替代化肥而增进土壤肥力，以生物防治等各种生物措施来防治病虫害，从而减少化肥和农药流失对环境造成的污染。但这些替代农业形式都存在不足之处，例如：英国的免耕农业仅仅是通过一机多用的免耕机进行免少耕作业，这一单项技术无法解决农药用量多的问题；日本福岗正信的自然农法通过稻麦周年循环撒播栽培，不耕地、不施肥、不除草、不用农药，完全排斥现代科学技术，难以被现代人接受；有机农业绝对禁用化肥、农药、生长调节剂、饲料添加剂等，会造成产量下降，并且劳动生产率大大降低。经过多年的实践和比较，国际上相对比较认可有机农业的提法，于 1972 年成立了全球性非政府组织——国际有机农业运动联盟（IFOAM），美国、欧盟等都制定了有机农业法规。至于生物农业、生物动力学农业、生态农业等，由于与有机农业大同小异且规模很小，在欧盟的有机农业法规中都被视为有机农业。

永续农业在创建之初也吸收了自然农法等的一些做法，由于在原理上与各类替代农业有很多相似之处，所以经常也被视为有机农业。然而永续农业确实有许多区别于有机农业及其他替代农业的显著特点。

一是在系统设计方面，永续农业强调整体性和区域性统一的分区规划，并形成了一整套设计理念和案例。从大尺度的区段设计和社区规划，到具体的建筑物、菜园、果园、粮田、林地、畜禽和水产养殖，根据不同的气候和地形条件，提出了如何做到生物与环境相适应的布局，因此永续农业也被称为设计科学。

二是在系统要素层面，注重系统内的目标生物的多样性，强调建立由乔灌草不同类型要素组成的食物林，从而比单纯的一年生作物节省人力资源，并且具有更高的生产力、稳定性和系统反馈调节机制。

三是对待现代科技的态度。永续农业并不排斥适当地使用基于化石燃料的小型农机、化肥、技术设备等非生物资源，但主要是用于系统创建之初，随着系统的逐步演替和多年生作物为主的稳定植物群落的形成，系统内基本上可以通过生物资源来解决培肥土壤、控制杂草、控制虫害等各种问题。

四是在推广应用方面，注重广泛培训，形成了独特的网络和体系。永续农业研究所从 1981 年开设永续农业设计证书课程以来，近 20 年中有 120 多个国家的 30 万名学员毕业，这些学员有的自行设计永续农业系统，有的则作为教师又向学生传播永续农业知识。到 2006 年 6 月，互联网上已建立了 8000 个网站。

永续农业通过几十年的发展，已在澳大利亚国内及国际上产生了很大影响，截至 20 世纪末，全球已有 4000 多个永续农业项目在独立开展，无论在发达国家还是发展中国家都取得了很多成功经验。如德国勃兰登堡州的 ZEGG 生态村建设项目就是在永续农业理念指导下在一块军事基地上建立起来的，包括分区设计方法、土地生态修复、作物有机种植以及废水生物净化等，最终形成了农产品自给自足、社区内文化和经济共同发展的和谐村落社区，曾获得 2004 年 Agenda21 奖和 2005 年 GEN-Europe 的 Ecovillage Excellence 奖。[①] 另外一个比较典型的是在古巴的实践。20 世纪 90 年代初，

① 张蔚：《德国生态村可持续实践——ZEGG 生态村建设》，《工业建筑》2010 年第 10 期。

在苏联解体后，古巴的能源与粮食供应、经济发展都遇到了很大危机之时，永续农业学者们适时到首都哈瓦那去传播“城市农业”，在其示范带动下，城市居民纷纷利用屋顶、院落等采用有机和循环方式来种植蔬菜和瓜果乃至饲养家禽。永续农业不仅使古巴各个城镇能够生产50%～100%的蔬菜需求，而且使石油密集型农业转变为有机型农业，由单一型的种植业变为多样化的农业，社区供给得到保障。①

在中国，20世纪70年代末期从国外引入了生态农业的名词，逐步掀起了生态农业研究和试点的热潮。但是中国的生态农业允许适量使用化肥和低毒农药，与西方替代农业仍有本质差别。② 由于有机农产品出口需求的推动，近年来我国有机农业面积也在不断发展中。永续农业的传入则相对较后，到目前为止仅有少数的专家、环保人士在进行研究和实践，如浙江富阳场口镇的一个小山村里，建立了一个由浙江农林大学美国留学生领衔的永续农业实验基地，旨在打造国内第一个食物林；上海市台协2014年成立了永续农业联谊会；广西南宁朴门农牧有限公司建立了一个朴门永续农业俱乐部；而法国学者Pascal Depienne的团队于2015年9月下旬至10月上旬在他中国妻子的老家湖南省江华瑶族自治县两岔河村开设湖南朴门永续设计课程。

三　永续农业设计中的生态伦理思想

生态伦理（Ecology Ethics），在有些文献中又称环境伦理（Environmental Ethics），是指人类与自然界相互作用过程中所形成的人与自然的伦理关系及其相应的调节原则。长期以来，以人的需求为中心的人类中心主义的价值原则在生态伦理中一直占据主导地位，在这种价值原则指导下的伦理原则将自然排除在外。但是，20世纪60年代以后，随着人类对资源的过度利用，全球生态环境危机不断加剧，尤其是美国作家卡森《寂静的春天》、罗马俱乐部《增长的极限》等论著中对资源和环境危机问题的深刻揭露，人类不得不开始反思自己曾经奉行的人类中心主义乃至自然中心主义思潮。

① 白少军：《能源危机与古巴的社区农业》，《国外理论动态》2010年第4期。

② 李萍萍、章熙谷：《持续农业与中国的生态农业》，《生态学杂志》1993年第12期。

但是，几十年来，人类中心主义和非人类中心主义一直在争论不休，并出现了修正、整合或替代上述两种理论的各种学说[①]，也称其为替代学说。

人类中心主义认为，在人与自然的关系中应当突出人的主体地位，生态伦理学应以人类的利益为基础、出发点和道德评价的尺度。因此主张生态伦理学应该而且必须走进人类中心主义，这是生态伦理学的理论使然，实践使然，也是人类文化发展的必然要求。[②]

非人类中心主义则认为，为了避免自然生态环境继续被破坏的厄境，主张拓展传统伦理的关怀范围，要求赋予非人类生物以平等的内在价值和道德价值的权利。只要自然具有不依赖于人类意志为转移的内在价值，那么人类就没有理由不对其加以尊重和保护。[③] 当然，也有一种观点认为，非人类中心主义的要点不在于承认非人动物具有权利或内在价值，而在于承认价值的客观性，承认人与生物圈的关系也是伦理关系，承认超越于人类之上的终极实在的存在，承认人类自身的有限性。[④]

替代学说则认为，人与自然伦理关系建立的基础是“生命同根”，作为道德共同体成员的人类与非人类存在物，道德所要保障的是所有成员的利益，但道德的终极目标只能是增进人类利益。发展中的生态伦理学需要在人类中心主义与非人类中心主义冲突、争论中吸收与包容，在保障“人类利益”与“非人类存在物利益”之间找到最佳结合点与方式，促进人与人、人与自然的互利共生、协同进化。[⑤]

从永续农业的理论到实践来看，永续农业在生态伦理上既不是人类中心主义，也不是非人类中心主义，而是属于一种倡导人与自然和谐相处的替代学派。

首先，永续农业产生的初衷就是要保护环境。莫利森在《永续农业概

---

① 叶平：《生态伦理的价值定位及其方法论研究》，《哲学研究》2012 年第 12 期。

② 李培超：《应走进还是走出“人类中心主义”》，《湖南师范大学社会科学学报》1997 年第 3 期。

③ 王云霞、杨庆峰：《非人类中心主义的困境与出路——来自生态学马克思主义的启示》，《南开学报》（哲学社会科学版）2009 年第 3 期。

④ 卢风：《论生态文化与生态价值观》，《清华大学学报》（哲学社会科学版）2008 年第 1 期。

⑤ 王妍：《人类中心主义与非人类中心主义的冲突与整合——论伦理学视阈中的新生态伦理学的理论构建》，《荆楚理工学院学报》2009 年第 6 期。

论》一书的前言中写道，“直到20世纪50年代，我开始注意到我曾经生活过的系统中很大一部分正在消失。鱼的种类开始要崩溃了，沿海岸线的海带变薄了，森林大片大片开始死亡”，他在抗议现行的政治和工业体系无果后，离开了长期工作的进行野生生物调查和研究的政府科研机构，“我想回来并只带回来有用的东西，这东西容许我们所有人生存并且生物系统也不会大规模地崩塌”。1968年开始他在塔斯曼尼亚大学当教师，到1974年创建了一个基于多年生的树木、灌木、草本和真菌的可持续农业系统的框架，并命名为Permaculture，到1978又创建了非营利性的科研机构——永续农业研究所，到现在他一直在该研究所向世界各国传播永续农业思想。

其次，永续农业所提出的理念体现出人与自然的统一。莫利森认为，理念是我们在这个行星上生存的道德信念和行为，而永续农业接受三重理念：①关心地球；②关爱人类；③合理分配结余的时间、金钱和物质实现前两项。永续农业的关心地球是指关心地球上的动植物生命体及大气和水土环境，而关心地球也意味着必须关爱人类，因为尽管人类在总的生命体系中只占一小部分，但对生命系统的影响却是决定性的。所以，在永续农业设计中充分体现了以人为本的思想，如带状分区规划中，完全是根据节省人的劳作时间和提高效率为基本原则的；再例如，以多年生作物去替代一年生作物的农作制度，目的就是为了避免人类付出无尽的劳作。

最后，永续农业在设计中充分体现了敬重生命体和保护生物多样性的理念。永续农业认可每一个生命体的内在价值，例如，尽管一棵树可能没有商业（工具）价值，但是它具有生物循环、为区域提供O_2和吸收CO_2，为小型动物提供栖息场所，改良土壤等内在价值。所以永续农业在设计中，从系统的需求及环境条件的适宜性出发来选择动植物要素，再用各种方法创造更多的边缘和生态位以适应更多生物生长需要。通过生物多样性达到系统的稳定性，并通过生物措施加快系统的演替，形成生产力和稳定性更高的顶级群落，人类也从中可以收获更多的果实。

诚然，莫利森在永续农业创建之初也吸收了日本福冈正信的自然农法中师法自然的一些思想和做法，但是两者的理念和信奉哲学是完全相悖的。福冈正信将现代科技和人的智慧视为助纣为虐的工具，认为它只会让人与自然越来越割裂。莫利森的永续农业则强调适切的科技运用，以人的智慧去规划符合自然而且能以最小的土地资源来满足人类食物需求的永续生活，充分体现出一种人与自然和谐共存的生态伦理观。

四 结语

永续农业作为一种独特的可持续农业体系的生态设计思想，其价值观是人与自然、生物与环境的和谐共生；其主要特征是充分利用自然界不竭的日光能来哺育生物，利用生物质循环利用来维持生态系统的稳定，并为人类提供多元化的产出。在我国建设生态农业乃至生态文明的过程中，永续农业的生活哲学、文化理念、环保策略和设计艺术，有许多值得借鉴之处。

（原文刊载于《南京林业大学学报》（人文社会科学版）
2015 年第 3 期）

论食品论的基本原则[*]

何　昕[**]

随着科学技术的进步、市场经济的发展和消费社会的形成，关于食品的伦理问题日益引起人们的重视。食品作为人类最基本的生存资料，直接关涉人类的生存与发展、生命的权利与价值以及社会的秩序与和谐等方面，可以说从食品生产、分配、流通到食品消费的过程中，处处充斥着伦理道德的价值诉求。然而，当前社会食品安全等伦理问题凸显，已经严重影响了人们的生命健康和幸福感受，因此，深入思考并确立食品伦理的基本原则，承载着人类对伦理价值的殷切期望以及对人类生存之道追寻的自我救赎。

一　生命价值原则：食品伦理的基本前提

食品对于人类的价值就在于它能维持人类的生命、增进人类的健康和幸福，可以说，食品承载了人类的生命价值，对待食品的态度就是对待生命本身的态度。就生命伦理而言，“最重要的，也就是最高级别的价值是生命价值，因为它是所有其他价值的前提。”① 从这个意义上说，生命价值原则是构建食品伦理的基本前提，其他原则都是以此为依据，在生命价值原则的基

* 基金项目：本文系江苏省社会科学基金课题重点项目“江苏公众幸福状况调查与研究”（编号：12ZXA003）的阶段性研究成果。

** 作者简介：何昕，东南大学人文学院博士生，研究领域为道德哲学和应用伦理学。

① Hub Zwart, “A Short History of Food Ethics,” *Journal of Agricultural and Environmental Ethics* (2000): 113 - 126.

础上衍生而来。

食品伦理首先体现的是人与食品的人—物关系。就人和物的价值来说，人由于理性和自由意志所形成的目的具有绝对的价值，人作为自为的存在，其存在本身就是目的；而食品作为自在的存在，其本身并不具有价值，其价值乃是体现在满足和达成人的绝对价值之中的工具性价值，食品作为物的价值是相对的，只能停留在作为手段的价值之上。正如康德所言，“这就不仅仅是其实存作为我们的行动的结果而对于我们来说具有一种价值的那些主观的目的，而是客观目的，亦即其存在自身就是目的的东西，而且是一种无法用任何其他目的来取代的目的，别的东西都应当仅仅作为手段来为它服务，因为若不然，就根本不能发现任何具有绝对价值的东西。”[①] 人之为人的绝对价值，不仅是主观的，而且也是客观的，因而人本身就是目的，不应被当作手段。

仅仅从人—物关系上的考察，并不能引申出食品的道德含义。食品作为自在的存在，其本身并不具有任何的价值与道德属性，食品的道德属性，是经由作为食品消费者的人与作为食品生产以及相关流通过程中的人之间的关系而产生的。人—人关系是食品伦理构建中的第二层关系，也是最为重要的关系。每个人都是具有自由意志和理性的存在者，因而每个人都是自为的、作为目的本身的存在，每个人都是绝对价值之所在。一个理性的存在者，在人—人的关系层面上，在处理自我与他人的关系时，必须把自我与他人同时作为目的，而不能仅考虑自我而忽视他人。康德实践理性的绝对命令正是建立在这样的基础之上的，因而他反复强调“你要如此行动，即无论是你的人格中的人性，还是其他任何一个人的人格中的人性，你在任何时候都同时当作目的，绝不仅仅当作手段来使用。”[②]

因此，无论在人—物关系上还是在人—人关系上，人都必须被当作绝对的价值和绝对的目的，这也是作为食品伦理的基本前提和首要原则。人作为自为的理性存在者，具有绝对的价值，而人的生命是人作为理性存在者的基

① 〔德〕康德：《康德著作全集》第4卷，李秋零译，中国人民大学出版社，2005，第436页。

② 〔德〕康德：《康德著作全集》第4卷，李秋零译，中国人民大学出版社，2005，第437页。

础。人的绝对价值可以划分为作为理性的精神价值与作为其基础的生命价值。“从绝对意义上来讲，生命无比珍贵，没有生命就没有了一切。人的价值就是人的生命价值，因为只有人的生命，由生命充当载体的人的生活、生存才具有创造价值的价值，才是可以满足人的需要的人的价值所在。”[①] 食品伦理的价值，是通过其承载的生命价值来体现的：食品是人类生命存在不可或缺的资源，食品对人类的价值体现在维持和延续人的生命上，因而生命价值原则就成了食品伦理的绝对原则。事实上，不仅从康德主义中能够得出生命价值原则，从功利主义来说，人的生命是最大的善；从美德主义来说，人的生命是作为“好生活”之基础所必不可缺的部分，所以，无论功利主义还是美德主义，都将支持生命价值原则作为食品伦理的绝对原则。

所谓食品，顾名思义，便是可供人食用的物品，然而供人食用只是停留在作为自然普遍存在的人—物关系之上，只有当进入到人—人关系层次时，食品才能成为伦理与道德的考察对象。食品伦理所谈论的食品，应当是经由人为采集加工之后供人食用的物品。就现代社会来说，其中所体现的则是食品的生产者和销售者借由食品而与消费者所产生的伦理关系。食品作为自在之物，并不具有先天的价值，当我们谈论食品的伦理价值时，实际上谈论的是食品之于人的善，亦即亚里士多德所说“作为达到自身善的手段而是善。”[②] 需要说明的是，尽管食品与药品在保持人的身体健康上具有相似的功能，甚至在摄入方式上（与口服药品）也相同，但食品与药品在功能上还是存在很大区别。药品的功能通常是为了治疗人类疾病，使得人的身体从非健康状态恢复到健康状态；相对而言，食品一般不具有治疗功能，而是具有以下几种功能：第一，消极的功能，食品可以维持人的生命存续；第二，积极的功能，食品可以促进人的身体健康；第三，享受的功能，食品可以满足人对美食的欲望；第四，某些精神意义上的功能，例如宗教中某些食品具有特殊的意义。然而，由于个体和群体不同的饮食偏好以及宗教信仰上的差异，后两种功能并不能被列入普遍意义上的食品伦理的讨论范围。而就前两种功能来说，消极功能之所以称之为消极的，是因为其功能在于作为维持生

① 蒲新微：《论实践视阈下人的生命价值及其实现路径》，《理论探讨》2009 年第 5 期，第 82 ~ 85 页。

② 亚里士多德：《尼各马科伦理学》，苗力田译，中国社会科学出版社，1990。

命存续的必需品，而并不必然具有促进生命健康发展的作用；促进身体的健康发展，是食品的积极功能。这两种功能都统摄于人类的生命价值原则之下，服务于人类的生命价值，故而在食品伦理基本前提的生命价值原则下统摄两个基本原则：无害原则与健康原则。其中，无害原则是消极原则，健康原则是积极原则。

二　无害原则：食品伦理的消极原则

由生命价值原则衍生而来的食品伦理的无害原则，实际上与生命伦理学中的不伤害原则有着异曲同工之妙。生命伦理学领域的不伤害原则强调人们有不伤害他人的消极义务，要求不使他人受到身体或精神上的伤害[①]；甚至有学者将不伤害原则作为整个伦理学中“最基本的道德规范和最核心的价值原则，在最大范围之内拥有广泛的适用性和有效性，能够为任何当事人所接受并能够赢得普遍的认可的底线伦理原则。”[②] 因为我们不能期望所有人都做到毫不利己、专门利人，也不能要求每个人都去行善，但我们可以而且也应该要求所有人都尊重他人的生命价值，都做到没有正当理由决不能去伤害他人的生命。食品作为一种自在存在者，其本身并不具有绝对的价值，它的价值是通过其自身对于自为存在者的价值而得以体现，也就是说，食品的价值就在于满足和促进人类的绝对价值。一般而言，自在存在者之于自为存在者具有两种可能的价值：一是维持自为存在者的绝对价值，使之不致减损；二是发展和促进自为存在者的绝对价值。同样，食品之于人类也具有两种可能的价值：一是维持人的绝对价值；二是发展和促进人的绝对价值。第一种价值由于并不对绝对价值有积极的发展作用而只是维持其现有状况，因而我们称之为消极价值，相应地，第二种对绝对价值有发展、促进作用的称之为积极价值。

从生理意义上来看，人的生命价值常常面临饥饿、疾病与死亡的考验。饥饿使得人体遭受负面考验，并且由于人体需求能量的供应不足而导致人体

① Beauchamp, Childress, *Principle of Biomedical Ethics* (Oxford: Oxford University Press, 1998), p. 106.

② 甘绍平：《应用伦理学前沿问题研究》，江西人民出版社，2002，第20页。

机能下降；疾病使得人体陷入某种生理功能的缺陷从而阻碍某些行动及其目的的达成；死亡则是对生命价值的直接剥夺，是对于生命的最大之恶。“时间使人的生命表现为不可逆的延续性，由于生命的不可逆性，它的延续才显现出不可取替的价值。”① 这样看来，如果食品能使人体免于饥饿、疾病和死亡，也就意味着食品维持和延续了人的生命，对人的生命价值没有造成减损，那么，这时的食品就具有了所谓的消极价值。

具体地讲，就“免于饥饿”而言，使人饱腹是所有食品的功能，其区别只在于维持饱腹的时间长短，因而“使人体免于饥饿”也就是所有食品必然具备的基本功能。就“免于疾病”而言，则需要因情况区别对待。在疾病对生命价值的侵蚀上，人体可能处于两种状态，一种是人体陷入一种或多种疾病；另一种是人体没有任何疾病。从这两种情况来看：第一，当人体陷入疾病时，“使人体免于疾病”的功能实际上是属于药品的积极治疗功能，这部分价值并不是食品所应包含的价值（尽管部分食品也具有某些中药学上的治疗功能，但是当我们出于治疗的目的而食用它们时，这时的食品其实已经具有了药品的含义）；第二，当人体没有遭受疾病侵害时，我们便不需要食品具有“使人体免于疾病”的功能。所以说，只要食品不会引起或者加剧人体的疾病，那么，食品在“免于疾病”层面上的消极价值也就达到了。但是如果消费者食用了不健康或不符合标准的食品而导致疾病产生的话，这种食品就不仅不能使消费者免于疾病，而且还有害于消费者的身体健康，那这种食品就必然不具有食品对于人体的消极价值。就“免于死亡”而言，由于人的死亡是一个不可避免的自然过程，任何人、任何物品都无法阻止生命的自然死亡，食品同样如此。因而，尽管食品并不具有“使人体免于死亡”的功能，但是只要食品不会加速或者直接导致人的死亡，我们仍然可以说食品实现了维持生命价值的目标，这样，食品也就实现了在“免于死亡”层面上的消极价值。综上所述，食品消极价值实现的充分必要条件是，可以使人饱腹，而且不会导致或者加剧人体的疾病或死亡。然而使人饱腹是几乎所有食品所共同具有的功能，因此，实现食品的消极价值实际

① 李伦：《器官移植：从技术理性到生命伦理》，《中南林业科技大学学报》（社会科学版）2009 年第 1 期，第 36 ~ 39 页。

上便只有一个要求：不对人体造成伤害。从这个意义上来说，无害原则就是食品伦理的消极原则。只要食品遵循了无害原则，也就是满足了不会对人体造成伤害这一条件，那么，这样的食品就是在最低限度上实现了食品伦理的道德要求。《中华人民共和国食品安全法》规定："食品安全，指食品无毒、无害，符合应当有的营养要求，对人体健康不造成任何急性、亚急性或者慢性危害。"这实际上是无害原则在法律上的规定性。可以说，无害原则不仅要求食品企业在产品的生产、运输和贮藏过程中完全符合质量安全标准以防止食品对消费者造成伤害，同时，无害原则也要求政府监管机构科学地制定各项食品安全标准并且严格执行，在政府监管的层面上对食品的无害性提供强有力的保障。

除此之外，食品可能对人存在的隐性伤害也需要引起重视。比如某些人群对特定食物患有过敏症，这些食物虽然对一般人不会造成影响，但是可能会对过敏人群造成伤害，这种隐性伤害也应当避免。同时需要注意的是，人的生命价值不仅体现在生理层面，也体现在精神层面，而食品伦理的无害原则也应该包括避免对人产生精神层面的伤害。尽管食品本身并不必然具有精神层面的意义，也并不必然与人的精神价值发生干涉作用，但是在某些特定状况下，某些食品仍然可能对人造成精神层面上的伤害。比如在某些宗教信仰中，特定的食品被禁忌食用等。在这样的情况下，使得他人食用这种食品便会对人造成精神上的伤害，是不应该的。食品生产者应该提供明显的标识以避免这种问题的发生。

三　健康原则：食品伦理的积极原则

1946 年，世界卫生组织将健康定义为"一种个人身心健康和社会和谐融合的完美状态，并非仅仅是没有疾病或不虚弱。"[①] 这样看来，健康是指人的生命在生理、心理、社会适应等各方面的一种完好的生存状态。但就食品而言，它对人的心理健康和社会适应能力几乎不起作用，其对人体的影响还是主要表现在人的生理方面，即使人身体健康。这也是本文所讨论的健康及健康原则的范畴。

① 曾光：《中国公共卫生与健康新思维》，人民出版社，2006，第 133 页。

食品对人的无害性体现在它能够保证不会减损人生命的绝对价值，这是食品实现了它的消极价值，而食品的积极价值则在于它能够增进人的生命价值。人的生命绝对价值的增加，可以表现为两个方面：一是食品促进人的身体健康；二是健康的食品能够延长人的寿命。从健康、疾病与生命的关系上来看，疾病会使人体活动机能下降、人体器官功能加速衰退，从而缩短人的自然寿命；而健康则会提高人的生命机体能力，增强人体器官的活力和功能，延缓生命衰老，从而使人延年益寿。因此，要使人的生命价值得以增加，就必须满足增进人的身体健康这一条件。

人的身体健康的增进，主要表现在人体体格以及对疾病抵抗能力两方面的增强，而对疾病抵抗能力的增强又是体格强壮的必然结果。人体体格的增强主要是通过长期的运动和锻炼，增强人体器官的活动能力以及器官自身的强度。在这个过程中食品起着举足轻重的作用：首先，运动和锻炼是人体极为消耗能量的活动，而食品是人体补充能量的最主要来源；其次，人体器官和免疫能力的增强，是各种元素与营养物质在人体内部进行生化作用而转化为组织细胞的结果，而食品则是这些元素与营养物质的直接来源。可以说，为人体补充能量，实际上是食品"使人免于饥饿"的消极功能，而为人体提供增强体魄的营养物质，则是食品之于人体的积极功能。从生命价值上来看，食品确实有可能增进人体健康，有可能对人体提供积极价值，因而健康原则就成了食品伦理的积极原则。这一点也类似于生命伦理学中的有利原则，它要求生命技术不仅不能伤害人的生命，还应该对增进人体健康有所助益。然而，相对于食品的消极价值，其积极价值并不是所有食品必然具备的。事实上，我们的生活中就存在许多能够饱腹但是对健康并无益处的食品。"生命是人作为自然存在的首要价值，而健康是食品之于生命的最大之善。"[①] 如果说无害原则是食品必须满足的伦理原则，那么，健康原则则对食品在伦理道德上提出了更高层次的目标，它要求食品不仅不能损害人的身体健康，还应该包含人体所需营养物质以促进人的身体健康。

食品伦理的健康原则要求食品生产企业从原料选取、食品配方、生产工

① Schmid, E., "Food Ethics: New Religion or Common Sense," in T. Potthast and S. Meisch eds., *Climate Change and Sustainable Development: Ethical Perspectives on Landuse and Food Production* (Wageningen: Wageningen Academic Publishers, 2012), pp. 373 - 378.

艺、生产过程，到食品包装、贮藏和运输过程，始终以增进消费者的身体健康为最高目标。譬如，在原料选取时，应该严格检验原料中的污染物及农药残留量，减少食源性疾病的发生；在制定配方时，不应为了降低生产成本或是提升食品的口感而添加对人体有害的物质；在食品包装方面，应对所有配料成分的含量进行明确标注，这既能防止对某些消费者造成潜在伤害，同时也能为消费者的合理膳食搭配提供参考，使得消费者在食品的选购和食用上更为科学和健康，从而有利于消费者的身体保健。食品的安全与健康问题是关系国计民生的大事，政府对此当然负有不可推卸的责任。政府在制定食品安全法律法规、食品安全标准体系以及食品市场准入制度时，同样应该以食品伦理的健康原则为准绳。试想，如果在食品安全标准的制定上仅仅以“无害”为原则，那么以此为标准生产出来的食品必然很难符合健康原则，甚至可能最后连无害原则都不能实现。因此，要想通过食品达到有益于人的身体健康的目的，政府在监管和引导的过程中，就务必要遵循食品伦理的健康原则，科学地制定各项食品安全标准并且严格执行。

四　公正原则：食品伦理的扩展原则

作为具有自由意志的理性存在者，每个个体都是自为的存在者，都具有绝对的价值，因而，每个人类个体都是平等的，在“人是目的”的意义上也应当平等地被作为一切相对价值的指向。当他人的绝对价值受到侵害时，就相当于我们自身的绝对价值也间接地受到了侵害，因为这意味着我们的价值也是可能被侵害的，这样，可能存在的侵害就使得我们的价值失去了绝对性。从这个意义上来说，我们不能将绝对价值的关注仅仅放在个体上，而应该由自我个体向同样作为个体的他人以及整个社会和人类进行扩展。当我们将关注的目标由单个个体向社会以及人类整体扩展时，公平正义便成为一个不可回避的问题。约瑟夫·弗莱彻曾说“没有公正，便没有道德；没有公正论，便没有伦理学。”正是因为食品是任何人维持生命必不可少的资料，所以，在讨论与整个社会和人类息息相关的食品伦理时，公正原则的重要性便得到凸显。

公正是指平等、合理地对待每个生命个体，它能实现对利益最完全的保护，不仅保护个人利益，也保护社会利益和整体利益。资源分配的公正就是指社会公共利益的代表者（通常由政府来承担这一角色）在对社会资源进行分配时，能尊重每一个生命个体的利益，没有偏私。譬如，生命伦理学中的公正原则就要求在对有限的医疗资源进行分配时，应当力求使最大多数人受到最大效益，在对待稀缺资源的分配时，应该制定合理的规则和程序，在规则和程序面前人人平等。就食品而言，每一个生命个体都有获得安全食品的基本权利，国家和政府应该保证其公民的这项权利不受侵害。1999 年联合国大会通过的题为《发展权》的第 54/175 号决议中规定："食物权和清洁水权是基本人权，而且，无论是对国家政府还是对国际社会而言，对其促进都是一项道义要求。"[①] 2001 年联合国大会的一份报告进一步指出："食物权是指消费者有权根据自己的文化传统，经常、长期和无限制地直接获得或以金融手段购买适当质量和足够数量的食物，确保能够在身体和精神方面单独地和集体地过上符合需要和免于恐惧的有尊严的生活。"[②] 因此，国家和政府对其全体公民获得食品的权利有尊重、保护和促进的义务。

随着经济的发展和社会的进步，人们的吃饭问题已经基本解决，但却仍然存在较为严重的食品获得不均等的现象。当今社会，食品的获得主要是通过购买交易的途径，而许多贫困人口却因为经济能力不足而无法获得足够的食品，甚至常常陷入饥饿。这些人不仅没有增强体魄，促进其生命价值，相反，他们的生命价值往往受到饥饿的困扰而不断遭受侵害。作为社会公共利益分配者的政府，有责任采取一些措施来帮助贫困人口获得足够的食品，摆脱困境，维护其生命价值。例如严格控制作为生活必需品的食品价格，必要的时候应当实行限价政策，保障公民对食品的足够获得；同时应当在经济和政策杠杆上向贫困人口倾斜，增加他们的收入，必要的时候应当发放食品券，使得贫困人口免遭饥饿的困扰。正如罗尔斯曾经指出，一个正义的社会，应当符合和有利于最少受惠者的最大利益[③]。而就国际社会来说，发达国家对落后国家负有援助的义务，不仅包括食品物资的直接援助，还应包括经济、技术等相关援助，这些援助都以减少和消除饥饿人口、维护和促进人的绝对价值为目标。

---

① 刘海龙：《食品伦理建设探析》，《理论导刊》2011 年第 2 期。

② 〔美〕罗尔斯：《正义论》，何怀宏等译，中国社会科学出版社，2006。

③ 〔美〕罗尔斯：《正义论》，何怀宏等译，中国社会科学出版社，2006，第 56 页。

另外，食品伦理的公正原则还存在于对待转基因食品等具有食用风险的食品的问题上。转基因食品的出现虽然在一定程度上缓解了食品短缺的问题，但是它作为一种新兴的高科技产品，目前尚不能被科学证明完全无害或确定有害，也就是说转基因食品存在着食用风险。然而，这种风险并不是平等地降临于每个生命个体，“风险总是以层级的或依阶级而定的方式分配的。……风险分配的历史表明，像财富一样，风险是附着在阶级模式上的，只不过是以颠倒的方式：财富在上层聚集，而风险在下层聚集。”[①] 由于受到各国国情、经济状况、风险认知水平以及风险承受能力等因素的影响，当前转基因食品的风险存在不平等的分配趋势，即向弱势人群集中，这必然会引发社会公正问题。要解决转基因食品风险分配的社会公正问题，就应该加强政府在这方面的职责。首先，政府有责任和义务向公众普及生物技术的发展和安全状况，做到信息对称公正；其次，政府应制定管理转基因食品及其风险分配的决策程序，在最大程度上确保风险分配的程序公正；最后，政府还应当构建合理的风险分配格局，从而较好地实现风险分配在地域之间、代内以及代际的结果公正。所以说，食品伦理的公正原则，不仅是无害原则和健康原则的扩展，更加是关注对象从人类个体向人类社会以及人类整体的扩展，而这种意义上的扩展，本身就是公正的体现。

五　结语

伦理学是研究人类道德的学问，它总是以一定的善恶标准为人们提供明确的价值导向与行为规范。食品伦理的目的是维护食品安全，促进公共健康，从伦理学的学科性质来看，食品伦理的根本任务就是要为食品提供道德理论的支撑与指导。可以说，有什么样的食品伦理原则，就会有什么样的食品伦理观念，也会导向相应的食品伦理状况。因此，我们以人的绝对价值为起点，得出生命价值原则作为食品伦理的基本前提，通过食品对生命价值的维持和促进作用，生命价值原则统摄着无害原则这一消极原则以及健康原则这一积极原则，而随着食品伦理基本原则的扩展和关注对象由单个个体向社

① 〔德〕乌尔里希·贝克：《风险社会》，何博闻译，译林出版社，2004，第36页。

会与人类整体的扩展，则必然要求公正原则成为食品伦理的扩展原则。综上所述，生命价值原则、无害原则、健康原则以及公正原则都为食品的生产和分配提供了基本的道德支撑和道德导向，因而这四个原则共同构成了食品伦理的基本原则体系，同时也是食品伦理的基本评价标准。

（原文刊载于《华中科技大学学报》（社会科学版）2015 年第 2 期）

农业伦理学及其研究方法

李建军*

农业自其诞生之日起就被看作是功能无量的产业，事关人类的吃穿住行等重大利益，具有确定无疑的道德上的善，但现代农业的高效推进及其所引发的生态问题和食品安全关注等正在不断冲击这种道德信念或预设，要求人类重新思考农业相关活动的道德合法性，确立农业创新的伦理规范和道德体系。农业伦理学在农业科学家和农业伦理学家等农业研究者和决策者的协同努力下于20世纪80年代前后应运而生，旨在重新检讨相关的信念、价值观、道德规范及底线伦理，审慎地考虑未来行动的战略和决策①。近年来，在中国工程院任继周院士的倡导和呼吁下，农业伦理学开始引起中国学术界和决策者关注，农业伦理学的研究和学科发展也逐渐进入体制化阶段。什么是农业伦理学？农业伦理学研究和体制化曾历经了怎样的过程或路径？具有什么样的理论特征和方法特点？本文尝试在对国内外研究文献进行综述的基础上对这些问题进行探讨和思考，期望能对农业伦理学在中国的发展有所裨益。

一　什么是农业伦理学

农业伦理学（Agricultural Ethics）是20世纪80年代初逐渐形成的一门

---

* 作者简介：李建军，中国农业大学人文与发展学院教授、博士生导师，研究领域为农业伦理学、农业科技管理与发展战略。

① Chrispeels, M. J., Mandoli, D. F., "Agricultural Ethics," *Plant Physiology* 132 (2003): 4-9.

新兴学科，主要针对农业和食品生产领域新技术、新方法的应用而出现的重大社会问题，如对过量使用农药和化肥造成的环境和健康问题、集约化动物饲养体系带来的动物福利和生态环境问题、转基因技术在农业和食品生产应用引发的健康关注和权利冲突等进行伦理分析，旨在为化解这些重大社会问题引起的伦理冲突和社会争辩创造理性对话的平台，提供行动判断和公共决策的伦理基础和程序规则，以促进负责任的农业创新和可持续的农业与食品生产体系建设。

农业伦理学的概念首先由美国土壤科学学会、美国农学会和美国作物学会三大科学学会（Tri-Societies）联合提出。这三大学会在1992年组织的一次研讨会形成的会议文集《农业伦理学：21世纪的议题》（*Agricultural Ethics: Issues for the 21st Century*）中强调说，今天针对农业活动造成的环境和社会后果的公开批评，至少部分是基于伦理上的考虑，因此对它们的回应也必须采用伦理学，特别是农业伦理学的方法。“农业伦理学是一种整体性的思维方式……”（A Holistic Way of Thinking）；其目的不是要为农业提供一个统一的、普适性的伦理准则，而是要展示农业相关的各种问题和观点，解释为什么农学家必须意识和理解这些问题和观点，学会超出其专业局限进行审慎思考、行为选择和理性决策，使其专业知识和观念适合于更广泛的农业领域。农业生产经营活动自身不只涉及生产性农业，也不仅仅是利润导向性的职业，而是社会和自然的一部分，其中包含着我们对社会和自然的道德责任。任何层次的农学家都必须坚守一种伦理，一种农业伦理。“违背自然是可能的，作为道德主体我们可能逃避但却无法隐藏我们的道德责任。无论喜欢与否，是否做好准备，农业伦理学的时代已经到来。”①

在中国，基于数十年对农业研究和生产实践的精深体认，中国工程院院士任继周先生率先倡导农业伦理学，并对其进行系统的理论阐述。他分析说：“农业的本质是人们将自然生态系统加以农艺加工和农业经营的手段，在保持生态系统健康的前提下来收获和分配农产品，以满足社会需求的过程和归宿”；“农业伦理学就是探讨人类对自然生态系统农业化过程中发生的伦理关联的认知，亦即对这种关联的道义诠释，判断其合理性与正义性”，

① Duvick, D. N., “Agricultural Ethics,” *Field Crops Research* 1995 (42): 153-154.

旨在明确自然生态系统经人为干预而农业化，实现自然生态系统与社会生态系统的系统耦合，揭示农业生产系统内部各个组分之间时空序列中物质的给予与获取，或付出与回报的伦理关联；“农业伦理是农业的本体，而不是农业的外铄。对农业伦理的无视，将铸成农业措施众多舛误之源。”①

农业伦理学作为一门新兴学科，其研究方法不同于传统的道德哲学和应用伦理学。Herwig Grimm 在文献综述的基础上将学者们对农业伦理学的相关讨论归结为两类方法，即“农业中的伦理学”（Ethics in Agriculture）和“农业伦理学”（Agricultural Ethics），指出前者倾向于遵循传统的道德理论和原则，在理性基础上论证和阐述道德原则，然后将其应用于农业和食品生产领域，农业和食品生产活动因此被视为从属于抽象的道德理论的探究对象，其基本的假定似乎是，明确建立的规范和准则无须调整其辩护的方法就可应用于农业和食品生产领域。尽管这种方法成功地应用诸如公平、可持续性、责任等抽象概念来甄别农业和食品产业相关的伦理问题，但却难以为这些问题提供适当的解决方案，不足之处在于过分抽象和可操作性不强，常常使我们针对农业和食品生产领域中的特定伦理问题提出的解决方案与直觉不符。与之相反，“农业伦理学”却充分考虑农业和食品生产领域的社会复杂性和根本的社会变化，强调我们需要聚焦于农业和食品生产领域，构建理论框架以考虑特定问题的特殊语境及其规范意义，将农业和食品生产活动作为哲学伦理学探究和理论建构的核心。依照这种理解和方法，农业伦理学应当关注与农业和食品领域中公共决策相关的伦理学议题，构建相应的概念、术语和工具，“提出一个条理分明的统一的伦理学框架，并使之与特定社会契约语境中的公共决策相关联”②。

美国农业伦理学家汤普森（Paul B. Thompson）在为休·拉弗莱特（Hugh LaFollette）主编的《伦理学国际百科全书》（*The International Encyclopedia Ethics*）所写的词条“Agricultural Ethics”概括说，农业伦理学

① 任继周、林慧龙、胥刚：《中国农业伦理学的系统特征与多维结构刍议》，《伦理学研究》2015 年第 1 期，第 92 ~ 95 页。

② Herwig Grimm，“Ethical Issues in Agriculture, Interdisciplinary and Sustainability in Food and Agriculture,” in Olaf Christen ed., *Interdisciplinary and Sustainability Issues*, *Encyclopaedia of Life Support Systems*（Developed under the Suspeices of the UNESCO），Oxford 2005. http：//www. eolss. net/Sample - Chapters/C10/E5 - 22 - 06. pdf.

包括通常用作食物但不限于食物的人工栽培和管理的生物产品的生产、加工、分配和消费的规范性分析和辩论，与纤维作物或来自牲畜产品的生皮和副产品相关的农业伦理问题也属于农业伦理学讨论的范畴。一些研究者用术语“农产品伦理学”（Argifood Ethics）所关注的食品安全、营养健康和家庭消费问题等也在农业伦理学的讨论议题中。农业伦理学有时还涉及对食物准备和消费的美学和文化学研究，涉及水产养殖、农林业和商业性捕捞等领域。[①] 基于这种宽泛界定，汤普森认为，农业伦理学不是一个全新的思想领域，古希腊历史学家色诺芬（Xenophon）的《家政论》（*Oeconomics*）、亚里士多德的《政治学》（*Politics*）、洛克的《政府论》（*Two Treatises of Government*）、黑格尔的《历史哲学》和马克思的《资本论》等许多哲学家和其社会科学著作中都包含许多农业伦理学的重要讨论和思想表述，可作为当代农业伦理学发展的思想资源。

简而言之，农业伦理学旨在探讨与食品和纤维生产、加工、分配和消费相关的伦理问题，规范和价值是农业伦理学的实质性组分[②]，也是农业发展必不可少的行动准则和社会动力。农业伦理学思想源远流长，可以追溯到古希腊和中国先秦时期哲人的思想智慧，但作为一门现代意义上的新兴学科，其主要任务是针对现代农业发展面临的伦理困境进行理论建构和学术探讨，为现代农业转型和可持续发展确立伦理规范和道德基础。本文所讨论的农业伦理学主要指这种学科意义上的、狭义的农业伦理学。

二　农业伦理学的兴起与体制化

农业伦理学在20世纪80年代前后兴起，既归因于农业和食品生产领域出现的诸多伦理悖论和问题，也与当代农业和食品生产与分配系统的明显失败相关联[③]，前者主要与农业和食品生产领域出现的引人注目的技术性变革

① Thompson, P. B., Agricultural Ethics, in Hugh LaFollette eds., *The International Encyclopedia of Ethics*, Blackwell Publishing LTD, 2013: 171－177.

② Thompson, P. B., Kutach, D. N., "Agricultural Ethics in Rural Education," *Peabody Journal of Education: A Look at Rural Education in the United States* 4 (1990): 131－153.

③ Thompson, P. B., "Agricultural Ethics: Then and Now," *Agriculture and Hum Values* 32 (2015): 77－85.

和模式创新相关，产生的伦理问题包括通过高产品种、高效农药化肥等来实现粮食增产，大幅提高农业和食品生产效率的现代农业活动是否具有伦理正当性，因为伴随这一农业活动过程出现的过量使用农药、化肥或抗生素的行为已给人类健康、动物生命和生态环境带来了严重危害；后者如英国畜牧业出现的疯牛病和口蹄疫疫情、中国发生的“毒奶粉”事件等，让动物伦理、食品安全和负责任的农业创新等成为社会关注的热点。

这些伦理悖论和问题与社会关注的集中出现，首先是因为我们的文化价值观已随着社会经济的快速发展而变化。我们对农业和食品生产体系的价值评判已不再满足于仅仅提供物美价廉的粮食，还涉及粮食的营养价值、食品安全、动物和其他自然生物的内在价值以及可持续的农业和食品生产能力等等。其次是因为新技术在农业上应用可能带来诸多非预期的健康风险和生态后果，这些风险和后果因与人类生存和发展的重大利益高度相关而受到普遍关注。喷洒高效农药 DDT（滴滴涕）可能减少病虫害、增加粮食产品，在蚊子传播疟疾的地区可能挽救数百万人的生命，但其在食物链中的累积却对处于食物链顶端的人和动物的神经系统造成严重伤害，危及肉食鸟类的再生产，并对人类赖以生存发展的河流和地下水源等造成严重污染。还有，各种新的道德观念开始从多个层面对既有的农业和食品生产体系提出质疑，要求重新考虑相关的价值预设和决策基础，比如，善待农场动物和试验动物、保护自然环境等等道德诉求和伦理主张。即使我们不接受动物和自然有和人类同样权利的观念，我们也应该考虑遵守支配地球自然生态系统的自然法则，进而调整我们的生产体系和生活方式。①

基于对这些伦理悖论和问题与社会关注的回应，农业伦理学呈现了清晰的发展脉络：一是少数具有人文情怀的农业科学家，如蕾切尔·卡森（Rachel Carso）、罗伯特·齐达尔（Robert L. Zimdahl）等率先在农业科学研究阵营内部举起“反叛”大旗，勇敢地追问杀虫剂、除草剂等农业技术应用的正当性，公开讨论农业科学家应该面对的道德悖论、价值冲突和必须担当的社会责任；二是美国密歇根大学教授保罗·汤普森（Paul Thompson）、

① Chrispeels, M. J., Mandoli, D. F., “Agricultural Ethics,” *Plant Physiology* 132 (2003): 4-9.

英国诺丁汉大学教授本·梅普姆（Ben Mepham）和荷兰瓦赫宁根大学教授米歇尔·科尔萨斯（Michiel Korthals）等一些对农业伦理问题高度敏感的哲学家和伦理学家，开始应用规范伦理学工具系统分析相关的价值冲突和伦理悖论，尝试为农业研究和食品生产领域中的行动选择和公共决策提供道德论证和规范框架；再者是围绕农业和食品生物技术公共决策出现的伦理争辩，如“牛生长激素”，“人造肉”，“快乐鸡”和转基因作物的商业化争辩在凸显农业和食品生产领域中出现的伦理冲突和价值分歧的同时，促使一批具有人文情怀的农业科学家和对相关伦理问题高度敏感的哲学家、伦理学家“集结”起来，他们着手建立联盟和开展合作研究，尝试解决农业研究和食品生产领域棘手的公共决策难题，结果在不经意间开辟了农业伦理学学科化、体制化的模式和路径[①]。

1978 年，时任德克萨斯州立农工大学农学院院长哈里特·昆科尔（Harriet O. Kunkel），率先联合该校哲学系在大学试验站创立农业伦理学项目。1982 年，W. K. 凯洛格基金会主席诺曼·布朗（Norman Brown）与佛罗里达州大学的理查德·海恩斯和雷·拉尼尔联手合作，将许多哲学家、社会科学家和农业科学家召集在佛罗里达州的盖尼斯维尔，组织举办“农业、变革和人类价值”会议，与会者围绕粮食安全、动物福利、伦理素食主义（Ethical Vegetarianism）、公平对待农民以及与新兴农业技术风险相关的系列问题等开展多学科研讨和学术交流活动。1986 年，理查德·海恩斯等研究者倡议组建了旨在开展农业伦理学和相关社会问题研究的跨学科组织“农业、食品和人类价值研究会”（Agriculture, Food and Human Values Society）。随后，理查德·海恩斯还主持创办了《农业和人类价值》（*Agriculture and Human Values*）期刊，作为之前“农业、食品和人类价值研究会”的正式会刊。1988 年，弗兰克·赫尼克（Frank Hurnik）和休·雷曼（Hugh Lehman）在圭尔夫大学（The University of Guelph）创办了《农业伦理学杂志》（*The Journal of Agricultural Ethics*）。1991 年，该杂志更名为《农业和环境伦理学杂志》（*The Journal of Agricultural and Environmental Ethics*），意在

① 李建军：《农业伦理学发展的基本脉络》，《伦理学研究》2015 年第 1 期，第 100 ~ 103 页。

发表与农业、食品和环境相关的更广泛议题的伦理学研究成果①。

然而，需要指出的是，尽管迫于日益高涨的社会关注、某些杰出科学家与决策者的积极倡议，各类与农业相关的咨询委员会，如美国农业部有关农业生物技术委员会委员已包括农业伦理学家在内；像美国农业经济学会、美国动物科学学会、家禽科学协会、美国奶科学学会、美国膳食协会等也已在其年会中设立农业伦理学的相关专题；一些农业科学学会或协会甚至根据相关伦理学原则制定了本领域的“伦理规范”（Code of Ethics），但农业伦理学最终在美国未能像医学伦理学那样在各类医学院、研究机构和管理部门得到普遍认可和体制化，美国很少有农业大学和农业管理部门设立专门的院系或职位来确保相关伦理问题得到充分探讨和系统分析。② 这其中的原因可能在于农业科学界对农业变化的迟钝回应以及此起彼伏的食品运动对农业伦理学的误解。③

1993 年，经生物学家同时也是生命伦理学家的梅普姆倡议，在诺丁汉大学持续多年的“复活节学派会议”（the Easter School Conference，自 20 世纪 50 年代由农业科学家发起，每年组织多学科、多领域的专家在复活节假日集中讨论最紧迫的农业科学议题）确定的研讨主题是新兴的生物技术和农业（生命）伦理学问题（Issues in Agricultural Bioethics），其中涉及农业伦理学是什么，农业研究者希望农业伦理学发挥怎样的作用。在那个年代，农业伦理学被设想为类似于医学伦理那样的跨学科性质的二级学科，农业伦理学家愿意与其他农业和食品领域的专家合作，对农业研究者、生产实践者和决策者默认的规范和价值进行准确表述、系统分析和理性批判（或辩护）。与之同时，荷兰瓦赫宁根大学将其应用哲学系调整为一个农业伦理学研究机构。欧洲的研究中心、政府部门、咨询委员会和各类临时委员会开始探讨农业、自然资源管理和食品生产体系中的主要问题。1998 年，几位研

① Thompson，P. B.，“Agricultural Ethics：Then and Now，” *Agriculture and Hum Values* 32（2015）：77 -85.

② Burkhardt，J.，Comstock，G.，et al.，*Agricultural Ethics*，Council for Agricultural Science and Technology，February 2005：29，http：//www. cast - science. org/download. cfm？PublicationID = 2899&File = f0305d2ffd02e961471b33646e406f494718.

③ Thompson，P. B.，“Agricultural Ethics：Then and Now，” *Agriculture and Hum Values* 32（2015）：77 -85.

究者开始意识到设立农业伦理学专业组织、定期组织举办农业伦理学学术交流活动的必要性。1999 年 3 月，他们提议创立欧洲农业和食品伦理学研究会（The European Society for Agricultural and Food Ethics，Eursafe），旨在打造全欧洲的农业伦理学学术研究和交流平台，推动农业伦理学的研究、教育和相关的实践活动。为此，来自丹麦、荷兰、瑞士、瑞典和英国（包括来自美国的汤普森）的专家、学者和农业生产实践者、管理者组成一个工作小组，负责研究会的筹备和组织工作。2000 年 8 月 24 日，欧洲农业和食品伦理学研究会在丹麦哥本哈根正式成立。欧洲农业和食品伦理学研究会自成立之日起，就通过编辑出版《通讯》（*Newsletter*）和会议文集，搭建农业伦理学家、农业和食品生产实践者及管理者等多学科、多领域专家学术交流的网络和成果分享平台，组织相关的学术交流活动，不断地推动农业伦理学研究、教育和决策咨询在欧洲的开展。或许是因为欧洲传统或欧洲各国政府和欧洲理事会对食品、农业和环境问题高度关注，欧洲农业和食品伦理学的研究者通常与农业生产实践者和相关的公共决策者保持密切和直接的联系，加上欧洲农业和食品伦理学研究会采用明确的规范性方法来探讨农业和食品伦理学问题。这两者的结合使欧洲农业和食品伦理学研究会成为一个富有活力和重要影响力的学术组织[①]。

农业伦理学是研究如何使伦理规范应用于农业和食品生产实践中的新兴学科，其核心任务是推动社会整体行为规制和行为程序创新以及观念转变，实现负责任的农业和食品研究与创新，促进农业和人类文明的可持续发展。在哲学家，来自宗教研究、社会科学和农业科学等众多学者的努力下，农业伦理学已从美国赠地大学（Land-grant Institution）的接受哲学训练的少数人的工作变成更广泛的学术事业，农业研究者、决策者和农业生产经营实践者等已开始在不同层面上思考和讨论农业相关的伦理问题。一系列讨论农业和食品伦理学的原则和方法相继创立，如英国学者提出的四大原则：尊重自主权的原则，要求尊重选择权和必要的知情权；公平原则，要求平等分配利益和损失以及风险；不伤害原则，

① Burkhardt, J., Thompson, P. B., Peterson, T. R., "The First European Congress on Agricultural and Food Ethics and Follow - up Workshop on Ethics and Food Biotechnology: A US Perspective," *Agriculture and Human Value* 17 (2000): 327 - 332.

要求不给人类和自然造成伤害；行善原则，即在避免伤害的同时为人类和自然的福利做贡献。

三　农业伦理学研究方法

伦理学是关于选择（Choices）的理论和观点，农业伦理学是关于那些像农民一样直接从事农业生产经营活动的人或像政府管理者、农业推广者、农业研究者、农场工人、相关立法者、技术开发者、消费者等间接影响农业生产经营活动的人的选择的理论体系。尽管我们每个人都会做选择，但只有很少数的人对我们的选择进行伦理分析或能够提供选择的理由。农业伦理学旨在对农业和食品生产及其产品分配的前提假设和伦理局限进行批判性反思和系统思考，启发人们思考农业和食品研究及生产经营活动对他者和社会的影响和意义，进而借助于农业实践、开发和研究规划明确表达“正确做事”（Get Things Right）意味着什么，在具体的农业研究和生产经营实践中做出正确的行动选择或公共决策。然而相关的选择和决策，无论好坏、是否合乎伦理和道德，都会被对主流农业范式持不同观点的人所质疑。因此，农业伦理学要对农业伦理相关的行为选择和公共决策进行伦理分析和论证，既需要科学理论对相关事实的合法性进行论证和解释，也需要伦理理论对特定行动的正当性或对错进行论证和解释，这离不开在哲学伦理学层面上对相关选择的基础、依据或原则进行分析和追问。

农业伦理学作为一门新兴的应用伦理学的交叉学科，其强大的学术生命力和显著的社会影响力赖以实现的基础在于它独特的研究方法和理论模式。考虑到几乎所有农业伦理学判断所针对的农业伦理问题都与道德悖论相关，很难凭借简单的道德直觉与洞见就可以解决，农业伦理学研究需要诉诸一种复杂的理性的权衡机制，采用“基于一种对直觉、原则和理论的均衡考虑”的“关联性”的论证方法。[①] 这就是说，农业伦理学对相关行动选择和公共决策的论证不是仅依赖于一种前提，而是必须诉诸多个判断或诸多因素，包括多种不同的道德理论、不同利益群体的利益诉求和伦理关注。这就需要对这些不同的理论方式及事实要素进行综合判断和整体考察，在仔细权衡各种

① 甘绍平：《应用伦理学的特点与方法》，《哲学动态》1999 年第 12 期，第 23～26 页。

得失利弊的基础上做出一种能够得到伦理辩护且能体现出某种社会共识的复合性的伦理判断，需要调用自然科学、社会科学和哲学伦理学等多学科的知识和方法，以及自然科学家、社会科学家、哲学家和伦理学家等多领域专家经验来完成，[①] 当然，这也需要明确地表述相关活动的目标和限定条件，没有人认为这是简单易行的事。分歧和争辩是完全可以设想的，本着理性解决这些分歧和争辩的宗旨，农业伦理学谋求搭建一种平台，让任何个人或团体有关“正确做事”的观点和理由公开，使所有想了解的人都能获取相关的意见。[②]

一般而言，农业伦理学可通过如下程序整合多种知识和资源对特定的农业伦理问题进行规范分析，并对相关的行动选择和公共决策提供可辩护或反驳的理由。首先，农业伦理学将相关问题的规范性分析聚焦于“伤害”（Harms），具体包括特定的行动或决策对人或其他生命体已造成的或可能造成的伤害。特定的行动或决策能否得到伦理辩护取决于对其可能造成的伤害的认定和理解，因此参与相关伦理问题讨论的人必须搞清如下问题：正在讨论的“伤害”指什么？易造成的或可能造成的伤害重要（十分重要还是微不足道）吗？谁是利益相关者（如人、动物或已受到或可能受到影响的生态系统）？各个利益相关者可能被伤害的程度或如何分担伤害？那些遭受行动或决策伤害风险的人是否不同于那些因此获益的人？这些问题是判定一项行动或决策是否需要伦理论证和规范分析的基础。显然，对这些问题做出精准的回答，还需要科学证据和其他现实调查（Reality Check），需要我们接着明确以下问题：我们已经掌握了哪些信息？从哪儿获得的这些信息？我们获得的这些有关已经造成或可能造成伤害的信息是真实可信的或是科学上可确定的吗？它是一种传闻或观点吗？我们没有获得哪些我们在做伦理判断或规范分析之前必须知道的信息？其次，农业伦理学需要探讨特定的行动或决策是否可避免，亦即我们是否有其他不造成那些伤害也能达到预期目标的选项。在一定意义上，农业伦理学的规范性分析还具有某种启发性意义，可能引导我们针对相关的伦理问题去探究每个利益相关者都得到保护或伤害最小

① Marcus, D., *Bioethics: Methods, Theories, Domains* (London: Routledge, 2012), pp. 5 - 11.

② Thompson, P. B., “Ethical Issues in Agriculture: The Need for Recognition and Reconciliation,” *Agriculture and Human Values* 4 (1988): 4 - 15.

的行动策略，进而找到创造性化解各种道德悖论或农业难题的新方案或新原则。再者，农业伦理学需要探讨必须用于指导我们进行伦理辩护或反驳的道德准则和伦理原则①，这是最能体现农业伦理学规范性意义的环节。

农业伦理学家通常采用后果论、道义论和德性论三种道德理论来对相关的农业伦理问题或公共决策进行分析。尽管农业伦理学家对这些理论中哪一种能作为行为判定的最佳标准或准则存在意见分歧，但通常他们采用如下的程序来化解这些分歧：选择其中一种理论作为基础来评价将要采取的行动的意义；接着选用第二种理论来评价该行动的意义；重复以上程序应用第三种理论。如果三种理论汇合形成同样的结论，那就有足够的理由认为该项行动在伦理上是可辩护的。然而，这三种理论多半会得出相互冲突的结论。一项带来最大净收益的行动或许其间接（甚至直接）的结果侵犯了一些人的权利或妨碍其他人善意的行动。保护个体权利或许妨碍一些更大的社会益处的实现。许多和农业与食品生产相关的伦理悖论起因于那些在一种伦理学理论看来是正当的而在其他伦理学理论看来明显是不正当的行动。农业伦理学作为一种分析方法，能在化解这类伦理冲突方面提供规范性指导。

需要指出的是，在多数情况下，农业和食品生产者及决策者通常会选择后果论或“功利主义伦理学”（Utilitarian Ethics）作为讨论农业和食品生产体系中特定行动选择或公共决策的依据，这就是说，他们倾向于在评价一项行动或决策时首先考虑该项行动或决策的后果，尤其是其对人类生产和生活的影响。如果一项行动或决策给更多的人带来最大的利益，那它会被认为是道德上善的行动或决策。过去一个世纪，农业研究潜含地受生产力和效率的价值以及功利主义的道德责任模式所界定，这种功利主义伦理学助推了生产主义的农业范式在全球范围的扩张。二战之后，由于欧洲对粮食增产的巨大需求和美国对粮食出口的商业利益以及其他各种因素的叠加效应，农业发展目标被简化为以尽可能低的成本为消费者提供安全和营养的食品，结果促使全球农业持续不断地采用新的增产技术而无视农业和食品生产所造成的环境成本。大量农业和食品创新经验日益表明，行动目的正确并不能为行动方式

① Burkhardt, J., Comstock, G., et al., *Agricultural Ethics*, Council for Agricultural Science and Technology, February 2005: 29. http://www.cast-science.org/download.cfm?PublicationID=2899&File=f0305d2ffd02e961471b33646e406f494718.

提供合法性辩护。首先，功利主义的道德责任理论不考虑收益和伤害的分配，没有保障公平分配的机制。其次，与可持续性原则相关。预料一项行动的所有收益和伤害是不可能的，尤其在该行动或行为对农业生产方式有长期影响的情况下。[①] 此外与自主性的问题相关。技术进步对那些采用者带来竞争优势，人们没有选择只能采用并使他们的生活适用于技术强制的支配。先进增产技术在农业上的应用尽管有助于增加农产品的市场供应、降低城市消费者的购买价格，让更多的人能买得起食品，但很可能给应用这些生产技术的农民带来生计困难和生活压力，而且观念的变化让消费者更在意和关注农民在产品生产中所使用的技术或方法。对农民等弱势群体的利益考虑和对生产技术或方法的关注使这种功利主义的伦理学面临很大挑战。为此，以“权利为基础的方法”（Rights Based Approach）的伦理学方法或道义论等也开始成为农业伦理讨论的基础，其主张个体权利应该成为任何道德考虑的出发点。具体来说，其主张所有人有免于饥饿的基本权利，无论其孤独还是与其他人生活在一个社区，在任何时候都能获得充足的食品或有购买食品的方式和渠道时，拥有充分食品的权利才可能实现。[②] 这种方法赋予国家以首要的责任和义务。[③]

英国农业伦理学家梅普姆构建的“伦理矩阵（Ethical Matrix）可以看作农业伦理学研究服务于公共决策的经典案例和重要工具，“这一矩阵建构的主要目的是以其可被广泛理解的方式分析问题的伦理层面来促进理性的公共决策”[④]，它首先界定成问题的公共决策可能影响的利益相关者（如加工的生物体、生产者、消费者和小生境等）及其被影响的方式，接着依据相关的被普遍认可的规范和价值（如福利、自主性、平等和公平等）构造分析的场域。这种方法有助于确立相关伦理问题分析和结构化的哲学伦理基础，

① Thompson, P. B., “Ethics in Agriculture,” *Journal of Agricultural Ethics* 1 (1988): 15 - 16.

② UN Committee on Economic, Social and Cultural Rights (CESCR), *General Comment* No. 12: *The Right to Adequate Food* (*Art.* 11 *of the Covenant*), 12 May 1999. http://www.refworld.org/docid/4538838c11.html.

③ Food and Agriculture Organization of the United Nations (FAO), *The Right to Food*, http://www.fao.org/worldfoodsummit/english/fsheets/food.pdf.

④ Mepham, B., “Ethical Analysis of Food Biotechnologies: An Evaluative Framework,” in Mepham, B. ed., *Food Ethics*, 1996: 101 - 129.

推断各种利益相关的利益和态度，进而引导相关的伦理争辩和公共决策。尽管其可能无法对相关的农业伦理问题解决提供决定性的意见，但却可能启发决策者对这些问题进行系统考虑和规范性分析。

或许建立在农业伦理学和公共决策的交汇点上的最主要的规范性理论是可持续农业（Sustainable Agriculture），其中包括含混的道德直觉，如代价公平、资源的合理使用等，主要目标是保障用于满足人类基本需要和福祉的粮食、纤维和其他重要农产品的长期可持续生产的能力，可为农业伦理学思考提供一种合理起点，其重要性根源于农业所依存的自然资源的开发，以及人类的生存和福祉取决于农业生产的信念。可持续农业不仅明确地表述了农业和食品产业可持续发展的目标，且在总体上提出了实现农业可持续性的途径和方式，但其存在的伦理挑战是：如何为实现可持续农业的道德义务辩护以及在这些义务与其他道德责任相冲突时应当如何决策等。

欧美农业伦理学发展的经验表明，农业伦理学的使命能否成功实现，学科发展能否壮大，取决于不同学科的专家、代表不同利益的当事人或社会团体经过缜密思考、周详权衡和反复协商所达成的伦理共识或商谈基础。平等商谈、理性批判和兼容并蓄是农业伦理学成功推进的基本经验，也是未来农业伦理学发展壮大的重要的方法论基础。

（原文刊载于《兰州大学学报》（社会科学版）
2017 年第 6 期）

农业伦理何以可能？*

陈爱华**

随着科技的迅猛发展，在推进我国工业、国防、生产方式和生活方式现代化的同时，也推动了农业的现代化。尽管在国民经济发展中工业的比重不断提高，但是仍需看到，我国依然是一个农业大国，农业仍然是国民经济的基础和命脉。追问农业伦理何以可能，不仅意味着从事农业生产、研究，推进农业发展主体的伦理责任自觉，而且既是对历史上农业伦理思想的承继，又是对已有的农业生产、研究，推进农业发展模式的伦理反思，体现了从事农业生产、研究，推进农业发展主体对于人与自然之间伦理秩序——人对于自然“能做”和“应做”界限的认知，同时亦是一种负责任的农业伦理精神。追问农业伦理何以可能，必须追问农业伦理历史生成，农业伦理何以必要，如何研究农业伦理？笔者试图对此作一探索。

一　农业伦理何以生成？

追问农业伦理的历史生成，首先须追问具有六千多年农耕历史的中华农

---

* 基金项目：本文系江苏省高校哲学社会科学创新基地“道德哲学与中国道德发展研究所”承担的2012年全国哲学社会科学基金项目“现代科技伦理的应然逻辑研究”（编号：12BZX078）、2010年全国哲学社会科学重点课题“现代伦理学诸理论形态研究”（编号：10&ZD072）、江苏省道德哲学与中国道德发展研究基地项目“高技术道德哲学研究”（2014－01）、2011计划东南大学“公民道德与社会风尚协同创新中心”项目的阶段性研究成果。

** 作者简介：陈爱华，东南大学哲学与科学系教授、博士生导师，东南大学科学技术伦理学研究所所长，研究领域为伦理学（科学伦理学、生态伦理学等）、马克思主义哲学（国外）、逻辑学。

耕伦理文化。就我国传统的农业伦理文化而言[①]，这是与我国古代所处的自然环境格局、社会文化建制密切相关的。就我国特定的自然环境格局而言，东濒茫茫沧海，西北横亘漫漫戈壁大漠，西南耸立着世界最险峻的高原，而内部却有着湿润、半湿润的大河大陆型的较为开阔的回旋余地。这样的自然环境，在生产力极其低下的远古时代一直到交通极不便利的封建时代，形成了一种与外部世界相对隔绝的状态，这在一定程度上限制了人们的眼界。高山、大洋成为阻隔人们交往的天然屏障。虽然在中国历史上也有过鉴真东渡与郑和下西洋的壮举，但从总体上来看，中国与世界各国的交往较少，同时也就限制了文化交流的规模。这样的自然环境格局，为先民从事农业生产提供了优越的条件。就我国古代的社会文化建制而言，中国先民的主体早在约六千年左右就逐渐超越狩猎和采集经济阶段，进入以种植经济为基本方式的农业社会。农业是整个古代世界的决定性的生产部门，“禹、稷躬稼而有天下”[②]，后来，中国更是“以农业立国”而著称，列朝帝王都有耕籍田、祀社稷、祷求雨、下劝农令的仪式和措施，并且无一例外地把“重本抑末”作为“理国之道”。在农业自然经济中，古代中国人的主体——农民大都束缚在土地上，他们“日出而作，日入而息，凿井而饮”，少有流动，年复一年地从事简单再生产。正是在这种农业型自然经济的基础上萌发并生长了宗法血缘关系的社会文化建制。从而形成了中国人的“重实际而黜玄想”的务实性品格。这正如章太炎先生所言：“国民常性，所察在政事日用，所务在工商耕稼，志尽于有生，语绝于无验”[③]。就与农业相关的人与自然关系的伦理理念而言，形成了注重“天人合一”伦理观念。因为在进行农业生产的过程中，必须处理好天人（即人与自然）的关系，只有法天地，法四时，才能更好地利用自然，以达到“与天地合其德，与日月合其明，与四时合其序”[④]。《老子》第 25 章曰：“人法地，地法天，天法道，道法自然。”试图说明天地人之间法则的相通，而这种法则并非以人为依归，而是以天地、自然为依归。与此同时，我国古代儒家对农业生态伦理行为规范归

① 陈爱华：《现代科学伦理精神的历史生长》，东南大学出版社，1995，第 21 ~ 22 页。

② 《论语·宪问》。

③ 《章太炎政论选集》（下），中华书局，1977，第 689 页。

④ 《周易·乾》。

纳为一种“时禁”的思想。在长期的农耕实践中，人们体悟到，人的生存离不开自然物，尽管人在与自然界交往中处于主动地位，但人并不能为所欲为——在任何时候都可以对自然做任何事情。[①] 这些经思想家总结后，便在有关典籍中记载下来。如《礼记·祭义》载有：曾子曰：“树木以时伐焉，禽兽以时杀焉。”夫子曰：“断一树，杀一兽，不以其时，非孝也。”又《大戴礼记·卫将军文子》亦载孔子曰：“开蛰不杀当天道也，方长不折则恕也，恕当仁也。”这里对时令的强调，以及将对待动植物的惜生，不随意杀生的“时禁”伦理规范与儒家孝、恕、仁、天道等主要道德理念紧密联系。这意味着对自然的态度与对人的态度不可分离，广泛地惜生与爱人悯人一样同为儒家伦理思想的重要组成部分。这些“时禁”伦理规范，固然有为了人的利益的一面，即使百姓“有余食”“有余用”“有余材”，但同时也有使自然界的各种生命“无伤”“不夭其生、不绝其长”。《礼记·中庸》进一步阐述道：“唯天下至诚，为能尽其性；能尽其性，则能尽人之性；能尽人之性，则能尽物之性；能尽物之性，则可以赞天地之化育；能赞天地之化育，则可以与天地参矣。”这里的“与天地参”并非是指天地有隔，更非与天地分庭抗礼，而是说人只有如此至诚尽己之性，亦尽物之性，在地位上才能与“天地”并称，加入“生生不息”的“天地之化育”。人只有如此，也才能称之为“人”，在此人是主动的，但却不是僭越的。[②] 在半封闭的温带大河大陆的自然环境格局中发展起来的中国农业型自然经济，有其特有的社会组织形式——家国一体的宗法社会的建制。尽管中国古代的社会格局发生过种种变迁，但农耕型的自然经济于血缘关系有着一种天然的适应性。再就农业伦理的实践而言，从事农业活动的主体，能根据季节的气候变化和农作物生长规律，比如“清明前后，种瓜点豆”，“不种十月麦”等，坚持“与日月合其明，与四时合其序，与天地合其德”，进而形成了可持续发展的生态耕作方式。

那么这样的生态农耕方式何以被打破？这与近代科学技术的兴起与工业革命密切相关。因为随着近代科学的兴起，不仅引发了技术革命、工业革

① 陈爱华：《论人与自然关系的伦理之维》，《上海师范大学学报》2006年第2期。

② 何怀宏：《儒家生态伦理思想述略》，《中国人民大学学报》2000年第2期。

命，也给农业既带来了发展机遇，又带来了重重伦理危机和多重伦理风险。比如，促进了农业耕作收割的机械化，把大量的农业劳动者从繁重的农业劳动中解放出来；提高了农作物的单位面积产量等，与此同时，也导致了部分农民与土地的分离，如同莫尔所批判的“羊吃人”现象的出现。马克思、恩格斯指出了其所处时代工农业发展的异化而产生的多重伦理问题，对此恩格斯提出了警示“必须时时记住：我们统治自然界，决不象征服者统治异民族一样，决不象站在自然界以外的人一样，——相反地，我们连同我们的肉、血和头脑都是属于自然界，存在于自然界的；我们对自然界的整个统治，是在于我们比其他一切动物强，能够认识和正确运用自然规律”。[①] 施韦泽抨击了人们对生命的漠视，为此他提出了“敬畏生命”的理念；雷切尔·卡逊质疑“为何春天变得如此寂静”？揭示了农药使用带来的危害；现代生态马克思主义者福斯特对当代农业发展的伦理反思，揭示了现代农业发展的多重悖论与多重伦理风险。

中国工程院任继周院士指出，“科学的农业行为应遵循自然生态系统的基本规律。不可否认，工业化给农业现代化带来新机遇新手段。但遗憾的是，人们在推进农业现代化的同时，出现了轻视农业自身规律的问题。建设现代农业，必须重视农业发展的伦理维度。”[②] 任院士的呼吁道出了当代农业与伦理学工作者的共识。

农业伦理学的生成，正如任院士所说，其在学术上是文理交叉的新兴学术方向，这既是一个新的学术生长点，又能促进文理交叉融合，为人类带来福祉；在其现实意义上，是对化肥、农药、农膜的无节制使用使农业生态环境遭到破坏，由此产生的食品安全问题困扰着人们的生活等等，这些都需要农业伦理学做出应答。[③]

二　农业伦理何以必要?

农业伦理作为一个新兴的伦理研究领域之所以必要，是因为农业发展中

① 《马克思恩格斯全集》第20卷，人民出版社，1971，第519页。

② 任继周：《重视农业发展的伦理维度》，《人民日报》2015年7月21日，第7版。

③ 刘晓倩：《任继周院士兰大讲农业伦理》，《光明日报》2014年9月17日，第7版。

蕴涵多重伦理关系与多重伦理悖论需要梳理，并加以研究，以规避农业发展进程中产生的伦理风险。

就农业发展过程中蕴涵的伦理关系而言，包括人—地（山）关系、人—林关系、人—畜关系、人—水关系、人—植物及其病虫害关系等。同时这些多元关系之间又是相互联系的，一旦其中一种关系被破坏，就会产生类似“多米诺骨牌”的连锁反应，进而不仅危及自然生态系统的协调发展，同时也危及作为自然的产物——人类的生存与发展。再就其伦理悖论与风险而言，其一，化肥、农药、农膜的使用，的确在短期内，防止水土流失或者防治农作物的病虫害，提高了农作物的地位面积产量，但是从长远来看，它们的无节制使用使农业生态环境，包括土壤结构遭到严重破坏，还导致了困扰人们生活的食品安全问题；其二，农作物的大棚种植技术的推广，转基因等高科技的运用，的确产生许多新品种，丰富了人们的“菜篮子”，但是亦导致了令人担忧的伦理风险性；其三，我国的农业结构引发的“三农”伦理问题，城市化进程中的城乡二元结构伦理问题都值得关注。

关于上述农业发展过程中蕴涵多重伦理关系与多重伦理悖论，美国生态马克思主义者福斯特从伦理学的历史辩证法视域进行了深入的分析[①]，对我们认识这些问题的复杂性、尖锐性具有深刻的启示。首先，他揭示了这样一个事实：人与土地（肥力）伦理关系的生态危机，并非现在发生，而是由来已久——自近代资本主义农业发展以来，就一直困扰着人类。与近代农业相伴的土壤养分循环破坏所造成的土壤自然肥力的下降，人们对具体土壤养分需求认识的日益提高以及能弥补自然肥力损失的天然及合成肥料供应的不足。因土壤养分流失而造成的土地自然肥力的损耗是欧洲和北美社会所关心的中心生态问题。在这一时期，随着许多国家在全球范围内寻找自然肥料，肥料扩张主义迅速兴起；现代土壤科学出现、合成肥料逐步引入、呼唤农业的可持续发展，旨在最终避免城市与农村的对立。

福斯特还指出，对于人与土地（肥力）伦理关系的生态危机认知及其摆脱这种生态危机的探索从近代以来就开始了。这里值得关注的是土地肥力

① 陈爱华：《福斯特关于超越资本主义生态危机相关方略的道德哲学审思》，《伦理学研究》2014 年第 4 期。

危机问题的代表人物是德国化学家尤斯图斯·冯·李比希[①]。他通过发现自然资源和生产合成肥料以增加肥料的供给。他还在《关于利用城市污水问题致伦敦市长的信》中提出，在泰晤士河现有基础上，人畜粪便对城市的污染和土壤自然肥力的损耗这两个问题是相互联系的，并且认为，将养分返回土地的有机循环是构建理性城镇—农业体制不可或缺的一部分。[②] 这实际上在欧洲农场发动了一场伟大的节约使用肥料和循环利用营养成分的运动。福斯特认为，从这种意义上讲，李比希是"当今生态学家的先驱"。[③]

福斯特认为，马克思对资本主义农业的批判主要建立在李比希、约翰斯顿和凯里著作等的基础上，就土地肥力危机问题开始将研究的重点直接转到了土壤养分循环及其与资本主义农业的剥夺特性的关系上。马克思在《资本论》第一卷这样写道：资本主义生产……"破坏着人和土地之间的物质变换，也就是使人以衣食形式消费掉的土地的组成部分不能回到大地，从而破坏土地持久肥力的永恒的自然条件……资本主义农业的任何进步，都不仅是掠夺劳动者的技巧的进步，而且是掠夺土地的技巧的进步，在一定时期内提高土地肥力的任何进步，同时也是破坏土地肥力持久源泉的进步……因此，资本主义生产发展了社会生产过程的技术和结合，只是由于它同时破坏了一切财富的源泉——土地和工人"。[④] 马克思还在《资本论》第三卷中对土地租金的分析做了系统阐释，他指出，"人的自然排泄物和破衣碎布等等，是消费排泄物。消费排泄物对农业来说最为重要。例如，在伦敦，450

① 1837 年，英国科学促进协会要求李比希做一项工作，即研究农业与化学之间的关系。研究结果就是他发表的《有机化学在农业和生理学中的应用》（1840）一书。该书第一次令人信服地阐释了土壤养分如氮、磷、钾在植物生长过程中的作用。李比希的观点在英国对富有的土地主和农业经济学家 J. B. 劳斯产生了影响。1837 年，劳斯开始在伦敦市外的罗瑟姆斯特德的地产上进行实验。1842 年，他在发明了一种使磷溶解的方法后推出了第一种人工肥料，并于 1843 年建立了他生产新型肥料"过磷酸钙"的工厂。（〔美〕福斯特：《生态危机与资本主义》，上海译文出版社，2006，第 150 页。）

② 〔美〕福斯特：《生态危机与资本主义》，上海译文出版社，2006，第 153 页。

③ 〔美〕福斯特：《生态危机与资本主义》，上海译文出版社，2006，第 153 页。

④ Karl Marx, *Capital*, vol. 1 (New York: Vintage, 1976), pp. 637 - 638；《马克思恩格斯全集》第 23 卷，人民出版社，1972，第 552 ~ 553 页；马克思的观点与李比希在《畜牧业的自然规律》的观点相同。（这是李比希 1862 年版《农业化学》第 2 卷的英文译文。）Liebig, *The Nature Laws of Husbandry* (New York: D. Appleton and Co., 1863), p. 180；〔美〕福斯特：《生态危机与资本主义》，上海译文出版社，2006，第 156 页。

万人的粪便，就没有什么好的处理方法，只好花很多钱来污染泰晤士河”。[①]对农业和有机肥料循环利用的这种思考使马克思形成了生态可持续性的概念。

接着，福斯特探索了土壤养分循环的断裂的两大历史过程：一是20世纪农业发展使得人与土地分离、化肥的大量生产与使用；二是畜牧生产集中经营、农业动物与它们饲料生产地的分离。由此，不仅导致了人与土地（肥力）伦理关系的生态危机，而且导致了人—地—水—矿—农业动物—农药—抗生素—食品安全等整个生态系统的令人触目惊心的生态危机。

他指出，第一次土壤养分循环的断裂是20世纪，农业机械化和农产品价格降低，迫使越来越多的人离开农场，他们开始集中在城市，然后则是在城郊社区里成为工人。这样，土壤养分循环的断裂也比19世纪更加彻底。这种养分回流土地过程中产生的断裂，土地由于消耗掉养分和有机物而变得更加贫瘠，因而人们也就愈加关注解决土地的“贫瘠”问题。在农田不断耗损掉养分的同时，含有大量这种养分的污水却在污染着许多河流湖泊，沿海城市则将这些污水倾入海洋。自20世纪70年代以来，安装的污水处理系统虽然缓解了美国的水污染问题，但又出现了新的问题——如何清理处理后的淤泥。目前采用的方法是填埋、焚烧或用于农田，但每一种方法都会给环境造成严重后果。

第二次养料循环的断裂由两种发展趋势导致。其一是第二次世界大战后廉价氮肥的生产带来的一系列变化。氮肥的生产工艺与制造炸药相同，并且战争结束后的军工产业表现出巨大的氮肥生产能力。但随着氮肥的广泛应用，人们不再依赖豆科植物。豆科类作物三叶草和紫苜蓿以前可以用来喂养肉牛、奶牛和羊等反刍动物，一旦不再需要种植这类植物为非豆科类作物（小麦、玉米、大麦、番茄）提供氮肥，农场很容易改为专门经营单一作物或畜牧业。其二是随着农业生产、加工和营销集约程度的加快，企业开始鼓励畜牧生产集中在他们经营的大型加工设施周围。这样，畜牧生产就集中在了某些特定地区：南部大平原的肉牛，阿肯色州和德尔马瓦半岛（由特拉

① Marx, *Capital*, vol. 3 (New York: Vintage, 1976), p. 195；《马克思恩格斯全集》第25卷，人民出版社，1974，第116～117页。

华、马里兰和弗吉尼亚三州的部分地区构成）的家禽以及中西部和北卡罗来纳州部分地区的生猪。20 世纪下半叶的这两种发展趋势产生了一种新的现象——农业动物与它们饲料生产地的分离。美国大规模的家禽和生猪饲养场（称作工厂化农场更合适），几乎清一色地由联合企业或与泰森和珀杜这类股份公司签订生产合同的个体农场主所有。饲养成千上万头牲畜的肉牛农场十分普遍。美国市场上三分之一以上的牲畜仅来自 70 个饲养场，97% 的家禽销售是由年产量超过 10 万吨的企业所控制。即便是在那些自行生产饲料的奶牛场，进口一半以上的饲料也是常见的事。畜禽与它们饲料生产地之间联系的断裂，使种植作物的土地失去养料和有机物的情况更加严重。农场在卖掉产品后必须使用大量的合成肥料来弥补土壤养料的损失。

福斯特指出，耕地最初与人分离，然后与牲畜分离，进而导致土地养料循环的断裂，只能依赖越来越多的合成肥料。这种发展趋势还给环境造成了严重后果[①]，其一，大量不可再生能源需要用来生产、运输和施用化肥。氮肥生产是能源密集型产业。其二，这导致的另一个不良后果是，由于化肥的可溶性，极易造成地下与地表水的污染。另外，高度集中的牲畜饲养所产生的养料远远超出周边土地所能安全消化的能力。许多人饮用的地下水被高含量的硝酸盐污染，这将给人的健康造成直接灾难。其三，如果城市地处农场附近，工业污染物和人们在住所周边丢弃的许多产品中的化学物质，就会使城市的大部分污水淤泥不再适合农田利用。牲畜肥料中也有潜在的污染物，例如为促使圈养生猪生长而例行添加的铜元素，可导致其粪便的铜含量超标。处置被污染的淤泥和牲畜肥料也可能造成环境问题，会影响今后土壤的生产性能以及空气和水的质量。其四，大多数农场缺乏合理轮作，部分原因是廉价合成肥料的应用，致使土壤的有机物丧失和生物多样性减少。土壤品质的退化使大量致病生物和植物寄生虫生长。为了抵御因土壤退化而造成的病虫害，又只好使用更多的杀虫剂。因此，农场工人中毒、食物和地下水污染在很大程度上是土壤退化的结果。其五，大规模集中饲养牲畜的恶劣环境，也创造了更易于疾病传播的条件，结果不得不频繁使用抗生素。持续使用药物造成了抗生素污染，也使细菌增强了抗药性，这也给人的健康带来危

① 〔美〕福斯特：《生态危机与资本主义》，上海译文出版社，2006，第 161 ~ 163 页。

害。其六，通过采矿提供土壤养料给环境造成了实质性的破坏。

福斯特指出，以长远的眼光看，当今阻碍可持续农业体制建立的因素既不是缺少技术，也不是对生态进程缺乏认识。虽然还有许多事物有待发现，但我们已经知道如何设计和建设生态上可持续且通盘考虑了土壤营养循环及其他因素的农业生态系统。①

三　如何研究农业伦理？

研究农业伦理正如任院士所说，“农业伦理学是文理交叉的新兴学术方向，这既是一个新的学术生长点，又能促进文理交叉融合。”② 因而笔者认为，研究农业伦理蕴涵了多重维度，其中包括，其一，农业伦理史学维度；其二，农业发展的生态与环境伦理维度；其三，农业发展模式的伦理维度；其四，农业的科技伦理维度；其五，农业发展的生命伦理维度等。

一是关于农业伦理的史学维度，这是农业伦理学的历史底蕴。尽管农业伦理学是现在兴起的，但是它有深厚的东西方文化的历史底蕴，亦有其丰厚的农业实践历史。马克思说过，“任何人类历史的第一个前提无疑是有生命的个人的存在。因此第一个需要确定的具体事实就是这些个人的肉体组织，以及受肉体组织制约的他们与自然界的关系。”③ 农业伦理的史学维度深深地蕴涵于人类历史的农业活动及其相关文献的记载中。这也是农业伦理学作为一门独立学科的史学基础。

二是关于农业发展的生态与环境伦理维度，这既是农业发展的生态与环境伦理反思，亦是当代生态伦理与环境伦理的新的生长点。一方面，可以突破生态伦理与环境伦理研究的宏大叙事模式；另一方面，可以对原有农业发展的生态伦理与环境伦理问题进行反思，同时可以对未来农业发展进行生态伦理与环境伦理规划。

三是关于农业发展模式的伦理维度，为了走出原来耕地与人分离，然后与牲畜的分离，进而导致土地养料循环的断裂，只能依赖越来越多的合成肥

① 〔美〕福斯特：《生态危机与资本主义》，上海译文出版社，2006，第164页。

② 刘晓倩：《任继周院士兰大讲农业伦理》，《光明日报》2014年9月17日，第7版。

③ 《马克思恩格斯全集》第3卷，人民出版社，1960，第23页。

料的非生态伦理的、不可持续的农业发展模式，亟须探讨一种耕地—人—牲畜—土地养料可循环的生态伦理的、可持续的农业绿色发展模式，终止原有的恶性循环。一方面可以推进生态中国、美丽中国的进程，另一方面可以推进农业发展模式的根本变革。

四是关于农业的科技伦理维度，随着农业科技化程度越来越高，大量的高新技术在农业及其农产品加工中的应用，农业科技伦理问题越来越凸显，亟须加以研究。农业科技伦理的核心问题就是康德的提问："我们能做什么""我们应该做什么"？即科技对于农业"能做"是否"应该做"？"应该做"的合理性何在？农业科技的创新其伦理责任何在？是否有预测、预警；是否具有规避伦理风险的良策？等等。

五是农业发展的生命伦理维度，这一维度与上述诸维度密切相关，即农业发展是否以敬畏生命、珍爱生命为伦理原则。农业的产品及其加工关系到人类食物链与生物链的安全与延续。在这个意义上，可以说，农业是生命得以维系的基础，正如马克思所说："自然界，就它本身不是人的身体而言，是人的无机的身体。人靠自然界生活。这就是说，自然界是人为了不致死亡而必须与之不断交往的、人的身体。"① 农业的作用的直接对象是"人的无机的身体"，而其产品则直接作用于人的身体，关系到人的生命运演。因此，必须以敬畏生命，珍爱生命为伦理原则。

（2017 年 9 月"中国草学会农业伦理学委员会"成立大会暨"农业伦理学与农业可持续发展"学术研讨会会议论文）

① 《马克思恩格斯全集》第 42 卷，人民出版社，1979，第 95 页。

构建有中国特色的农业伦理学学科体系

刘 巍　尹北直*

西方农业伦理学产生于20世纪70年代，至今已有40余年，产生了较为丰沛的研究成果。我国自20世纪90年代提出农业伦理概念后，并没有引起学界的足够重视，直到近几年农业伦理学的研究才又逐渐兴起，目前正进入发展较快、渐进普及、研究深入的阶段。当前，我国农业伦理学面临着两个任务：一是扩展农业伦理学的理论研究范围，开拓新的研究领域；二是在建设有中国特色社会主义的宏观背景下，加强农业伦理理论指导下的实证研究，以解决农业农村农民的实际问题。要肩负这一伟大的使命，建立有中国特色的农业伦理学概念体系是十分必要的。

一　有中国特色的农业伦理学界定

中国农业伦理学的最早研究是山西农业大学的胡一胜在1995年出版《农业伦理学》这部专著，主要研究了古代农业道德思想的萌发、形成与发展以及对现代农业道德的基本理论、原则、规范、教育、评价等方面进行了探讨。① 进入21世纪，任继周院士针对我国社会转型对农耕社会影响产生的诸多伦理学问题，主编了《中国农业伦理学史料汇编》②，并在兰州

* 作者简介：刘巍，中国农业大学马克思主义学院教授、博士，研究领域为科技哲学、三农问题；尹北直，中国农业大学马克思主义学院副教授、博士，研究领域为农业史。

① 胡一胜：《农业伦理学》，中国农业出版社，1995。

② 任继周：《中国农业伦理学史料汇编》，江苏凤凰科学技术出版社，2015。

大学开设了农业伦理学课程，这是一个开拓性的工作；邱仁宗先生在《农业伦理学的兴起》这篇文章中提出“农业伦理学探讨的主要问题包括农业的意义、农业的模型、科学和技术在农业中应用的伦理学、与农业相关的食品伦理学、动物伦理学和环境伦理学”[①]；严火其对东西方传统农业思想进行了比较[②]；李建军主要介绍了西方农业伦理学发展的基本脉络[③]；张永奇梳理了农业伦理学的研究现状并分析了未来农业伦理学研究的走向。农业伦理学的研究在国内方兴未艾，但还存在一些需要规范的问题。[④]

（一）对有中国特色的农业伦理概念进行界定

有中国特色的农业伦理学是指以马克思主义理论为指导，结合我国农业的具体实际，以中国传统农业伦理思想和道德观念为思想渊源和历史依托，借鉴国内外最新学术研究成果建立起来的，以研究和阐明我国社会主义农业伦理学的学科性质、基本原则、范畴，以及人类在农业系统中的道德责任和遵循的道德规范的学科。

农业是国民经济的基础，是人类社会生存之源。受社会文化、民族特点等层面的影响，今天的中国农业伦理学是对中国传统农业伦理的批判性继承和革命性突破，发展农业伦理学必须重视社会历史文化因素，以及与我国农业发展相并存的社会价值观念对农业伦理的影响。

改革开放以来，伴随着在农村实行经济体制改革，中国的农业和农村的经济、社会状况发生了巨大的变化。工业化和城镇化对农村和农业影响巨大。尤其是借助工业技术向农业资源索取最大产能的传统农业的发展以牺牲自然资源和生态环境为代价，造成耕地退化严重、资源不断减少，土壤肥力下降又影响了耕地质量，农产品质量安全问题凸显。加之我国正处于社会主义初级阶段，农业发展相对薄弱，城乡之间差别很大，这些社会、经济和生态等方面存在的问题，严重制约着我国农业的

① 邱仁宗：《农业伦理学的兴起》，《伦理学研究》2015 年第 1 期，第 86 ~ 92 页。

② 严火其：《东西方传统农业伦理思想初探》，《伦理学研究》2015 年第 1 期，第 96 页。

③ 李建军：《农业伦理学发展的基本脉络》，《伦理学研究》2015 年第 1 期，第 100 ~ 103 页。

④ 张永奇：《农业伦理学研究现状与未来走向谫论》，《西北农林科技大学学报》（社会科学版）2016 年第 3 期，第 149 ~ 154 页。

可持续发展。

我国农业发展的现实需要决定了我们必须建设有中国特色的社会主义农业伦理学。社会主义的农业伦理观必然有别于资本主义的农业伦理观，只有在确定了公有制生产关系的社会主义社会里，才可能建立起真正科学的农业伦理学。这样才能使中国农业逐步从传统农业向现代农业转变，从而实现中国农业的现代化和可持续发展。

（二）农业伦理学的学科性质

农业伦理学作为一个学科，具有哲学性、交叉性、系统性和实践性的学科性质。

哲学性。农业伦理学是应用伦理学的一个分支，因此它属于哲学。它是从世界观和方法论的高度来研究农业中涉及的道德问题，其使命在于教化人。

交叉性。农业伦理学是一门交叉性学科，它是伦理学与农学、化学、生物学、生态学、管理学等诸多学科交叉融合的结果。

系统性。农业伦理学是一门系统科学，它涵盖了诸多研究领域，如农业、哲学、历史、经济、政治、文化、管理、生态、党建等各领域，这些领域相互联系、相互影响，共同形成农业伦理这一学科。

实践性。农业伦理学不仅仅需要理论的研究，更是适应新形势下农业发展中产生的一些突出的伦理问题而进行研究的一个学科。目前我国农村污染严重，农药、兽药、化肥研发与使用中安全问题，转基因技术，农产品质量安全，农业物联网，水利等多方面都存在着非常严重的问题，这急需具有人文情怀的农业科研工作者和哲学家、伦理学家们来予以参与解决或研究探讨。

二　有中国特色的农业伦理学研究领域

传统农业向现代农业的转变过程中出现了一系列的伦理问题，从科技、经济、社会和生态环境四个维度来看，植物生产、动物生产、微生物生产、农业经济、农业管理、农业工程、农业政策、农业教育几个方面均涉及伦理问题。有中国特色的农业伦理学研究领域如表 1 所示。

表 1　有中国特色的农业伦理学研究领域

<table>
<tr><th></th><th>植物生产</th><th>动物生产</th><th>微生物生产</th><th>农业经济</th><th>农业管理</th><th>农业工程</th><th>农业政策</th><th>农业教育</th></tr>
<tr><td>科技维度</td><td>种植业科技伦理</td><td>养殖业科技伦理</td><td>农业微生物科技伦理</td><td>农业经济科学伦理</td><td rowspan="3">农业管理伦理</td><td rowspan="4">农业工程伦理</td><td rowspan="4">农业政策伦理</td><td rowspan="4">农业教育伦理</td></tr>
<tr><td>经济维度</td><td rowspan="2">种植产业伦理</td><td rowspan="2">养殖产业伦理</td><td rowspan="2">农业微生物产业伦理</td><td>农业市场伦理</td></tr>
<tr><td>社会维度</td><td>农村经济伦理</td></tr>
<tr><td>生态环境维度</td><td>种植业环境伦理</td><td>养殖业环境伦理</td><td>农业微生物环境伦理</td><td colspan="2">农业生态经济伦理</td></tr>
</table>

鉴于有越来越多来自不同学科领域、具有不同学科背景的学者思考农业伦理问题，加入到农业伦理相关问题的研究当中，将会使农业伦理学的研究向更广阔的领域扩展，向更深层次延伸。农业伦理学可能的研究领域和方向主要包括马克思主义农业伦理思想、农业伦理思想史、农业科技伦理、农业经济伦理、农村治理伦理、农业环境伦理、农业伦理教育等。

农业伦理思想史主要研究中国传统农业伦理思想、马克思主义农业伦理思想和西方农业伦理思想。分析中国传统文化对中国传统农业伦理思想产生的影响，探讨中国传统农业伦理思想对当今农业伦理观的作用；分析马克思、恩格斯、列宁等经典作家的农业伦理思想，以及中国共产党人农业伦理思想，探讨马克思主义农业伦理思想的当代价值；分析西方农业伦理思想产生的根源与思想脉络，探讨西方农业伦理思想对当今农业伦理观的作用。

农业科技伦理主要研究农业科技中涉及的伦理问题，如转基因技术、兽药技术、化肥技术、农产品质量安全技术、农业物联网技术、农田水利技术等在研究、开发和使用中的伦理问题，它是农学、环境科学、生态学、科学学、科技伦理学等多学科交叉的研究领域。

农业经济伦理主要研究农业经济活动与经济行为中的道德观念，以及解决这些问题的道德原则与行为规范。它包括农业生产伦理、农业交换伦理、农业分配伦理、农业消费伦理等几个方面。

农村治理伦理主要研究农村内部的自我管理和发展、农村基层党组织建设、健全基层民主制度、创新农村基层管理服务过程中出现的伦理道德问题。它需要伦理学、管理学、社会学、党建理论等作为基础理论。

农业环境伦理主要探讨农村中生态环境恶化、水土流失、重金属污染、草场退化、资源过度开采、大量生活垃圾未经处理就被丢弃等与环境相关的伦理问题。

农业伦理教育主要研究农业科技工作者、农村基层干部、农业企业管理者、农民的农业伦理意识的培育问题，它是伦理学、教育学、社会学、农学等多学科的交叉研究领域。通过培育农业科技工作者的农业伦理意识，使农业科技在研究、开发和推广的过程中，能够关注伦理问题；通过培育农村基层干部的农业伦理意识，使他们在领导农民进行新农村建设中通过改善环境，给他们带来更大的收益，更给自然带来更大的效益；通过培育农民的农业伦理意识，使他们能够在提升道德责任中切实获利。

我们看到，这些领域的研究可以说是多个学科相融汇、整合的产物，将这些学科已有的研究成果和研究方法应用于这些领域的研究中，推进农业伦理学的研究向前发展。

三　有中国特色的农业伦理学分析

在中国研究农业伦理学有其特殊性，主要体现在以下几方面。

第一，中国农业伦理学研究以马克思主义理论和伦理思想为指导。

习近平总书记指出，“坚持以马克思主义为指导，是当代中国哲学社会科学区别于其他哲学社会科学的根本标志，必须旗帜鲜明加以坚持”。农业伦理学的研究也应该坚持马克思主义的指导。

运用马克思主义唯物史观和伦理思想，以马克思关于人的存在为研究的逻辑起点，全方位考察当代中国农业伦理道德构建的现实社会基础，阐释当代中国农业伦理道德构建的精神文化背景和条件，揭示中国特色社会主义农业伦理道德体系的价值内涵和理论特质，探究当代中国农业伦理道德运行机制，充分发挥农业伦理研究在当代中国农业发展中的社会功能和导向作用。

伦理学的基本问题是利益和道德的关系问题。马克思主义唯物史观告诉我们，经济基础决定上层建筑，上层建筑反作用于经济基础。在马克思主义理论体系中，资本主义是在高度发达的基础上进入到社会主义阶段，而我国是由半殖民地半封建社会直接进入社会主义社会，没有经历资本主义高度发达的阶段，经济基础相当落后。邓小平提出建设有中国特色的社会主义，这是符合中国国情的。我们坚持以公有制为主体、多种所有制经济共同发展的基本经济制度和以按劳分配为主体、多种分配方式并存的分配制度。我们强调物质文明和精神文明两手都要抓、两手都要硬，实际上就是在试图平衡利益和道德之间的关系。

改革开放以来，各种个人主义思潮盛行，尤其是在市场经济发展过程中拜金主义、利己主义思想出现，干扰了市场经济的正常发展。人们在重视经济利益的时候，忽视了道德建设。在农业领域中也是一样，化肥农药的滥用、运用农业科学技术中的安全问题频频出现。不能重物质利益，轻思想道德教育。社会主义市场经济是将经济和道德放在同等重要的位置上。因此，在伦理道德建设中我们强调在发展社会主义市场经济的时候自觉地进行了社会主义核心价值观和生态环境等道德的教育。社会主义公有制从根本上决定了我国农业的性质，所以，中国特色农业伦理学必须坚持以马克思主义唯物论为指针，坚持社会主义伦理道德观，在马克思主义视域下研究农业伦理相关问题。

第二，中国农业伦理学研究以中国传统农业伦理思想为依托。

中国传统伦理道德是中华民族在长期共同生活和社会实践中积淀起来的价值共识，今天仍然有着强大的生命力和感召力。中国古代农业科技注重协调人与自然环境的关系、注重耕地的施肥保养、注重因地制宜地选育优良品种等优良传统，其思想原则和价值取向，至今仍然值得世界现代农业借鉴和发扬。中国农业古籍浩如烟海，这其中包含了丰富的中国传统的伦理道德。中国传统农业伦理思想和道德观念是构建当代中国农业伦理学的思想渊源和历史依托，坚持古为今用，这样才不会在研究中误入历史虚无主义的歧途。

第三，中国农业伦理学研究要借鉴国外农业伦理学的研究成果。

国外农业伦理学的研究已经有 40 余年的历史，美国、欧盟、日本等不仅在理论上，而且在实践中也取得了一定的成果。借鉴国外农业伦理学研究成果，可以启发我们的思路，丰富我国农业伦理学的内容。但是我们也要注意到，不能采取拿来主义，直接将国外农业伦理学研究成果不加批判地利用。坚持洋为中用的原则，我们要将国外农业伦理学合理的部分与中国传统农业伦理融会贯通，把国外农业伦理学中科学的部分结合到我们的农业伦理实践中去，将各种资源融会贯通。没有分析和消化、没有批判和发展，没有不断创新，就没有中国农业伦理学的特色，就没有中国农业伦理学的地位和作用。

第四，中国农业伦理学研究以生态文明观引领。

中国是个文明古国，党的十七大提出“建设生态文明”，生态文明成为“五大建设”的基础。十七大报告中提出：“坚持生产发展、生活富裕、生态良好的文明发展道路，建设资源节约型、环境友好型社会，实现速度和结构质量效益相统一、经济发展与人口资源环境相协调，使人民在良好生态环境中生产生活，实现经济社会永续发展。”生态文明建设的核心内容是处理好生产、生活、生态的关系，生态文明是在要处理好经济发展与环境保护的关系的基础上，形成人与自然的和谐关系。农业是国民经济的基础，是与自然最为紧密的产业，农业的发展直接影响到生态文明的建设。但是农业生产中化学药剂的使用、可耕用土地的退化、焚烧秸秆、禽畜粪便随意排放导致污染等现象的出现使得人们在农业发展过程中不断反思人和自然的关系，农业科技的研究与推广过程中也要不断思考人与自然的价值冲突等深层次问题。所以，农业伦理的相关问题研究需要在生态文明建设的大理念下展开。

第五，中国农业伦理学研究与中国农业的具体实践相结合。

农业伦理学是一门实践性很强的学科，它的理论形成的基础是实践，没有三农中出现的具体伦理道德问题，就不可能有农业伦理学理论的形成。反过来，农业伦理学一旦形成，它又为解决三农涉及的伦理道德问题而服务。因此，我国农业伦理学的研究，必须从我国的国情出发，从建设有中国特色的社会主义实践出发，从我国农业发展的现实出发，建立有中国特色的农业伦理学。注重农业伦理学的科研、教学，服务于农业的改革和发展，是现阶段农业伦理学的现实意义和生命力所在。如何科学地回答农业发展中出现的一系列伦理问题，是当前农业伦理学的一项紧迫的任务，也是一个较为薄弱的环节。只有在建设有中国特色社会主义的背景下，面对农业发展中的现实问题，为农业服务，才能显示出农业伦理学巨大的社会作用。

总之，习近平指出：“人类社会每一次重大跃进，人类文明每一次重大发展，都离不开哲学社会科学的知识变革和思想先导。”中国农业从传统农业向现代农业的转变，离不开农业伦理学。中国农业伦理学的研究在中国还刚刚起步，需要规范的内容还很多，还是学术的薄弱领域，可以说任重而道远，农业伦理学的研究必将对中国农业的发展起到重要的作用。

（2017 年 9 月，“中国草学会农业伦理学委员会”成立大会暨“农业伦理学与农业可持续发展”学术研讨会会议论文）

中国传统“农本”思想及其现代思考*

方锡良**

“农本”思想，自古以来，源远流长。其基本内容是：在传统农业社会中，农业既构成了普通民众衣食之来源，同时又成为国家富强稳定、治理有序的根本；进而，“以农为本”的农耕文明和农业社会，又成为传统宗法人伦社会秩序的深厚根基。在各类战乱、灾祸频仍的历史长河中，“丰衣足食、富足安定、敦伦教化”成为历代民众最迫切的愿望和中华历史最深层的文化心理，而这三者都建立在农业繁荣丰足的基础之上。

当今时代，我国农业正面临着现代化、全球化和生态环境危机的挑战，同时随着新型城镇化的深入推进和科学技术的发展应用，人们对“农业”的思考探索，越来越往深度发展。国人不仅从政策规划、产业布局、科学研究、技术支持等方面推进改革发展，还从历史发展、文化传统、思想演进等角度深入开展思考研究，更进一步从我国历史悠久的农耕文明传统、内容丰富的文化典籍中去探询古人对“农业”生产生活的探究思考。这种探究思考既指向国家富足安平之道，又指向民众幸福安康之道，换言之，在“家国同构、修齐治平”的古代文化传统中，这种思考探索有助于我们深入探究“农业”为什么成为“民众衣食之源、国家安治之本”。进而言之，在由“国家社会”、“思想文化”与“历史时代”所交织构成的三维坐标系中，

* 基金项目：本文系2016年国家社科基金西部项目“生态文明战略视域中的‘中国农业伦理学’研究”（16XZX013）的阶段性研究成果。

** 作者简介：方锡良，兰州大学哲学社会学院副教授，研究领域为生态哲学与生态伦理。

我们要深入思考当今时代农业当何去何从？人与自然、人与社会的关系如何？在传统文化危机、经济金融危机和生态环境危机的冲击下，扎根于泥土和大地的人们，应当如何更好地生活与行动？

同时也需要积极构建当今时代新型“农本”，推动发展低碳循环、生态和谐、系统耦合的“现代农业”，探究一条“保护环境、民生改善和农业发展”三者共赢新路径。

一　农本之要

（一）民之大事在于农，国之大事在于农

在传统的农耕文明和宗法社会中，农事与农业既是普通民众安身立命之本，也是国家繁荣安定之基，故“农业”既是民之大事，亦为国之大事。这一认识，早在商周之际就已经逐渐形成，如虢文公劝谏周宣王亲耕籍田，就是鲜明例证。

> 夫民之大事在农，上帝之粢盛于是乎出，民之蕃庶于是乎生，事之供给于是乎在，和协辑睦于是乎兴，财用蕃殖于是乎始，敦庞纯固于是乎成，是故稷为大官。①

周宣王不愿亲耕籍田，虢文公加以勤勉劝谏，全面阐发了为何“民之大事在于农”。因为“农事和农业”涉及天帝先祖的祭祀、广大民众的繁衍、国家事务的供给、和睦局面的兴起、财货用度的增长、国家富足和民心坚定的形成，进而言之，“农事和农业”关涉宗法礼制有序、民众富庶生息、国家富足强盛、社会安定和睦。由此看来，天子君王之“大事”在于引导民众“以农为本”，努力从事农耕，并且要率身垂范，劝农务本。而君王作为“牧民之长”，若不能“劝农力耕、导民务本”，则既会失其根本，也会获罪于天、失信于民，逐渐丧失其统治之合法性。

我们可以继续深入思考：在中国现代化深度推进和中华民族伟大复兴的历史进程中，在工业化、全球化和城市化不断推进的趋势下，在经济金融危

① 徐元诰撰：《国语集解》上，中华书局，2002，第15～16页。

机频仍、生态环境危机迫近、社会生活发展水平尚不均衡的背景下，“农业”在何种意义上依然是我们国家发展和社会生活中的“根本大事”?

作为最为基础性的产业体系，农业的稳定繁荣，从产业发展、市场波动、粮食安全、政策影响等不同角度深入影响国家经济社会生活。进而“三农问题”的合理有效解决，也关涉城乡二元体制的改革变化、社会福利保障体系的建立完善、社会公平正义的真正实现、生态文明建设的保障与推进。一言以蔽之，农业的改革与发展和“三农”问题的有效解决，是我国现代化事业成功的关键所在。

历年来中央一号文件高度重视“三农问题”，强调“三农问题”在社会主义现代化建设过程中具有“重中之重”的地位，强调农业的基础地位不动摇，不断促进农民扩大就业和增收致富，不断推进农村综合改革和农业的现代化，这些其实就是在新的历史背景和时代形势之下，对“农业是国家发展和民众生活之根本大事”这一基础命题的继承和发展，更为重要的是对如何有效解决“三农问题”这一重大“时代课题”进行了积极有效的探索与实践。简而言之，结合时代发展，我们不仅要深入理解“农业为国之本和民之本”这一基础命题，还要积极解决“三农问题”这一时代课题。

（二）衣食之源、富强之本、教养之资

前述基本命题“民之大事在于农”，具体到中华民族数千年历史经验中，可从“衣食之源、富强之本和教养之资”等角度进行阐发。

1. 衣食之源、富强之本

农业乃民众生存和国家发展之基础和根本，因为它提供了衣食来源和财富用度，这是中华历史文化“重视民生传统”一个较为基础的维度。

> 农，天下之大本也，民所恃以生也……道民之路，在于务本。[①]
>
> 大哉，农桑之业，真斯民衣食之源，有国者富强之本。[②]

上述两段引文中都着重强调农业是关涉民生福祉和国家富强的“大”

① 任继周主编《中国农业伦理学史料汇编》，江苏凤凰科学技术出版社，2015，第13页。

② 马宗申译注：《农桑辑要译注》，上海古籍出版社，2008，第381页。

事，是天下、国家之根“本”，因而“道”民之路，在于引导民众“力农务本”。如果说《中庸》更多地从“性情之德、修养之道”角度来阐发“天下之大本达道”的话，那么从“农业生产实践和国家平治理念”出发，我们也可以说农业是天下之“大本达道”，甚至可以说农业是中国传统社会更为基础性、根本性的“大本达道”，在此基础上，“性命之道、修道之教”才能得以坐实，我们才能笃实理解和领会“致中和，天地位焉，万物育焉”的丰富含义。

而一般民众也应努力从事农业活动，以农事为本业，获取孝养父母的资材，换言之，普通民众“力耕务农、孝养父母”，构成了“农本”思想最为深厚、质朴的民众心理基础。

> 用天之道，分地之利。谨身节用，以养父母，此庶人之孝也（身恭谨，则远耻辱；用节省，则免饥寒）。①

2. 教养之资

（1）务农为本教。《吕氏春秋·士荣论·上农》篇，强调古先圣王以“先务于农”来“导引其民”，后稷以“务耕织”为“本教”，正所谓“务农为先，教化之本”。从“牧民教化”的角度来看，则或如管子所言，重在“务四时，守仓廪”。

> 凡有地牧民者，务在四时，守在仓廪。国多财则远者来，地辟举则民留处；仓廪实则知礼节，衣食足则知荣辱；上服度则六亲固，四维张则君令行。②

《农桑辑要·王磐序》中，王磐更全面地阐发了“农本”思想所具有的教化作用。

① 石声汉校注：《农桑辑要校注》，中华书局，2014，第3页。

② 黎翔凤撰：《管子校注》上，中华书局，2004，第2页。

大哉，农桑之业，真斯民衣食之源，有国者富强之本。王者之所以兴教化，厚风俗，敦孝悌，崇礼让，致太平，跻斯民于仁寿，未有不权舆于此者矣![1]

(2) 厚生养德。农事相关活动，有助于民众生活富足，厚养其身，是谓“厚生”；进而，还有助于滋养其身心，培育其德性，是谓“养德”。如管子之“德有六兴、以厚其生”。

德有六兴，义有七体，礼有八经，法有五务，权有三度，所谓六兴者何？曰：辟田畴，利坛宅。修树艺，劝士民，勉稼穑，修墙屋，此谓厚其生。[2]

“厚生”一词，可以进一步结合《尚书·大禹谟》：“德惟善政，政在养民……正德、利用、厚生惟和”[3] 来理解。正德，正己之德，正民之德，首先要求在位者要自正其德，正己以正民，使民众做到父慈子孝、兄友弟恭、夫义妇听；利用，利民之用，兴百工之业、通商贸财货，将资材用于为民兴利除弊；厚生，厚民之生，轻徭薄役，使人们丰衣足食。正德、利用、厚生三件大事的协调运行，乃平治天下的首要条件。

约而言之，“民生厚而德正，用利而事节，时顺而物成”。[4]

而从“养”的角度来看，五谷既是民众生活所仰赖的东西（民之所仰），也是供养君王的东西（君之所以为养），如此一来，“民众之仰”与“君王之养”之间有着密切关联。

凡五谷者，民之所仰也，君之所以为养也。故民无仰，则君无养；民无食，则不可事。故食不可不务也，地不可不力也，用不可不节也。[5]

① 马宗申译注：《农桑辑要译注》，上海古籍出版社，2008，第 381 页。

② 黎翔凤撰：《管子校注》上，中华书局，2004，第 194 页。

③ 李民、王健撰：《尚书译注》，上海古籍出版社，2004，第 26 页。

④ 李梦生撰：《左传译注》，上海古籍出版社，1998，第 597 页。

⑤ 吴毓江撰：《墨子校注》，中华书局，1993，第 36 页。

以五谷衣食为基础，五官皆有所养之物，进而，身体心灵皆得合适之滋养而得其所宜，行动合乎礼法，是为“礼者，养也”。

> 刍豢稻梁，五味调香，所以养口也；椒兰芬苾，所以养鼻也……故礼者，养也。①

二　农政之道

认识到民之大事或国之大事在于农，理解了农业可以提供民众“衣食之源、富强之本和教养之资”，这些理解和认识还需要通过政治实践来加以落实，是为“农政之道”。

（一）足国之道：节用裕民、以时生财、固本用财

关于国家富足之道，荀子的观点简约精到——开源节流，即以礼法来节制用度、节约开支，以政策去富民强国，则民众富庶、国家富足。明智之君王知道如何节用裕民，则既有仁义圣王的好名声，又有堆积如山的财富；但许多君王往往不知如何节用裕民，虽然到处搜刮民脂民膏，所获甚少，而且如果还挥霍无度、没有节制的话，则君王落得个贪利搜刮的恶名，而国家又将面临空虚匮乏的实情。

> 足国之道，节用裕民，而善藏其余。节用以礼，裕民以政。彼节用故多余，裕民则民富，民富则田肥以易，田肥以易则出实百倍。上以法取焉，而下以礼节用之，余若丘山，不时焚烧，无所藏之。夫君子奚患乎无余！故知节用裕民，则必有仁义圣良之名，而且有富厚丘山之积矣。此无他故焉，生于节用裕民也。②

节制用度、节约开支，君王依据法令去征收赋税，臣下百姓则依据礼法去节约用度，可以说荀子“富国”思想中包含着“谨守法度、勿夺民时、

---

① 王先谦撰：《荀子集解》，中华书局，1988，第346~347页。

② 王先谦撰：《荀子集解》，中华书局，1988，第177页。

爱惜民力、珍惜物力”等“农政”思想。荀子的“节用裕民”思想在先秦时期也得到了其他思想家的呼应，如墨子的“以时生财、固本用财”和管子的“务在四时，守在仓廪”等观点。

> “财不足则反之时，食不足则反之用。”故先民以时生财，固本而用财，则财足。故虽上世之圣王，岂能使五谷常收而旱水不至哉！然而无冻饿之民者，何也？其力时急而自养俭也。[①]

墨子强调要重视农时，厉行节约，才能积累财富、丰衣足食。我们要注意这段话首句中的一个关键词“反”，“反”通“返”，回归、回返之意，返向何处？向根本、本源之处复归，即“返本”。何为“本”？农业生产、财货之用。《道德经》中一再强调“大道曰返”，强调大道经常要回返其根基处，获取新的滋养，以便更好地前行。历史发展至今，人类在经济社会、科学技术等方面获得了极大的发展，在改变人与人之间关系的同时，也极大地改变了人与自然之间的关系，在“经济理性、技术主义和政治考量”的裹挟下，当今人类走得过快、过远，过度攫取人类持续生存之源、肆意破坏人类生存家园，“逝而不返”，逐渐忘记了那关乎国家长治久安和个人安身立命的“大道”。以“三农”问题为切入点，开展农业伦理学的教学研究，很重要的一个目的就是提醒全社会要积极探索当代中国农业的“返本开新、改革新生”之途，构建当代中国的新型“农本”，恰如墨子所言“以时生财，固本用财”。唯如此，才能夯实国家之根本，有效应对各类天灾人祸和时势困难，获取长久发展的不竭源泉和动力。

《管子·牧民》开篇即强调君王教化民众、治理天下，要以致力四时农事、笃守粮食储备为根本要务，如此才能做到“仓廪实而知礼节、府库丰而知荣辱”。

（二）劝农、兴农之法

劝农、兴农之法，首先在于劝勉民众笃力于农事活动；其次则充分发挥农官、农政之劝勉督查功效，从而立政兴邦；最后，通过总结历代强国富民

① 吴毓江撰：《墨子校注》，中华书局，1993，第36页。

之道和农事活动经验，知天地之道、明农政之理、晓农事之法。

1. 劝农力耕

古代社会统治，特别重视劝农，其主要内容是劝勉民众“辟野殖谷、修水利、植桑麻、育六畜、禁奢靡”等。

> 山泽救于火，草木植成，国之富也。沟渎遂于隘，鄣水安其藏，国之富也。桑麻植于野，五谷宜其地，国之富也。六畜育于家，瓜瓠荤菜百果备具，国之富也。工事无刻镂，女事无文章，国之富也。①

在管子看来，一个国家能否有效兴修水利、守护山林、种植五谷桑麻、养育六畜、栽种瓜果菜蔬、节用禁奢，事关国家的富裕与否。上述诸事顺利，国家才能富足安定，故这段引文的篇名为“立政”，立，站立、稳固之意，即有效实施上述行为，政事才能得到舒展，其政治权威才能真正树立起来，是为“立政”。

2. 牧民立政

进一步，丰衣足食、富民强国尚需设立相应官职、实施各类政策以劝勉、督促农事活动。只有把权力交给有德行之人，劝勉民众积极从事农桑活动、养育六畜果蔬，并积极推行有利于农事活动的政策，才能做到国安民富、令行禁止。《管子·立政》篇中记载，与农事活动相关的官职有“虞师、司空、由田”等，其中，虞师主山泽、司空主水利、由田主农事。

> 修火宪，敬山泽，林薮积草，夫财之所出，以时禁发焉。使民足于宫室之用，薪蒸之所积，虞师之事也；决水潦，通沟渎，修障防，安水藏，使时水虽过度，无害于五谷。岁虽凶旱，有所秎获，司空之事也；相高下，视肥墝，观地宜，明诏期前后，农夫以时均修焉，使五谷桑麻，皆安其处，由田之事也。行乡里，视宫室，观树艺，简六畜，以时钧修焉。②

① 黎翔凤撰：《管子校注》上，中华书局，2004，第64页。

② 黎翔凤撰：《管子校注》上，中华书局，2004，第73页。

上述段落对“虞师、司空、由田”各自职责的规定很详细，在其位，谋其事，牧其民，立其政，故曰“立政”。其中凸显几个主旨。

第一，重视时宜。即注重农时、时宜，如虞师之“以时禁发”，由田之“明诏期前后，农夫以时均修”，无论是山林砍伐、水泽渔猎，还是农事活动，都要注意合乎时令、节气而为，切忌逆时妄为或消极误时。与此相似，《吕氏春秋·上农》中制定了较为详细的“乡野与四时之禁令”，以免有害于农时，并强调如果行动举措与农时节气相悖，就会带来大的灾祸，是为“时事不共，是谓大凶”。

第二，重视巡查。即注重巡视、检查，如“相高下，视肥墝，观地宜……行乡里，视宫室，观树艺，简六畜”中的“相、视、观、行、简”等动词，恰恰表达了“主管农事之官”应积极开展各类巡视、检查活动。

管子强调君王官员平时要注重巡视山野农事，这样才能洞察国家饥饱贫富，唯有多实地巡查（行），才能洞察情况（知）。

> 行其田野，视其耕芸，计其农事，而饥饱之国可以知也……行其山泽，观其桑麻，计其六畜之产，而贫富之国可知也。[①]

第三，重视积备。即注重积财用、备祸患。这其中尤以水、火诸事为重要，山林应尤其重视防火、砍伐事务，才能积累足够的树木薪柴；水泽应重视排积水，通沟渠，修堤坝，才能保持水利设施的安全通畅，才能为水旱之灾做好准备，为粮食丰收打下基础。

中国历史上经常出现各类战乱纷争与水旱灾祸，这些战乱灾祸给民众生活往往带来严重威胁，这是中国传统文化中深厚的“忧患意识”之来源，亦使中华农耕文明尤其重视“备荒、备灾”。

（三）五环（君、民、食、农、功）与四维（官、法、政、心）

马一龙在《农说》中，深忧务农之人并不理解为农之道，而明道之人却又不屑于阐明农业之理，所以就农业而言，天下之人处于一种暗昧不彰的局面，不知力农务本而只是从事其他行业。他于是总结历代农业生产生活经

① 黎翔凤撰：《管子校注》上，中华书局，2004，第258页。

验，精炼阐发“农业之道”，使务农者懂得“务农之道”，使有识之士和在上位者明晓“农业”之重要，使全社会“力农务本、上农为教”。

> 农为治本。食乃民天。天畀所生。人食其力……圣人治天下。必本於农……君以民为重。民以食为天。食以农为本。农以力为功。所因如此，而司农之官，教农之法，劝农之政，忧农之心，见诸《诗》、《书》者惓惓焉。[①]

这一段话，非常简明清晰地阐发了“农本、农政”问题上几个关键点位之间的逻辑关系。君王应以民为重，重视民生、民事、民心，民生之本在于丰衣足食，而衣食之源又以农业、农事为本，农业、农事则又有赖于民众努力耕作才能有所收获。“君、民、食、农、功”五者环环相扣，层层推进，简要明了地阐发了古代中国“农本、农政”基本思想。

进而，这段话还从“牧民”的角度概括了“农政”思想的“制度、政策、技法和伦理”四个维度——司农之官、教农之法、劝农之政和忧农之心。这四个维度，会同前述五个环节，精辟概括了中国传统农耕文明中“农本”与“农政”思想的内在理路和外化实践，表达了马一龙力图打通“农耕之业”与“农政之道”之间隔阂与壁障的意图。

另外，马一龙还借助“阴阳交感变化”的思想来阐发农业生产之要素与原理——“察阴阳之故、参变化之机，其知生物之功乎?”[②] 进而借助农业生产中阴阳变化的因缘、奥秘和功效来体会“阴阳变化之理、天地自然之道”，这些，可以说是从“农业”这一最为基础性的生产生活实践角度，来笃实参赞“天地之化育”，真切体会“生”之为天地之大德，从而将较为高深玄妙的“大道”，具体落实到活生生的“人伦日用和生活实践”中去，这一“大道贯穿和落实于人伦日用和生活实践”的思想传统，恰恰是传统农业文明给予我们现代文明和社会生活最为宝贵的思想财富。

---

① 任继周主编《中国农业伦理学史料汇编》，江苏凤凰科学技术出版社，2015，第41页。

② 徐光启：《农政全书》上，石声汉点校，上海古籍出版社，2011，第51页。

三　治道之本

前述关于“农本之要、农政之道”的分析论述，最终还是要指向天下之大治——“治道之本”，这三者合起来，可以说是从农业角度探寻古代“学统、政统与道统”三统会通之道。

（一）古代圣人传说中的“农本”思想

中国文化传统中的古代“圣人传说”，往往赋予农业以深厚的历史文化底蕴，尤其是关于“神农”和“后稷”的传说。

关于神农，《白虎通·号》中解释了为何称之为“神农”。

> 谓之神农何？古之人民，皆食禽兽肉。至于神农，因天之时，分地之利，制耒耜，教民农作。神而化之，使民宜之，故谓之“神农”。[①]

而《汉书·食货志》更进一步概括道：作为生民之本的“嘉谷和布帛”，兴起于神农氏时代。

关于后稷，人们通常认为后稷教民稼穑，后稷是周朝之先祖和中华农耕文明之始祖，如《国语·周语》中所言“昔我先世后稷”，并强调农稷为大官；《汉书·艺文志》中则更进一步将“农家”溯源至“农稷”。后稷的神话传说及其历史影响，《农政全书·卷一农本·经史典故》中更进一步解释道：

> 盖周家以农事开国，实祖于后稷，所谓配天社而祭者，皆后世仰其功德，尊之之礼，实万世不废之典也。[②]

其影响可结合王国维在《殷周制度论》中对周人制度的相关研究来综合理解，王国维强调中国政治与文化最剧烈的变革，当在殷周之际，换言之，周人之所以能安定天下、范定后世，必须要考察他们所确定的基本制

---

① 陈立撰：《白虎通疏证》上，中华书局，1994，第51页。

② 徐光启：《农政全书》上，石声汉点校，上海古籍出版社，2011，第10页。

度，周人确立了“立子立嫡之制、庙数之制和同姓不婚之制”等几项重要制度。

此数者皆周之所以纲纪天下，其旨则在纳上下于道德，而合天子诸侯卿士大夫庶民以成一道德之团体。周公制作之本意，实在于此。①

如果说王国维《殷周制度论》从政治与文化变革的角度，考察了周人所确立的基本政治文化制度及其影响，突出地强调了周公“制礼作乐、确立民彝”的历史与文化影响的话；那么，《史记》等典籍中关于“后稷、农稷”的神话传说和历史记载，则突出了“后稷”作为周人之先祖和开创中华农耕文明的历史文化影响。恰如《史记·周本纪》所载：公刘虽处戎狄之间，却复修后稷之业，于是民富邦强，百姓感念，前来归顺，周道之兴盛自此而开始。在此基础上，周公制礼作乐、范定伦序，奠定了后世宗法人伦社会基本制度架构和文化秩序。所以，我们今日重新理解先秦文化传统时，不仅要关注其政治与文化方面所奠定的基础，也要关注其在生产生活方式方面所奠定的基础，而后者则与农业生产生活的兴起与发展息息相关，需要进一步深入探究。

上述两者的关系可以从墨子关于“三后成功，维假于民”的论述中看得更加清楚。

乃名三后，恤功于民：伯夷降典，哲民维刑；禹平水土，主名山川；稷隆播种，农殖嘉谷。三后成功，维假于民。②

其最后一句话的深层次含义在于，强调三位圣贤君王率身垂范、引导民众辛勤劳作于内外家园，探究国家安定富庶、民众安居乐业之道，进而明察“天、地、人”三才之道，探询华夏民族安身立命之道，其真正成功之处在于教导民众、范定天下、福荫后世，而非通过强力武功来压服迫使民众归

① 王国维撰：《殷周制度论》，载《王国维文集》第四卷，中国文史出版社，1997，第43页。
② 吴毓江撰：《墨子校注》，中华书局，1993，第79页。

顺，显赫一时。

这一段话，将“后稷”与“伯夷”、“大禹”三者合而言之，强调三后之功劳，在于制定礼法典仪以教化民众、平治水土以名物安邦、教民稼穑以裕民富国，三者都是固本强国之道，尤其是“教民稼穑”所指向的“重农务本”传统与“制礼作典”所指向的“敦伦教化”传统相互融合，逐渐形成中华农耕文明源远流长的“重农务本、耕读持家”的主流政治观念和核心文化思想。

（二）治道上农

努力从事耕作桑织，使人民丰衣足食，国家富庶安定，强调“上农、重农”从而“以农为本、劝农力田”，以此来教化民众，是为“本教”。故“天子君王亲耕籍田”这一传统在我国传统农业社会中长久延续，并演化发展为底蕴深厚的“劝农力耕、不误农时”的农耕文明基本观念。而男耕女织，相互协作，既有益于家庭丰衣足食，又不断巩固纯朴田园生活的原初意象，成为历代文人雅士创作诗词歌赋、书画音乐的重要思想源泉。

古先圣王为何以“务农为先”引导民众？《吕氏春秋·士荣论·上农》总结道：

> 古先圣王之所以导其民者，先务于农。民农非徒为地利也，贵其志也。民农则朴，朴则易用，易用则边境安，主位尊。民农则重，重则少私义，少私义则公法立，力专一。民农则其产复，其产复则重徙，重徙则死其处而无二虑。①

民众从事农业，不仅仅是为了从土地中获取生存发展之资材（地利），更可以涵养笃定其精神志向（贵其志），具体而言有三点理由：一则可以使民心纯朴、心志笃定（民农则朴），如此，则百姓易于使用，且足以安定边塞、尊重君王；二则使民众持重（民农则重），尊重国家法令之威严，令行禁止；三则是民众富庶兴家、安土重迁，心无旁骛（民农则重徙）。《全唐文》卷八百六十三《窦俨·上治道事宜疏》则更进一步概括为：“农者，至

① 许维遹撰：《吕氏春秋集释》，中华书局，2009，第682~683页。

正之道，自然之资，为邦之大本，当今之急务。”①

为了更好地阐发农业的根本地位，前述《上农》篇引文紧接着又从反面加以阐发。

> 民舍本而事末则其产约，其产约而轻迁徙，轻迁徙则国家有患皆有远志，无有居心。民舍本而事末则好智，好智则多诈，多诈则巧法令，以是为非，以非为是。②

上述引文从反面来说明“本末之别、耕战之重”，农业为本，工商为末，若本末倒置，则缺乏足够的资材，内不足以安定民心，外不足以御敌攻伐，而且还会激发智巧与伪诈，颠倒是非、法令不彰，是以先秦时期的政治哲学与社会伦理，都较为强调“扬本抑末、重视农耕”的政治思想与治国策略。这一点，后来进一步深远影响中华农耕文明的传统政治思想与宗法伦理观念。

四　关于“农本”传统的现代思考

“农本”传统在中华农业文明中起到了“固本强干、富民教化”的功效，有利于传统农业社会生产生活系统的有序发展和良性循环，并为安土重迁的“宗法人伦社会”和修齐治平的“大学之道”，提供了持久的生活根基、政治基础和情感来源，在前现代社会，努力从事农业生产，乃是一条根本道路，借助农业的出产和滋养，国家才能长治久安。

以农业为立国之本，重视农事活动，节用裕民，进而逐渐形成“重农抑商，重本轻末”的中国农业文化传统。如《管子·富国》篇强调：治国之道，必先富民。为此要求禁末作，止奇巧，以利农事。《汉书·论积贮疏》强调：积贮乃天下之大命，宜引导民众而使之归于农，以农为本，使天下各食其力。

但现代社会“产业化、全球化和城市化”的发展趋势，对这种“以农

① 任继周主编《中国农业伦理学史料汇编》，江苏凤凰科学技术出版社，2015，第29页。

② 许维遹撰：《吕氏春秋集释》，中华书局，2009，第683~684页。

为本、重农抑商”的农业文化传统提出了极大挑战，我们一方面要反思其不足与缺陷，另一方面更要深入发掘其中的农业智慧。

那种过于强调“以农为本、重农抑商”的观念和实践，从历史发展的角度来看，不仅强化了城乡二元社会结构，而且在某种程度上阻碍了内外开放交流和社会变革进步，进而不利于农业系统与其他系统之间的系统耦合，不利于农业稳定发展和食物安全，并积累起系统性风险，这些情况需要汲取传统农业生产生活智慧，结合改革开放和现代化建设实践，以及现代科学研究及其探索实践，进行积极变革，以构建当今时代的新型“农本”。

（一）开展现代思考

1. 城乡二元社会结构及其变革之道

以“农桑之业”为主导的小农经济模式和传统农业生产生活方式，将多数民众拘执于狭小之乡土与田地，逐渐强化了“原野乡村与都邑城市”之间的区分，这一区分不仅强化了城乡二元社会结构，也不断固化“士农工商”的社会阶层划分，虽然有着以“举荐、科举”等为代表的人才培养选拔机制，但对多数普通民众而言，大大限制了其择业范围，阻碍了其才智发挥，限制了人才、资金、技术、思想与管理方式的交流融通。虽然中华民族历史悠久、文化灿烂，但从人类历史发展整体进程来看，这一生产生活方式也无形中削弱了中华民族整体竞争力，影响了普通民众的全面发展。

将近四十年的改革开放进程，极大地解放了农村剩余劳动力，既为经济社会发展提供了丰富的劳动力资源，也带来了传统农业生产方式的变革，更导致了农村生活方式与思想观念的深层变革，农民的市民化、农业的产业化、农村的城镇化，这一系列的变化正不断冲击传统的城乡二元社会结构，要求建立起更加公平、开放、统一的社会结构体系和政策保障网络，为解决“三农问题”和构建新型“农本”奠定基础。

2. 重思“轻重本末之别”，促进农业的现代化、产业化与系统耦合

中华农业文明以农耕为重、为本，以工商为轻、为末，这一传统兼具政治统治和伦理道德两方面的考量和评价，有意抑制手工业和商贸活动，虽然有助于传统统治的稳定，但却实质性地限制了相关技术的发展应用，更阻碍了商贸流通和农业经济的发展，在某种意义上阻碍了中国的现代化进程。

与改革开放和中国现代化进程深度推进相协调，当代中国农业的现代化进程，正积极参与国际经济贸易活动，借鉴吸收古今中外合理有效的生产经验、农业智慧和科学技术，主动探索优势互补、各具特色的产业化路径，尤其是发展各类生态、特色农业，以促进我国农业的良性循环和持久发展，探索“三农问题”的根本解决之道。这样才能促进农业生产系统与生态环境系统、经济发展系统和政治文化系统之间的系统耦合。

3. 汲取智慧，化解风险，发展低碳循环、生态和谐、系统耦合的“新型农业”

传统农业过于重视耕作农业和作物籽实获取，虽然尽可能地精耕细作和轮耕套作，但受到天时气候、土地性质差异和生产效率的影响，传统农业“年成或年景”差异较大，并不能有效解决民众“丰衣足食、安居乐业”的问题，这一情况又经常伴以战乱纷争，导致民不聊生、流离失所、社会动荡。而现代农业，既缺乏传统农业的精耕细作和有机肥施用，又大量施用化肥、农药，使得农业生产中的地力耗竭、土壤污染、病害加剧等问题全面呈现，并逐步演化成为系统性的农业生态问题，建立在这种过于依赖化工业基础上的农业丰收局面和粮食增产趋势，逐步积累起较为严重的系统性风险，[①] 尤其是在粮食可持续有效供给、食物质量和安全等方面所积累的系统风险。这些风险，还会传导到与农业相关的产业链，阻碍畜禽养殖和奶产业等相关产业的健康良性发展。

传统农业过于注重五谷六畜，将食物的来源和生产集中于粮食作物，而“耕战强国、耕读持家”的政治与文化传统，又进一步强化了这一主导思想，反而将历史悠久的草地畜牧传统和草地农业系统逐渐排斥在主流农业系统和治道传统之外，这一点限制了中华民族生产生活方式的拓展、食物的组成结构与有效供给、民众的增收致富途径，并在现代社会逐渐演变成为某种系统性的风险和危机。

上述系统性风险，将严重冲击农业良性循环、可持续发展的基础，甚至于动摇国家富强安定的根本，在新形势下积极探索风险的化解之道，将有利

① 任继周：《我国传统农业结构不改变不行了——粮食九连增背后的隐忧》，《草业学报》2013 年第 3 期。

于重建新的“农本”。

为此，我们需要转换思路，借鉴古今中外农业经验与智慧，进行积极的探索和实践。

（二）构建新型“农本”

为了重建新型“农本”，一方面我们可以借鉴中国农耕文化传统中丰富悠久的“精耕细作、物种共生、天人合一”等农业智慧，以更加合乎自然之道的方式去照料、呵护“大地、山泽、川流”等生存环境，重新焕发中华民族数千年的农业生产和生活智慧，如深入发掘传统农业生产生存智慧，师法自然，以自然之力恢复地力，创建各具特色的农业共生系统。

这方面，已经有不少兼具科学素养和人文精神的专家学者在进行有益的探索实践，某些研究项目清晰地揭示了土地资源紧缺地区农业文化传统中的高超生存智慧和巧妙共生系统，这些复合生态、共生系统将中华文明中“师法自然、天人合一”的哲学观念发挥得淋漓尽致，为现代生态和谐、低碳循环农业系统提供了典范；[①] 而另一些实验项目则努力借自然之力以恢复自然，对土地进行生态修复，恢复其生机与活力，不仅逐渐恢复了原本贫弱的地力，而且不断改善周围生态环境，积极探索一条生态循环、有机环保农业之路。[②]

为了构建新型“农本”，另一方面我们还需通过将过去那种以“粮食生产和籽实收取”为主导方式的传统耕作农业，转变为因地制宜地发展包括“粮食、蔬果、畜牧、渔业”等在内的大农业体系，尤其是在林草资源丰富的西部地区大力发展草地农业，拓展农业生产加工的范围，提高生物质的利用效率，延伸农业相关的产业链，提升农业的产业附加值。

为此，我们需要将“战略眼光、生态智慧、科学精神和人文关怀”结合起来，在促进农业“生态系统耦合”和“可持续发展”的基础上，结合粮食安全保障、城乡二元结构变革、现代农业科技支撑体系建设和生态农业

① 如中科院地理资源研究所闵庆文研究员对“全球重要农业文化遗产”（GIAHS）项目“浙江青田稻鱼共生系统”和“贵州从化稻、鱼、鸭复合生态系统”所做的考察研究。

② 如中科院植物研究所蒋高明研究员，带领“生态农业”研究课题和科研团队，在其家乡山东省平邑县创办“弘毅生态农场”，坚持不用“化肥、农药、农膜、添加剂、除草剂和转基因”，积极探索有机、生态农业发展路径。

产业集群开发等问题，尤其是结合“三农问题”，积极探索“广义大农业”发展路径。[①]

五　结语

源远流长的“农本”思想及其社会实践，勾勒出中华农耕文明和农业社会的基本特征，奠定了中国历史文化传统和宗法人伦秩序的根基与基础，这一思想强调“民之大事在于农”，强调农业提供了衣食之源、富强之本和教养之资；这一思想，往上可以促使人们参赞“天地之化育”，体会“阴阳变化之理、天地自然之道”，往下则可落实为“农政之道”。

“农政之道”，既要重视“节本裕用、固本用财”，又要重视“劝农、兴农之法”。前者通过荀子的“节用裕民”、墨子的“以时生财、固本用财”和管子的“务在四时、守在仓廪”等思想得到申发，最终返回农业之本；后者在于君王、农官勤勉督查，劝民力农，立政兴邦；并通过总结历代强国富民之道和农事活动经验，知天地之道、明农政之理、晓农事之法。

前述“农本之要和农政之道”，最终上升到为“治道上农”这一中华民族基本治道思想，“治道上农”思想可以借助于神农、后稷等上古圣贤传说和《吕氏春秋·士荣论·上农》中的相关论述来加以阐发，强调“重农务本、敦伦教化”乃是“至正之道、邦之大本”。

时代的发展变化，促使我们对上述“农本”思想展开现代思考，一方面反思其缺陷与不足，另一方面则发掘其中的农业智慧，并结合时代发展、科学研究和实践探索，推动城乡二元社会结构的转变，促进农业的现代化与产业化，化解农业风险，汲取传统农业智慧，发展低碳循环、生态和谐、系统耦合的“新型农业”，为我国的现代化建设奠定新的“农本”。

---

① 这方面，兰州大学草地农业科技学院任继周院士多年来为中国农业的系统重建和现代转化，开展了一系列卓越的系统研究和积极的探索实践，为真正有效构建“新型农本”，树立了典范。比较有代表性的论著有：《系统耦合在大农业中的战略意义》（《科学》1999 年第 6 期）、《草地农业西部可持续发展之路》（《科学新闻》2001 年第 13 期）、《草地农业生态系统通论》（安徽教育出版社，2004）、《发展草地农业，确保中国食物安全》（《中国农业科学》2007 年第 3 期）、《传统农耕文化在黄土高原上的困境与机遇》（《草业科学》2010 年第 3 期）、《中国农业伦理学的系统特征与多维结构刍议》（《伦理学研究》2015 年第 1 期）。

这一新型“农本”的构建，可为我国“生态文明建设”和“丝绸之路经济带建设”这两大国家战略的互动研究提供有益的启示，如可在西北脆弱生态区，推动发展节水型生态农业和草地农业，积极探究一条“保护环境、民生改善和农业发展”三者共赢新路径。

（原文刊载于《兰州大学学报》（社会科学版）2016 年第 4 期）

中国农业伦理学应该研究的九个问题

王鸿生*

中国农业伦理学会成立是一件大事，笔者本人过去没有专门研究农业，也没有专门研究伦理学。但有两个原因要研究农业伦理学。第一，对农业有感情。还是那句老话，笔者既是农民的儿子，也是农民的孙子，小时候还是个人民公社小社员，干过农活儿。现在还是想当农民，但国家政策不容许，有户口问题。第二，伦理不是学问，是做人的道理。所以，过去没有专门研究伦理学没关系，只要有道德观念，做人讲伦理就好了。人民大学哲学系有伦理专业，过去一些年岁相当的同事之间经常开玩笑讲，研究伦理的没道德。这当然是个玩笑，搞伦理学研究的，有的人还是有道德的。但这句玩笑说明，与人一体的伦理学才有人文价值。农业伦理学，是把农业和伦理融在一起，这就更有价值了。具体看，它有四个基本要素：自然、农业、人、伦理。这四个要素再综合一下，就是“有人文价值理念的人在自然界中从事农业生产”。这其实是一种客观、复杂的社会现象，研究它，当然是科学的本分了。

一般而言，农业伦理学的主体是从事农业的人员，包括专业人员，关注的是这些人在相应的行为中体现的道德水平和价值观。其实这是狭义的农业伦理学。笔者认为，广义的农业伦理学应从整个人类文明的角度着眼，是通

* 王鸿生，中国人民大学哲学院教授，政治学博士，研究领域为科学技术史、科学哲学、中国科技与社会。

过透视人类的农业活动，来透视人类的文化和文明。反过来说，人类从事农业活动的方式和目的体现一种文化，反映人类的文明程度。从这个角度出发，也考虑中国的国情，我在此提出中国农业伦理学研究的九个问题，供大家参考。

1. 农业与儒家文化

中国古代文明是以农业文明为主体的，综合了北方的游牧文明、东北的渔猎+游牧+农耕文明、西北的游牧+绿洲文明、南方山林+农业文明等。在所谓三教九流中，儒家文化无疑居于首位，即儒释道三教之首。儒家的学说是一种价值理想，是建立在农业生活基础之上的。所以，研究农业与儒家文化之间的关系，其实就是探究中国农业伦理学的文化根源，梳理中国古人的价值观和农业之间的关系。这对中国农业伦理学研究，是历史文化基础的探究。

2. 中国皇朝对农业问题的认识

中华文明是政治文化主导的文明，周代以来的统治者称为天子，天子承天意治理天下，而民以食为天，天子和农业有文化的聚焦点。从历史的角度看，中国历代最高统治者，尤其是秦汉以来的历代皇朝，包括蒙古族和满族的统治者，对农业都很重视。最高统治者对农业问题的认识，在一定意义上代表着传统文明的高度。因此，梳理中国历代皇朝在这方面的认识，透视其中蕴涵的价值观和伦理内容，可以从政治文化的高度，洞悉中国传统农业蕴涵的价值观。这对中国农业伦理学的研究，也是不可或缺的历史文化基础。

3. 人民公社时期中国农业的处境

中国历史上直接关系到农业生产关系的制度建构有三次：西周的井田制、商鞅变法后的土地私有制度、我国20世纪50~70年代的人民公社制度（洪秀全的《天朝田亩制度》是好看不中用的东西）。关于井田制、秦汉以降的传统土地制度，中国经济史领域研究的很多，但人民公社时期中国农业的处境更值得研究。过去中国先搞合作化，再搞人民公社，后来又搞“农业学大寨”。这种特殊的生产方式、公社的管理制度等，都给人民公社社员的生活、理想和价值观打上了时代烙印。这是中国6亿~7亿人的生活经历，经历过这段时期的人还可以回忆并记录那些宝贵的生活经历和曾经真切的感情。总之，人民公社这种特殊的社会生产组织中人的处境、命运和理想，非常有研究的价值。

4. 改革开放以来中国农业的境况

中国改革开放以来实行包产到户，农业生产的组织形式和经营模式发生了重大变化；城市化的推进，使得农民能够进城务工，不再完全束缚在土地上；农业生产的价值含量虽然相对低些，但农村乡镇企业、养殖业有较大发展；中国对外开放了粮食市场，有钱不愁无粮，蔬菜瓜果和副食品生产降低了对口粮的需求。总之，农产品的市场化深刻影响了中国农民的命运、理想和行为方式，也冲击和塑造着其价值观。农业伦理学不能不研究这个最大的现实问题。

5. 人对土地的态度

农业的基础是土地，尽管古代传说中有空中花园，现在也有无土栽培，但真正的农业无论古今中外都是在土地上进行的。因此，农民同土地的关系之深，用一句话说就是土地养育了人。这是个客观的判断，反过来看，人对土地的态度则是个主观问题，它很复杂，很丰富。从坏的方面说，中国在土地方面的问题很多很严重，比如农药化肥的无节制使用，导致土地严重污染的问题；地下水位普遍降低导致的一系列问题等。我们脚下的这片土地是否还能承载这些人口，等等，这些都是农业伦理学的核心问题。当然，具体研究这个问题的人，可以去看古代的《诗经》，也可以关注现代农业及其产品相关问题，这里有文学也有科学。所以，这也是个很有趣的研究课题。

6. 人对环境的态度

环境问题和土地问题有关，但范围更广阔，内涵更丰厚。我们知道，美国人卡森写《寂静的春天》标志着环境科学的诞生。中国政府在 1992 ~ 1994 年编制了《中国 21 世纪议程》，中国人对环境问题的认识和对环境的破坏，同时都达到了新的高度。当然，环境科学还是给了农业伦理学更宽阔的科学视野，使之研究有更丰厚的人文内涵。或者说，环境科学是农业伦理学需要扩展的学术空间和背景。就此而论，人对环境的态度，是环境科学关注的一个核心问题，它涉及人类的可持续发展，当然也是中国农业伦理学应该关注的一个核心问题。

7. 人对动植物的态度

农业是一个有生命的产业。除了从事农业的人，农作物是有生命的，与农作物生长有关的其他植物是有生命的，参与相关农业生产的动物（牛、马、驴、驼等动物）是有生命的。人在农业生产过程中如何对待自己耕种的作物以及相关动植物，这当然是个伦理问题，而且是重要的农业伦理问题。古代中国农民对耕牛、车马、家驴、使驼的感情，就包含伦理，有人文情怀。在国外，印度教徒奉牛为神，不食牛肉，都与此相关。但现代中国人似乎都不配谈论这个问题，因为今天没有人不吃的东西，牛、马、驴、驼都成为畜产品，人吃他们已成寻常之事！对植物来说，人们为了农产品的丰收，首先考虑铲除杂草。但从生物多样性的角度看，我们要做的事情还很多。这当然也是个伦理问题。

8. 食品安全问题

过去有个故事流传：一个人去天津郊区朋友家，看到用污水浇菜，说这怎么行。朋友说：你放心，我们自己不吃这些菜，这是卖给城里人吃的。我们吃的菜浇井水或雨水。其实这个现象很普遍。在中国，许多人给市场提供的是高产的农产品，自己用的是所谓有机农产品。美国有个哲学家写了一本书，书名叫《大问题》，说的是世界观、自然观、价值观等。我看那个“大问题”应加一个字，叫“虚大问题”。食品安全才是实在的“大问题”，在中国恐怕还应该叫“巨大问题”。当然，食品安全涉及农业，还涉及食品的生产和流通过程，但农业伦理学不能忽略这个问题。

9. 农产品的价值和价格

说千道万，农民也是人。古代人讲“千里做官，为了吃穿”。中国农民扎根土地种庄稼，除了自己吃饭，还要把农产品出售到市场上，获得交换价值。民以食为天，人必须吃饭，这体现农产品的价值。但农产品的价格如何，则关系到农民的切身利益，也是市民关心的食品价格。价格高了市民叫，价格低了农民哭。市场的起伏影响农民的行为，农业和市场不能分割开来看。中国过去曾有“造原子弹的不如卖茶叶蛋的”说法，说的是分配制度的扭曲，造成了人价值观的扭曲。农产品价格不合适，当然也会扭曲许多东西。笔者曾在韩国待过，那里的大米很贵，是因为政治家需要民众手里的选票，农民手里有选票，国会就会制定有利于农民的农产品价格政策。凡是韩国不能生产的东西，比如香蕉，那是很便宜的。凡是在韩国生产的东西，都比较贵。这都是考虑到韩国农民的利益。总之，市场里有农业伦理，只不过有些问题需要透过政治看，有些直接反映在经济层面，有些还反映在文化层面。

（2017年9月“中国草学会农业伦理委员会”成立大会暨“农业伦理学与农业可持续发展”学术研讨会会议论文）

·农业、农村发展伦理研究·

关于现代农业发展的伦理反思*

李建军**

农业是采用饲养动物，栽培植物、菌类和其他形式，以生产食物、纤维和用于维持生活的其他产品的社会活动。农业的本质是人们将自然生态系统加以农艺加工和农业经营的手段，在保持生态系统健康的前提下来收获和分配农产品，以满足社会需要的过程。这种对自然系统进行人为干预而塑形的农业化过程既有赖于自然生态形态和社会系统的系统耦合及其进化过程，也植根于某种内在的伦理精神和农业情怀，如“敬畏天时以应时宜”① 等，其终极目标是实现农业的多功能性和人类文明可持续发展。然而，在商业冲动和技术锐器的双重驱动下，现代农业正迷恋于各类“高产出”和“高效率”的农业神话的缔造而逐渐忘却其应有的道德立场和伦理情怀，结果引发了农业生态系统脆弱、食品安全问题频发和农村社区凋零等重大社会问题。2015年，中国工程院院士任继周先生在兰州大学举办的“农业伦理学”系列讲座中强调说，“空气污染、水资源缺乏、土壤污染……我国的农业已经走到了非常危险的边缘。究其原因，不是科学技术落后，也不是缺钱或劳动力，

---

* 基金项目：本文系国家社科基金项目“农业转基因技术创新的伦理问题与社会规制研究”（编号：10BZX027）的阶段性研究成果。

** 作者简介：李建军，中国农业大学人文与发展学院教授、博士生导师，研究领域为农业伦理学、农业科技管理与发展战略。

① 任继周、林慧龙、胥刚：《中国农业伦理学的系统特征与多维结构刍议》，《伦理学研究》2015年第1期，第92～95页。

而是缺少正确的农业伦理观"[①]。现代农业发展亟须确立相应的农业伦理原则，并在此基础上探究可持续的发展道路和变革策略。基于此，本文尝试对现代农业发展及其实践中的问题进行伦理反思，并在此基础上讨论农业可持续发展的伦理框架和道德规范体系。

一　现代农业取得的显著成就和所产生的影响

自人类文明诞生之日起，农业就因其事关人类生活的基本需要而备受高度关注。由于农业的兴衰和可能出现的饥饿、灾荒、疾病甚至战争高度相关，发展高效率的农业生产系统，进而为所有人提供足够便宜和健康的食品自然是任何时期各类社会或各国政府的首要目标和最高的道德善行。得益于农业机械、磷酸盐矿物肥料的发明和通过系统的农业研发而培育出来的新型高产作物品种在农业中的广泛应用，以及工业革命带来的全球交通基础设施的改善和世界贸易的改变，现代农业创造了前所未有的发展神话，使人类能够大幅度地提高农业生产率、"大规模地把自然生态系统转化为可控生态系统来扩张耕地"[②]，进而促进了农业生产的工业化、农业贸易的全球化和农村社区的城市化。

"绿色革命"无疑是现代农业发展史上最辉煌的成就之一。20 世纪 40 ~50 年代，在洛克菲勒基金会和墨西哥政府的联合资助下，美国育种学家诺曼·布劳格（Norman E. Borlaug）及其团队在墨西哥成功培育的矮秆小麦品种经大面积推广后，在短短的 7 年时间内就使墨西哥农业完成了一场"寂静的革命"（the Quiet Revolution），实现了粮食自给。20 世纪 60 年代，借力于联合国粮农组织（UN Food and Agriculture Organization，FAO）和洛克菲勒基金会的联合推动，这场"绿色革命"很快席卷全球，让深受饥荒困扰的中东和南亚地区的许多贫困国家也实现了作物高产和粮食丰收，及时阻止了可能出现的人道灾难，挽救了成千上万的发展中国家穷人的生命。1970 年，诺贝尔和平奖委员会宣布授予布劳格诺贝尔和平奖。时任委员会主席奥

① 刘晓倩：《任继周院士：农业须靠伦理学走出工业化歧途》，2015 年 1 月 4 日，http：//news，sciencenet. cn/htmlnews/2015/1/310769. shtm。

② 〔奥地利〕Arnulf Grubler：《技术与全球性变化》，吴晓东等译，清华大学出版社，2003，第 139 ~143 页。

瑟·利奥内斯在颁奖致辞中强调说，布劳格获此殊荣不仅仅是因为他学术上的贡献，更重要的是他利用农业科学技术让数亿人摆脱了饥饿和贫困。“通过实验室和田间工作，他改变了世界粮食生产格局……给我们指出了充满希望的和平与生活方式——绿色革命”[①]。然而，布劳格及其所代表的现代农业创新者的努力自20世纪80年代开始，不断遭到一些环境保护主义者和社会经济评论家的攻击和批评。他们声称，“绿色革命”产生的问题比所解决的问题多，如大量生产和施用化肥导致农田氮磷流失、水源和土壤污染以及农产品品质下降等，其导致全球农业对单一作物的过度依赖；其对化肥的过度依赖为化工集团控制农业提供了便利，让小农户生产者流离失所[②]；高产农业对农业生产资料的高投入，使大农场主成为主要受益者，且使贫弱的小农户陷入债务泥潭，最终失去土地或者土地使用权等[③]。

事实上，早在1962年，蕾切尔·卡森（Rachel Carson）就在其出版的名著《寂静的春天》中率先对农药等化学制剂在农业中大量使用所带来的环境后果和潜在危险进行了公开揭露，并对整个农业和工业领域盛行的所谓“控制自然”的荒谬的世界观进行了讨论。她写道：“地球上生命的历史一直是生物及其周围环境相互作用的历史。在很大程度上，地球上植物和动物的自然形态和习性都是有环境造成的……仅仅在出现了生命新种——人类——之后，生命才具有了改造其周围大自然的异常能力。”“在过去的四分之一世纪里，这种力量不仅在数量上增长到产生骚扰的程度，而且发生了质的变化。在人对环境的所有袭击中，最令人震惊的是空气、土地、河流和海洋受到了危险、甚至致命物质的污染。这种污染在很大程度上是难以恢复的……并在一个引起中毒和死亡的环境中不断传递迁移。”“这些喷雾药、粉剂和气雾剂现在几乎已普遍地被农场、园地、森林和住宅所采用，这些未加选择的化学药品具有杀死每一种‘好的’和‘坏的’昆虫的力量，它们使得鸟儿的歌唱和鱼儿在河水里的翻腾静息下来……”大量的化学药物的

① 李建军等：《“绿色革命之父”诺曼·布劳格》，《自然辩证法通讯》2011年第3期，第111~117页。

② Robert Borlaug, *Sowing Green Revolution Among African Leaders*, http://www.csmonitor.com/1994/0629/29091.html. [2016-05-15].

③ Cockburn, Alexander, *Corporate Interests Keep World's Poor Hungry*, http://archives.tcm.ie/businesspost/2003/06/29/story909701237.asp. [2016-04-23].

使用仅仅取得了有限的胜利，却给农业和食品产业乃至人类的生存与发展带来了更大威胁。为此，卡森痛心地说："我的意见并不是化学杀虫剂根本不能使用。我想说的是，我们把有毒的和对生物有效力的化学药品不加区分地、大量地、完全地交到人们手中，而对它潜在的危害却全然不知。我们使大量的人群去和这些毒物接触，而没有征得他们的同意甚至经常不让他们知道……我进一步要强调的是，我们已经允许这些化学药物使用，然而却很少或完全没有对它们在土壤、水、野生生物和人类自己身上的效果进行调查。我们的后代未必乐意宽恕我们在精心保护负担着全部生命的自然界的完美方面所表现的过失。"[①] 该是我们认真反思现代农业方式的伦理后果并担当相应的社会责任的时候了。遗憾的是，卡森这些警示性的观点至今依然未能让许多执迷于现代农业高产奇迹和利润回报的农业研究者、生产经营者和政策制定者清醒。

尽管如此，对现代农业发展问题的相关探讨已成为当今农业和食品政策研究的主要话题之一。澳大利亚国家级工程"绿色澳洲项目"主任大卫·弗罗伊登博格批评说，"现代农业暂时解决了养活 65 亿人的问题，但是却没有解决土壤侵蚀、土壤盐化以及农村贫困等古老问题"；"现代农业只为少数利用机械、石油化学制品进行大片土地耕作的农民带来了财富"；"现代农业也未能解决维持生物多样性（即生命多样性）的问题"，现代农业经济是脆弱的，经不起气候变化和社会巨变。[②] 英国食品政策方面的研究者提姆·朗和麦克·希斯曼在《食品战争：饮食、观念和市场的全球大战》一书中分析说，现代农业革命更多地使用原料和进行动植物养殖，造就更少但更大的农场，依赖化石燃料和机械化；以增加产量或食品数量为占绝对优势的目标，且构建了一个以科学基础来深化增加生产目标的生产主义范式。为实现增产目标，现代农业仅仅关心单一栽培或种植而不是作物的多元化，并使农场内外的生产活动都过于依赖人工投入，如杀虫剂和肥料以及能量密集型的设备。随着现代农业革命的持续推进，现代农业所承受的张力越来越

① 〔美〕蕾切尔·卡森：《寂静的春天》，吕瑞兰、李长生译，上海译文出版社，2011，第 5 ~ 13 页。

② 〔澳〕大卫·弗罗伊登博格：《走向后现代农业》，周邦宪译，《马克思主义与现实》2008 年第 5 期，第 106 ~ 113 页。

大：尽管其在提高农业生产力方面取得极大成功，很好地应对了全球人口的急剧增长，但所引发的健康和环境问题，诸如气候变化、水源耗损、食品安全和人类健康等给人类的生存和发展带来严重威胁。[①]

总之，建立在高投入、高能耗基础上的现代农业在创造粮食增产奇迹的同时也存在其不可持续性的内在缺陷：它采取控制和掠夺的方式，以惊人的速度消耗全球的农业自然资源，排放大量自然界无法吸纳的废弃物，进而打破了全球生态系统的自然循环和自我平衡，加剧了人类与自然关系的恶化，造成了日益严重的环境灾难和人道危机，其在确保粮食高产和充分供给的同时引出了更多值得关注的社会问题，亟须我们引入农业伦理等全新的社会价值加以调整和变革。

二　现代农业发展中存在的价值缺失

伦理学是对什么是善恶、正当与不正当的道德判断。某一类行为或决策活动之所以被称为道德行为或道德的决策活动，是因为履行这类行为或这些决策活动被认为具有社会重要性，忽视或妨碍这类行为或决策活动将造成社会灾难。因此，农业伦理学的意义在于发现或讨论那些从道德层面分析农业实践行为和决策活动的方法和准则或标准，并通过严格论证和理性反思来规避各类伤天害理或愚蠢至极的事情发生，以确立农业可持续发展的决策基础和道德立场。在一定意义上，农业伦理学争辩首先聚焦于“伤害”（Harms）的程度和可能性，并以“不伤害”或“行善”作为农业伦理学讨论的基本原则。前面我们提到卡森在《寂静的春天》中以无可辩驳的事实揭露以化学制剂为主要增产工具的现代农业实践对自然环境（和我们的健康）是有害的，因为其不仅用单一种植替代了自然生态系统，造成了生物多样性的减少和大量二氧化碳的排放，而且引起了水资源污染、土壤侵蚀、地下水耗竭、杀虫剂污染和其他环境压力以及食品安全问题。因此，现代农业在应用现代科学和技术大规模、高效率地将自然农业系统转换为可控的农业生产体系，进而在大幅度地提高农业生产力和资源利用率的同时也产生了一系列需

① 〔英〕提姆·朗、麦克·希斯曼：《食品战争：饮食、观念和市场的全球大战》，刘亚平译，中央编译出版社，2011，第17~24页。

要从伦理和道德层面加以关注和探讨的问题，比如，为了提高农业生产率而在农业和食品生产过程中过量使用农药、化肥或抗生素的行为或采取“竭泽而渔”的资源开发方式是否具有正当性。现代农业发展的行为选择内在地蕴含着多种伦理问题和伦理诉求，亟须我们结合人类农业文明发展的历史经验和一些普适性的道德原则来加以辨析和探究，并在此基础上构建未来农业发展的新道德基础。

2001 年，联合国粮农组织出版了《食品和农业领域中的伦理问题》的研究报告，其中对农业和食品发展目标中所包含的重要的伦理价值进行了简要讨论。该报告认为，食品的价值、改善福利和人类健康的价值，以及自然资源和自然本身的价值在某种意义上可以确定我们是谁和我们应当做什么，尽管不同的文化对这些价值的理解有所不同，但所有文化都认同这些价值的重要性。[①] 首先，食品是人类生存和发展的必需品，饥饿根源于对普遍的食品权利的疏忽。任何社会的道德规范和伦理实践都认为，为那些体格健全的人提供获得食物的工具并使那些无法养活自己的人有饭吃是政府或社会的一种道德义务，失于这些职责履行的行为或政策将是不公平和不道德的，而减少饥饿和营养不良的做法或政策则是一种善行（Beneficent）。其次，改善福利和人类健康有助于捍卫人类尊严和个体自尊。尽管慈善行为有时候在回应令人绝望和紧迫的情形时是必要的，但它不能为农民生计提供长期的福利改善。要从根本上改善农民的福利，必须为他们提供必要的技能培训、教育、资本、就业和发展机会，并通过乡村基础设施建设和能动性的政策促进可持续农业发展和农村繁荣。人类健康不仅通过消除饥饿和营养不良来改善，还需要通过充分的食物营养供给和不安全食品的规避来保障，因此同时确保粮食安全和食品安全是现代国家农业战略的核心所在。再者，自然资源和自然本身的价值是发展现代农业必须确立的核心价值之一。自然资源是我们用来生产食品和其他宝贵物品的自然界的一部分，且是我们生存发展和社会繁荣的基础。这些自然资源是有限的、稀缺的，过度地开发利用这些自然资源可能会给我们自身及子孙后代的福祉带来严重影响。随着人类改造自然能力的

① FAO, *Ethical Issues in Food and Agriculture*, http://www.fao.org/3/a-x9601e.pdf.［2016-04-22］.

不断增强，对自然的美、复杂性和完整性的价值认同以及顺应自然和尊重自然的内在价值的诉求已成为一种主导性文化主张。问题在于这些重要价值在具体的农业决策中如何得以实现。众多的现代农业实践活动都想当然地将食品的高效生产或充分供应作为最优先的价值选项，并视之为最大的善，结果在有意无意之间遮蔽了对其他农业价值的诉求，造成了农业生态价值和其他社会价值的缺失，削弱了农业的多功能性及其可持续发展的必要基础，进而引发了一系列的伦理争辩和社会关注。

20 世纪上半叶兴起了高度集约化的动物饲养实践，其在有限的空间内圈养起成千上万只单一物种的动物，并使大量动物在被屠宰之前装在拥挤车厢中从饲养场长途运输到屠宰厂，不得不忍受严重的饥饿和其他病痛。这种高效率的动物生产模式在动物产业创新史上或许是一个成功的故事，但却与农场动物福利或对自然生命内在价值的尊重存在明显的冲突。1964 年，鲁思·哈里森（Ruth Harrison）出版《动物机器：新兴的工厂化养殖业》一书，揭露集约化农场经营对待动物的非人道做法，并对此抨击说，这些工厂化饲养场里的生命完全是围绕着利益而运作的，动物被饲养纯粹是因为它们具有将饲料转化为肉类或可出售的产品能力。[①] 不仅如此，这种集约化养殖生产出来的动物产品进入人类食物链后引发的健康问题很快凸显。美国霍普金斯大学神经病毒学家 R. H. Stanley 等分析说，在我们努力简化饲养方式以生产出更多的肉品供更多的人消费的同时，无意中也创造了一种条件，让一种原本对人类无害的野鸭病毒成为人类的致命杀手。[②] 此外，集约化养殖引发的环境问题也格外引人注目。2015 年，中国科学院广州地球化学研究所应光国课题组获取首份中国抗生素使用量和排放量清单，预测得出全国 58 个流域的“抗生素环境浓度地图”，其研究报告显示，2013 年中国使用抗生素达 16.2 万吨，其中 52% 为兽用抗生素；在 36 种常见抗生素中，兽用抗生素比例高达 84.3%；生活污水、医疗废水以及动物饲料和水产养殖废水排放等是主要的污染源。实地调查中，养鸡场、养猪场的动物粪便和饲料里

① 黄晓行、李建军：《关于动物道德地位的伦理辩护》，《自然辩证法通讯》2011 年第 6 期，第 27 ~ 32 页。

② 田永胜：《改变生产模式，才能解决动物性食品安全问题》，《绿叶》2015 年第 1 期，第 15 ~ 22 页。

都检测出抗生素，任意排放可想而知。①

“绿色革命”和集约化养殖场中的生产实践仅仅是现代农业整个进程中几个片段，但其暴露出来的价值缺失问题已足以让人心寒。面对集约化现代农业实践出现的各种问题，我们不得不深刻检讨这种农业模式背后的价值观和伦理缺陷。且不说为了满足我们的口腹之欲如此残酷地对待农场动物生命是否具有道德上的正当性，单就这种农业和食品生产方式对人类的健康和环境造成的严重威胁而言，恐怕也没有哪一种伦理学原则可以预知其影响。增加产量或者确保粮食安全尽管是现代社会的首要战略需要，但如果这种保证以损害人类的健康或危害子孙后代的生存条件为代价，这样一种单向度的价值追求很难具有政治和道德意义上的合理性。现代农业生产导致的价值张力内在地要求我们重新构建人与自然的新道德关系，确立负责任的农业可持续发展的伦理原则。

三　发展负责任、可持续农业的新道德

20 世纪 90 年代初，联合国环境与发展大会通过的《21 世纪议程》和世界粮食首脑会议通过的《罗马宣言和行动计划》都明确提出重视“农业多功能性”（Multi-functionality in Agriculture）的主张，强调农业不仅仅具有提供食物和纤维的经济和生产功能，还具有生态涵养、景观保护、文化传承和确保食品安全的功能。农业多功能性以及之前国家社会所倡导的“可持续发展”（Sustainable Development）的理念都要求我们认真思考农业的内在价值和伦理诉求，进而重构现代农业发展新道德。

事实上，自 20 世纪 30 年代以来，许多有识之士就已开始批评和质疑工业化农业，其主要论点是农业、营养和健康事实上是相互关联的，片面追求作物高产和农业产出的生产主义范式使这种关联受到威胁。这种来自科学的、伦理的和社会的多个视角的理性反思最终促成对现代农业具有替代效应的生态整合范式的出现。这种农业范式以生态科学为基础，对农业生产实践做了全新的界定。其核心假设认为，相互依赖、共生关系和更微妙的操控形

① 程思炜、刘军等：《首份中国抗生素使用量和排放量清单问世》，http://news.sciencenet.cn/htmlpaper/201562216151347836707.shtm，［2016－04－23］。

式，以及维护生物的多样性是农业生产实践的本质。农业生态学提供了研究、设计和管理农业生态系统的基本生态原则，强调保护自然资源的生产力，以及一种文化自觉、社会正义和可行性经济的系统观点。这种农业生产实践的技术基础包括有机物质积累、养分循环、土壤生物活性、自然控制机制，如对病虫害和杂草的生物控制，以及资源的保存和再生，增加农业生物的多样性以及成分之间的协同合作，强调与自然为友。[①] 这种全新的农业生产范式内在地蕴涵着农业实践的两个基本的伦理假设，即生物就其自身而言是有价值的；人类是整个农业生态系统的一部分，其发展与进化和其他生物是密切相关的。因此，尊重和惜护生物的传统几乎出现在所有农业文化的传统中。

然而，现代农业以所谓的科学或效率的名义对农业生态系统中的不同生物个体进行强制选择和淘汰，并将一些动植物品种认定为“杂草”或“害虫”，用各种除草剂和杀虫剂消灭根除，或者将作物种植过程与动物饲养过程人为分割，结果导致农业生物多样性的锐减、土壤和生物生产能力的低下、自然景观的破坏以及农业对化学品的高度依赖。惨痛的教训让农业研究者和相关的决策者意识到，伦理关注最终能够确保我们制定出适当的、富有建设性的农业发展战略和组织框架，未来的农业发展亟须一种整体伦理观，以悉心照料农业生态环境和有效地管理各种“废物”，保护作为整个生态系统健康存续的生物多样性。为此，高质量的水和空气、免于流失和退化的土壤、生物多样性的保护、自然资源和能源的高效利用以及化学品的健康灾害的减少、农场动物福利的满足等应成为许多国家农业政策确立的重要目标。[②]

特别需要指出的是，基于数十年对农业研究和生产实践的精深观察和农业伦理学本体的深刻认知，中国工程院院士任继周先生近年来反复强调“缺乏伦理关怀的农业注定要误入歧途”，极力主张农业研究、生产和公共决策的新道德。他将农业伦理学界定为“探讨人类对自然生态系统农业化

① 〔英〕提姆·朗、麦克·希斯曼：《食品战争：饮食、观念和市场的全球大战》，刘亚平译，中央编译出版社，2011，第17~24页。

② Jernej TURK, Terence, V., PRICE, “Anton IVANCIC: Ethical Challenges in Modern and Profitable Agriculture,” *Agriculture* 82 (2011): 3-8.

过程中发生的伦理关联的认知，亦即对这种关联的道义诠释，判断其合理性与正义性”，揭示“农业生态系统内部各个部分之间时空序列中物质的给予与获取，或付出与回报的伦理关联”，认为农业伦理学的使命就是呼吁人们以农艺加工和农业经营手段收获农产品和发展农业经济时，必须“在以人为本的总纲下尊重一切生命生存权利和它们生存环境持续健康发展的权利”，以使农业在满足人类需要的过程中给自然生命以伦理关怀。在全面总结中国几千年农业文明智慧和生态德性的基础上，任继周院士等构建了一套可用于指导未来农业负责任发展的伦理体系，即以“时”、“地”、“度”和“法”为四维的整体性的农业伦理学体系，主张负责任的农业生产实践应“敬畏天时以应时宜”、“施德于地以应地德”、“帅天地之度以定取予”和“依自然之法精慎管理”[①]。这无疑是中国学术界对世界农业伦理学的原创性的贡献，其中所蕴涵的微言大义需要后来的农业伦理学家、哲学家和农业政策研究者悉心阐述和领悟，并在未来的农业可持续发展中躬身实践。齐文涛博士从“人本身”、“自然界”和“农产品”相互关联的意义上提出了“守候与照料”的农业伦理观，强调农业生产实践应该对自然界遵从、敬畏和“随顺”而不是“限定与强求”。[②] 这种诗意的、存在意义上的农业伦理观可看作对任先生构建的农业伦理学结构的一种美学解释，其宗旨在于表达农业生产或发展的关怀伦理和道德情怀。

随着中国社会经济的快速持续发展和城市化、全球化的强力推动，中国农业正处在变革发展的关键时期，但愿我们正在着手重建的农业价值和伦理规范体系能为更多的农业研究者、生产经营者和政策制定者所理解，并能在适当的时候发挥必要的减震作用和导航作用，以促进中国农业和食品产业负责任且可持续地发展。

（原文刊载于《兰州大学学报》（社会科学版）2016 年第 5 期）

---

① 任继周、林慧龙、胥刚：《中国农业伦理学的系统特征与多维结构刍议》，《伦理学研究》2015 年第 1 期，第 92 ~ 95 页。

② 齐文涛：《“守候与照料” 的农业伦理观》，《伦理学研究》2015 年第 1 期，第 104 ~ 106 页。

动物伦理学视野中的畜牧业

蒋劲松*

畜牧业具有悠久的历史，构成了人类历史发展的主要内容，塑造了人类的文化。当代畜牧业是非常重要的产业，不仅本身的体量巨大，深刻影响生态环境，而且也是许多重要产业的基础，对人民生活影响极大。然而，从伦理学的视角看，现代畜牧业存在着诸多问题，亟须做重大调整，实现产业升级。

一　动物伦理学的基本思路

泛泛地说起动物保护，许多人都会支持，但是面对具体的动物保护议题，人们往往争吵不休。这是因为，通常人们说的动物保护有三种思路，各自的诉求、对象、标准都有所不同。

1. 把动物作为资源和环境来保护

这种动物保护的对象主要是野生动物。保护的目的是，为了人类可以持续地利用动物，最担心的就是动物的灭绝。这种思路，貌似已经被国人普遍接受。虽然有关部门在实际执法和行政上还存在问题，但观念上的问题基本得到了解决。

这种动物保护追求的是可持续地利用动物，如果动物数量增加了，获得的经济效益提高了，就算成功了，至于动物是否遭受虐待，则不必考虑。像

* 作者简介：蒋劲松，清华大学科技与社会研究所教授，研究领域为动物伦理学。

为公众普遍诟病的活熊取胆，在资源利用者眼中，反而是一种值得赞赏的高科技。可见，这种以资源持续利用为目的的保护思路，存在着严重不足，不是真正的动物保护。

2. 把动物作为可以感知痛苦的生命来保护

这种动物保护的对象包括了农场动物、实验动物、伴侣动物、工作动物等一切可以感受痛苦的动物。保护的目的是为了动物本身的福利，而不仅仅是为了人。虽然，一个社会如果对待动物友善，人际关系会更和谐，暴戾之气会减少，犯罪率会下降，但是，动物保护首要的目的是为了动物本身，人类社会的改善只是一个值得欢迎的副产品。

这种动物保护的思路叫作动物福利论，比较温和，不反对人们利用动物吃肉、做实验等，但是要求不要给动物不必要的痛苦和折磨。动物福利论认为人类对于动物具有尽可能减少其痛苦和折磨的义务，但是动物本身不具有权利。也就是说，人类善待动物，是人类主动承担义务，动物得到的好处是人类给予的，动物只能被动接受，而不能主动索取。

对动物福利本身的普遍理解是应该保障动物享有免受饥渴的自由，生活舒适的自由，免受痛苦、伤害和疾病的自由，生活无恐惧感和悲伤感的自由，以及表达天性的自由。至于到什么程度算是“不必要”，不同国家不同时代的尺度并不一样，但总的趋势是越来越严格，越来越强调动物的保护。这种保护的思路是在尽可能不改变人们已有的生活方式的前提下，尽可能减少动物的痛苦。

在西方发达国家，动物福利基本上是一种比较保守的动物保护思路，已经被社会普遍接受了。目前，各国的动物保护法基本上都是从动物福利角度立法的。通常在伦理的层面上讲到动物保护，至少是要保障动物福利。

3. 把动物当作与人类平等的生命来保护

动物解放论或者动物权利论，虽然在哲学论证上的策略有所不同，但是共同的特点是强调动物与人类平等。从这个角度看，动物福利论是很不够的，因为动物还是被当作财产，还是被当作客体，还是被人类当作食物、玩偶、奴隶来对待，保护得还很不够。各国的动物福利法对动物的保护远远不够，许多动物被排除在外，许多残忍的做法，因为所谓生产的惯例被继续保留。他们认为，釜底抽薪的做法是：平等对待动物与人类，反对物种歧视。

当然具体内容有所不同，比如说动物当然不具备人类才能有的选举权和被选举权。

有人会坚持说人类与动物不同，人类可以有人权，但是动物不应该有动物权。他们就会反问，除了归属的族群不同之外，你能为伦理上的区别对待给出一个普遍的、、形式的理由吗？因为事实上，无论用理性、意识、语言、智商等一切理由，都无法把人类和动物截然分开。无论用什么标准，你都会发现，在界线两边都有人类和动物。如果你坚持，我就用人属于人类这个族群，动物不属于人类这个族群，这样一个非形式的、非普遍的实质理由来捍卫人权，而否定动物权的话，这种思路和论证方式，在伦理学上就是典型的歧视思路，和当年种族主义者、性别歧视论者一鼻孔出气。这种思路就是所谓的物种歧视。物种歧视在伦理学上是站不住脚的。

按照这种思路，动物保护的本质就是捍卫动物的权利，不要让动物遭受压迫、剥削，为此不惜颠覆已有的生活方式。许多与动物利用相关的产业必须要逐步废除，反对杀戮，提倡素食。因为人类所谓的利益，如果动物权利与之相冲突，就是不合理的，没有伦理基础的，必须要让步。

以上三种动物保护思路，是现代西方文化的产物。其实，中国古代儒释道也有自己非常深刻的动物保护思想和广泛实践。其中，儒家的动物保护观念是一种有节制的人类中心主义，提倡慈悲“爱物”的理念，基本的精神是恻隐不忍，反对虐待，节制欲望，反对暴殄天物，注重可持续利用自然，强调顺应天时地利；而佛道两家，则超越人类中心主义，反对杀生，提倡素食，主张积极地救护生命。大致说来，儒家的观念近乎动物福利论而略稍不足，而佛教、道教的观念则比动物平等论更为彻底。

二　现代畜牧业的伦理困境

现代畜牧业由于技术进步，也由于现代人技术意志高扬，勇于突破许多传统的禁忌，在生产上了远远超越了传统的产量，为现代人提供了古人难以想象的巨量肉食，同时也制造了古人难以想象的对动物的折磨，同时也制造了严重的环境问题。

如果说传统畜牧业主要是为那些不适合农业生产地区的人民提供基本营养的话，今天畜牧业在很大程度上已经是在为全体人民提供口腹之欲的享受了，过多的肉食消费甚至已经在制造严重的健康问题了。在传统畜牧业中，牛、羊等动物还有许多自由活动的空间，而今天的动物则被囚禁在狭小空间中，违背天性，痛苦难耐。传统的畜牧业主要是利用人类难以消化的草类资源，而今天则大量消耗人类本来可以用来果腹充饥的粮食作为饲料，构成了严重的粮食安全压力。这些变化都使得现代畜牧业与传统畜牧业相比，合理性严重削弱。

在工厂化的畜牧业中，动物的福利受到了前所未有的侵犯，让奶牛没完没了地怀孕，天天被挤奶，乳头总是处于发炎状态。乳房过于硕大，奶牛体重超标，以至于奶牛的膝盖无法支撑。小牛一生下来就离开妈妈，为了保证肉质的鲜嫩，必须要保持处于贫血状态，被迫限制饮食，不能吃任何身体急需的铁质……为了充分降低成本，提高利润，饲养者力图在非常有限的空间中饲养动物，让动物快速生长，多产肉食，饲养方法常常严重违背动物天性，动物饲养、运输乃至屠宰的各个环节，都充满了动物难以忍受的痛苦和折磨，而这些令人发指的折磨和虐待，本来是不必要的。

现代营养学早已证明：肉食是不需要的，素食哪怕是不吃蛋奶的全素也可以提供充足营养。动物蛋白（包括甚至尤其是牛奶蛋白）能显著增加癌症、心脏病、糖尿病、肾结石、骨质疏松症、高血压、多发性硬化病、白内障以及老年痴呆症的患病概率。尤其令人吃惊的是，所有这些疾病都可以通过调整饮食来进行控制和治疗。中国以植物性食物为主的传统饮食习惯，反而是更加“科学”，更加有利于健康的。因此，现代畜牧业提供大量肉食的意义与合理性值得怀疑。

从环境伦理学的角度看，现代畜牧业同样值得反省。饲料在转化为肉食的过程中，浪费很严重，同样的土地，通过种植谷物可以养活的人口，是通过种植饲料喂养经济动物提供肉食来养活的人口的 20 倍。也正是由于放牧的需要，对于全球生态平衡至关重要的中南美洲热带雨林，成片地被转变成牧场。并且这些牧场一般都只能持续很短时间就因退化而被废弃，然后开发新的热带雨林……每一份汉堡的代价是 6.25 平方米的森林。

经济动物的大规模工厂化饲养，不仅导致了大量动物的痛苦，而且造成了非常严重的污染。据统计，每生产一公斤牛肉，需要 10 万公升的水，排泄出 40 公斤的粪便。然而工厂化的大规模养殖产生的粪便数量太多，远远超出了自然本身的净化和吸收能力，也无法像传统农业那样予以利用，大多直接排放进入自然界。

工厂化饲养的方法，使得全球牛的存栏量居高不下，所产生的大量甲烷，是全球温室气体的重要来源之一。这些都给本来已经非常脆弱的生态环境带来了沉重负担。除此之外，肉食生产过程还给生态环境带来种种其他的威胁。例如，过长的食物链所造成的有毒化学物的高度富集，饲料中的药物添加剂，过度放牧造成地表土流失，这些都在加剧着全球日益严重的生态危机。

在环境保护运动和动物保护运动的冲击之下，现代畜牧业面临着严重的危机。比如西方发达国家中许多国家素食人口迅速上升，如英国、美国素食人口在总人口中的比例已经高达7%～10%，连德国这样传统肉食量很大的国家中，素食人口也有快速的上升，连锁素餐馆发展迅速，生意兴隆。中国的动物保护运动也正在迅速发展，动物福利观念正在普及中，素食产业也处于高速发展的态势。

从动物福利论的角度看，现代畜牧业为了追求成本降低，产量提升，严重侵犯动物福利。主张动物与人类平等的动物解放论和动物权利论，则认为现代畜牧业为了人类利用肉、奶、皮革及羊毛，杀死动物，违背动物天性的饲养方式给动物带来了无尽的困难，剥夺了动物的自由，是一种严重的物种歧视。在儒家动物伦理观看来，现代畜牧业放纵人类的欲望，有失恻隐之心，违背了天理。从佛教道教的观点看，为了口腹之欲，杀生害命，现代畜牧业是造了严重的杀业，将会导致相关人士堕落地狱的严重果报。

总之，以提供人民大量肉食为市场目标，追求数量增长型的现代畜牧业，在日益高涨的健康意识、动保运动、环保运动的三重压力下，面临着严重困境，必须彻底转型。

三　现代畜牧业的未来

畜牧业真的必须要与侵犯动物的福利、权利相联系？饲养动物只能用于宰杀吃肉？畜牧业只能走继续扩大产量，并进而造成环境巨大压力的道路？慈悲、健康、环保的畜牧业有无可能？

回到源头来看，畜牧业的本质其实是饲养牛羊动物，以满足人类的需要，并从中获得经济上的回报。这种需要，过去主要是以生产肉食、皮革、羊毛等方式来表现。但是，既然人类的需要随着价值观的转变，有可能发生根本性转变，我们也不妨审视一下过去不被重视，尚未得到开发的需要。比如说，现代农业就不仅仅只是生产粮食，满足人们的饮食需要，也有满足人们体验传统农耕生活的观光农业。同样道理，许多人也有体验传统游牧文化的需要，我们也同样可以开发观光畜牧业，通过让人们体验与动物的交流来获得经济回报。

动物可以与人类有更为密切和深度的情感交流，这是种植粮食、蔬菜、花卉、水果所无法体验的经验，具有明显的竞争优势。现代医学和人类的实践都表明：人与动物的交流，往往可以帮助治疗人的身心疾病。比如，自闭症儿童与他人很少沟通，封闭在自己的世界中，难以治愈，而通过与受过良好训练的狗交流，常常可以有很好的治疗效果。所以，“狗医生”在西方发达国家被用于帮助病人康复，尤其受老人和孩子的欢迎。这样的经验给我们以很大的启示：我们与动物的关系，在很大程度上是由我们的道德境界来决定的。人类可以将动物定位成食物，也可以当作玩物来对待，更可以当作伙伴、朋友乃至医生、老师。人与动物的不同交往模式，会产生完全不同的结果。把动物作为食物，就会产生死亡、痛苦、血腥；而将动物作为伙伴、朋友乃至医生、老师，则可以收获友情、健康乃至精神境界的提升。

即使从动物保护中相对温和的动物福利论的角度看，现代畜牧业也有很大的发展提升空间，那就是如何发展高福利的畜牧业。现代科学已经证明：如果动物在饲养、运输乃至屠宰过程中享受了较高程度的动物福利，则最终消费者享用的肉品也相对来说更加健康。这自然也就意味着更高的经济价值，而且这种低产量高福利高附加值的产业发展模式，是以相对来说较低的自然资源消耗为代价的，因此也更加环保。

这样一种新型的产业发展模式，是以更加重视动物福利，减少肉食消耗量的生活方式为先导的，一旦发展起来，就会对相关畜牧业的传统生产方式及其现有的技术乃至生命科学发展方向形成较大的冲击构成产业升级的巨大压力。这对于畜牧业相关从业人员和研究人员，无疑是巨大的挑战，更是史无前例的发展机遇。

我国畜牧业界及其研究人员，目前对于国际动物伦理学的发展动态了解不多，在态度上往往也抱着一种抵触的心理，视之为一种讨厌的干扰，很少有人认真学习，从中敏锐地捕捉产业发展机会的就更是少之又少，殊为可惜。兰州大学草地农业科技学院任继周院士，以九十高龄敏锐地意识到畜牧业进一步突破，必须要以伦理学意识的提升发展为前提，大力推动农业伦理学的发展，这是一位资深科学家多年辛勤工作领悟到的深刻洞见。愿以此为契机，中国畜牧业界能提高动物伦理学意识，抓住这次千载难逢的畜牧业动物保护转型的宝贵机会，实现中国畜牧业的跨越式发展。

（原文刊载于《兰州大学学报》（社会科学版）2015 年第 3 期）

中国城乡二元结构的生成、发展与消亡的农业伦理学诠释*

任继周　方锡良**

一　引言

城乡二元结构之主要特点为城市居民与乡村居民身份与权益的划然分割。乡村居民与其居留的土地凝聚为一体，其农民身份与居留地世代沿袭，不得随意迁徙和变更农民身份。城乡二元结构原为中华族群从游牧农业社会向耕地农业社会转变过程中自然形成的社会共生体，为历史的必然，但随着社会发展阶段的演替，今天乡村户籍居民与城市户籍居民所承担的社会义务和所享有的国家权益差别明显，其伦理品格被严重扭曲。农民与市民之间的社会地位差别宛如处于两个时代。这不仅妨碍了社会发展，也为现代社会伦理正义所难容。

商代武丁时期（前1250），中华北部地区各个族群还处于游牧农业社会，中华族人在周围游牧部族的挤压挟持下，在河南安阳一隅开始耕作农业，并由居无定所的游牧生活逐步转化为农耕定居，由原始氏族社会开始进入奴隶社会。随着定居地区的发展和完善，都邑与乡野始现分异，是为城乡

* 基金项目：本文系2016年国家社科基金西部项目——生态文明战略视域中的“中国农业伦理学”研究（编号：16XZX013）的阶段性研究成果。

** 作者简介：任继周，兰州大学草地农业科技学院教授，中国工程院院士，研究领域为草原学、草原调查与规划、草原生态化学、草地农业生态学系统和农业伦理学等；方锡良，兰州大学哲学社会学院副教授，研究领域为生态哲学与生态伦理。

二元结构的最初源头。

从事耕地农业的农耕部落，在沿河阶地或冲积平原之要冲建筑城廓，凭借高墙深池，雄踞一方。为了确保贵族这个权力中枢的宅居安全，奴隶居城廓周围的乡野，从事农业耕作，承担多种劳役，并保卫城廓安全。居于城廓内的贵族管理本部族所属土地资源及居留地的人口，并掌握奴隶及其产品的分配权。随着社会和国家中央集权的发展，原来贵族居住的城廓逐渐发展为城市，成为国家管理中枢，遂与乡野分离，形成城乡二元结构，这一格局由西周而春秋战国，而秦汉，迄于清代，经三千年的演替，逐步固化。

城市与乡村的区别在世界各国普遍存在，但城乡二元结构所形成的农民与市民之间社会地位的明显差异却是中国所独有。几千年来古老的中华民族，政体虽屡经变迁，城乡二元结构模式也有所演替，但其基本内涵始终未变，居住乡野的农业劳动者始终处于奴隶阴影笼罩之下。

这一历史传统社会架构和它所衍生的伦理观为中华民族伟大复兴所难容。为此，我们有必要探索城乡二元结构及其伦理观的生成、发展与消亡进程，明晰其历史功过，以供创建新时期的农业伦理观参照。

二　城乡二元结构发展的历史阶段及其农业伦理观

在农业社会中，城乡二元结构中城邑贵族和乡野奴隶这两个组分构建了生存共同体，两者互为依存，并自发地产生相应伦理学关联。这类伦理学关联在产生与发展过程中，其功能也因历史阶段不同而表现出不同的阶段性特征。

（一）原始奴隶社会的萌芽期——商代武丁时期（前 1250—前 1150 年前后）

这一时期在广大草原地区出现少量耕地农业。为了适应耕地农业的需要，族群生活方式从草地农业的游牧生活转为定居农耕。其时游牧业仍占有绝大比重，属于草地畜牧农业和耕地农业的复合农业系统。在广大草原畜牧部落中杂有少量农耕聚落，城邑与乡野的区分还不甚明显，奴隶社会的城乡二元结构伦理观处于萌芽阶段，但已经显露其特色。

其一，各个农耕族群占有较为稳定的地域，土地和人群的部落归属概念进一步强化。随着土地与附着其上的人口不断增长和凝聚，这种部落归属观念逐渐演化为融合了血缘、地缘和文化等因素的乡土、宗族和国家等群体观念，萌生浓厚的故土意识。

其二，女权社会正在向男权社会转变，伏羲与女娲夫妇可并称为羲娲时代[①]即为明证。

其三，有了较稳定的夫妻关系组成的家庭，财产私有概念初步形成。

其四，初现男耕女织的社会分工。其社会的道德意识局限于生活资料的占有与分配，部落之间的生存与发展领地的争取被视为全族群成员的义务。

其五，部族的英雄人物在人与自然的抗争以及族群斗争中产生，并逐步成为部族的代表人物。部族伦理关系带有较强的自发性，处于人类文明的原始萌芽阶段。部落领袖作为奴隶主与一般奴隶的各项习惯性关联形成了伦理系统，尚不具备礼仪范式和清晰契约问责性质。

（二）西周礼乐时期（前11世纪中期—前771）

周人擅长农耕并兼营畜牧业，以周王朝建立为标志，中国的封建制度和相应的伦理系统逐步完善。擅长稼穑的周族在游牧部族强大压力下，不断完善其封建体制，在斗争中求得生存与发展。但终因处于弱势地位，至周幽王（前770），西周王朝灭于游牧部落的犬戎。西周立国虽仅275年，但它所建立的封建制度和与之相偕产生的伦理系统，却对后世中华文化产生了长远而深刻的影响。

王国维曾经在《殷周制度论》中，高度评价周人在中华文明形成发展与政治文化传统构建过程中的奠基作用，如确立嫡长子继承制、宗族庙数制度和近亲禁婚等制度，制礼作乐、范定后世，建立起一个融合政治、文化与伦理、道德为一体的社会共同体。这种共同体旨在“纳上下于道德，而合天子诸侯卿士大夫庶民以成一道德之团体。”[②] 此文从文化与政治演替角度阐述殷周之际的制度变革和周人的政治构建与文化奠基意蕴，却忽视了周人先祖以农事开国立基的基础作用和历史影响。徐光启在《农政全书》中弥补其不足：“盖周家以农事开国，实祖于后稷，所谓配天社而祭者，皆后世仰其功德，尊之之礼，实万世不废之典也。”[③] 西周塑造的统治结构、生活

① 任继周：《中国史前时代历史分期及其农业特征》，《中国农史》2011年第1期。

② 王国维：《殷周制度论》，载《王国维文集》第4卷，中国文史出版社，1997，第43页。

③ 徐光启：《农政全书》（上），上海古籍出版社，2011，第10页。

模式、文化传统与伦理观念，成为中国社会数千年虽历经战乱纷争而绵延不断、持续发展的稳固根基，而建立在这一耕地农业基础之上的城乡二元社会结构，其历史作用尚待进一步分析阐发。

随着西周耕地农业逐步发展，城邑数量和规模逐渐扩大，耕地农业所依存的城乡之间的社会结构和与之相适应的农业伦理系统雏形渐显。妇女负责采摘与纺织，贵族妇女在参与部分劳作之余，兼行奴隶劳动的管理监督职责。男耕女织的社会分工已蔚然成风。社会以血缘关系为基础，自发形成长幼有序、亲疏有别的家族式伦理观。“家族制度过去是中国的社会制度。”① 其轴心是个人在家族血缘网络中的地位。社会的伦理结构就是个人家族地位的扩大和演绎。依据血缘亲疏的自然等次形成社会“礼”的伦理框架。礼需乐来彰显其形态，歌颂其权威，“乐章德，礼报情”②。在农耕文明中“礼乐不可斯须去身”③。礼乐同体，则道统彰显。礼乐时代，是为中国社会的农业伦理观奠基期。其若干核心伦理观至今仍不失为中华文明的闪光点。

礼乐伦理系统的高层自认为受命于天，故周王为“天下”共主，可直辖较多的土地和相关属地的奴隶，将“天下”其余土地和附着于土地上的奴隶分封给诸侯，享有宗主权，是为以“君父”“臣子”相称的君臣关系。此种君臣关系不能越级，如属于诸侯的大夫只与其直属上级有君臣关系，士只与直属大夫有君臣关系，与越级封主无涉。按照血缘关系和对邦国贡献大小，设公、侯、伯、子、男五级。诸侯对受封属地及其子民享世袭所有权。诸侯以下可逐级分封为“大夫”及“士”。大夫和士无权再度分封，只能任命家臣协助属地管理。诸侯之君称公，其下设卿④，是为“授土授民，分封建制”的封建一词的由来。这一时期西周的农业社会已经具有城乡二元结构的明显特征。

其一，上述伦理座次，统归居城廓的贵族独占。即所谓“刑不上大夫，礼不下庶民”⑤，而孟子则对两者的关系进一步明确，“无君子莫治野人，无

① 冯友兰：《中国哲学简史》，北京大学出版社，2013，第 21 页。

② 郑玄注、孔颖达疏《礼记正义》，北京大学出版社，1999，第 1114 页。

③ 郑玄注、孔颖达疏《礼记正义》，北京大学出版社，1999，第 1139 页。

④ 楚国称令尹，或相，秦曾称庶长、不更。卿之官职，有司徒、司马、司空、司寇等，分掌民事、军事、工事、法事。

⑤ 郑玄注、孔颖达疏《礼记正义》，北京大学出版社，1999，第 78 页。

野人莫养君子"[①]，居城市的君子应"治野人"而被供养，与居乡野的"野人"则被管束而供养君子。城乡居民社会地位划然割切。

其二，城廓内的贵族在城乡二元结构的初期，出于对新事物的关心，亲自参与或派人监督检查奴隶劳作。

其三，土地所生产的农业产品由贵族占有并掌握其分配权。

其四，奴隶所生产的子女，作为农业产品之一，成为贵族财产，可转让给其他部族。

其五，奴隶无限承担贵族所需的各项劳作。

在封建社会的礼乐时期，以"礼乐"为伦理系统的主要文化载体，农民生活节律较为迟缓，所承担的赋税义务（大约为十一税赋）较为宽松。这一时期的生活和生产情景被后人理想化，称颂为"诗经时代"。当然这主要是贵族们的感受。最底层的奴隶劳动者，处于后世儒家所说的"劳力者治于人"[②] 的被动地位，奴隶们的呻吟之声仍不绝于耳[③]。

（三）东周农业伦理观大转型时期（前770—前221）

从周平王元年东迁，到周赧王五十九年为秦所灭，历时515年，统称春秋战国时期，这一时期是中国城乡二元结构及其伦理系统大转型的关键时期，按其社会伦理观实质可分为春秋和战国两个时期。

1. 春秋时期（前770—前476）

春秋时期，即周平王元年到周敬王四十三年，历时294年。周王朝逐步消亡。随着土地私有制的发生，生产力发展[④]，尤其工商业的迅速壮大，助长了封建社会内部士族地位的提高，城乡二元结构进入成长期。以士族群体为基础的社会精英才思迸发，干政欲望亢奋。他们活跃于诸侯国城邑之间，孕育了战国时期百家争鸣的主力。有几项标志性事件值得关注。

第一，城邑数量激增，规模扩大。春秋初年有诸侯国140多个，每个国

① 朱熹：《四书章句集注》，中华书局，1983，第256页。

② 见《孟子集注·滕文公章句上》"劳心者治人，劳力者治于人"，载朱熹《四书章句集注》，中华书局，1983，第258页。

③ 《诗经·魏风·硕鼠》篇中的愤懑呼号。

④ 冶炼工艺发达，如存世的吴、越青铜剑，冶铸淬炼，合金技术，皆世所罕见。煮盐、冶铁、漆器、铁质工具和农具、齐国的丝织品、楚国的漆器等都有专门工匠。被后世尊为祖师的公输般"鲁班"就生活于此时。

家的首府都是或大或小的城邑。后期诸侯国大兼并，主要大国首都更是空前繁盛。例如齐国首都临淄工商业繁荣，居民近万户，是当时的特大城市。工商业者和社会精英奔走其间，为获取利禄的渊薮。

第二，使用金属货币。春秋时期，晋国大量铸造金属货币。侯马晋国遗址还清理出一处规模宏大的造币厂。①

第三，施行新的赋税制度。鲁宣公十五年（前594）实行初税亩，是为中国田税的开始。鲁成公元年（前590年），作丘甲，按土地面积征收军赋（甲），合税、赋为一。新赋税制度的建立，对国家的治理与稳定至关重要，“耕战立国”的基本规模于兹形成。

第四，产生新的地主阶层和与之相应的“士”群体。公有土地所有制废除，土地买卖盛行，经济繁荣，私人讲学之风盛行，社会精英崭露头角，形成百家争鸣的主力群体。

第五，此时草地畜牧业在农业中仍占主要比重，草地畜牧业六畜滋生，牛为主要农业动力，马因战事、礼仪之需，被定为六畜之首②。养马有功的非子被周王封为附庸③，是为秦国的雏形。

上述诸种社会发展特征，说明封建制本身已经失去生存土壤。以周王为共主的封建体制和附丽于此的伦理系统自然走向“礼崩乐坏”的末路。随之诞生了中国城乡二元结构的新伦理特征。

其一，城市工商业者数量在社会中占有不容忽视的地位，他们促进了社会繁荣富庶，在生产流通的实践活动进一步推动了城乡二元社会的交流融通，其社会权益与价值观逐步取得社会认可。

---

① 孔祥毅：《晋商学》，经济科学出版社，2008。

② 《周礼·夏官·职方氏》：“河南曰豫州……其畜宜六扰。”郑玄注：“六扰：马、牛、羊、豕、犬、鸡。”参见郑玄注、贾公彦疏《周礼注疏》，北京大学出版社，1999，第873页。马为六畜之首，反映出早期农业发展过程中草地畜牧业的基础地位，后来随着耕地农业的发展，马更多地应用于战事、交通和礼仪等方面，更多地向国家、军队和贵族等方向发展，而牛在耕作农业的基础作用逐渐凸显，文化习俗中对“牛”也更加重视，如立春日，天子扶犁而行、亲耕籍田、迎春祭祀、鼓励农耕，民间亦有糊春牛、打春牛之习俗，牛作为最重要的生产资料得到了农户和官方的重视，而牛所具有的勤劳踏实、任劳任怨、安分守己等性格特征也随着日复一日的耕作活动日益深入民心，成为农耕文明传统及其伦理道德观念的重要组成部分，使得城乡二元结构渗透到普通民众的意识深处。

③ 附庸，低于侯国的小领主。受周王室之封，非子成为秦国的首届领袖。

其二，新生地主阶层对所据有的奴隶统治更为严密，城乡二元结构趋于复杂。

其三，农业中的耕地农业渐居主流，但草地农业仍占较大比重。[①]

其四，社会秩序从混乱向稳定过渡，但“天下”仍然列强纷争，远未稳定。

其五，封建伦理系统虽然日趋式微，但封建时期贵族陶铸而成的君子之风仍有明显残留，如历史上广为流传的子路结缨而亡、俞伯牙为钟子期碎琴、介子推避封被焚，尤其是战场上仍然坚持君子之风的“礼仪之兵”[②]，不杀俘虏，不穷追败军等这类为今人视为迂腐的事例并不罕见。[③]

2. 战国时期（前475—前221）

从周元王二年以齐桓公挟周天子以会盟诸侯开始[④]，到公元前221年[⑤]秦灭六国结束，历时254年，周代礼乐时代至此彻底结束[⑥]，各诸侯径自称国，完成了从封建时代到皇权时代的社会大转型，社会呈现全新面貌。随着耕地农业的逐步发展和土地私有化的完成，巨室望族和它所带动的民间讲学之风大盛，学派蜂起，史称为百家争鸣。其中齐国管仲（前719—前645）的“耕战论”脱颖而出，将“耕”与“战”并列。耕以图存，战以强国[⑦]。商鞅相秦，将管仲的耕战论进一步发展[⑧]，将土地与军旅组织密切结合，管

---

① 至汉代鼎盛时期，耕地面积仅占4%～6%，春秋时期耕地农业当然更低于此。参见任继周主编《中国农业系统发展史》，2015，江苏科学技术出版社。

② 如《淮南子·氾论训》：“古之伐国，不杀黄口，不获二毛，于古为义，于今为笑。古之所以为荣者，今所以为辱也。”参见刘文典《淮南鸿烈集解》，中华书局，1989，第431页。

③ 春秋时期战争中的道德之举如“鞌之战”“泓水之战”等故事都出于这一时期。

④ 今山东省菏泽市鄄城县西北。

⑤ 另说，从韩赵魏三家分晋开始算起直到秦始皇统一天下为止，即公元前403年至公元前221年。

⑥ 三家分晋是指中国春秋末年，晋国被韩、赵、魏三家瓜分的事件。被视为春秋之终、战国之始的分水岭。

⑦ 管仲说：“夫富国多粟，生于农，故先王贵之。凡为国之急者，必先禁末作文巧。末作文巧禁，则民无所游食。民无所游食，则必农。民事农则田垦，田垦则粟多，粟多则国富，国富者兵强，兵强者战胜，战胜者地广。”参见黎翔凤《管子校注》（中册），中华书局，2004，第924页。

⑧ 《史记·商君列传》：“以卫鞅为左庶长，卒定变法之令。令民为什伍，而相牧司连坐。”参见司马迁《史记》（第7册），中华书局，1959，第2229～2230页。

理严密，天下效尤，耕地农业大盛。“秦地半天下”“积粟如丘山”[①]，楚国“粟支十年”[②]，齐国“粟如丘山”，燕、赵二国也是“粟支数年”[③]。甚至韩国的宜阳县，也“城方八里，材士十万，粟支数年”[④]。大势所趋，诚如管子所概括，“使万室之都必有万钟之藏”“使千室之都必有千钟之藏”[⑤]。农耕与城廓同时兴旺，为城乡二元结构建立了广泛基础。其农业伦理观特色突出。

其一，土地私有化已经通行“天下”。土地和附着于土地的居民由属于天下“共主”的周天子，转化为诸侯及大夫私家所有，土地和奴隶可以买卖。周朝封建伦理观的社会基础遭受致命打击。独立国家概念肇始于此。

其二，独立的“士”知识阶层大显于世。“学以居位曰士”[⑥]，附丽于地主阶层的和工商业的士人大开私人讲学之风，出现史称的“百家争鸣”思想解放时代。“士”这一阶层的兴起和发展，某种意义上起到了沟通城乡二元社会、防止社会阶层过分固化和调节社会结构的作用，内在地巩固了传统农业社会城乡二元结构。[⑦]

其三，各个诸侯国变革图存，为了壮大各自中央集权政体，法家的严刑峻法、鼓励耕战及其相关伦理观逐渐在百家争鸣中凸显，尤其秦晋两大国鄙弃礼仪教化，以法家的“法、术、势”为政策内核，实施军功爵制，为各国效尤，成为战国时期政治特征。

其四，春秋时期的伦理古风沦丧。战争规模扩大并日趋残酷。春秋时期

---

① 《史记·张仪列传》，中华书局，1959，第2289页。

② 《史记·苏秦列传》，中华书局，1959，第2259页。

③ 《史记·苏秦列传》，中华书局，1959，第2243、2247页。

④ 刘向：《战国策》（上册），上海古籍出版社，1985，第5页。

⑤ 赵守正：《管子注译》（下册），广西人民出版社，1987，第2页。

⑥ 金少英：《汉书食货志集释》，中华书局，1986，第12页。

⑦ “士”这个阶层，以其对民生、社会和家国的关切，经常能够将民生疾苦和吁求上达统治阶层，又能将统治意志和社会政策等下传给普通民众，起到沟通城乡、君民的作用；同时借助于文化、政治等考核遴选机制为个体发展提供必要的上升渠道，为统治阶层源源不断地输送新鲜血液，从而防止社会阶层的过分固化；尤其是在连年征战、社会动荡或政治昏庸、民怨沸腾的时局中，“士”阶层起到传承文化、凝聚精神、表达民意和干政参政的作用，学而优则仕，在个人的穷达之际，“士”或独善其身，或兼济天下。上述特性，使得“士”这个阶层起到了社会调节器与减震阀的作用，内在地巩固了城乡二元社会结构的强大弹性机制和自组织功能，使得传统农业社会虽然历经动荡、征战或灾祸，而仍能不断恢复和发展。

难得一见的屠城灭国之事在战国时期屡见不鲜[①]。兵家诡道风行于世，习朴拙、重道德的伦理观不再具有社会约束力。

其五，随着城邑规模的扩大和工商业的发展，城乡二元结构已居中国历史主流，居处乡野的广大农奴在社会理论系统中进一步被边缘化。

其六，聚集于城邑的统治阶层为了满足其耕战要求，建立了空前严格的户籍制度，将所属土地和附丽其上的居民凝为一体，实行全民皆兵。商鞅变法的主要内涵之一就是父子兄弟成年者必须分居，以户为单位保证兵源、税源。户籍制度使"城乡二元结构"更为稳固，从而为小农经济基础上的中央集权统治提供了持久有效的伦理支持，为下一阶段的皇权社会奠定了历史基础。

（四）皇权社会的农业伦理观（前221—1949）

从公元前221年秦统一六国到1949年中华人民共和国成立，历时2170年。城乡二元结构将众多小农户与中华大帝国熔铸为生存共同体，逐步完成了从封建时代到皇权时代的伦理观蜕变和定型。此后中华农业伦理观不同时期虽各具特点，但从未失去其城乡二元结构的共同特征。此为中央集权大帝国所必需的，以耕地农业为基础，城乡二元结构为轴心的农耕伦理观。

皇权时代的农耕伦理观从秦朝的皇权农耕伦理系统初建期，经过汉代的皇权农耕伦理系统成熟期，迄于1949年中华人民共和国成立，尽管历经诸多动乱和政权更替，但其二元结构为社会基础的农耕伦理观的本质从未改变。其中包含几个历史阶段。

1. 秦朝的皇权农耕伦理系统初建期

秦始皇统一六国后，采取多项强化中央集权大帝国的创举，如废封建立郡县，书同文、车同轨，建立以咸阳为中心的"驰道"系统和纵贯西部的"直道"系统，开凿贯通珠江流域与长江流域的运河等，这些都对中央集权帝国具有长远的战略意义。

但秦始皇为统一天下的胜利所陶醉，急于求成，实施了一系列有违于伦理原则的谬误措施。

其一，穷兵黩武，建国后10年内连年征伐，几乎每年灭一国，西通西

① 如秦赵长平之战，秦坑杀降卒40万，赵国丁壮几乎悉数灭绝。

域，南伐百越，未能与民休养生息，平民或辗转死于沟壑，或饿殍相望于途，国力大伤。

其二，大兴巨型工程。战国末期社会苦于长期战乱，资源匮乏，民生极度贫困，而秦代除上述的大举交通、水利建设以外，还穷全国之力，大修阿房宫，建始皇陵墓。其穷奢极欲为历史所仅见。

其三，严刑峻法，施行“族诛”[①] “连坐”[②] 等亘古未有之酷刑。诚如贾谊所说“重以无道：坏宗庙与民，更始作阿房之宫；繁刑严诛，吏治刻深；赏罚不当，赋敛无度。天下多事，吏不能纪；百姓困穷，而主不收恤。”[③]

其四，“以吏为师”“焚书坑儒”，社会伦理系统陷于断裂。集大权于一身的皇权虽可为所欲为于一时，但难以维持久远。源于战国时期绵延数百年的社会思想活跃之风，至秦代为之丕变。士人由神采飞扬的百家争鸣骤然进入“万马齐喑”的阴冷岁月，令人窒息的异样气氛必导致绝地反击。始皇承袭秦国历经 39 代君王，677 年[④]苦心经营的霸业，积累不可谓不厚，而不可一世的秦帝国不过 15 年而土崩瓦解，其历史教训发人深思。

2. 皇权伦理观的成熟稳定期

从汉代（前 220）到清朝（1912），历时 2132 年，此为中华农耕伦理观维持最久的历史阶段。

汉朝汲取了强秦败亡的教训，汉高祖建国之初即宣布“约法三章”：“与父老约，法三章耳：杀人者死，伤人及盗抵罪”[⑤]。汉初历代帝王施行“黄老”简政措施予民休养生息。期间只有孙叔通从高端整顿朝廷礼仪，建立高层伦理秩序；颁布抑制工商令，从底层安定农业社会秩序。经过五代皇帝、六十五年的休养生息，至汉武帝时国势大盛，他一改先祖传统，对外大举用兵，扩展版图直达中亚。对内采取“罢黜百家、独尊儒术”的伦理建设，佐以法家的严刑峻法，皇权政体逐渐形成礼法并用的格局，中央集权得

---

① 一人犯罪，全族被诛杀。

② 公元前 356 年，商鞅“令民为什伍，而相牧司连坐。不告奸者腰斩。”“匿奸者与降敌同罚。”

③ 贾谊：《新书校注》，阎振益、钟夏校注，中华书局，2000，第 15 页。

④ 从周孝王封非子为附庸于秦（前 886），到秦二世（前 209）被废。

⑤ 司马迁：《史记》卷八《高祖本纪》，中华书局，1959，第 362 页。

到空前巩固。

全面考察汉武帝形成高度中央集权的皇权国家，其基本要义有三，即皇权神授，大一统和三纲为特色的伦理系统。

其一，皇权神授说。董仲舒改造儒家学说，杂以阴阳家理论，构建天人感应、君权神授说，一方面确立了皇权不可撼动的地位，另一方面又以灾异谶言规劝君王统治者自我约束，以保证统治的持久稳定。

其二，巩固大统一的城乡二元结构，抑制工商业，完善户籍政策。皇权政治认为活跃的工商活动，诱导民众脱离农耕之业，世人游离于农耕社会，冲击耕地农业为基础的城乡二元结构。富商巨贾等豪强交接王侯，富可敌国，挑战中央集权。[①] 董仲舒针对现状提出了“限民明田、以赡不足、塞兼并之路”[②] 的建议，使得劳动力与土地资源稳定结合，城乡二元结构得到进一步巩固。

其三，支撑大统一的思想建设，执行罢黜百家、独尊儒术的思想建设。东周以来，传统封建体制瓦解，百家争鸣，导致师异道、人异论，百家之言宗旨各不相同，天下莫知所从。汉武帝采纳董仲舒元光对策的建议“春秋大一统”是“天地之常经，古今之通谊”[③]，现在他建议诸子百家之“不在六艺之科孔子之术者，皆绝其道，勿使并进”[④]，进一步将儒家思想简约化为“三纲五常”[⑤] 的伦理框架，巩固中央专政。从此儒家独居显学地位，以法家为儒家之辅弼，并行于世，其他各家逐渐失势。

其四，建立了支持大一统的国家教育系统。中央设太学，地方各郡国设立学校，完善教育系统。太学是儒学教育官方化的标志，将“五经”[⑥] 定为国家教材，确保儒家思想垄断教育。先秦时代中华就有重视教育的传统。夏称校、殷称序、周称庠，“学则三代共之，皆所以明人伦也。人伦明于上，

① 如《汉书·食货志》中专门分析了商人兼并农人，迫使农人不得不流亡的状况，详细阐发“重农抑商、轻徭薄赋”的必要性与举措。

② 班固：《汉书》卷二十四《食货志上》，中华书局，1962，第1137页。

③ 班固：《汉书》卷五十六《董仲舒传》，中华书局，1962，第2523页。

④ 班固：《汉书》卷五十六《董仲舒传》，中华书局，1962，第2523页。

⑤ 三纲五常，汉代董仲舒综合各家学说提出。“君为臣纲”、“父为子纲”、“夫为妻纲”和“仁、义、礼、智、信”五项为人处世的道德标准。

⑥ “五经”指《诗》《书》《礼》《易》《春秋》。

小民亲于下。”[①]。汉代加以完善，“里有序而乡有庠，序以明教，庠则行礼而视化焉”[②]；按人生不同阶段施以适当教育，“八岁入小学，学六甲五方书计之事，始知室家长幼之节。十五岁入大学，学先圣礼乐，而知朝廷君臣之礼。”[③]，之后一步步进入庠序、少学、太学，太学中的优秀人才将授以爵位、命以重任，是为“先王制土处民富而教之”[④]。这一套空前完善的国家教育制度，将“宗法人伦、尊卑有序、经世济民、修齐治平”等观念意识融入个人成长以及人伦日用之中，从思想观念深处拱卫了城乡二元社会结构。

其五，依赖法家强化大统一政治建设。汉代虽以儒教立国，但倚重法家官僚系统掌握政权，重酷刑，以强化中央集权。《汉书》的《酷吏传》共记载了 14 人，号称独尊儒术的武帝时期就占 10 人。后世称汉代为内法外儒，不为无据。

至此，汉武帝以城乡二元结构为基础，借助儒家的伦理系统、法家的权术手段，构建了完善的中华皇权时代农耕文明的伦理框架，将巨量分散农户与中央集权的大帝国的政权凝聚为生存共同体，生气勃勃延续几千年，创造了历史奇迹。伦理系统的巨大功能在此充分显现。

（五）农耕伦理观的异化和消亡期（1949 年迄今）

中华人民共和国成立迄今，随着土地所有制和国民经济结构的多元化，尤其在世界经济一体化的大潮冲击下，中华以城乡二元结构为基础的农业伦理观被迫异化并逐步走向消亡之路。

中华人民共和国成立之前，利用城乡二元结构的特殊环境，在农村发动土地革命，以农村包围城市，取得革命胜利。1949 年中华人民共和国成立以后，限于当时的历史背景，依然恢复城乡二元结构的传统意涵，农民没有取得与城市居民享有的同等权益。城乡割裂，严重阻滞了社会发展。中华人民共和国成立以来支农政策从未改变，多种方式的支农措施从未中断。中共中央在 1982～1986 年连续五年发布以农业为主题的中央一号文件。2004～

① 朱熹：《四书章句集注》，中华书局，1983，第 255 页。

② 班固：《汉书》卷二十四《食货志上》，中华书局，1962，第 1121 页。

③ 班固：《汉书》卷二十四《食货志上》，中华书局，1962，第 1122 页。

④ 班固：《汉书》卷二十四《食货志上》，中华书局，1962，第 1123 页。

2017 年更是连续十四年发布以“三农”（农业、农村、农民）为主题的一号文件，可见农业在中国代化过程中“重中之重”的地位。但成效不显，甚至在全国崛起的大好形势下，“三农”问题依然成为举国为之忧虑的焦点。直到 2001 年，中共十六大以后，才开始采取系列重大措施[①]，力图摆脱城乡二元结构造成的恶果，走向新的未来。但城乡二元结构历经封建社会和皇权社会 3000 多年的传承与发展，以耕地农业为基础的中华农耕文明，根深蒂固，彻底改变非朝夕之功。

三　结语

城乡差别通见于世界各地。但社会的城乡二元结构则为中国所独有。中国作为一个传统农业社会，伴随着耕地农业的发展，形成了独特的城乡二元结构。这一结构将统治阶层所居留的城市群体与为统治阶层服务的基层农民群体，截然划分为两个社会。是“劳心者治人，劳力者治于人”[②] 的儒家思想的扩展。前者居社会领导者地位，对后者有保护的责任；后者处于被保护、被领导地位，接受前者的领导并为前者服务。两者共同保证社会生活正常运行和发展。这是自发形成的社会分工样式。

城乡二元结构所体现的社会分工，在一定的社会生态系统里，它们组建生存共同体，并构建了中华农耕文明，雄踞伦理学高地[③]，历经两千多年长踞世界文明前沿。直至 18 世纪末叶始败北于海洋文明和工商文明。中华人民共和国成立前后，中国共产党创造性地将城乡二元结构功能异化，以乡村包围城市，取得国家政权，以农村养活城市，并支撑中国工业化的最初积累，甚至在国际国内战争中从不言败。中国的农耕文明和它所伴随的城乡二元结构，以全新面貌达到新的辉煌。应该肯定，城乡二元结构及其衍发的农

① 如取消农业税，明确提出城市反哺农村。

② 出自《孟子·滕文公上》，参见朱熹《四书章句集注》，中华书局，1983，第 258 页。

③ 中华文明深深扎根于农耕传统，赋予农业以基础地位，进而强调耕战立国、重农抑商、重本轻末。或强调牧民之道，在于谨守农时、丰衣足食（管子），或主张治理之道，在于富庶而教（孔子），如此民众才能安居乐业、安土重迁、顺命安处。悠久的农耕文明传统和丰富的农耕生活经验，一方面塑造了中华文明健进不息、厚德载物和生生不息等文化精神，另一方面又造就了重视宗法人伦关系、政治伦理秩序和尊卑有序格局等治道传统，深深影响后世文化传统和治理模式，故而占据伦理之高地。

耕文明对中华民族的生存与发展功不可没。

如今在全球一体化的大潮下，我们长期据以自豪的农耕文明，与海洋文明、工商文明迎头相撞，即破绽毕露，拙于应对。邓小平尖锐地指出“不改革死路一条”[①]，我国走上改革开放的必然之路。从20世纪80年代以来，我国不断做出挣脱城乡二元结构这个旧窠臼的多种尝试。几十年来我们从未放弃支农的多种努力，多次发表以农业为主的“一号文件”，但对城乡二元结构的本质认识不足，长时期停留在所谓“离土不离乡”阶段，坚持农民对土地的依附传统，反对农民改变其农民身份。这无异维护了“城乡二元结构”的核心价值观，以至于即使在国家崛起的大好形势下，城乡之间的割裂仍然积累为“三农”问题。直到2001年的十六大以后，明确提出城市反哺农村，免除农业税，取消了遍布全国的收容离土农民的强制机构。十八大以后更有多个城市开展取消当地的农村户口试点探索，迎来了我国新农业伦理观的破晓。

当今时代，倡导开放包容、合作共赢，破除城乡二元结构有许多理由。

第一，改革城乡二元结构，促进社会公平正义和稳定发展。从农村精准扶贫到农民工有效就业，从三支一扶政策[②]到各类城乡、地区统筹政策，从新型农村合作医疗、社会救济制度到留守儿童帮扶计划，等等，让更多农民分享改革的红利和平等的国民权益，使农民群体具有更强获得感、社会归属感，不仅为社会稳定发展所必需，也是伦理正义所不可或缺。

第二，改革城乡二元社会结构，国家从教育和就业政策、人事任用制度、社会保障制度等角度破除固有的社会阶层固化，促使社会各阶层成员正常流动，不断提供社会发展的新鲜血液，尤其给广大农村学子和农村基层工作人员以充分机会，发挥个人才能，实现自我，增强社会发展动力。

第三，打破城乡二元结构，实施城乡一体化，解放巨大社会生产潜势。以“互联网+”的思维，实现城乡互利共赢，促进不同地区、城乡之间的

---

① 人民日报评论部：《不改革死路一条——写在邓小平同志诞辰110周年之一》，《人民日报》2014年8月19日，第5版。

② 三支一扶政策，指国家出台相应政策，鼓励大学生毕业之后，到农村基层地区从事支农、支教、支医和扶贫工作，这一政策为农村基层地区输送大批紧缺人才和新鲜血液，以缩小城乡差距，促进城乡协调发展。

互联互通、产业耦合[①]，可成倍释放生产潜势。

城乡二元结构的消亡的趋势已不可逆转。但城乡二元结构的改革涉及社会系统的大变革，必将触及社会集团利益和文化深层，绝非朝夕之功。随着改革开放带来的社会发展和文化内涵的提升，新的伦理系统也将伴随新旧事物之间“方生方死”的演进过程而逐步完成。这既要坚定，又要耐心。需要我们沉下心来，以虔敬的态度，科学的方法，坚强的毅力，付出长期努力以期其成。

（原文刊载于《中国农史》2017 年第 4 期）

① 任继周：《系统耦合在大农业中的战略意义》，《科学》1999 年第 6 期，第 12 ~ 14 页。

后危机时代食品安全的伦理叩问和救赎[*]

曾 鹰　曾丹东　曾天雄[**]

对人类而言，“吃”首先是一个公共问题。然而，当赤裸的利欲侵蚀了良知，近年来在中国“恶之花”遍地泛滥，有毒食品接踵而至，潜滋暗长的毒素，无形中流入百姓的身心，成为公共生活的阴影。人毕竟不是道德先知，而是哈维尔所谓的“道德上的病人”，“我们不是先获得德性再做合德性的事，而是通过做合理性的事而成为有德性的人。”[①] 本文从食品安全的伦理叩问反思人类遭遇的生存困境与发展极限，将“道德进步”的坐标放置于每一个个体生命的时间轴上，以捍卫作为一种“公共善”的道德，分析过上真正好的公共生活的可能性。

一　后危机时代食品安全的伦理叩问

食品安全问题不仅是一个现代性问题，也是一个重大的社会伦理道德问题。罗门在《自然法的观念史和哲学》中一开始就提出了核心问题：法律

* 基金简介：本文系国家社会科学一般项目“‘四个全面’战略布局下中国共产党发展理论研究”（编号：15BKS035）、湖南社会科学基金项目“食品安全治理的公民道德治理研究”（编号：14YBA345）、湖南省重点研发计划软科学研究项目“‘法治’视域中的食品安全治理研究”（编号：2015ZK3054）的阶段性研究成果。

** 作者简介：曾鹰，湘南学院副教授，哲学博士，湖南师范大学道德文化研究中心博士后，研究领域为应用伦理学；曾丹东，华中师范大学学生，研究领域为伦理学（道德哲学）；曾天雄，湘南学院教授，博士，博士生导师，研究领域为应用伦理学。

① 亚里士多德：《尼各马可伦理学》，商务印书馆，2003。

怎样才能约束一个人的良知？准确地说，国家法律与道德秩序之强制性权力的伦理根基究竟何在？如火如荼的食品安全整治虽一定程度上恢复了“命运共同体”意识，但作为现代公民的我们必须正视这个问题，由于法律与道德规范背后的伦理源头被掏空了，缺乏一个具有超越的客观性或历史正当性的伦理体系支撑，而导致心灵秩序之“乱”。

（一）群氓的集体无意识

从2008年的“三鹿事件”开始，食品安全事件频频出现在公众的视野，瘦肉精、地沟油、苏丹红、毒火腿，就连原本与食品完全不搭界的甲醛、工业盐、塑化剂等，也堂而皇之地登上了公众餐桌，食品安全已经让普罗大众“谈食色变”。我国食品安全所面临的已非一城一池的失守，而是普遍的溃败。失去控制的一切，正在吞噬我们的生活。风起云涌的食品安全事件，像一个个跑调的高频音符，一次又一次肆意地挑衅着公众敏感的神经。“如今的情形仿佛是帷幕被拉开，我们得以瞥见食品体系背后的‘阴暗构造’。……包括所有人在内，对此却无能为力。”[①] 人们出于生命安全诉求已形成一个越来越严重的“心灵旋涡”，大家焦虑的不再是“还有什么食品是安全的”，而是“还有什么食品是不安全的”。一幕幕丧失道德与触犯法律的恶性事件正引发着更深层次的信任危机，我们到底应该如何安顿？阿尔贝·加缪的《鼠疫》以及乔治·奥威尔的《动物庄园》，宛如寓言般地验证了当下这个充满荒诞的社会。从死猪肉到假羊肉，再到地沟油，从农民自己不肯吃的稻米、小麦再到生姜，当这些有毒的社会蛛液全面裹挟我们的生活时，谁还能因为居于所谓的“内部”角色而成为这一场看不见的“浩劫”的幸存者。“上下交征利而国危矣”（《孟子·梁惠王上》），没有隔岸观火的释然，每个人都身处其中，没有世外桃源的安宁，每个人都在煎熬中制造着煎熬。

勒庞发现，人的自觉的个性消失之后就会很容易进入一种群氓心理，成为一种集体元意识状态。在一个粗鄙时代，公共道德可能的落脚点就是在危机面前运用个体的理性，就像康德说的，“必须永远有公开运用自己理性的自由”。毕竟，大量犬儒化的“权宜”生存，因缺乏超险维度的参照，容易

① 〔美〕保罗·罗伯茨：《食品恐慌》，胡晓姣等译，中信出版社，2008。

泯灭精神空间，个人得以自我放逐，造成无可救药的脑疾“权威主义人格”①。“当人们还不能使自己的吃喝住穿在质和量方面得到充分保证的时候，人们就根本不能获得解放。”②

食品安全不仅关切人民的身体健康和生命安全，而且成为衡量一个国家经济发展和社会稳定的战略性指标。食品安全问题，既破坏国家形象，损害发展的“软实力”，又以反社会、反文明的方式，吞噬、抵消着改革的成果，成为社会的毒瘤。从这个意义上说，食品安全就是国家利益，要解决食品安全问题，必须上升到“面包政治”的高度。

只有经过自由的引导与告诫，一个人的心灵生活意义才会是“真的”（Authentic）意义。食品安全乱象表明，当下中国社会领域的无规则体系已碎片化，指望孤立的个体在此废墟上享有自由与尊严不现实，为了“整饰和编织属己的生命经纬”（刘小枫语），我们不仅要叩问个体生命的意义，催化公众潜在的公民精神，也要接续悬于一线的传统，让家国情怀与个体价值紧密结合。

（二）技术主义的囊日

在我国，围绕食品安全构架的机构与制度不少，新法新规有了，专项整治多了，然而，相关问题似乎仍处于频发状态。食品安全问题被“妖魔化”：受害者“申诉无门”，生产者“人间蒸发”，监管者“视而不见”。

当食品安全问题频频出现在“盘中餐”，当社会公众将“吃什么”无奈地投向“不能吃什么”，人与人之间应有的信任感正急剧消隐，几千年饮食文化面临着颠覆。我们原本生活在一个拥有博大精深饮食文化的国度，如今这种幸福感却已被公共食品安全焦虑丧失殆尽，舌尖上只剩下“元素周期表”毫无温情的余味了。究竟是谁让我们面对美味佳肴张不开嘴？在市场和利欲的诱惑下，食品生产商一味求利背弃责任，这才产生了问题食品；市场监管者把关不严，这才让问题食品大行其道；经销商明知有鬼照卖不误，

① “权威主义人格”原本是由弗洛姆在分析纳粹主义心理学时提出的著名概念，指个人为了逃避孤独无助的感觉而放弃自由的心灵倾向。（〔美〕弗洛姆：《对自由的恐惧》，许合平等译，国际文化出版公司，1988，第98～124页。）在本文中，笔者认为，这其实表征因为庸常而钝化了生命的悲剧意识，进而陷入由恐惧导致的苟且偷生与随波逐流，其结果往往是将“理性的实践”推向一个恐怖的非理性境况。

② 马克思、恩格斯：《马克思恩格斯选集》第1卷，人民出版社，1995。

这才使有毒食品堂而皇之潜入消费者腹中……令人抓狂的背后，彰显了人性自私的缺陷，更凸显法律和制度的缺失。

这场“道高一尺，魔高一丈”的无法预测的现代性所带来的食品安全矛盾，展现出一个对人类基本生存权利构成严重威胁的世界。为此，英国学者提出苟且偷生与随波逐流，其结果往往是将“理性的实践”推向一个恐怖的非理性境况。

提姆·朗和麦克·希斯曼在《食品战争》一书中指出，“在食品生产的胜利高峰，食品生产体系的可持续性以及食品在发展中国家和发达国家的质量也受到了史无前例的挑战。”[①] 当诗人说出“我只信任虫子”，再不修补裂痕，怎么形成合力实现食品安全的改观？食品安全从来就“不仅仅是科学问题，也是政治问题”[②]。

一次次的媒体曝光，一次次地挑战着中国人的道德底线，折射出食品安全问题的严峻性和加强食品安全监管的迫切性。这深刻暴露了我国食品安全治理模式存在漏洞，表明现行食品安全规制还相当脆弱。在这背后到底是价值理念的偏颇，还是这个民族在崛起当中精神层面出了许多危机？

丑闻频现的食品安全乱象的背面，似乎有无数个尺度和模糊不清的界限，食品存在难以预料的风险，将食品的风险削减为零，只能是一种良好愿望，它反而可能会带来高昂成本，耗费相当多的公共资源，引发无尽的争论。如果仅仅就规制本身探讨规制失灵的原因和对策，其根本思路仍未脱离“规制万能”的窠臼。食品安全是现代国家建构的重要维度之一，如何有效建立适合我国国情的食品安全监管机制，对政府来说是一个迫在眉睫的问题。

（三）精神的堰塞湖

近十年来，中国最具典型的“理性”压垮道德的事件当属食品安全问题。在这一宏大叙事表象的背后，却是决定我们命运的所谓“理性化”带来的各种“冲突”、“紧张”甚至是“危机”[③]。犹如“黑洞”的食品安全问

① Lang, T., Heasman, M., *Food Wars: The Global Battle for Mouths, Minds and Markets* (London: Earthscan, 2004).

② 〔美〕玛丽恩·内斯特尔：《食品安全》，程池等译，社会科学文献出版社，2004。

③ 苏国勋：《理性化及其限制韦伯思想引论》，上海人民出版社，1988。

题，不仅是错位疯狂的政绩癌变，更是无知贪婪的思想癌变。中国的改革开放，是一种充满了焦虑的“加速现代化”，尽管我们还远未实现现代化，但已充分具备了现代性的两种典型症候：物质主义及由此导致的虚无主义。要彻底治理这类“现代化之病”，遏制普遍的信用崩盘，需要一场精神变革，人为随意构筑一道道堤坝将它拦截，有朝一日可能会沦为精神的堰塞湖。

可悲的是，在当下，仍有一些人利欲熏心，采用瞒、躲、藏、掖的落后方法，沉浸在掩耳盗铃的寓言故事中，妄图瞒天过海。这样，纵使全国一半的人都变身食品检查员，也抵挡不住另一半人时刻绞尽脑汁挖空心思的“发明创造”。厂家本是食品危机的罪魁，监管者却因自身混乱不堪，事前神经错乱，事中疏于职守，事后诿罪于人。于是乎，用权力、金钱搅拌舌尖的“罗生门”一部接一部火爆上演，只有施害者和受害者。

当一个人只为本位考虑而不遗余力地去榨取他人时，人与人之间就是典型的“狼对狼”关系。一方面是欲望的力量在无限制增长，另一方面却是约束的力量在成级数削弱。我国现有法律法规 9800 多部，早已“法律完备”，但 30 年过去了，“假冒伪劣”非但有增无减，反而变本加厉地集中到食品药品，陷众生于慢死之境。乱象并不可怕，“掷出窗外”也不是唯一选择，如何重造食品生产领域的“道德血液”才是重中之重。

我们必须重新审视人心秩序或安身立命之所。在对食品安全的关切中，不能回避中国自身的文化传统尤其是儒家文化对中国人生活的建构意义，进而将其与现代性的反思联系起来。把食品安全问题置于现代性语境中加以考察，“只有这样，才能对社会的价值观，以及如何对应它们的冲突和变化，提供更充分的视野和洞察力。”① 但以往我们的监管，从未跳出就事论事的窠臼，甚至是“高高举起，轻轻放下”。指望无良企业金盆洗手，无异于与虎谋皮。从“恐奶症”到“恐肉症”再到“恐鸡症”，一“恐”未平，一“恐”又起，一个又一个食品安全问题，哪一个是罹毁市场生态的多米诺骨牌？

出了问题并不可怕，可怕的是不思悔过的蛮横，可怕的是矛头所指的本末倒置。中国的食品安全，早已凝成了一个珍珑棋局，《尚书·泰誓上》

① 〔美〕阿瑟·克莱曼：《道德的重量在无常和危机前》，方彼丽译，上海译文出版社，2008。

云："惟天地万物父母，惟人万物之灵。"但欲挣脱桎梏，跳出"现代化陷阱"，绝非易事。食品安全恐慌，不仅是社会发展失衡的残酷表征，更是中国人现代化之旅的真实写照。频亮红灯的食品安全不再是单纯的"舌尖"问题，也不是一个纯粹的道德"黑心"现象。在这样一个陌生人的世界，道德感知蜕化，整个社会已被"江湖化"，"人心惟危，道心惟微"，缺乏对食品安全足够的文化审视，就无法弄清当下社会病的根源。

二　食品安全的自我救赎：好的公共生活何以可能

频发的食品安全事件绝非孤立的，在麦金太尔看来，没有德性，人类生活的性质本身已经改变。当道德变成了一种标榜与人格彻底剥离，我们面临的是"道德进步"的自我毁灭，中国社会诸领域正陷入无法言说的道德困境，道德底线几近垮塌，人心出了问题，解决食品安全问题已不是单纯的"监管"问题，而是一个自我救赎的问题。

（一）内在"道德"寻本：个体理性精神重建

道德原本是一种"发自内心真诚地制约人们自己恶的本性的高尚的内在力量，是一种对邪恶行为的精神的免疫力量"[①]，可是在缺乏道德自律的境遇中，只剩下永远相对的功利主义或彻底的唯物主义。这样一来，道德不是诉诸内心的宁静、良心的自由，注定会向非道德转化，法治也不过是羊头狗肉。信仰的重建之路，必然要坚守道德的阵地，重归理性的轨道。如今，食品安全真正的问题在于：我们并没有创设真正的"道德"，而是被自己创设的"道德"所奴役，其结果是心灵木乃伊成为常态。

当前问题食品的大规模泛滥，是利益日趋分化，道德与自我约束机制失灵所带来的后果。食品安全直接涉及法律及法律的实施，貌似是一个执法不严的问题，但深层探究则直指制度和人心。"我们的时代是一个强烈地感受到了道德迷糊性的时代，这个时代给我们提供了以前从未如此烦恼的不确定的状态。"[②] 如果让权力先过良心关，它就只能失语了，食品安全治理也是如此。雨果在《九三年》中有一句话耐人寻味："在一切正义之上，还有人

① 黎鸣：《道德的沦陷——21世纪人类的危机与思考》，中国社会出版社，2004。

② 〔英〕齐格蒙特·鲍曼：《后现代伦理学》，张成岗译，江苏人民出版社，2003。

道的正义。”人道是最高的正义，过不了人道关，就“一票否决”，应当让“道德良心高于政治”成为公民的政治常识，而不能通过体制的名义推进恶。要为中国食品去毒，必须超越那个“以食为天”的自我。

《礼记·大学》中“明德”所指向的是人对道德的一种自明性，儒家这一道德传统揭示出：道德不是为了利益而去的，它是个体自明性的一种善的冲动和良知。当我们面临道德困境，只要凭借内心的良知与直觉就可以做出选择。我们将食品安全纳入道德文化视阈内，正是想对人与人、人与社会的关系进行新的审慎反思，进行“道德”寻本。道德是一种“遵道而行”的价值选择：“道者，古今之正权也；离道而内自择，则不知祸福之所托。”（《荀子·解蔽》）这在一定程度上对规范伦理学进行了“纠偏”，但要真正解决和超越食品安全带来的困境，不能仅仅诉诸私人利益，“道德生活之所以可能，我们认为在自己能对自己之行为，负绝对的责任，与相信自己有实践道德之自由。”[①]

亚里士多德说，“幸福决不在消遣和游戏之中”，“幸福生活可以说是合乎德性的生活”[②]。如果说立足于现代个人主义之上的第一次启蒙是“缺德失道”，那么奠基于后现代“依存哲学”的第二次启蒙则是“重德厚道”，它重建人精神的神圣性，拯救由“人类沙文主义”给人类造成的巨大战害，它是一种道德启蒙。欲找寻食品安全的出路，必须重新审视道德人伦，在对早期的道德本源追溯中，去延续那些早已有之的人与道德之间内在的、“活”的联系。儒家意义上的君子之德的传统对构建现代性国家的公民有其无可替代的作用，重塑与培养公民德性，是我们构建现代性国家必须走的一步。

如何跳出发生问题—治理—淡—再发生—再治理的食品安全怪圈，关键在于重塑全社会的道德体系，从机制体制上进行探索和突破。福柯强调：我们一再发现自己处于开始的位置。转型中的中国只有顶层设计是不够的，比它更困难的是“万千人所共同构现”的“内发于心”。应接不暇的食品安全事件提醒我们，不仅要关注食品安全本身，更要反省它对人的精神奴役，它正腐蚀文化的轴心层面：资本技术暴露其狰狞的嘴脸时我们无知觉于人的异

① 唐君毅：《道德自我之建立》，广西师范大学出版社，2005。

② 亚里士多德：《尼各马科伦理学》，苗力田译，中国社会科学出版社，1990。

化。如果继续以这种反伦理方式“饮鸩止渴”，将可能成为压垮中国道德这个“骆驼”的最后一根“稻草”。

一个人越是放弃任何外在超越个人的目标和价值，其能量就转向阻力最小的方面“内在”，直探本源，追求存在的意义。对个体而言，信仰是坚守德性，是寻求精神出路的一种努力。除了要“仰望星空”，还应俯畏“脚下之路”。当一个社会基本的伦理共识都被打破之后，想拥有一个基本秩序是不可能的，这要求我们重新厘定自身的德性传统的现代意义和价值系统，向真理价值、意义选择敞开，而不是一味服从和维护。

我们不能将道德“拟神化”，毕竟，人人都是处在“生态链”与“道德链”的交叉点，行善的动力和支撑点，除了善心、善念等人性和道德的源泉，更离不开一种清明、自由的公民意识。在当代中国人身上潜藏着一种反智特征，它虽反智力上的权威，但未能塑造出一种底层大众的独立性与个体理性，使得现代意义上的“公民”长期呈缺席状①。这样，人格将难免置于道德形而上学的蒙蔽之中，陷入海德格尔所说的“世界之夜”，或艾略特所揭示的“荒原”。然而缺乏了美德这样一种“获得性人类品质”②，这种“反智主义”恰恰揭示出，目前中国的个体性不是太弱而是太强，被复活的传统遮蔽的个体，与历史上的个体并无质的差异。在这样一个原子化的社会里，每个人沉溺于托克维尔称之为“琐屑而卑微的欢乐”里，不愿参与公共事务，不考虑国家权力的扩张有可能对个人、社会和国家带来的危害，必将导致一种新型的“柔性专制主义”不断扩张。它使人变成一粒粒散沙，其后果便是使社会生活朝向过度私人化发展，反过来加剧了食品安全诸问题的激化。社会生活就只能流于外在的功利追逐而走向歧途。

（二）公共伦理觉醒：“命运共同体”的道德救赎

食品安全危机表征伦理大厦倾斜，本能的伸展与人欲的扩张，人们既有

① 这种“反智主义”恰恰揭示出，目前中国的个体性不是太弱而是太强，被复活的传统遮蔽的个体并无质的差异。在这样一个原子化的社会里，每个人沉溺于托克维尔称之为“琐屑而卑微的快乐”里，不愿参与公共事务，不考虑国家权力的扩张有可能对个人、社会和国家带来的危害，必将导致一种新型的“柔性专制主义”不断扩张。它使人变成一粒粒散沙，其后果便是使社会生活朝向过度私人化发展，反过来加剧了食品安全诸问题的激化。

② 〔美〕A. 麦金太尔：《追寻美德》，宋继杰译，译林出版社，2003。

对“得”的无奈，又不乏对“德”的失落，以至于沦为“破坏性力量之下的羔羊”。食品企业乃至监管部门各自应负的法律责任，无须泛道德化解读，当务之急并不仅仅是具体的体制创新，而是如何破解受难者与旁观者都在面对这个“命运共同体”所遭遇的道德困境。依照法国社会学家布迪厄的方法论主张，个人性即社会性，最具个人性的也就是最具非个人性的。那么，我们所需要的就不仅仅是个体理性精神的重建，更需面对一个基于“命运共同体”层面的道德救赎过程：运用公共理性确定“群己权界”，即循着“个体美德”“伦理制度要求”的双向运动，在人的社会性、道德性存在中去寻找人的尊严。这样，才可能捍卫作为一种“公共善”的道德，才有过上好的公共生活的可能性。“对于我们应该如何生活这样一个问题，是不可能有最终满意的答案的，所以我们所能做的，就是向进一步的讨论和实验证明敞开自由的大门。”[①] 当前问题丛生的食品安全问题再次提醒我们，中国正在历经严峻的思想文化资源之断裂、文化价值之转型以及意识形态之重构的多重危机，而正义是当下中国稀缺的公共善，进行更深入的文化批判无可回避，因为“我们认识到，我们总是在与他人和外来文化的富于道德意蕴的行为、成果和生活方式的理解性交往中，修正和丰富我们本来就有的规范性约定。”[②]

问题食品给人带来的只是第一轮危机，当所谓的“真善美”只是愚弄人的咒符时，当社会欺诈成为个人无法摆脱的人生困局时，当个人由于无力坚守而被迫撤退时，我们如何还能指望人在精神废墟上站立多久？“怎样在危险和无常的环境里有道德地生活，是一个仍未解决，但迫切需要解决的问题。”[③] 道德的彰显，固然需要法律依凭，但更离不开自我与社会话语阐释相结合的存在者——公民来支撑。这既是共同利益的政治诉求，也是健全的公民伦理观的承载。只可惜中国人向来缺乏各种角色伦理义务，只能在“私域”中施于情缘对象，而不能在“公域”中施于陌生对象。“制度是人心的产物”，顶层设计不能悬置公民伦理的基础性共识之上。因为公民伦理实质上是一种交换的伦理，表征的是“在法律的社会中人们作为公民相互

① H. Putnam, *Renewing Philosophy* (Boston: Harvard University Press , 1992) .

② 〔德〕卡尔·奥托·阿佩尔：《哲学的改造》，孙周兴等译，上海译文出版社，2005。

③ 〔美〕阿瑟·克莱曼：《道德的重量在无常和危机前》，方筱丽译，上海译文出版社，2008。

间的有效性要求，只能从有意义的服从构成理解背景的那种普遍性前提出发”[1]，相较于日常生活伦理，它“只在人们面对同陌生人‘一般他者’的关系，并且把他（们）当作与自身地位同等的公民相互对待时才存在”[2]。作为公民伦理的食品安全伦理的建立，不仅是针对制度的变革和个人伦理的操守，还是最基本的社会公共价值认同。

亚里士多德认为，作为实践哲学的伦理学从属于“政治学”，伦理的共存先于个体的实存，共存的伦理公正不是“德性”的一种，而是德性的整体。我们一次又一次地责怪政府监管不力、企业黑心追求利润、消费者单纯追求口舌之快，可这些是问题的根本吗？实现食品安全良序，除了政府监管，生产者自律，不可避免地要给社会松绑，让私人的善与公共的善，在利公、利人与利己之间取得稳妥的平衡，让公民伦理在“权力责任”的框架下，真正参与公共领域。它不只是一种关涉个人内心的道德历练，而且更是系统化的社会伦理的折射。

正是公共领域的公共性才能够吸纳人们想从时间的废墟中拯救出来的任何东西，并使之历经数百年之后而依然光辉照人。在阿伦特看来，回避公共世界的不自由，而退回到心理的“自由”，实际上是一个极权时代的病态。哈贝马斯坚信：公共性始终是我们政治制度的一个组织原则。为捍卫公共性原则，我们不能只寄望于市场或国家，而更应寄望于公民权得以伸张的公共领域。在这里，“自由”得到了伸张，而“强制”遭到了“话语民主”的消解[3]。民众对食品安全问题的焦虑与不安，肇始于对现代性的质疑。我们展开文化寻根，其意义在于从利益废墟重返道德被逐出之地，唤醒人类的敬畏之心，重建现代社会的道德资源与社会资本，推动民众合作、参与、向善的公共精神。正如亚当·斯密在《道德情操论》中论证的那样，如果一个社会普遍没有了对共同底线的“敬畏”，意味着人们精神世界的荒漠化。当本该虔诚以敬的东西，都可用权钱勾兑，这个社会即使堆砌出再多的物质财富，也必将与真正的文明渐行渐远，甚至坠入“巴比伦化”的深渊。面临食品安全危机，如果每一个人都用“良知的尖刀”来深刻解剖自身存在的

---

① 廖申白：《公民伦理与儒家伦理》，《哲学研究》2001 年第 11 期，第 72～73 页。

② 廖申白：《公民伦理与儒家伦理》，《哲学研究》2001 年第 11 期，第 72～73 页。

③ 华炳啸：《超越自由主义宪政社会主义的思想言说》，西北大学出版社，2011。

丑陋，我们就能忍住刮骨疗伤的疼痛唤起社会的警醒与行动。

真正“好的生活”是从每个人的自由、理性、尊严出发，而不是以一种善来牵制另一种善。中国食品安全与其说最大的偏失在于“个人永不被发现这一点上”，毋宁说是“权利永不被发现这一点上”。因为监管法规一旦蜕变为限制人发展的桎梏，在实践中往往维护着一种权利与义务相分离的畸形结构，人这一真实目的往往被埋没甚至沦为维护“想象共同体”的手段。后危机时代的人类正生活在“文明的火山”，文化的精神脐带割断太久，文化的关怀能力已从公共领域策略性逃离。要实现真正的良序化，食品安全离不开社会机体的健康，竞争机制的公正。在高度格式化的社会，真正走出文化“囚徒困境”，要透过时代的雾囊，用一种坚韧的心力抛弃乌合之众的先验文化理念，进行“道德”寻本与文化寻根。唯如此，我们才能从“人性的黑暗”中解放出来，才能实现从“如何谋得幸福”到“如何配当幸福”[①] 的转变，一个“好的生活”才可能真正得以持续。

（原文刊载于《湖南大学学报》（社会科学版）2017 年第 1 期）

① 〔德〕康德：《实践理性批判》，韩水法译，商务印书馆，1999。

对中国乡村环境伦理建设的哲学思考*

曹孟勤**

习近平总书记在小岗村召开的农村改革座谈会上讲到："中国要强农业必须强，中国要美农村必须美，中国要富农民必须富。"① 习近平总书记这一讲话，揭示了乡村在中国生态文明建设中具有举足轻重的地位。尽管实现农业强、农村美和农民富的路径和措施多种多样，但加强乡村环境伦理建设，无疑是一个不可或缺的内容。因为未来世界发展的潮流是生态文明和环境保护，农业产品的生态化和乡村自然环境良好是国际社会普遍的伦理要求，也必然成为世人幸福生活的基本内涵。乡村环境伦理建设包含农产品的生态化、乡村自然环境的美化，以及绿水青山就是金山银山等内容，因而它必然成为促进农业强盛、农村美丽、农民富有的必由之路。中国环境伦理建设已经开展了几十年，但乡村环境伦理建设却十分滞后，致使乡村环境问题迟迟得不到改善和解决，甚至还出现了城市污染源向乡村转移并使乡村环境恶化的倾向。因此，加强乡村环境伦理建设，为乡村自然环境筑起保护的伦理盾牌，促进乡村生态经济发展，成为我国迫在眉睫的事情。

---

* 基金项目：本文系国家社会科学基金重大项目"中国乡村理论研究"（编号：15ZDB014）的阶段性研究成果。

** 作者简介：曹孟勤，南京师范大学公共管理学院教授、博士生导师，研究领域为生态伦理、环境伦理。

① 《习近平在小岗村主持召开农村改革座谈会》，《人民日报》（海外版）2016 年 4 月 29 日，第 1 版。

一　中国乡村环境伦理建设的必要性

中国乡村的传统农业生产方式和传统乡村生活模式本身是生态化的，达到了一种天人合一的状态，根本不存在人与自然关系的紧张和自然环境的破坏。人们日出而作，日落而息，模仿自然而生产，并将乡村养鸡、养鸭、养猪产生的垃圾和日常生活垃圾作为肥料供给土地，创造了人与自然之间物质循环的生产方式和生活模式。在这种天人合一的乡村生产生活条件下，中国传统农业社会不需要环境伦理，也根本没有环境伦理，农民更没有必要形成或拥有环境保护意识。乡村所具有的伦理主要体现在人与人关系方面，注重维护家庭和睦与社会和谐。但随着中国的改革开放和现代化建设进程，中国乡村天人合一的生产方式和生活模式被逐渐打破，传统的农业存在方式和乡村生活模式受到现代工业和现代技术的严重冲击。这种冲击一方面大大提高了农业生产效率，广泛增加了农产品的产量和农产品的丰富多样性，极大地解放了乡村劳动力，使乡村农民的生活变得越来越现代化；另一方面由于传统乡村没有环境保护的伦理理念和伦理规范，乡村环境伦理处于真空地带，在工业现代化对乡村生产生活的侵袭下，乡村自然环境污染和破坏问题逐步凸显并且日趋严重，甚至还严重威胁着农业生产自身。不管是在中国的东部、中部和西部，还是经济发达地区还是经济落后地区，目前中国乡村几乎都成为污染和破坏的重灾区。

首先是乡镇企业的发展，严重污染和破坏了乡村自然环境。我国改革开放初期，乡村掀起了一场轰轰烈烈的乡镇企业建设运动，各地乡村纷纷建立了各种类型的工业企业，以谋求乡村经济的快速发展。这些乡镇企业充分利用乡村地区的各种自然资源，向生产的深度和广度进军。虽然乡镇企业对乡村经济的繁荣和农民物质生活水平的提高做出了积极贡献，但是由于乡村缺乏环境道德规范的约束，乡镇企业主自身也缺乏环境保护意识，致使乡镇企业对各种自然资源的使用几乎都是剥夺式的，不计后果地进行开采、开发，结果导致乡村自然资源的破坏程度都非常严重。乡镇企业由于生产技术和设备都比较简陋和落后，自身无法完成工业污染物的处理和净化，只好将各种工业污染物直接排向乡村自然环境之中。这意味着乡镇企业越是发展，所造成的环境污染和环境破坏就越是严重。我们仔细观察都会看到，乡镇企业发达地区的自然环境几乎都存在着严重的环境破坏问题。一个稍微上规模的乡镇企业，就可以污染一个乡村周围的河流、湖泊、土地和天空。更为可悲的是，在当今国家加大治理城市污染的情况下，许多污染企业又纷纷转移到乡村，导致乡村成为容纳环境污染的场所。据腾讯今日话题2013年2月19日消息称，山东潍坊一些乡村企业为了躲避环境的监察，用深坑、渗井方式排放工业污水。中国新闻网2016年1月27日报道，山东寿光台头镇北台头村某造纸企业将大量化工废弃物埋入地下。最近几年，报纸、电台和网络媒体揭露出各式各样的乡村污染问题。

其次是农产品安全问题严重。农民为了促成粮食丰收和提高农产品的产量，但又缺乏对农产品安全的道德意识，结果导致农业生产大量使用化肥和各种杀虫剂，致使土地污染严重，农产品农药残留物严重超标。中国改革开放后，大量乡村人口开始涌向城市，农业生产对乡村有机肥的使用急剧降低，而对工业化肥使用产生了生产性依赖。乡村土地长期使用化肥导致土壤板结、地力下降，还造成土地中重金属、无机盐等有害成分超标。据2009年有关研究表明，我国乡村存在着过量使用化肥现象，结果造成化肥的巨大浪费。“我国目前化肥年使用量达4124万吨，化肥平均施用量450kg/hm^2，超过发达国家公认的安全上限（225kg/hm^2）的1倍位居世界第一位。……化肥利用率极低，氮肥平均利用率只有30%～40%、磷肥只有10%～20%、钾肥只有35%～50%，可见我国每年有2500～2800万吨的肥料养分流失。”① 一部分化肥随农业退水和地表径流进入河、湖、库、塘污染水体，另一部分化肥随着雨水向地下水渗透。据监测，农村地区许多浅层地下水的硝酸盐氮、氨氮、亚硝酸盐氮都严重超标，甚至还含有一些致癌物质，对人、动物都造成威胁。乡村农业生产除了过量使用化肥外，还大量使用各种杀虫剂和农药，造成杀虫剂和农药污染。我国在1983年以前生产的农药以高残留的有机氯农药为主，占总量的53%，由于该农药的利用率低于30%，70%以上的农药散失于环境之中，使大气、土壤、水体、农畜、水产品受到污染并通过食物链对人体健康造成危害。大量使用农药导致了害虫对农药产生了抗药性，结果使得农民不得不越来越大量施用农药，加重了

① 李彩碧：《农村化肥污染与防治》，《农技服务》2009年第1期。

农业环境污染，使其陷入农药使用的恶性循环之中。土壤中大量农药聚集，致使土壤有毒化严重，导致从土壤中生长出来的粮食与蔬菜品质下降。更为可悲的是，农民为了保持农产品的美观，防止虫害损害农副产品形象，干脆将农药直接喷洒于农副产品上，严重威胁食用者的身体健康。

最后是农民环境保护意识缺乏，造成乡村脏乱差问题突出。中国改革开放之后，农业生产发生了天翻地覆的变化，化肥成为农业增产的主要手段并被广泛使用，由乡村的鸡鸭猪鹅粪便、各种秸秆和农民生活垃圾所形成的有机肥无奈退出农田。但是这些大量的禽类粪便、各类秸秆和农民生活垃圾不能使用到农田当中，只好随意丢弃在乡村环境中，造成了乡村环境污染，脏乱差成为乡村的一个突出问题。虽然农业机械化代替了密集型劳动，使劳动者从沉重的乡土劳动中解放出来，但是，这些解放出来的大量乡村劳动力却涌向城市而成为打工仔，致使乡村成为老人、儿童和村妇的留守地。正是有效劳动力的严重匮乏，没有人投入到乡村环境清洁卫生的整治、打扫和管理中，致使乡村环境生活垃圾和禽类粪便遍地，各种杂物堆积的路边和墙边，到处是塑料袋和塑料瓶，满天的苍蝇四处飞舞，在夏天更是臭气熏天。

现代工业社会和现代科学技术本身是反自然的，其释放出来的改造自然的巨大力量严重威胁着自然环境的生存。当现代工业和现代科学技术侵袭乡村并使乡村现代化时，使得传统乡村伦理无法应对现代工业本身内在蕴含的破坏自然环境的这种新情况。尽管传统乡村伦理很发达，对人们的社会生活和人际关系提出了种种道德规范和行为约束，但由于传统乡村伦理缺乏环境保护的内容，无力对乡村自然环境和自然资源形成保护的伦理屏障，也没有乡村环境伦理来保护各种农产品使其免遭滥用化肥和农药的袭扰，农民自身更是缺乏环境保护意识，因而乡村自然环境遭受破坏和污染就成为必然。更为重要的是，中国乡村的经济发展相对于城市经济发展来说总是不足和滞后的，长期以来农民的财富收入总是落后于城市市民，努力成为城市市民就成为每代农民的光荣梦想。尤其是当现代市场经济大潮占领乡村社会后，农民急于发财致富的心理，迫使他们不择手段的掠夺乡村自然资源，污染乡村自然环境，用牺牲乡村美丽环境为代价置换财富的更多收入。“乡村经济发展不足”和“乡村经济发展不当”成为困扰当今中国乡村发展的瓶颈。

中国改革开放初期是农村改革，但随着改革的深入，现代化建设主要集中于城市，乡村发展开始受到冷落。传统乡村伦理观念被现代性消耗殆尽后，新的乡村伦理观念尚未诞生，尤其是乡村环境伦理建设更是滞后于城市，乡村成了环境伦理的真空地带。如何填补乡村环境伦理的这一真空，成为当今中国社会亟待解决的问题。进而言之，面对工业经济和现代技术造成的新形势和乡村的新特点，需要建设一种新的伦理观念即环境伦理观念来规范工业经济和现代技术在乡村的使用，确保在提高乡村现代化程度的条件下，乡村自然环境和乡村农产品得到道德上的保护。乡村是人类生存的最基本环境，乡村环境如果遭到完全破坏，将直接破坏人类的生存条件。从这一意义上讲，乡村环境伦理建设是十分必要的。没有乡村环境伦理，就没有卫生的粮食可吃，没有洁净的水可用，没有清新空气可吸，没有魅力自然环境可供人类休闲和享受，何谈人类的幸福生活。乡村环境伦理建设是保全人类生存、免遭灭顶之灾的底线，是防范肆意毁坏作为人类生存条件之自然环境的屏障，是生产出安全可靠食品的武器。因此，加快建设乡村环境伦理，建构乡村环境伦理规范就成为摆置在人们面前的一项重要任务。

二　中国乡村环境伦理建设的必然性

中国改革开放开始了中国的现代化进程，尽管中国现代化建设远远晚于西方发达国家，但中国现代化建设的速度之快，效率之高，远远超越了西方发达国家。中国仅仅用了 30 多年的时间，就发展成为世界第二大经济体，国民生活水平已基本步入小康。随着中国现代化进程的迅猛开展，中国社会也像西方近现代社会一样，掀起了一场广泛而持久的城市化运动。大量乡村人口从四面八方涌向城市。致使小城市迅速扩展为中等城市，中等城市迅速扩张为大城市，大城市迅速扩大为特大城市。中国以农业为主的传统型乡村社会向以工业为主的现代城市型社会发生了转型。《2012 中国新型城市化报告》指出，中国城市化率已经突破 50%，2015 年中国统计局发布 2014 年经济数据，表明城镇人口占总人口的比重为 54.77%，中国城镇人口完全超过了农村人口，这标志着中国已经完全步入了现代社会。但是，中国的社会发展像发达国家一样，随着城市的迅速扩张，城市病也相应地涌现出来，如人口拥挤、交通堵塞、住宅紧张、空气污浊、噪声不断、环境恶化、就业困难、公共卫生服务不配套，犯罪率高等。城市病给城市居民带来了较大的心理压力和较重的生活负担，城市居民在城市里为生活、为工作、为老人、为孩子、为住房忙忙碌碌，精神处在十分紧张之中，心情常常疲惫不堪。面对城市病，国外发达国家在第二次世界大战之后，以逆城市化运动进行应对，城市居民纷纷逃离城市，向乡村和郊区发展，城市反而成为贫困人口的居住地。尽管中国目前尚未出现逆城市化运动，但逆城市化迹象已经出现。北京一项最新调查研究显示，在被调查者中有 54.5% 的人意愿到郊区投资，70% 的人意愿到郊区购买第二套居所。上海的年轻白领，有越来越多的人希望工作日在市中心上班，周末在田园风光里休闲①。以前“挤破头”的农转非现象，现在开始退热，在我国东部发达地区不愿落户城市的人口越来越多，乡村户籍更多地受到人们的欢迎。

中国城市病的广泛出现，以及城市居民逃离城市而向乡村发展的意愿表明，城市并非是人们理想的生活场所，而乡村的绿水青山、鸟语花香，榆柳荫后园，桃李罗堂前的美景，才真正是人们追求的美好生活环境。陶渊明的诗句“采菊东篱下，悠然见南山”所表达的恬淡闲适的场景，更是让疲惫不堪的城市居民所向往。当前中国媒体和网络热议的“乡愁”，以及 2017 年春节过后出现的各种“回乡记”，无不表达着城市居民对乡村自然美景和休闲恬淡生活的向往和怀念，以及对城市灰色生活的厌烦和遗弃。美丽的、让人流连忘返的奇峰峻岭、田园风光并不在城市中，而是在众多的乡村环境附近。唯有在乡村，人们才能够回归大自然、亲近大自然、融入大自然，放松和缓解因城市生活导致的疲惫心情，体验真实的自我。也就是说，逆城市化运动的出现昭示我们，随着人们生态意识的觉醒和对返璞归真亲近大自然的渴望，乡村将成为人们美好生活的理想场所，因为乡村的优势是生态和绿色，在乡村人们才能够回归美丽自然、体验到与大自然融为一体的幸福状态。当然，乡村生态优势的崛起与工业文明耗尽了它的能量有关。工业文明尽管用机械力替代了人力，以机器生产的高效率将人从沉重的劳动负担中解放出来，但其本身内在蕴含的破坏自然环境的驱动力，也造成了人们无法亲近自然的弊病，并使人们受到各种环境污染的伤害。当社会创造的财富比较

① 张强主编《2013 年中国文化地产行业发展报告》，北京联合出版公司，2014，第 38 页。

丰盛、人们过上富裕的生活之后，追求较高的生活质量即追求环保、绿色、舒适的生活就成为必然。乡村恰恰是舒适休闲和环保绿色生活的象征和场地，从这一意义上讲，乡村必将以自身的生态优势赢得人们的青睐，向往乡村生活将成为社会发展的必然趋势。乡村本是人的灵魂的栖息地，通过与秀丽大自然的亲密接触，使人们放松心情，回归灵魂的静谧和安详。但是现在的中国乡村，在现代化的冲击下，显得比城市还浮躁和急切。当下的中国乡村环境状况是令人堪忧的，并不能够适应人们追求乡愁和回归自然的愿景，担当不起引领中国绿色发展的重任。因为中国乡村自然环境破坏比较严重，脏乱差成为乡村的代名词，农产品农药污染也比比皆是。因此，中国乡村要适应社会发展的逆城市化趋势，适应人们记住乡愁、融入自然、放飞心情的愿望，就必须加强乡村环境伦理建设，使广大农民形成鲜明的环境伦理意识，做到自觉保护自然环境，充分营造绿水青山之美景，由此才能保证满足人们亲近自然的需求。回归自然、与自然亲密接触是社会发展的必然趋势，而这一社会发展趋势势必要求乡村建设环境伦理，填补乡村环境伦理的空白，确保为人们提供一种令人心旷神怡的美丽自然环境。也就是说，乡村环境伦理建设不仅是必要的，也是必然的，乡村环境伦理建设是社会绿色发展的必然要求，具有社会历史必然性。

中国政府为了应对工业化所带来的环境破坏和环境污染问题，将生态文明建设列为国策。生态文明作为对工业文明的超越，意味着人们必须转变对自然环境和对自然万物的暴力态度和暴力行为，用文明的方式而非用野蛮的方式对待自然界，因为文明本身表达的就是人脱离野蛮，走向一种有道德、有涵养的境界。《文明论概略》的作者福泽谕吉提出："归根结底，文明可以说是人类智德的进步。"① 智慧和道德地进一步用亚里士多德的实践智慧来说，就是做出明智的行为，因为任何美德都离不开明智，没有明智也就没有伦理美德。"没有明智就不存在主要的善，没有伦理德性也不存在明智。"② 亚里士多德认为，明智作为一种美德其本质在于做出正确的选择，所谓正确的选择是恰当地选择"中道"，"要在应该的时

① 〔日〕福泽谕吉：《文明论概略》，北京编译社译，九州出版社，2008，第56页。

② 亚里士多德：《尼各马科伦理学》，苗力田译，中国社会科学出版社，1999，第139页。

间，应该的情况，对应该的对象，为应该的目标，按应该的方式，这就是要在中间，这是最好的”。[①] 在亚里士多德看来，“过度和不及都属于恶，中道才是德性”。[②] 中道是一种美德和善，明智选择就是选择美德和善，而选择美德和善就是文明。根据文明与智德的这种关系，我们可以说，建设生态文明意味着人们要选择一种善的方式对待自然万物，做到有道德地对待自然界，这是当今人类的明智选择，属于人类的美德和文明。人以道德的方式对待自然界，这是环境伦理的基本要义，也是人对待自然万物的基本道德态度和基本道德规范。从这一意义上讲，生态文明建设首先是环境伦理建设，一种善待自然的环境伦理是生态文明建设的基本内涵和基本要求。

中国是一个农业大国，乡村占有广袤的空间和地理优势。习近平在小岗村召开的农村改革座谈会上讲到：“中国要强农业必须强，中国要美农村必须美，中国要富农民必须富。”“建设社会主义新农村，要规划先行，遵循乡村自身发展规律，补农村短板，扬农村长处，注意乡土味道，保留乡村风貌，留住田园乡愁。要因地制宜搞好农村人居环境综合整治，创造干净整洁的农村生活环境。”[③] 这表明，乡村在中国生态文明建设中具有举足轻重的作用，没有乡村生态文明建设就没有中国生态文明建设，没有乡村美丽自然环境就没有中国美丽自然环境。尽管在生态文明建设中治理城市病是十分必要的，但乡村生态文明建设却应该处于优先地位。因为乡村的优势是生态，美丽自然环境在乡村，人们回归自然，向往美丽自然环境，不是回归城市、向往城市，而是回归乡村、向往乡村、记住乡愁。乡村生态文明建设就是加强美丽乡村建设，加强乡村自然环境保护，治理工业和城市对乡村的污染，营造人与美丽自然亲密接触的愿景，而这一切都需要通过乡村环境伦理建设才能落实到实处。乡村环境伦理是乡村生态文明建设不可或缺的基本内容，通过乡村环境伦理建设能够从道德上规范人们对待自然环境的态度和行为，唤醒人们自觉保护自然环境的伦理意识，做到善待自然万物。人们只有真正

① 亚里士多德：《尼各马科伦理学》，苗力田译，中国社会科学出版社，1999，第36页。

② 亚里士多德：《尼各马科伦理学》，苗力田译，中国社会科学出版社，1999，第37页。

③ 《习近平在小岗村主持召开农村改革座谈会》，《人民日报》（海外版）2016年4月29日，第1版。

做到善待自然之时，才能确保人们文明起来，成为一个文明的存在物。从这一意义上讲，中国乡村生态文明建设也必然要求乡村环境伦理建设，乡村环境伦理建设是社会文明进步的必然结果。

三　中国乡村环境伦理建设的主体自觉性

无论是中国乡村环境伦理建设的必要性，还是必然性，都最终指向一个目标，那就是乡村环境伦理建设的主体能否自觉建设乡村环境伦理。只有作为乡村环境伦理建设主体的农民以极大热情投入到乡村环境伦理建设之中，乡村环境伦理建设才有可能真正建构起来，中国乡村自然环境才能够真正得到保护。然而，当今中国乡村环境伦理建设却出现了一个令人十分担忧的现象：作为乡村环境伦理建设主体的农民不是安心留在家乡建设美丽乡村，而是纷纷逃离乡村而涌向城市，沦落成为城市的打工仔。如果乡村成为空心村，成为老人和儿童的无奈居所，乡村环境伦理建设就会成为一句空话，乡村生态文明建设就会落空且遥遥无期。

为什么农民纷纷逃离乡村而涌向城市呢？这与我国忽视农民、歧视农民的价值立场有关，当然也与现代性思维有关。长期以来中国乡村农民的经济收入始终落后于城市市民的经济收入，即使是中华人民共和国成立以来，也是以牺牲农民利益的做法，确保对城市市民的供应。城乡之间产品交换时存在的剪刀差即工业品价格高于价值、农产品价格低于价值，就说明了这一问题。由此，就必然使得人们形成了这样一种现代性价值观念：城市代表先进和现代，乡村代表愚昧和落后，工业经济优越于农业经济，城市生活优先于乡村生活，居住在城市要远远好于居住乡村。正是这种价值观念的误识，使得农民将获得城市市民身份视为一件了不起的事情，即使是政府官员在谋求缩小城乡差别时，亦总是考虑如何用城市统一乡村，如何让农民进入城市。一句话，农民的经济收入低下和社会地位低下，主体的价值难以得到满足，使得农民难以安心在家乡生活。因此，要解决农民逃离乡村问题，或者说要吸引农民返回家乡并建设美丽乡村，就必须转变农民愚昧、乡村落后的价值观念，确保增加农民的收入，实现城乡之间的公平正义。只有满足了乡村环境伦理建设主体的价值需求，现实地确保农民为成为农民而感到自豪和优越，农民才能够自然而然地留在家乡并自觉建设美丽乡村。

提高农民的社会地位，这是社会发展的必然趋势，因为随着工业文明耗尽了它自身的能量，就必然被生态文明所取代。如果说农业文明是以农业为先进生产力，工业文明是以工业为先进生产力，生态文明则必然是以生态为先进生产力。在生态文明建设中，由于乡村具有绝对的生态优势，优美的自然环境完全都在乡村所在地，健康、安全、卫生、有机、绿色的农产品能否生产出来，也完全依赖于农民的环保意识和农民对农产品的精心呵护。乡村象征着绿色与生命，城市则代表着灰色和死亡（工业产品完全是无生命的）。由此可以断言，经过工业文明洗礼的乡村农民应当是乡村生态文明建设的主力军，他们应该具有较高的社会地位。换一个角度说，随着现代化的深入，作为第一产业的农业逐渐让位于作为第二产业的工业，而随着现代经济的进一步发展，第二产业就会逐步让位于作为第三产业的服务业。产业结构理论的开创者科林·克拉克说："随着经济的发展，人均国民收入水平的提高，劳动力首先会由第一产业向第二产业转移；当人均国民收入水平进一步提高时，劳动力便向第三产业转移，服务行业将会成为经济发展的主导。"① 美国学者丹尼尔·贝尔按此提出："按照这个标准，后工业社会第一个、最简单的特点，是大多数劳动力不再从事农业或制造业，而是从事服务业，如贸易、金融、运输、保健、娱乐、教育和管理。"② 丹尼尔·贝尔所谓的"后工业社会"，是指超越工业社会之后的社会，类似于生态文明的社会或生态社会，其服务业在社会中占据主导地位。中国著名的经济学家厉以宁先生断言："中国已进入到后工业化阶段，服务业将主宰中国"。③ 随着服务业成为社会的主流行业后，乡村的生态优势则以服务业的形态凸显出来而引领中国的经济发展，当大量的城市人口追求回归自然、亲近自然而涌向乡村休闲、旅游、养老、养生时，必然带来乡村第三产业的蓬勃发展。当然，作为第三产业主力军的农民不是传统意义上的农民，而是有着生态意识的新型农民。当农民成为社会经济发展的主力或先进的生态生产力代表时，社会必然会尊重他们。

社会对农民的尊重，不仅在于农民拥有较高的社会地位，更在于农民作为乡村生态文明建设的主体还要拥有较高的经济收入。也就是说，提高农民

---

① 李双成：《产业结构优化理论与实证研究》，冶金工业出版社，2013，第12页。

② 〔美〕丹尼尔·贝尔：《后工业社会的来临》，高铦等译，商务印书馆，1984，第20页。

③ 厉以宁：《服务业将主宰中国》，《资本市场》2016年第1期。

的社会地位还必须首先提高农民的经济收入，农民有没有较高的经济地位往往决定着他有没有较高的社会地位。有一种观点认为，保护自然环境与经济发展是矛盾，经济要发展就必然破坏自然环境，保护自然环境就必然限制经济发展。依据这一观点，建构乡村环境伦理，让农民自觉地以道德的方式保护自然环境，根本不可能提高农民的经济收入，只有破坏自然环境才有可能广泛增加农民的经济来源。对经济发展与环境保护存在二律背反的这一理解实际上是一种误识，当习近平总书记提出“绿水青山就是金山银山”时，就已经表明保护自然环境与经济发展是统一的，保护自然环境能够促进经济的发展，保护自然环境能够引领经济的发展。因为在生态文明的时代，生态的生活方式一定高于非生态的生活方式，生态有机产品一定优越于非生态、非有机的产品，生活在优美自然环境之中一定优先于生活在灰色、死气沉沉的钢筋水泥环境之中，绿色消费一定超越于非绿色的消费。既然如此，加强乡村环境伦理建设，还乡村绿水青山之颜色，就能够吸引众多的人到乡村来欣赏美景和休闲养生。祛除农产品的农药污染，生产出绿色有机产品，就一定能够大大增加农产品的附加值。有消息称，一位日本农民在山东购买了一块土地，经过五年时间的休养生息让该土地彻底转变为有机性和绿色化的土地，结果在该土地生长出来的产品比一般农产品要贵几十倍、甚至上百倍，但仍然是供不应求。由此可见，农民通过保护自然环境和生态文明建设，完全可以增加自身的经济收入。农民作为生态文明时代的先进生产力代表并不仅仅是一个空洞符号，而是要通过较高的经济地位和较高的经济收入体现出来并加以证实，否则难以体现先进生产力的先进性质。

中国要建设美丽乡村，建设乡村生态文明，必须激发乡村农民的积极性。当农民通过环境伦理建设和生态文明实践建设，获得颇丰的经济收入，赢得良好的职业声望，为成为农民而感到自豪时，乡村必定以美丽的形式呈现于世人面前，那种“阳春白日风在香”“千里莺啼绿映红”“春晚绿野秀，岩高白云屯”的美景一定令人流连忘返，向往美丽乡村将是也必定是人们的追求美好生活的必然选择。

（原文刊载于《中州学刊》2017年第6期）

草地农业是生态安全、伦理周延和农业供给侧改革的突破口*

林慧龙　任继周**

一　农业生态系统的基本要求：生存权和发展权

农业生态系统是在一定自然生态系统之内，人们通过农事活动建立的、具有一定的结构和功能的、以获取目标产品为目的的特殊生态系统。[①] 农业生态系统以人为主体，受人类调控，以农业生产为目的，不论是社会经济的发展，还是生态环境的保护，最终所获得的成果都是为了满足人类的各种需要，促进社会的全面进步，实现人类的全面发展，保证日益增长的人类世世代代连续不断的繁衍、生息与发展。农业生态系统中的生存权主要是解决人们的温饱问题，满足当前基本生活需求；而发展权是人们生命和基本生活得到保障后，追求生活质量进一步改善的需求。因此，生存是基础，发展是保障。

不论是发达国家，还是发展中国家，寻找一种既能满足农产品数量需要和提高农业收入水平，又能维持农业生态系统良性循环的农业发展模式，都

---

* 基金项目：本文系中国工程院重点咨询项目“中国草业发展战略研究”和草地农业生态系统国家重点实验室开放课题（编号：SKLGAE201502）的阶段性研究成果。

** 作者简介：林慧龙，兰州大学草地农业科技学院教授，研究领域为草地农业生态学；任继周，兰州大学草地农业科技学院教授，中国工程院院士，研究领域为草原学、草原调查与规划、草原生态化学、草地农业生态学系统和农业伦理学等。

① 任继周：《中国草地农业系统与耕地农业系统的历史嬗替——〈中国农业系统发展史〉序言》，《中国农史》2013 年第 1 期，第 3 ~ 8 页。

是农业发展中的关键问题。要解决国家要生态，地方要发展，人类要生存的矛盾，就需要人与自然、人与社会生态环境和谐相处。所谓的“和谐”归根结底要以人的生存和发展来评价。[①] 因此，任何农业生态系统的基本要求都是生存权和发展权。

二　我国农业化过程中发生的生态安全、伦理周延与供给侧改革

1. 农业生态系统破坏严重，生态危机日益加深

生态安全是指一个区域人类生存与发展所需的生态系统服务能力处于不受或少受破坏与威胁的状态，使生态地境保持既能满足人类和生物群落持续生存与发展的需要，又能使生态环境自身的能力不受损害，并使其与经济社会处于可持续发展的良好状态。农业生态安全包括两重含义，其一是农业生态系统自身结构未有受到破坏；其二是农业生态系统对于人类是安全的，即农业生态服务功能可提供足以维持人类生存与发展的生态保障。

随着人类文明的发展，人与自然的关系不断地呈现新的时代特点。我国农业化过程中，一方面，由于工矿业和城乡生活污染向农业转移排放，导致农产品产地环境质量下降和污染问题日益凸显；另一方面，在农业生产内部，由于化肥、农药等农业投入品长期不合理、过量使用，畜禽粪便、农作物秸秆和农田残膜等农业废弃物不合理处置等，形成的农业面源污染问题日益严重。这些都加剧了土壤和水体污染及农产品质量安全风险。目前，中国农业资源环境遭受着外源性污染和内源性污染的双重压力，已日益成为农业可持续发展的瓶颈约束。

人类赖以生存的农业生态系统遭到愈来愈严重的破坏，生态危机的日益加深，已使人类意识到重新定位人与自然关系的重要性，试图把人之外的自然存在物纳入伦理关怀的范围，用道德来调节人和自然关系。

2. 违反农业伦理的行为正是我国“三农”和“三牧”问题长期不得解决的症结之一

世界充满了脱离伦理规范的科学技术的堆砌。切尔·卡森（Rachel Carson）于1962年发表的《寂静的春天》，发出来自旷野的沉重呼声，揭示

---

① 傅华：《生态伦理学探究》，华夏出版社，2002。

了以石化资源为特征的农业系统对环境严重破坏的图景。中国独特的城乡二元结构的鸿沟衍生了笼罩农村和农民的伦理巨网。耕地农业是我国的独创，是以耕战为国策，独重谷物，忽略其他的农业组分的特殊农业系统。20世纪50年代末我国提出“以粮为纲”的农业政策，把单一谷物生产的农业系统确立为国策，通令全国，连传统牧区、林区也提出粮食生产自给的要求。把单一谷物生产的农业系统推行到极致。将适宜营养体生产的土地生硬地开辟为生产籽实的粮田，国土资源遭受严重破坏，导致前所未有的水土流失，灾害频繁，农牧民生产、生活陷于极端困苦之中，这就是我们所面临的“三农”和“三牧”问题。[①][②][③][④] 农村和农民在这面巨网之下辗转挣扎无法摆脱。“乡村的农民为社会需求做出全部奉献，承受全部风险，但得不到足够的伦理关怀”[⑤]。近30年来，尽管政府做了许多努力，2004～2017年，党中央国务院连续14年发布以“三农”为主题的中央一号文件，十六大提出城市反哺农村，工业反哺农业，废除农业税，十八大提出供给侧改革和去杠杆、补短板等要求，为我国历史形成的结构性错误，开辟了新途径，对农业发展、农村改革和农民增收做出了部署和安排。力图缩减城乡差距，但至今城乡居民收入差距不见缩小，反而日渐扩大。当然这涉及多方面因素，但政策的农业伦理学导向和社会对农业伦理学的缺失不容忽视。[⑥]

3. 我国农业生产与需求严重错位

理论证明，农田植物产品，人直接食用的不足25%，而畜用的可大于75%[⑦]，而我们现行的农业结构则反其道而行之。这样的农业结构导致生产

---

① 任继周：《中国农业史的起点与农业对草地农业系统的回归——有关我国农业起源的浅议》，《中国农史》2004年第3期，第3～7页。

② 任继周：《论华夏农耕文化发展过程及其重农思想的演替》，《中国农史》2005年第2期，第53～58页。

③ 任继周、胥刚、齐文涛：《中华农耕文明伦理观的历史足迹及城乡二元结构伦理溯源（续）》，《中国农史》2013年第6期，第13～20页。

④ 任继周、林慧龙、胥刚：《中国农业伦理学的系统特征与多维结构刍议》，《伦理学研究》2015年第1期，第92～96页。

⑤ 任继周：《中国草地农业系统与耕地农业系统的历史嬗替——〈中国农业系统发展史〉序言》，《中国农史》2013年第1期，第3～8页。

⑥ 任继周、林慧龙、胥刚：《中国农业伦理学的系统特征与多维结构刍议》，《伦理学研究》2015年第1期，第92～96页。

⑦ 任继周主编《草地农业生态系统通论》，安徽教育出版社，2004。

与需求严重错位。“有效供给”应包括降低农业生产成本，提高农业效益和竞争力。控制农业用水总量，减少化肥、农药使用量，提高农业的科技含量，提高农民的种粮收入、种地收入水平。供给侧结构性改革的提出本质上源于供需错配，供给侧结构性改革不是忽视需求和否定需求，而是更加注重需求，以需求为基础和方向。农业供给侧结构性改革也要基于需求，以需求为导向进行改革。推进农业供给侧结构性改革，是一项复杂的系统工程，既要处理好包括政府、市场与农民，供给与需求，效果与速度，新与旧等的各种关系；更要坚守住包括农业基础地位、农业综合生产能力、国家粮食安全、农民主体地位、农民根本利益等五大底线。

三　草地农业是新常态下实现农业供给侧结构性改革的有效途径

目前在社会迅速发展的形势下，我们逐步从单一谷物生产的华夏农耕文化的长梦中醒来，领悟了粮食生产必须纳入农业系统正常运行的框架之中，而不是孤立于农业系统之外，更不可以凌驾于农业系统之上。粮食安全不同于食物安全。这无疑是我国农业向生态系统的回归，使我们看到了天、地、人和谐发展的曙光①②③。

2015 年中央一号文件中提出：“加快发展草牧业，支持青贮玉米和苜蓿等饲草料种植，开展粮改饲和种养结合模式试点，促进粮食、经济作物、饲草料三元种植结构协调发展。”④ 草地农业是要将牧草或饲料作物的生产引入农业生产系统，通过“作物—饲草—家畜”的有机结合，建立起“土地—植物—动物”产业链，最大限度地生产植物产品和动物产品。从世界范围看，美国近年来也把发展草地农业作为加强其农业的重要举措。⑤

① 任继周：《我对“草牧业”一词的初步理解》，《草业科学》2015 年第 5 期，第 710 页。

② 高亚敏、张大权：《草地畜牧业对晴隆县农业产业结构的影响》，《草业科学》2011 年第 4 期，第 671 ~678 页。

③ 高亚敏、张大权、孔嫣：《晴隆县发展草地畜牧业对农村劳动力的影响》，《草业科学》2011 年第 3 期，第 472 ~477 页。

④ 任继周：《我对“草牧业”一词的初步理解》，《草业科学》2015 年第 5 期，第 710 页。

⑤ Walter F. Wedin and Steven L. Fales, ed. , *Grassland*: *Quietness and Strength for A New American Agriculture*, New York: American Society of Agronomy, 2009.

1. 草地农业保障农业伦理周延

发展草地农业，不但解放了土地，更解放了劳动力，现代化的草地农业将不仅囿于土地，更能从景观层、草地层、动物层、后动物加工层等多方面、全维度衍生农业系统结构链，不仅局限于收获籽粒，更注重利用茎、叶等未被耕地农业利用的可食部分，同时开发植物景观层的第三产业潜力以及肉食加工产业，植物的物质和能量通过家畜转化与提炼，形成动物产品。在这个过程中，能量与物质有序、可控地流动，节约了自然资源，维持了人类健康，解决了人们由于不断增长的物质需求，进而不断对耕地索取，对人力索取，进而导致农业系统不断恶化、化肥施用量不断上涨，水土流失严重等等生态位倒置的生态问题。进而关注到“农民”本身，使得农民从传统的耕地农业中解放，而不是过度索取土地的生产功能，这样就保障了农业伦理周延。[①②③]

2. 草地农业可保障生态安全

实施草地农业，将牧草（含饲用植物）引入农业系统，将牧区和农区进行耦合，通过大力种草，推广“三元”种植结构，充分发挥土地和各类作物的生产潜势，在满足社会基本农产品需求的同时，生产足够的饲料，减轻草原放牧压力，进而防止草原退化，促进草原生态恢复。同时，种草的同时也可通过保持水土和培肥地力等方式改善生态环境，在黄土高原的研究表明，草田轮作一个周期（3～5年）可以提高土壤有机质20%左右，至少可减少化肥用量的1/3。几种牧草混播，可丰富田间的生物多样性，增加农田抗病力，减少作物病虫害，节约农药用量。[④] 在我国北方广泛实行季节畜牧业、发展农牧耦合生态农业，不仅有利于解决当前现代农业快速发展带来的诸如土地退化、水土流失、农产品污染及生物多样性丧失等生态环境问题，而且对改善生产投入高、经济效益低和经营方式单一的农业生产结构具有重要意义。在甘肃省民勤县的研究表明：生产1个单位食物当量紫花苜蓿其一次性能源消耗、水资源消耗、化石资源消耗、气候变化潜值、可

① 任继周：《中国草地农业系统与耕地农业系统的历史嬗替——〈中国农业系统发展史〉序言》，《中国农史》2013年第1期，第3～8页。

② 任继周、林慧龙、胥刚：《中国农业伦理学的系统特征与多维结构刍议》，《伦理学研究》2015年第1期，第92～96页。

③ 任继周：《草地农业生态系统通论》，安徽教育出版社，2004。

④ 任继周：《草地农业生态系统通论》，安徽教育出版社，2004。

吸入无机物、光化学臭氧合成、环境酸化潜值、淡水富营养化和生态毒性仅为玉米籽粒的 20.5%、25.43%、21.08%、12.99%、6.98%、11.15%、14.76%、12.31%和 18.58%。[①] 在我国的南方贫困地区形成的“灼甫模式”和“晴隆模式”，当地立足自身优势，充分利用丰富的草地资源和适宜于发展畜牧业生产的自然地理条件，全面推进草地生态畜牧业产业化科技扶贫，发展了以种草养畜治理石漠化为内涵的高原岩溶山区草地畜牧业模式，走出了一条农民增收快、生态效益好的“绿色经济”脱贫致富之路，取得了良好的经济效益和社会效益。在贵州省晴隆县种草养畜后，土地利用结构由坡耕地向栽培草地转变，压粮扩饲，生态得到恢复（见图 1）。[②③]

图 1　贵州省晴隆县耕地农业（左）转变为草地农业后（右）的新貌

资料来源：Wedin, W. F., Fales, S. L., *Grassland: Quietness and Strength for a New American Agriculture*, 2009。

3. 草地农业是供给侧改革的突破口

随着生活水平提高，我国居民膳食结构的变化，人均口粮消费不断下降，畜产品消费不断上升。尽管我国粮食生产已经实现十一连增，粮食产量

① 胥刚、王进贤、林慧龙等：《基于生命周期评价的相同食物当量玉米与紫花苜蓿生产环境影响比较研究》，《草业学报》2017 年第 3 期，第 33～43 页。

② 高亚敏、张大权：《草地畜牧业对晴隆县农业产业结构的影响》，《草业科学》2011 年第 4 期，第 671～678 页。

③ 高亚敏、张大权、孔嫣：《晴隆县发展草地畜牧业对农村劳动力的影响》，《草业科学》2011 年第 3 期，第 472～477 页。

达到6亿吨，但食物缺口仍然巨大。我国粮食安全的真正压力来自于饲料用粮。[①] 我国第三次全国规模的农业结构改革，正在以调结构、去库存、去杠杆、补短板等多项措施拉开序幕。[②]

草地农业突破了传统农业以植物生产为主的种植业模式，也突破了以动物生产为主的传统畜牧业生产模式。它将两者紧密结合起来，赋予了全新内容。研究结果表明：实行草地农业，在推进农业供给侧结构性改革的同时，不仅进一步巩固和提升粮食的生产能力，同时可满足我国食物中长期规划。[③④] 在甘肃省董志塬兰州大学黄土高原实验站，以种草养羊为主，兼种粮食、苹果，逐步调整农业结构，实施草田轮作，粮食产量保持原水平，农民收入较之前增加约两倍，土地肥力明显提高（见图2）。

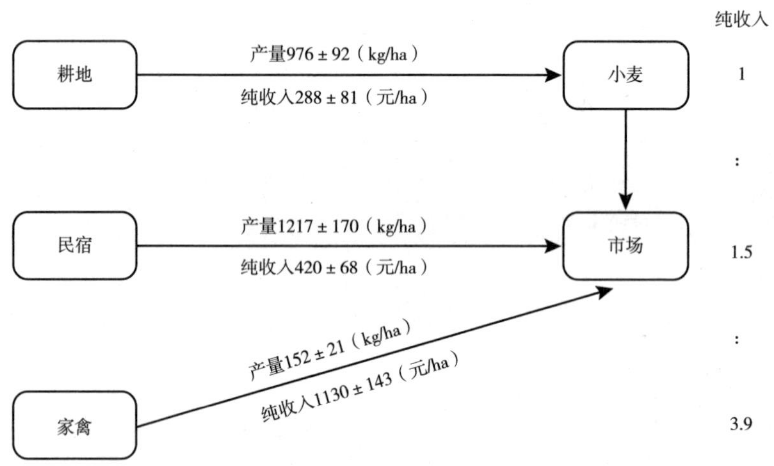

图2　黄土高原农户尺度供给侧改革后的效益分析

资料来源：任继周：《草地农业生态系统通论》，安徽教育出版社，2004。

① 任继周、南志标、林慧龙：《以食物系统保证食物（含粮食）安全——实行草地农业，全面发展食物系统生产潜力》，《草业学报》2005年第3期，第1～10页。

② 任继周：《中国三次农业结构改革的教训与期望》，《草业学报》2016年第12期，第1～3页。

③ 任继周：《我国传统农业结构不改变不行了——粮食九连增后的隐忧》，《草业学报》2013年第3期，第1～5页。

④ Lin, H. L., Li, R. C., Liu, Y. F., et al., "Allocation of Grassland, Livestock and Arable Based on the Spatial and Temporal Analysis for Food Demand in China," *Frontiers of Agricultural Science and Engineering* 1 (2017): 69－78。

四　结束语

华夏文明源远流长，耕地农业更是与草地农业先后交融撞击千年之久，但由于多种原因，终于未能产生全新的草地农业系统，而这个失之交臂的新型草地农业系统，将为维持伦理周延，保持农业系统健康，满足谷物和饲料需求提供希望。

改变一个农业系统，特别是像中国这样历史悠久，有着辉煌的耕地农业系统历史的国家，绝非易事，传统耕地农业与我们国家情同手足，早已融入血脉，但进入 20 世纪 80 年代，改革开放的时代机遇以及食物结构的改变迫使农业系统不得不相应嬗替，而在新世纪，日益恶化的生态环境和耕地农业不断产生的农业伦理问题迫使我们必须行动起来，无可讳言，我国农业走了一定的弯路。历史规律和现实环境已经迫使我们拿出壮士扼腕的勇气，继承农耕文明的基因，举起草地农业转型的大旗。

（2017 年 9 月“中国草学会农业伦理委员会”成立大会暨
“农业伦理学与农业可持续发展”学术研讨会会议论文）

三江源区家畜生产系统现状及草地生态畜牧业发展对策探讨*

董全民　施建军　赵新全　俞　旸　杨晓霞　张春平**

一　引　言

三江源区地处青藏高原腹地、青海省的南部，区域面积$36.31 \times 10^4 km^2$，占整个青海省总土地面积的50.3%，它不仅是我国长江、黄河中下游地区和东南亚国家生态环境安全和区域可持续发展的生态屏障，也是世界上海拔最高、面积最大、最集中的湿地分布区、生物多样性最集中的地区和生态系统最敏感的地区，其植被在水源涵养、减缓径流、蓄洪防旱、降解污染、维持生物多样性方面有着不可替代的作用和巨大的生态功能，有着极其重要和无可替代的生态战略地位，关系到我国的政治稳定、民族团结、生态安全和可持续发展。①②③

---

* 基金项目：本文系国家自然基金项目（编号：31370469 和编号：31772655）、青海省重点研发与转化计划项目（编号：2017 - NK - 149）的阶段性研究成果。

** 作者简介：董全民，青海大学畜牧兽医科学院、青海省畜牧兽医科学院研究员，研究领域为三江源区高寒草地放牧管理和黑土滩退化草地的恢复与重建等；俞旸，青海大学畜牧兽医科学院助理研究员，研究领域为高寒草地以及其所在区域的经济、区域经济与生态经济；赵新全，中国科学院成都生物研究所所长，研究领域为草地生态学；施建军，青海大学畜牧兽医科学院，研究领域为草地生态学；杨晓霞，青海大学畜牧兽医科学院，研究领域为放牧生态学；张春平，青海大学畜牧兽医科学院，研究领域为恢复生态学。

① 王根绪、程国栋：《江河源区的草地资源特征与草地生态变化》，《中国沙漠》2001 年第 2 期，第 101 ~ 107 页。

② 刘敏超、李迪强、温琰茂、栾晓峰：《三江源地区生态系统生态功能分析及其价值评估》，《环境科学学报》2005 年第 9 期，第 1280 ~ 1286 页。

③ 董全民等：《畜牧业可持续发展理论与三江源区生态畜牧业优化经营模式》，《农业现代化研究》2011 年第 4 期，第 436 ~ 439 页。

然而，随着人口的增长和气候的异常波动，导致该地区草地植被退化加剧、水土流失严重、鼠虫害猖獗、生物多样性急剧减少等生态后果，使本来脆弱的生态系统整体功能受到严重破坏，阻碍了该地区的持续、稳定、协调发展，对少数民族群众的生存条件造成极大危威胁。如何提高资源的利用效率，又不危及子孙后代的利益，保证区域经济繁荣、维持生态平衡已成为该地区社会经济发展的战略任务。①② 为此，着眼于建设生态文明，青海省省委提出了以保护生态环境、发展生态经济、培育生态文化为主要内容的生态立省战略；青海省政府工作报告中又强调“要以保护草地生态安全为前提，以科学利用草场为基础，以草畜平衡为核心，以转变生产方式为关键，以促进人与自然和谐为目标，全力推进生态畜牧业发展”的畜牧业发展目标，为推动青海环境保护和生态建设实现历史性转变指明了方向。③

二　生态畜牧业的科学内涵及发展类型

生态畜牧业也称可持续发展畜牧业，是畜牧业的最高层次和畜牧业可持续发展的最佳方式，也是所有的畜牧业发展过程中的最高级阶段，它吸收了现代畜牧科学技术的成就和传统畜牧业的精华，是现代畜牧业的延续和发展。④⑤ 其特点是：注重现代畜牧科学技术的应用；强调生态畜牧业的系统投入；注重生态效益、社会效益和经济效益的协调发展；强调发挥畜牧业生态系统整体功能；为社会提供大量的绿色或有机畜产品；以养殖和畜产品加工为中心，同时因地制宜配置牧草种植和粪污无公害处理系统，形成一个优质高产绿色的畜牧业生产体系。在这个体系中生产资料、劳动力和生产环境合理组合、运转，在保持生态系统稳定的同时，给自由能以出路，保持系统内若干组分的非成熟状态，加强系统内部各组分之间的耦合，以提高该系统

① 赵新全、周华坤：《三江源区生态环境退化、恢复治理及其可持续发展》，《中国科学院院刊》2005 年第 6 期，第 471 ~ 476 页。

② 董全民、赵新全、马玉寿：《江河源区高寒草地畜牧业现状及可持续发展策略》，《农业现代化研究》2007 年第 4 期，第 438 ~ 442 页。

③ 《在生态立省上解放思想——四论新一轮解放思想大讨论》，《青海日报》2008 年 7 月 18 日。

④ 雷华、穆晓峰：《传统畜牧业向生态畜牧业转变是中国西部畜牧业发展的必然选择》，《世界农业》2006 年第 8 期，第 15 ~ 17 页。

⑤ 周元军：《我国生态畜牧业的发展研究》，《安徽农业科学》2005 年第 4 期，第 725 ~ 726 页。

的生态生产力，强调农业高额生产力的基础是对生态环境的保护和建设，而生态保护和建设要有助于提高生态系统的潜在生产力，在保护资源的情况下，合理开发利用资源，是现代畜牧业发展的必由之路。

综观世界各国生态畜牧业的发展，其发展模式主要有四种：一是以美国和加拿大为典型代表的以集约化发展为特征的农牧结合型生态畜牧业发展模式；二是以澳大利亚和新西兰为典型代表的以草畜平衡为特征的草原生态畜牧业发展模式，这种模式是草地畜牧业可持续发展的典范；三是以农户小规模饲养为特征的生态畜牧业，这种模式以日本和中国为典型代表；四是以开发绿色、无污染天然畜产品为特征的自然畜牧业，这种模式以英国、德国等欧洲国家为典型代表。我国畜牧业生产总量虽然居世界首位，但主要是以牺牲资源和环境为代价的，相对忽略了生产、经济和资源生态的可持续性。因此，以科学发展观为指导，加快推进我国畜牧业由传统生产方式向现代生产方式转变，促进生态畜牧业持续快速协调健康发展，是我国草地畜牧业发展的必由之路。

三　不同家畜生产系统能量和物质转化效率

能量转化和物质循环是生态系统的基本功能，能量是生态系统的基础，一切生命活动都存在着能量的流动和转化，没有能量流动就没有生命，也就没有生态系统。在生态系统中能量流动开始于太阳辐射能的固定，结束于生物体的完全分解。草地畜牧业的能量流动可用草原生产流程表来表示，以植物生长量的能为100%计，到可用畜产品，能量的转化率为0～16.3%（见表1）。

表1　草原生产流程

能量形态及转化阶	转化率(%)	低产(%)	高产(%)
日光能＋无机物			
R_1 ↓	×1～2	—	—
植物生长量			
R_2 ↓	×50～60	50	60

续表

能量形态及转化阶	转化率(%)	低产(%)	高产(%)
可食牧草			
R_3 ↓	×30～80	15	48
采食牧草			
R_4 ↓	×30～80	4.5	38.4
消化营养物质			
R_5 ↓	×60～85	0～2.7	32.6
动物生长量			
R_6 ↓	×0～50	0～1.35	16.3
可用畜产品			

注：以贵南县过马营的草地为例，其太阳辐射量约为439.5MJ/㎡。

1. 放牧家畜的能量消耗与产出

放牧家畜不同年龄段的能量消耗，随着家畜的生长，其草肉比逐渐增大。1龄藏羊每增加1kg体重，消耗牧草约11～12kg；2龄藏羊每增加1kg体重，消耗牧草约21～23kg；而到5龄时，每增加1kg体重，消耗牧草达到60～62kg。牦牛的生长也有同样的规律，1龄牦牛每增加1kg体重，消耗牧草折合能量约为228～233MJ，而7龄牦牛已达到1176～1204MJ。也就是说，从资源消耗角度看，藏羊和牦牛放牧饲养时间越长越不经济。同时，冬春季牦牛和藏羊的掉膘所产生的能量和物质损失表明，家畜出生后第二年夏秋季所积累的能量约有一半以上在冬春季被消耗，体重下降1kg，畜体能量损失14～15MJ。因此，放牧体系下经济合理的家畜出栏年龄应为1岁半左右，即第二年10月份。

2. 放牧和冬季补饲下的家畜能量消耗与产出

对当年生产的春羔（犊），在随群放牧后于10月进行舍饲育肥，育肥2个月后出售，研究结果表明：该系统下牦牛获得的太阳能总量是5.64×10^6MJ，藏羊获得的太阳能总量是1.98×10^6MJ。牦牛在舍饲条件下投入的耕作能约为932MJ，藏羊投入的耕作能量是465MJ。通过以上两项计算，该系统下牦牛和藏羊的体能量产出分别是 165MJ 和 81MJ，能量消耗的产出率为 3.50% 和 4.30% 左右，对太阳能的转换效率为 0.0029% 和 0.0041% 。

3. 不同生产模式下家畜生产的能量和物质消耗

对传统放牧下 5 岁出栏和短期经济放牧 1 岁半出栏进行比较，传统放牧下牦牛获得的太阳能总量、投入的耕作能、体能量产出、日增重、料肉比、能量消耗的产出率和太阳能转化效率分别是短期放牧的 7.3 倍、3.3 倍、5.3 倍、0.8 倍、3.7 倍、0.44 倍和 0.44 倍。藏羊获得的太阳能总量、投入的耕作能、体能量产出、日增重、料肉比、能量消耗的产出率和太阳能转化效率分别是短期放牧的 10 倍、3.3 倍、4.7 倍、0.6 倍、4.3 倍、0.45 倍和 0.45 倍。对传统放牧下 5 岁出栏和舍饲育肥 8 月龄出栏进行比较，传统放牧下牦牛获得的太阳能总量、投入的耕作能、体能量产出、日增重、料肉比、能量消耗的产出率和太阳能转化效率分别是舍饲育肥的 87.5 倍、0.88 倍、11.5 倍、0.52 倍、5.8 倍、0.27 倍和 0.13 倍。藏羊获得的太阳能总量、投入的耕作能、体能量产出、日增重、料肉比、能量消耗的产出率和太阳能转化效率分别是舍饲育肥的 67.8 倍、0.88 倍、4.1 倍、0.16 倍、13.6 倍、0.14 倍和 0.06 倍。

4. 不同草地的能量转化和产出

高寒草甸对太阳总辐射的能量转化效率为 0.020% 左右，对生理辐射的转化效率为 0.043% 左右。高寒草甸 8 月的草地总能量约为 2.38×10^6 MJ/hm^2 ~ 6.70×10^6 MJ/hm^2，中度退化高寒草甸的草地总能量只有原始植被的 60% 左右，重度退化高寒草甸的草地总能量仅占原生植被的 30% 以下。

高寒单播垂穗披碱草人工草地第二年 8 月的草地总能量均值约为 9.40×10^6 MJ/hm^2 ~ 14.03×10^6 MJ/hm^2，混播人工草地的总能量均值约为 10.83×10^6 MJ/hm^2 ~ 16.17×10^6 MJ/hm^2，燕麦人工草地的总能量均值约为 38.30×10^6 MJ/hm^2 ~ 79.30×10^6 MJ/hm^2。不计算放牧和饲草运输的耕作能，只计算草地生产投入的能量，折算人工草地的初级净产出能量。依据青南地区人工草地建植和管护的平均水平，建设 1hm^2 多年生人工草地的耕作能投入约为 13216MJ/hm^2，1hm^2 燕麦人工草地的耕作能投入约为 26601MJ/hm^2。以上各类人工草地产出总能量分别是高寒草甸的 2.1 ~ 3.9 倍、2.4 ~ 4.5 倍和 11.8 ~ 16.1 倍，更是重度退化草地的 6 倍以上。

从能量转化的角度看，走种草养畜的草地生态畜牧业优于传统畜牧业。通过建设人工草地，不仅改善了退化草地的生态系统，而且生产的能量是退化草地的6倍以上。通过早期出栏和舍饲育肥，可大大提高畜产品的能量转化效率和物质转化效率，能量损耗只有传统天然放牧的1/7～1/4。

四　草地生态畜牧业可持续发展的对策与措施

1. 强化草地生态建设，提高草地生产力

研究发现高寒草地经济效益最大的轮牧草地放牧强度的最佳配置是夏秋草地为3.53只/hm^2，冬春草地为3.26只/hm^2，而夏秋和冬春牧场的面积为1∶1.6。采用先进的轮牧制度，根据草地类型和牧草生长状况严格控制放牧频率、放牧时间及始牧期和终牧期，可以给草地一个休养生息的时期，利于牧草的再生和繁衍。① 同时，开展种草养畜，建立稳产高产的人工草地，是解决草畜之间季节不平衡矛盾的重要途径，也是保证冷季放牧家畜营养需要及维持平衡饲养的必要措施。它不仅能提高植物光能利用率和物质转化效率，减少牧草资源的损失和浪费，而且还可将退化草地恢复改造为稳产、高产的饲料基地。利用适宜禾本科牧草在高寒草甸重度和极度退化草地上改建的人工和半人工草地，植被的盖度基本上已接近原生植被，而显著高于退化草地的植被盖度。改建的人工和半人工草地不但能快速恢复退化草地植被，还能提供优质的牧草，改建植被的地上总生物量是未退化植被的4～5倍，是退化草地的10～15倍，因此减轻天然草地的压力，是高寒牧区发展生态畜牧业的重要途径。

2. 发展生态畜牧业，大力调整产业结构

草地畜牧业生产是牧草为第一性生产，家畜为第二性生产的能量和物质的转化过程，从牧草的生产到畜产品的收获需要经过许多转化流程，而每一环节均与草地畜牧业经济效益直接相关。目前青海省草地畜牧业生产一直处于第一性生产不足，第二性生产超前的状态，其结果造成了“超载过牧—草地退化—草畜矛盾加剧—次级生产力下降”的恶性循环。因此，发展季

① 傅伯杰、于秀波：《基于草地观测与试验的生态系统优化管理》，高等教育出版社，2010，第73～94页。

节畜牧业，减轻冬春草地的载畜量，缓解草畜矛盾，不仅可提高出栏率、畜群周转率，而且使牧草尽快转化为畜产品和商品；同时通过调整畜种和畜群结构，提高适龄母畜比例，采用最优存栏结构、出栏方案等优化生产模式，以提高草地畜牧业经济效益和维护草地生态平衡。[①]

合理调整农牧业区域布局优化资源配置，发挥各地的独特优势，利用农区较好的水热资源，在牧草种植和生产上有所突破。从传统的二元种植结构（粮十经）转向三元种植结构（粮+经+草）或由单一的粮食生产转向粮草二元轮作，充分利用退耕地建植永久性饲草基地，使饲草生产形成一个相对独立的大产业。同时开发作物籽实和秸秆，大力发展复合饲料生产工业，为牧区逐步实现舍饲、半舍饲提供所需要的物质基础。牧区则在调整畜群结构、大幅度提高生产母畜比例的基础上，利用夏秋季尽量多的繁殖仔畜，加大出栏率，向农区输出待育肥畜，实现“异地育肥”，从而降低冷季存栏数量，结合补饲圈养，减轻天然草地放牧压力。利用两地区资源优势的互补，加大科技和资金投入力度，发展草业，建立集约化、规模化和区域化生产。

3. 因地制宜，建立不同生态区草地畜牧业优化生产模式

青海草地畜牧业生产大部分仍然处于原始和传统畜牧业阶段，生产效率低下，市场发育水平不高，发展生态畜牧业因按照生产力发展水平、区域特点，发展不同的生产模式。

（1）以保护生态为前提的草地生态畜牧业的模式，是生态畜牧业的初级阶段，适合于自然条件差的广大天然草地区，其主要任务是：以保护草地生态安全为前提，以科学利用草地为基础，以草畜平衡为核心，以转变生产方式为关键，促进人与自然和谐发展。[②]

（2）以资源循环利用为目标的生态畜牧业发展模式。这种生产方式是生态畜牧业更高的一种形式，适应于农牧交错区、退耕还草（林）及有条件建植人工草地的区域，即充分运用生态系统的生态位原理、食物链原理和生物共生原理，强调生态系统营养物质多级利用、循环再生，将人类不可直

① 董全民、赵新全、马玉寿：《江河源区高寒草地畜牧业现状及可持续发展策略》，《农业现代化研究》2007 年第 4 期，第 438 ~442 页。

② 赵新全：《三江源区退化草地生态系统恢复与可持续管理》，科学出版社，2011，第 289 ~319 页。

接利用的植物性产品转化为畜产品，提高资源的利用率。现代农牧结合型生态畜牧业的经营利用种植业与牧业之间存在着相互依赖、互供产品、相互促进的关系，将种植业与畜牧业结合经营，走农牧并重的道路，提高农牧之间互供产品的能力，形成农牧产品营养物质循环利用，借以提高农牧产品产量，表现为农牧之间的一方增产措施可取得双方增产的效果。[①]

（3）现代绿色生态养畜经营方式，以区域草地畜牧业的环境优势，利用生物共生和生物抗生的关系，强调动物健康养殖，尽可能利用生物制品预防动物疾病，减少饲料添加剂和兽药的使用，给动物提供无污染无公害的绿色饲料，所生产的产品为有机畜产品，这种畜产品具有无污染物残留、无药物和激素残留的特性，是一种纯天然、高品位、高质量、高附加值的健康食品。青海草地生态畜牧业发展要从保护生态、可持续发展的双重角度出发，针对高原草原地区的特殊性和生态—生产—生活承载力，尊重自然规律和科学发展观，提出区域草地生态畜牧业产业发展的总体定位、发展格局和发展目标。按照“整体、协调、循环、再生”的原则，以确保畜牧资源的低耗、高效转化和循环利用。大力发展无公害饲料基地建设及持续利用技术；饲料及饲料清洁生产技术（青贮、氨化）；家畜健康养殖技术等技术。建立“资源—产品—废弃物—资源”的循环式经济系统，充分利用畜牧业资源、气候资源、光能资源、绿色饲草料生产等资源，形成以饲草料基地建设、草产品加工、牲畜的舍饲育肥、粪便废水无公害及归田处理、太阳能利用、畜产品加工及销售为主的完整循环生产体系和产业链。

4. 建立生态教育机制，提高人口素质

在普及义务教育的同时，鼓励青少年去外地上学读书，提高牧民的文化素质，加强技能培训，让牧民掌握合理利用草地、科学放牧及种草养畜等先进生产方法和技术。充分利用传统和现代化的媒体以及宗教力量等加强宣传、教育和引导，通过对绿色产业、绿色消费、生态城镇、人居生态环境等有关生态建设和保护的科普宣传，将环境意识和生态学的理念渗透到生产、生活的各个层面，增强全民的生态忧患意识、参与意识和责任意识，树立全民的生态文明观、道德观、价值观，形成人与自然和谐相处的生产方式和生

---

① 阎萍：《现代畜牧生态学原理与应用》，《家畜生态学报》2006 年第 5 期，第 41 ~ 43 页。

活方式。要彻底改变牧区“靠天养畜”而忽略草地投资的思想，改变农牧民传统的思维方式、生活方式和生产方式。

5. 开拓新型产业，寻求经济发展与环境保护相协调的切入点

生态环境保护是青海省区域经济发展的约束条件，只有通过开拓新型产业，培育新的经济增长点，才能解决近百万牧区人口的生存和发展问题。目前青海省可通过五条途径实行。一是建设劳动密集型的中藏药生产基地，利用高新技术科学种植和开发珍贵药用植物，不但可以缓解药材供需矛盾，而且对于保护草地生态环境，加快青海优势资源的开发具有重要意义。据估测，青海全年需藏茵陈1000吨，而现在年产量仅100吨，有很大发展潜力的广阔的市场。二是以州县所在地为中心，加快小城镇建设，带动第三产业、特色加工业等相关行业的发展，使其成为市场经济的载体，实现劳动力转移，扩大就业。三是发展有保护措施的生态旅游业，重点是科学规划，完善服务设施如生活垃圾处理等，建设精品生态旅游景区。四是开发养殖业新资源，拓宽养殖生产领域，发展珍稀动物和珍禽，提高经济效益。五是向绿洲农区移民，减轻天然草地的人口承载力。

6. 引进生态补偿机制和资源有偿使用机制，实现环境保护和经济发展的双赢战略

三江源区生态环境保护和修复需要大量的资金和长期的努力，靠国家有限的资金投入和农牧民一时的积极性是不能持续的，要研究建立一套行之有效的生态补偿机制，使区域的生态系统与经济系统协调、健康、持续的发展。

应彻底打破资源分割管理、各自为政的做法，通过建立水资源补偿机制，把中下游地区每年因环境问题造成的巨大损失的一部分资源预先转移支付到上游地区的生态环境建设事业中来。青海江河源区现有高寒草甸和高寒草原草地面积13万km^2，1hm^2高寒草地土壤CO_2储量按109吨计，每吨CO_2交易折合人民币70元（中国的CO_2交易价格目前约为8美元），1hm^2高寒草地年生态服务价值为7630元，江河源区草地每年生态服务价值为992亿元人民币（不包括草甸和草原固定CO_2的生态服务价值）。青海省有非常显著的草地资源优势，青藏高原天然草地生态系统每年提供的生态服务价值为2.571×10^8万元，应将资源优势转化为可利用的自然资本。生态效益的价

值是外部的，我国东部和世界其他发达地区理所当然应该为高原地区的环境保护和修复支付费用，通过生态服务交易，青海省可以获得有利于可持续发展的先进技术以及急需的资金，树立地方特色的可持续发展先驱形象，实现环境保护和经济发展的双赢战略。

（2017 年 9 月“中国草学会农业伦理委员会”成立大会暨“农业伦理学与农业可持续发展”学术研讨会会议论文）

农业可持续发展中的绿色发展理念

林　坚*

农业可持续发展，是在农业领域，着眼于满足当代人的需要，又不损害子孙后代满足其需求能力的发展，包括生态可持续、经济可持续和社会可持续发展。生态可持续是基础，经济可持续是条件，社会可持续是目的。

绿色发展作为关系我国发展全局的一个重要理念，作为“十三五”乃至更长时期我国经济社会发展的一个基本理念，体现了我们党对经济社会发展规律认识的深化，将指引我们更好实现人民富裕、国家富强、中国美丽、人与自然和谐，实现中华民族永续发展。

绿色发展理念把马克思主义生态理论与当今时代发展特征相结合，是将生态文明建设融入经济、政治、文化、社会建设各方面和全过程的全新发展理念。贯彻绿色发展理念，对农业可持续发展具有重要意义。

一　确立绿色环境理念，大力发展生态农业

绿色环境理念是指通过合理利用自然资源，防止自然环境与人文环境的污染和破坏，保护自然环境和地球生物，改善人类社会环境的生存状态，保持和发展生态平衡，协调人类与自然环境的关系，以保证自然环境与人类社会的共同发展。习近平指出：“良好的生态环境是最公平的公共产品，是最

* 作者简介：林坚，中国人民大学国家发展与战略研究院研究员，《中国人民大学学报》编审，兼北京自然辩证法研究会常务副理事长。

普惠的民生福祉。”2015 年 5 月 27 日，习近平在浙江召开华东 7 省市党委主要负责同志座谈会时指出，“协调发展、绿色发展既是理念又是举措，务必政策到位、落实到位”。

绿色发展是实施可持续发展战略的具体行动。习近平指出：“生态环境是经济社会发展的基础。发展，应当是经济社会整体上的全面发展，空间上的协调发展，时间上的持续发展。”

要树立尊重自然、顺应自然、保护自然的理念，发展和保护相统一的理念，绿水青山就是金山银山的理念，自然价值和自然资本的理念，空间均衡的理念，山水林田湖是一个生命共同体的理念。加强生态环境治理，筑牢生态安全屏障，坚持保护优先、自然恢复为主。

加大环境治理力度，以提高环境质量为核心，实行最严格的环境保护制度，深入实施大气、水、土壤污染防治行动计划，实行省以下环保机构监测监察执法垂直管理制度。筑牢生态安全屏障，坚持保护优先、自然恢复为主，实施山水林田湖生态保护和修复工程，开展大规模国土绿化行动，完善天然林保护制度，开展蓝色海湾整治行动。

生态农业是农业发展的新型模式，是农业可持续发展的重要途径。生态农业的生产以资源的永续利用和生态环境保护为重要前提，充分发挥资源潜力和物种多样性优势，促进农业持续稳定地发展，实现经济、社会、生态效益的统一。

我国幅员广阔，跨越众多经纬度和海拔高度带，农业生态经济区划类型多样化。发展生态农业要针对我国各地自然条件、资源基础、经济与社会发展水平不同的情况，吸收传统农业好的做法，结合现代科学技术，使各地区都能扬长避短，充分发挥地区优势，根据社会需要与当地实际协调发展。

发展生态农业要求保护和改善生态环境、维护生态平衡的同时，提高农产品的安全性，提高绿色农业，加强科普知识的推广，使农业和农村经济得到可持续发展，在最大限度地满足人们对农产品日益增长的需求的同时，提高生态系统的稳定性和持续性，增强农业发展后劲。

如今，中国原生态的农业耕地越来越少，生态环境、生态耕地成为生态资本。现在应该尽最大所能，保证农业的健康、稳定发展。

二　贯彻绿色经济理念，加快农村经济发展

绿色经济理念是指基于可持续发展思想产生的新型经济发展理念，致力于提高人类福利和社会公平。“绿色经济发展”是“绿色发展”的物质基础，涵盖了两个方面的内容。一方面，经济要环保。任何经济行为都必须以保护环境和生态健康为基本前提，它要求任何经济活动不仅不能以牺牲环境为代价，而且要有利于环境的保护和生态的健康。另一方面，环保要经济。即从环境保护的活动中获取经济效益，将维系生态健康作为新的经济增长点，实现“从绿掘金”。要求协同推进新型工业化、城镇化、信息化、农业现代化和绿色化，牢固树立“绿水青山就是金山银山”的理念，坚持把节约优先、保护优先、自然恢复作为基本方针，把绿色发展、循环发展、低碳发展作为基本途径。绿色经济强调“科技含量高、资源消耗低、环境污染少的生产方式”，强调“勤俭节约、绿色低碳、文明健康的消费生活方式”。

推动低碳循环发展，建设清洁低碳、安全高效的现代能源体系，实施近零碳排放区示范工程。全面节约和高效利用资源，树立节约集约循环利用的资源观，建立健全用能权、用水权、排污权、碳排放权初始分配制度，推动形成勤俭节约的社会风尚。

我国城乡差距日益扩大。国际上通常认为，基尼系数超过 0.4，该国可能发生动乱，而之前根据世界银行报告显示，中国是 1% 的家庭掌握了全国 41.4% 的财富。中国的财富集中度甚至远远超过了美国，成为全球两极分化最严重的国家。目前有媒体报道称，中国的基尼系数已达 0.5。

此外，经济调整下带来的收入水平相对降低亦会带来潜在社会问题，应逐步调整国民收入分配格局，适度实施消费性支出补贴，同时应特别照顾到我国广大农村地区，提高农民可支配收入，提高农民生产积极性。

面对目前我国耕地减少、人口增加、经济增长、生态环境的破坏，人们已经认识到：只有农业科学技术才能解决农业经济增长与资源环境制约的矛盾，只有依靠农业科学技术进步才能实现农业经济可持续发展。对科学技术对经济的影响来说，具有正确的科学技术发展和应用战略才能促进经济发展，反之则可能妨碍经济发展。

要加强农业基层配套设施的投入，如水利，投入相应资金，对资金进行

有效管理，大力建设高效的水利设施，提高农业的生产水平。

改善资源环境状况的农业技术，包括：①减少水土流失，防止耕地质量退化；②保护物种资源；③研究并推广使用优质高效的低毒低残留的化肥和农药，并改进化肥、农药及其施用技术，控制化肥、农药的施用量，提高化肥、农药的利用率，降低其对环境的毒害作用；④加强工业“三废”治理，减少人畜粪便对环境的污染。

开展农副产品综合利用和深加工，可以创造出新效用。这类技术包括：①利用农产品进行深加工和综合利用；②农作物秸秆和畜禽粪便的综合利用技术。

保护效用的农业技术，就是能够保护农副产品从收获到消费这一段时间内农产品及副产品的品质不变坏、数量不受损的技术。这类农业技术有：粮食仓储技术；果蔬保鲜储藏技术；水产品冷冻、腌制储藏技术；工农产品净化加工技术等。

急剧增长的人口和人类追求生活质量提高的趋势要求农业经济必须以较高的增长速度发展。然而，能源危机、耕地和水资源稀缺、生物多样性减少以及环境污染等问题在许多国家和地区已非常严重，并成为农业经济发展的重要障碍。在这种背景下，发展生态农业，对于实现农业增效、农民增收，保证农业和农村经济可持续发展，具有十分重大的现实意义和深远的历史意义。

建议大力推广农村经济合作社的形式，让农民自己当老板，对农产品进行合理包装，提升农产品的附加值，提高农民收益，并为农村大量富余劳动力创造农业内部就业机会。

三　树立绿色社会理念，改善农民生活水平

绿色是大自然的特征颜色，是生机活力和生命健康的体现，是稳定安宁和平的心理象征，是社会文明的现代标志。绿色蕴涵着经济与生态的良性循环，意味着人与自然的和谐平衡，寄予着人类未来的美好愿景。《国家新型城镇化规划（2014～2020年）》提出，要加快绿色城市建设，将生态文明理念全面融入城市发展，构建绿色生产方式、生活方式和消费模式。这意味着，“十三五”期间的城镇化要着力推进绿色发展、循环发展、低碳发展，

节约集约利用土地、水、能源等资源，强化环境保护和生态修复，减少对自然的干扰和损害，推动形成绿色低碳的生产生活方式和城市建设运营模式。绿色社会成为一种极具时代特征的历史阶段，辐射渗入到经济社会的不同范畴和各个领域，引领着21世纪的时代潮流。

“坚持绿色发展，必须坚持节约资源和保护环境的基本国策，坚持可持续发展，坚定走生产发展、生活富裕、生态良好的文明发展道路，加快建设资源节约型、环境友好型社会，形成人与自然和谐发展现代化建设新格局，推进美丽中国建设，为全球生态安全做出新贡献。”十八届五中全会从“五位一体”的整体布局出发，把绿色发展理念摆在突出位置，具有鲜明的时代特色和针对性，对纠正“唯GDP”式粗放型发展具有重大作用。

实现农业的可持续发展需要政府政策的强有力支持与引导。加快“三农”建设、社会主义新农村建设。按照工业反哺农业、城市支持农村和“多予少取放活”的方针，有计划有步骤地推进，确保农民安居乐业，使农民实现现实利益和长期稳定收入，充分提高农民在农业方面的生产积极性。

关注农民的生存状况，给予农民“国民待遇”。“三农”问题的核心是农民问题，是农民的收入问题，近几年来，我国出现了农业增产不增收、农民增收幅度下降的现象。其原因是多方面的，如农业个体经营难以满足市场化农业的要求；农业劳动率低下；农业规模不经济等，但其中一个重要原因是城乡二元体制造成的农民的非国民待遇。

给予农民应有的“国民待遇”，真正使农民与城市居民享有相同的国民权利。我国目前尚未真正把农民当作“国民”，最多只是“准国民”待遇，但这两者却是千差万别。给予农民“国民待遇”，应尽快统一城乡税制，全面取消城乡分割的户籍制度，使农民工享受同等的劳动权益和就业机会，给农民和国有土地拥有者以及城市其他土地拥有者同等的土地权利，使农村和城市居民同等享有义务教育的权利，保证城乡居民逐步享受同等的社会保障。

实现城乡一体就业政策。作为中国城市发展特点之一的“不协调”，一个重要方面反映在城乡发展上，中国城市发展转型的城乡关系，应从过去的城乡分割向城乡一体化转型，包括政策、产业结构、城市基础设施要不断向农村延伸，就业问题应该实现城乡一体的就业政策，使农民和城市居民享有相同的就业机会和致富机会。

户籍改革已是当务之急。多年来的户籍管理制度和建设用地管制政策是造成城乡两极化的重要原因。户籍制度是计划经济下的产物，与当今社会主义市场经济格格不入，极大地阻碍了农村地区的经济发展和农民的流动。

绿色发展就是可持续发展、充满活力和后劲的发展，是着眼于长期的、有利于代际公平的发展。必须坚持节约资源和保护环境的基本国策，坚定走生产发展、生活富裕、生态良好的文明发展道路，加快建设资源节约型、环境友好型社会，形成人与自然和谐发展现代化建设新格局，推进美丽中国建设，为全球生态安全做出新贡献。促进人与自然和谐共生，构建科学合理的城市化格局、农业发展格局、生态安全格局、自然岸线格局，推动建立绿色低碳循环发展产业体系，保障生态安全，实现可持续发展。

“绿色发展”是“五大发展理念”的血脉，其中涵盖着习近平同志诸如“生态兴则文明兴，生态衰则文明衰”“宁要绿水青山，不要金山银山”“保护生态环境就是保护生产力，改善生态环境就是发展生产力”许多绿色发展的辩证观点，这些蕴涵中华传统文化中的哲学思想，贯穿历史唯物主义和辩证唯物主义的哲学思维，不但成为“五大发展理念”的哲学依据，更凸显了“绿色发展”在“五大发展理念”中的重要位置。“绿色发展”，强调以创新为前提，以协调为手段，以群众的满意为目标，实现经济与环保发展的和谐、人与自然发展的和谐。可以肯定，“绿色发展”是对其他发展的内在要求，又是衡量其他发展的标准，而它的发展又能很好地表达其他发展的发展，显然就是矛盾对立统一规律和矛盾转化方法的运用，无疑彰显了包含辩证法的方法论。

绿色发展是实现生产发展、生活富裕、生态良好的文明发展道路的历史选择，是通往人与自然和谐境界的必由之路。

（2017 年 9 月“中国草学会农业伦理委员会”成立大会暨“农业伦理学与农业可持续发展”学术研讨会会议论文）

特色小镇推动新型城镇化建设的迷思与现实*

——基于社会伦理学的思考

史玉丁　李建军　杨如安**

特色小镇建设来源于我国新型城镇化建设，也是我国新型城镇化建设的重要组成部分。近十余年来，城镇化建设一直是我国顶层设计的宏观政策。2005 年 9 月中共中央政治局第二十五次的集中学习提出城镇化是经济社会发展的必然趋势，也是工业化、现代化的重要标志。同年 10 月中国共产党十六届中央委员会第五次全体会议提出要“促进城镇化健康发展”①。2013 年 11 月，中国共产党十八届三中全会提出，“完善城镇化健康发展体制机制，坚持走中国特色新型城镇化道路”“促进城镇化和新农村建设协调推进”。2014 年 3 月，中共中央、国务院印发了《国家新型城镇化规划（2014～2020 年）》，明确了未来城镇化的发展路径、主要目标和战略任务。我国城镇化建设取得了一定成绩，尤其是在村民城镇化、城镇地产等方面。但也出现了诸如“逆城市化”“过度城镇化”“城镇地产

---

* 基金项目：本文系 2017 国家社科基金重点项目“民族地区产城教融合综合试点改革研究”（编号：17MZA014）的阶段性研究成果。

** 作者简介：史玉丁，中国农业大学人文与发展学院博士研究生，重庆旅游职业学院副教授，研究领域为乡村旅游与农村社区发展；李建军，中国农业大学人文与发展学院教授、博士生导师，研究领域为农业伦理学、农业科技管理与发展战略；杨如安，西南大学西南民族教育与心理研究中心教授，重庆师范大学副校长，研究领域为公共管理、民族教育、旅游规划与开发。

① 王勇辉等：《农村城镇化与城乡统筹的国际比较》，中国社会科学出版社，2011，第 1～2 页。

化”的现象。2016年2月，国务院出台《国务院关于深入推进新型城镇化建设的若干意见》（以下简称《意见》）中提出，要坚持推进新型城镇化建设，加快培育中小城市和特色小城镇。在《意见》颁布之后，住建部、发改委、财政部紧锣密鼓地相继出台了一系列关于推动特色小镇建设的政策文本，在全国开启了特色小镇培育工作。这些政策文本均提出，特色小镇建设可以推动城镇化建设、缩小城乡差距、破解城乡二元结构、提高乡镇居民生活质量。

特色小镇政策的推出也引起了诸多学术话语的响应。他们从特色小镇的发展路径、创新方式、治理模式、制度政策创新、空间布局、作用与影响等方面进行了探讨。无论是学术鼓励还是学术批判，他们均赋予了特色小镇建设重大的功能与使命。本文第一部分将回顾国内外特色小镇建设的已有研究，梳理出学术话语构建出的特色小镇的“迷思”。第二部分通过田野调查，分析重庆市水镇（化名，下同）特色小镇建设的“现实”。第三部分从社会伦理学权利与义务的视角对特色小镇建设的宏观“迷思”与微观“现实”之间的矛盾进行分析。第四部分基于权利义务的伦理规则提出促进特色小镇可持续发展的建议。

一　迷思：特色小镇推动新型城镇化建设的话语体系

特色小镇建设推动新型城镇化建设是政府文件与专家话语的建构结果。他们的出发点是强调了特色小镇与新型城镇化之间的关系，所以，有必要先对城镇化的内涵进行回顾梳理，在此基础上整体分析特色小镇推动新型城镇化功能的专家话语。

（一）城镇化内涵的研究综述

国外对城镇化的研究历史较为久远，他们把“城镇化”称作“城市化”。赫茨勒指出，城市化是人口从乡村转移到城市，并在城市进行居中聚集的过程。[①] 西蒙·库兹涅茨认为城市化是城市与乡村之间的人口分布方式的变化。保罗·诺克斯认为城市化不仅仅是城市人口数量的增加，还包括经

① 〔美〕赫茨勒：《世界人口的危机》，何新译，商务印书馆，1963，第12页。

济、政治、文化、科技、环境等诸多方面的变化。[①] 路易斯·沃斯指出，城市化是乡村生活方式向城市生活方式发展、质变的过程。[②] 我国城镇化起步较晚，但国内关于城镇化的研究成果从2000年开始急剧增长。这些研究成果集中于城乡人口流动、农村土地流转、城镇化中的社会保障等方面。曾湘泉认为，城镇化是农村剩余劳动力的转移过程，同时，城镇化过程与产业布局是密切联系的两个方面。[③] 李迎生指出，传统城镇化出现了诸多问题，应该推动新型城镇化的建设，避免片面准求城市规模、经济总量的无限膨胀，重视对进城农民的社会保障，重视“人”在城镇化中的作用。[④] 孟繁瑜、李呈认为，城镇化是一个长期结构性调整的过程，包括社会形态、制度框架、经济发展方式、就业结构、人口发展等方面的转变。[⑤] 蔡洪滨认为，新型城镇化不应只是增长与发展战略，更是系统改革战略，应以城镇化为契机，对政府主导的城镇化模式进行改革，充分发挥市场在城镇化发展中的基础作用。[⑥] 可见，国内外学者对城镇化研究的进展表明，城镇化是一个系统工程，包括人口、制度、文化、产业、政府、市场等诸多方面的要素，真正意义上的城镇化应该系统性地囊括上述因素。

（二）特色小镇推动新型城镇化的话语梳理

特色小镇是我国新型城镇化宏观政策背景下由地方发起的自下而上、又自上而下推广开来的发展改革路径。浙江省是我国特色小镇发展模式的发起地。[⑦] 正是因为浙江特色小镇建设的外显价值，国家才开始在全国推广特色小镇发展模式。政府文本与专家话语纷纷表示特色小镇建设顺应了国家新型城镇化建设的宏观趋势。

---

① 〔美〕保罗·诺克斯、琳达·麦克卡西：《城市化》，顾朝林、汤培源、杨兴柱等译，科学出版社，2011，第9页。

② Wirtih, Louis, "Urbanism as a Way of Life," *American Journal of Sociology* 29 (1989): 46–63.

③ 曾湘泉、陈力闻、杨玉梅：《城镇化、产业结构与农村劳动力转移吸纳效率》，《中国人民大学学报》2013年第4期，第36~46页。

④ 李迎生、袁小平：《新型城镇化进程中社会保障制度的因应——以农民工为例》，《社会科学》2013年第11期，第76~85页。

⑤ 孟繁瑜、李呈：《中国城镇化与新农村建设协调统一发展研究——国家土地政策的外部性路径依赖分析与破解》，《中国软科学》2015年第5期，第1~11页。

⑥ 蔡洪滨：《新型城镇化应是改革战略》，《人民日报》2013年5月13日，第17版。

⑦ 卫龙宝、史新杰：《浙江特色小镇建设的若干思考与建议》，《浙江社会科学》2016年第3期，第28~32页。

1. 特色小镇通过构建特色产业系统推动新型城镇化

特色小镇的核心是特色产业。构建特色产业与新型城镇化的桥梁是特色小镇价值的重要体现。那么这个桥梁是否有存在的必要性呢？学术话语给予了肯定的回答。特色小镇可以提升区域创新能力，通过创新链与产业链的融合，推动区域产业生态系统建设,[①] 进而构建“小空间大聚集”创新生态区。特色小镇实现了工业化与信息化的高度融合、工业化与城市化的良性互动、产业发展与宜居生态的完美结合。[②] 特色小镇规避了产业结构不合理，重点产业不突出的问题，特色小镇可以依托某一特色产业，打造完整的产业生态链。[③] 特色小镇作为一个新型产业发展模式，可以有效规避新兴城区“产业空城”的问题，通过产业链建设支撑新兴小镇。特色小镇在吸引高端新兴产业的同时，也兼顾了传统历史产业的发展，从产业布局方面来看，特色小镇是新型城镇产业化发展的重要路径。[④] 特色小镇被赋予了多重功能，承担着产业转型升级的重任。除此之外，还承载着文化功能与社会功能。[⑤] 特色小镇以对产业布局、政府要素、社会元素的全新组合，超于“开发区”发展模式。[⑥] 国外特色小镇（例如，沃韦、梅尔斯堡）的经验告诉我们，特色小镇是生产力结构的创新组合，具有产业结构优化、产城融合发展的价值。国内特色小镇（例如，浙江省的众多特色小镇）也被冠以高端产业聚集模式的创造者的美誉,[⑦] 不断促进区域产业体系重构与竞争力提升,[⑧] 这

---

① 盛世豪、张伟明:《特色小镇：一种产业空间组织形式》,《浙江社会科学》2016 年第 3 期，第 36 ~ 38 页。

② 徐剑锋:《特色小镇要聚集“创新”功能》,《浙江社会科学》2016 年第 3 期，第 42 ~ 43 页。

③ 卫龙宝、史新杰:《浙江特色小镇建设的若干思考与建议》,《浙江社会科学》2016 年第 3 期，第 28 ~ 32 页。

④ 苏斯彬、张旭亮：《浙江特色小镇在新型城镇化中的实践模式探析》,《宏观经济管理》2016 年第 10 期，第 73 ~ 80 页。

⑤ 姚尚建:《城乡一体中的治理合流——基于“特色小镇”的政策议题》,《社会科学研究》2017 年第 1 期，第 45 ~ 50 页。

⑥ 周鲁耀、周功满：《从开发区到特色小镇：区域开发模式的新变化》,《城市发展研究》2017 年第 1 期，第 51 ~ 55 页。

⑦ 张鸿雁:《论特色小镇建设的理论与实践创新》,《中国名城》2017 年第 1 期，第 4 ~ 10 页。

⑧ 郭金喜:《浙江特色小镇建设的区域经济学考察》,《浙江经济》2016 年第 9 期，第 62 ~ 63 页。

种“产城融合共生”的发展模式被认为是新型城镇化的重要实践模式。[①]

2. 特色小镇通过农民市民化推动新型城镇化

人口城镇化的比例是新型城镇化建设的外显指标之一，特色小镇建设是否提高了人口城镇化的比例呢？学术话语认为，相对于传统小镇，特色小镇通过产业带动，吸引就业，从而促进了农民市民化。特色小镇通过人才等高端要素的集聚，支撑着经典产业群，而产业的发展又进一步提高了特色小镇的吸引力，吸引着周边农民的市民化，从而提升特色小镇的人口聚集度。[②]相对于传统小城镇的发展，特色小镇突破了人才引进的难题，很好地顺应了农民市民化的大战略。[③] 除了依靠产业吸引外，特色小镇还可以通过宜人的居住环境，吸引科技人才、周边农民，实现人口聚集。[④] 还有学者认为，特色小镇一般是位于城乡接合部，可有效吸引农村人口，很好地实现“人的城镇化”，避免“空城”现象的出现。可见，学术话语构建了特色小镇通过产业就业、宜居环境促进农民市民化的话语。但也有学者在进行了国际与国内、东部与西部的比较之后，一针见血地提出了通过特色小镇实现中西部快速的农民市民化是不现实的。[⑤]

3. 特色小镇通过破解城乡二元结构推动新型城镇化

城乡二元结构是经济发展过程中工业化与传统农业并存的二元结构。从1840年国外文明与市场经济进入中国以来，近200年的经济社会发展使得中国的城乡二元结构产生了自己的特点：城乡二元经济结构的形成与扩展、城乡二元政治结构的形成与固化、城乡二元社会结构的产生与表现、城乡二元文化的存在与强化。[⑥] 特色小镇是否突破了这四个二元要素了呢？学术话语表现出对现实的肯定以及对未来的憧憬。杨保军认为，早期的城市反哺农

① 曾江、慈锋：《新型城镇化背景下特色小镇建设》，《宏观经济管理》2016年第12期，第51～56页。

② 盛世豪、张伟明：《特色小镇：一种产业空间组织形式》，《浙江社会科学》2016年第3期，第36～38页。

③ 卫龙宝、史新杰：《浙江特色小镇建设的若干思考与建议》，《浙江社会科学》2016年第3期，第28～32页。

④ 徐剑锋：《特色小镇要聚集“创新”功能》，《浙江社会科学》2016年第3期，第42～43页。

⑤ 韦福雷：《特色小镇发展热潮中的冷思考》，《开放导报》2016年第6期，第20～23页。

⑥ 白永秀：《城乡二元结构的中国视角：形成、拓展、路径》，《学术月刊》2012年第5期，第67～76页。

村出现了不少失误，其中之一就是忽视了小城镇对带动乡村建设、促进城乡协调发展的巨大作用。[①] 特色小镇是对“边地中心理论”“工业中心主义”“城市区域核心理论”的突破，通过“社会精准治理”[②] 的新模式促进城乡协调发展[③]。当前一批典型的特色小镇建设实现了城乡空间布局日趋完善，产业聚集规模凸显，服务体系初步构建的效果。[④] 特色小镇实现了城乡“产、城、人、文”四位一体的协调发展，构建了以产业为核心、以政府为引导、以企业为主体、以市场为手段的特色小镇发展模式。[⑤] 特色小镇通过发展特色产业，构建了“城乡一体”“小空间大聚集”的创新生态融合区，一定程度上突破了城乡二元经济、城乡二元社会的固有结构。[⑥]

二　现实：水镇的田野考察

新型城镇化是在城乡统筹、节约集约、生态宜居、和谐发展的基础之上实现农民城镇化、经济产业化和城乡一体化。重庆市水镇是我国第一批127个特色小镇之一。虽然从住房城乡建设部公布之日起至今不到半年的时间，对其进行特色小镇推动新型城镇化的附加效能不能进行充分的评判，但是我们充分对比了自2012年新型城镇化政策出台至2016年、2016年至今两个时间段，发现水镇特色小镇建设对城乡产业布局、农民城市化以及城乡二元结构的现实影响与未来发展影响细微。

1. 特色小镇建设前后的城乡产业布局的对比

水镇特色小镇建设的特色产业为旅游业，而早在2011年重庆市旅游发展“十二五”规划中已经明确把旅游业作为水镇的支柱产业进行打造。2014年，住房和城乡建设部和国家文物局授予水镇第六批中国历史文化名

① 许倩：《杨保军：培育特色小镇不在于“造城”而在于“助乡”》，《中国房地产报》2016年10月31日，第A05版。

② 张鸿雁：《“社会精准治理”模式的现代性建构》，《探索与争鸣》2016年第1期。

③ 张鸿雁：《论特色小镇建设的理论与实践创新》，《中国名城》2017年第1期，第4～10页。

④ 谢文武、朱志刚：《特色小镇创建的制度与政策创新——以玉皇山南基金小镇为例》，《浙江金融》2016年第9期，第69～74页。

⑤ 韦福雷：《特色小镇发展热潮中的冷思考》，《开放导报》2016年第6期，第20～23页。

⑥ 洪志生、洪丽明：《特色小镇众创平台运营创新研究》，《福建农林大学学报》（哲学社会科学版）2016年第5期，第41～47页。

镇称号（建规〔2014〕27号）。同年，水镇景区水古镇成功创建国家4A级景区。可见，2016年之前，水镇旅游业已经拥有了充实的政策支持，并在政策引导下得到有效发展。那么2016年，水镇被列入第一批特色小镇后，旅游业得到哪些进展呢？抑或是未来的发展因特色小镇而更清晰明朗？在国家层面，特色小镇可以得到更多的政策支撑，例如，住房城乡建设部、国家发展改革委和财政部为特色小镇提供专项建设基金、奖励资金等，农业发展银行为特色小镇提供政策性贷款。在重庆市层面，特色小镇被打包纳入市重点项目进行建设，从而也得到了政策支持。

在政策引导、金融支持下，水镇理应继续大力发展旅游产业。但水镇除了旅游业，还有烤烟种植、桑蚕养殖、果林产业等农业支柱产业。那么地方精准治理的政府“越位”干预有没有影响到其他产业的生存与发展，有没有冲击原有完整的市场架构？笔者对水镇旅游业、烤烟种植、桑蚕养殖、果林产业的利益相关者进行案例访谈，发现特色小镇对该地城乡产业布局影响细微。

龚某的假日旅游酒店

龚某，男，45岁，以经营木料加工、房地产（小型）致富。2006年，开始在水镇景区附近经营旅游酒店，为游客提供餐饮、住宿、停车等服务。龚某说由于水镇距离城区较近，再加上水镇的旅游景点一天就可以走一遍，大部分游客选择在城区住宿，所以在镇上做旅游酒店生意一般。龚某对特色小镇略有耳闻，在对他进行讲解后，他表示特色小镇对他旅游酒店的有利影响不大。他说旅游项目得到了专项资金支持，但是“外来的和尚会念经”，经营这些资金的都是外地人，或者是所在区的城投集团（国有企业），他们为了赚取利润，在充裕资金的保障下，除了经营景点开发外，还开始经营酒店、餐饮等业务，他们的行为有可能危及我们小型商家的生存。

谢某的烤烟种植农场

谢某，男，52岁，是水镇最大的烟叶种植大户。在本区烟草行业的带动下，他的烟叶种植农场生意顺畅，收入稳定。当对他提及特色小镇的政策后，他反应强烈，他说他听到了政府的宣传，为自己的烟草种植感到担忧。他说以前我的烟草种植有完整的产业链，种植可以雇佣村里的富余劳动力、销售可以通过烟叶商贩，自己经营得非常轻松。但是特色小镇在这里落实以后，为了得到政府的旅游经营补贴，很多富余劳动力投入到了旅游经营中，劳动力不足、烟叶销售困难成为他最头疼的事情。

张某的桑蚕养殖与果树种植园

张某是水镇某村土生土长的村民，2002年在政策引导下开始养殖桑蚕，2005年开始承包山地经营果园。张某的两个项目收入稳定，但在特色小镇政策的宣传下，他准备放弃专门的果园种植，改做水果采摘旅游项目。当被问及目的时，他毫不避讳地说是为了得到政府的资金补助。他又表示，不能放弃原有项目。他说，他的一个朋友原本做房地产，在政策吸引下，放弃了房地产，开始做旅游，虽然起初得到政府的资金、土地支持，但是经营三年以来，依然处于亏损状态。

以谢某和张某的访谈为例，我们可以看出，水镇特色小镇在重点发展旅游业时，传统支柱产业受到一定的波及，原本较为完善的城乡产业布局受到一定的冲击。这与精准治理中政府政策的“越位”有密切的关系。在政府与市场的博弈中，政府往往因为特有的政策倾斜、资金支持所带来的利益相关者的外显收益，从而对市场发展起主导作用，并在乡镇发展中占主体地位。

2. 特色小镇建设前后的农民城市化对比

农民城市化是新型城镇化的重要外显指标之一。以推动新型城镇化建设为由的特色小镇建设是否起到了加速农民城市化的作用呢？笔者对2016年前后水镇的城镇化比例进行对比后发现，该镇的城镇人口比例在逐渐提高，这是否意味着特色小镇为农民城市化发挥了重要的促进作用？农民城市化包括农村人口向城镇人口转化、生产方式与生活方式由乡村型向城市型转化、传统的农村文明向现代的城市文明转化三个方面。我们对水镇不同行业、不同村庄的500名居民的日常分布进行抽样调查发现，该镇居民城镇化比例的提升与农民城市化之间还有一定的差距（见表1）。

表1　水镇特色小镇工程前后的农民城市化相关指标对比

单位：%

特色小镇之前			特色小镇之后		
户籍城镇化比例	城镇工作比例	城镇生活比例	城镇化比例	城镇工作比例	城镇生活比例
56	47	22	61	49	21

我们通过前后对比可以发现，水镇居民的户籍城镇化比例有一定的提升，但在访谈中，居民表示这是重庆“农转非”政策的影响，与特色小镇建设关系不大。该镇居民的城镇工作比例提升细微，可见，水镇特色小镇旅游产业的发展对农村居民的就业作用不大。该镇居民的城镇生活比例不升反降。可见，水镇特色小镇旅游产业的发展对农村居民的生活影响细微。通过调查发现，该镇还表现出“逆城镇化”的趋向。

3. 特色小镇建设前后的城乡二元结构的对比

我国城乡二元结构表现在二元经济、二元政治、二元社会、二元文化四个方面。对水镇的调研主要采用以下指标：经济方面的人均收入水平、政治方面的参政比例、社会方面的社会保障水平（城镇社保的比例）、文化方面的文化项目参与程度。通过对600位水镇居民的抽样调查发现该镇的城乡二元结构没有因为特色小镇的建设而发生明显的变化（见表2）。

表2　水镇特色小镇工程前后的城乡二元结构相关指标对比

	特色小镇之前		特色小镇之后	
	城镇居民	乡村居民	城镇居民	乡村居民
人均收入(元)	21328	9761	22798	9891
参政比例(%)	12	2	14	2
城镇社保比例(%)	76	9	79	9
文化项目参与比例(%)	32	7	34	7

通过水镇特色小镇项目建设前后对比发现，各项指标变化细微，城镇居民人均收入的增速没有因为特色小镇的实施而提高，乡村居民人均收入的增长水平也微乎其微，城乡居民人均收入差异依然明显。城镇居民的参政比例、城镇社保比例、文化项目的参与比例均有细微提升，但是这些指标的城乡对比变化细微，甚至出现了城乡差距逐渐扩大的现象。

4. 水镇田野调查小结

通过对水镇城乡产业布局、农民城市化以及城乡二元结构三个方面的调研，发现水镇在进行特色小镇建设前后新型城镇化变化细微，政策文本与学术话语构建的特色小镇推动新型城镇化建设的普遍价值在水镇是不存在的。已有研究表明，我国发达地区，例如浙江省，特色小镇建设的确促进了新型城镇化建设。但对我国中西部地区特色小镇推动新型城镇化建设的研究相对较少，更没有详细的实证调研。可见，学术专家对特色小镇的研究，更多集中在特色小镇价值、意义、推广等方面，对中西部特色小镇建设关注不够，也很少进行发达地区与欠发达地区特色小镇建设的差异化分析。可见，在中西部地区，特色小镇建设推动新型城镇化建设的效果存在质疑。

三 反迷思叙事与讨论：社会伦理学对特色小镇推动新型城镇化建设的审视

社会伦理学是论证社会秩序一体化的伦理学，[①] 其研究的核心内容是社会，目的是促进社会内部各参与主体之间的共生性发展，构建各参与主体与社会本身的相辅相成的关系。[②] 亚当·斯密在《道德情操论》中构建了一套以合宜性为中心的，能够平等对待不同参与者的社会伦理学体系，[③] 意指社会各参与主体之间的“合宜”与“共生”。社会伦理学的研究方向应该以“社会现实”的发现为基础，得出实证性结论。[④] 参与主体的权利与义务关系是社会伦理学研究的重要内容，是研究社会现实的重要抓手。

水镇的田野考察表明政府政策文本与专家学术话语构建的特色小镇促进新型城镇化的话语迷思在水镇是不存在的。特色小镇建设实为政府政策对地方治理的干预，这意味着特色小镇对地方政府、市场要素以及公民社会之间的关系进行重新调整，从社会伦理学视角，这种关系实为政府、市场和公民社会权利与义务关系的重组。本文的意图不是否定特色小镇，而是要说明新型城镇化是一个系统工程，若发挥特色小镇对新型城镇化的促进作用，须厘清政府、市场、公民社会这三个利益相关者之间权利与义务的辩证关系。

---

① 乐小军、葛雪珍：《“21 世纪中国与世界：伦理学的社会使命与理论创新”学术研讨会综述》，《哲学动态》2009 年第 8 期，第 100～101 页。

② 焦国成：《评〈社会伦理学研究〉》，《吉林师范大学学报》（人文社会科学版）2014 年第 3 期，第 12～14 页。

③ 张江伟：《在唯我与无我之间——斯密以合宜性为中心的商业社会伦理学》，《社会科学战线》2015 年第 4 期，第 52～63 页。

④ 吴晓明：《经济伦理学研究必须通达当今社会现实》，《社会科学》2008 年第 3 期，第 59～61 页。

1. 政府的权利与义务

政府在地方发展中的定位一直是公共管理学、社会学、伦理学等学科领域的研究热点，这些研究大多集中在政府与市场的关系、政府与公民社会的关系两个方面，前者是根本性的，它影响着政府与公民社会、市场与公民社会的关系。西方的政府与市场的关系经历了数百年的演变，市场是成熟的市场，政府也是适度参与的政府。中国的政府与市场的关系与西方有较大的差异，这与中国传统全能型政府有密切的关系。[①] 半个世纪之前，中国的政府是全能型政府，在封建社会的自然经济与建国初期的高度集中的计划经济阶段，政府对地方发展占绝对强势的地位。改革开放之后，政府培育和发展了市场，构建了自由的市场机制，但随着经济社会的发展，再加上传统全能型政府思维的影响，政府与市场之间的矛盾日益增多，这不但影响到政府、市场两者之间的关系，还波及政府与公民社会、市场与公民社会的关系。

对市场而言，政府有宏观调控、干预市场的权利，同时也应承担着厘清政府与市场关系、维持宏观市场秩序、保障市场主体地位的义务。对政府义务的界定不意味着对政府作用的否定。为了更好地提高政府权力的效用，完成政府承担的义务，政府应该大幅减少对资源的直接配置。[②] 特色小镇的目标是政府先自下而上，又自上而下的对地方经济社会发展的干预手段。地方特色产业诞生与特色小镇实施之间的时间先后，反映出政府与市场的主次关系。在特色小镇发展势头强劲的浙江省，无疑是先有地方特色产业，后有特色小镇建设，这表明政府对市场的干预是以宏观统筹、秩序整合为主。但水镇与之有较大的差异，水镇特色产业不凸显，是旅游业、农副业实力均衡的产业格局。政府将水镇以旅游特色小镇进行打造，凸显旅游产业的重要定位，同时意味着农副业地位的相对降低，无疑是先有特色小镇，再有特色产业，这表明政府对市场的干预已经逾越了政府权力伦理的界限，是一种对资源进行直接配置的干预方式。政府在水镇特色小镇建设中权利与义务的“越位”与“缺位”影响着政府意志在市场发展中的干预效率。

---

① 胡宁生：《国家治理现代化：政府、市场和社会新型协同互动》，《南京社会科学》2014 年第 1 期，第 80～86 页。

② 胡宁生：《国家治理现代化：政府、市场和社会新型协同互动》，《南京社会科学》2014 年第 1 期，第 80～86 页。

对公民社会而言，政府有执行国家权力、管理社会公共事务的权利，同时也应承担着提高政府管理质量的义务。公民的幸福指数常常被用来衡量国家或地区公民福利水平的高低，[①] 所以政府如何提高辖区公民的幸福指数是衡量政府执政质量的重要指标。[②] 国外政府对公民社会的干预可分为三类：第一类以新加坡为代表，政府对公民社会进行直接的干预，对公民社会发挥着主导作用；第二类以日本为代表，政府与公民社会交织在一起，政府对社区进行规划、指导并提供经费支持；第三类以欧美国家为代表，政府对公民社会进行宏观的、间接的管理，公民社会高度自治，这也被称为“社区城市化”管理。我国地方政府提升公民幸福指数的途径大多是新加坡式的对公民社会的直接干预。特色小镇建设的美好愿景是通过特色产业的工作岗位提高周边公民的收入、通过优化特色小镇环境提高周边社区的宜居度，以达到提升公民幸福指数的目的。但在水镇特色小镇建设中地方政府对公民社会的伦理职责备受质疑。其一，地方政府通过特色小镇项目获得了政府体制内的政绩与荣誉，但在项目建设与实施过程中，依然是重产业建设、轻社区建设，重外部经验的拿来主义、轻本地特色的客观现实。其二，在特色小镇申报、规划、实施、建设、运营过程中，地方政府没有留给公民社会参与式发展的空间，而是用政策权威、学术话语构建了形而上学的发展路径。这种以行政职责、政绩目标掩盖社会伦理原则的发展方式和以治理公民社会、回避公民社会共同治理的发展路径使政府对公民社会的干预事倍功半。

2. 市场的权利与义务

关于市场伦理的研究可以总结为两个论断，“滑坡论”和“爬坡论”。[③] “滑坡论”认为市场与伦理不可兼得。Adam Smith 认为，“由于我们对别人的感受没有直接经验，所以除了设想自己处在同样的环境将会有怎样的感受外，我们对他人的感受不会形成任何观念。”[④] “爬坡论”认为，市场经济的

---

① Frey, B. S., A. Stutzer, “What Can Economists Learn from Happiness Research?” *Journal of Economic Literature* 40 (2002): 402 - 435.

② 陈刚、李树：《政府如何能够让人幸福——政府质量影响居民幸福感的实证研究》，《管理世界》2012 年第 8 期，第 55 ~ 67 页。

③ 廖申白：《市场经济与伦理道德讨论中的几个问题》，《哲学研究》1995 年第 6 期，第 16 ~ 21 页。

④ Adam Smith, *The Theory of Moral Sentiments*, Indianapolis: Liberty Fund, 1982, p. 61.

建立与发展总体趋向于提高社会伦理与道德水准，它是一个“多元自发秩序体系”。[①] 亚当・斯密将人类社会比喻成时钟，将政府比喻成修理时钟者，而政府一旦把时钟修好，它便会自由有序地行走。[②] 社会伦理学视角讨论市场的伦理准则，应是对市场外部的权利与义务分析，而不是对市场内部伦理的讨论。

市场对外权利方面，市场自由是保障市场权利的前提。政府与公民社会应该张扬和确立经济自由这一伦理理念和伦理品质。[③] 其一，市场自由保障市场行为主体地位平等，他们之间的公平竞争与公平分配是市场社会伦理秩序的核心。这要求市场经济的参与主体都是平等的，都应按照既定的伦理原则与市场规则进行活动，同时防止非经济强暴。其二，市场自由保障市场行为与政府干预之间的辩证统一关系。“看不见的手”与“看得见的手”谁充当主导、谁充当主体。市场对外的权利伦理是调节他们之间权责关系的重要标准。其二，市场公开保障市场参与主体的进出自由。市场经济优胜劣汰，产业发展也有自己的生命循环与地方适应性。“无形的手”无时无刻地分配着产业之间的资源配置，构建着自然的产业结构体系。特色小镇是政府对市场权利的干预，我们应辩证地分析这种干预的利与弊。按照亚当・斯密的观点，对时钟进行修理、日常的时钟上弦与维护是政府的职责，对时钟指针进行人为拨动是政府“越位”的表现。浙江等经济发达地区经济基础良好，产业结构完善。这些地区的特色小镇是在原有优势产业基础上兴起的。这些地区的特色小镇建设是时钟修理工对时钟的上弦、维护。与此不同，水镇经济发展较为滞后，产业结构较不完善，优势产业不明显。而特色小镇的建设突出强调旅游产业的发展，这类似于时钟修理工对时钟指针进行人为的拨动。这使得水镇的市场自由、公平竞争、市场开放的权利受到一定的影响。

市场对外义务方面，发展经济、破除贫困、调整社会分层和选择机会的不均衡现象是市场应该承担的伦理义务。市场自由的权利不意味着市场放

---

① 王曙光：《市场经济的伦理奠基与信任拓展——超越主流经济学分析框架》，《北京大学学报》（哲学社会科学版）2006 年第 5 期，第 139 ~ 146 页。

② 胡承槐：《关于市场经济基础上制度性伦理道德秩序的探讨》，《哲学研究》1994 年第 4 期，第 32 ~ 36 页。

③ 龙静云：《经济自由：市场经济内生的伦理品质》，《武汉大学学报》（哲学社会科学版）2006 年第 5 期，第 684 ~ 689 页。

任，否则就会产生经济指标“爬坡”，而社会伦理“滑坡”的现象。对政府而言，市场的对外义务是发展经济、提供财税、均衡供需，以市场行为促进地区经济社会发展。对公民社会而言，市场的对外义务是提高收入水平，提升生活质量，保障产品供给数量与质量。因为政府意志与公民权利有重叠之处，所以市场对政府、对公民社会的义务也有部分重合。不同的是，由于政府这只“有形的手”的行政干预，市场对政府的义务可以得到更全面的履行，而相比之下，对公民社会的义务则不尽全面入微。社会伦理原则与道德标准对市场提出的责任要求则更多是倾向于公民社会的。由于市场要素组成的差异，市场义务中政府与公民社会的博弈在不同地方也不尽相同。浙江等经济发达地区特色小镇市场要素中的优势产业更多是内生的、自发的，市场要素中的资金、理念等也多为区域内自有资金、本地理念。然而，中西部经济欠发达地区特色小镇市场要素的优势产业更多是人为设定的，市场要素中的资金、理念等也多为外来资金、借来理念。这种差异直接影响着市场义务在政府与公民社会之间的分配。在欠发达地区，受政府对市场行政干预的影响，市场义务向政府倾斜显得理所应当，而市场对公民社会的义务则被边缘化。这种市场义务在政府与公民社会之间的不均衡分配冲击着市场社会伦理原则，影响着市场职责的效用。

3. 公民社会的权利与义务

公民社会，产生于欧洲中世纪，在西方被称为市民社会（Civil Society）、公民（Citizen）。英国学者杰弗里·C. 亚历山大（Jeffrey C. Alexander）认为，公民社会不只是一个制度领域，还是一个有结构的、由社会确立的意识的领域。[①] 爱德华·希尔斯（Edward Shils）认为，公民社会应包括机构、制度和文明的风范。[②] 可见，公民社会是一个在特性制度约束、特性社会场域形成的公民群体，也是一种公民意识。公民社会的构建关键在于公民意识。公民意识包括公民权利意识和公民义务意识，两者的水

① 〔美〕杰弗里·C. 亚历山大：《作为符号性分类的公民与敌人：论市民社会的极化话语》，朱苏力译，载邓正来、亚历山大编《国家与市民社会——一种社会理论的研究路径》，中央编译出版社，1999。

② 〔美〕爱德华·希尔斯：《市民社会的美德》，李强译，载邓正来、亚历山大编《国家与市民社会——一种社会理论的研究路径》，中央编译出版社，1999。

平在公民对地区经济社会发展的参与中得以体现。公民社会是地区经济社会发展的重要组成部分，也是主要的利益相关者，也理应是主要参与者。

公民社会权利是公民合法存在的状态，美国著名学者托马斯·雅诺斯基指出，公民社会权利包括法律权利、政治权利、参与权利等。[①] 卢梭认为，公民主权是不可转让的、不可分割的、不受限制的、不可替代的。[②] 公民社会权利是公民区域生存与发展的前提和保障。在此基础上，公民有追求自身利益最大化的权利。《国富论》也曾为不受遏制地追求自我利益进行了强有力的经济辩护。[③] 与西方社会不同，中国传统社会中个人的社会权利来自于外在的宗法政治权力和宗法礼治规范，这些社会权利的具体表现可以归一为社会义务的范畴。随着我国经济社会的发展，公民社会权利逐渐成为关注的焦点。与我国现实比较契合的是聂文军关于社会框架下公民权利的思考。他认为，公民社会权利不但要体现公民自身权益，还要适应社会发展要求。无论西方的"自由公民社会权利观"，还是我国传统的"约束公民社会权利观"都来源于公民社会权利意识，这种意识最核心的是公民对社会发展的参与意识。公民社会权利的限制是特色小镇推动新型城镇化建设的话语迷思在水镇不可实现的重要原因。特色小镇是政府意志以市场为载体自上而下的实施过程，缺少了公民社会的参与。公民社会貌似是特色小镇的受益主体，但缺少公民社会参与的特色小镇建设无论搭乘了何种新型城镇化数据上升的便车，都不能称之为促进新型城镇化建设的"功臣"。

公民社会义务是促进地区经济社会发展的重要内容，自由社会除了制度之外还依赖于公民社会伦理的成熟。[④] 公民社会的伦理意识而非自我利益或者贪婪才是真正的英雄。[⑤]把公民社会义务放在社会大框架中来思考，就需

---

① 〔美〕托马斯·雅诺斯基：《公民与文明社会》，柯雄译，辽宁教育出版社，2000，第105页。

② 〔法〕卢梭：《社会契约论》，何兆武译，商务印书馆，2003，第31页。

③ Albert O. Hirschman, *The Passions and the Interests: Political Arguments for Capitalism Before its Triumph* (America: Princeton University Press, 1997).

④ Evensky, J., "Adam Smiths: 'Theory of Moral Sentiments': On Morals and Why They Matter to a Liberal Society of Free People and Free Markets," *Journal of Economic Perspectives* (2005): 109-130.

⑤ Evensky, J., "Retrospectives: Ethics and the Invisible Hand," *The Journal of Economic Perspectives* 2 (1993): 197-205.

要公民除了履行自我发展责任外，还要履行相应的社会责任。我国公民的个人伦理观有久远的历史积淀，主要涉及个人发展、家庭发展。对于公民社会义务而言，个人伦理观不能满足地区发展对公民社会职责的需求。新型城镇化建设中的公民社会义务应包括参与发展、贡献社会、环境保护等诸多方面。能保障公民社会义务推动新型城镇化的前提是公民社会对地区发展的参与。与公民社会权利相同，公民社会义务依然需要公民社会的参与式发展。特色小镇发展更多体现的是政府义务与市场义务，而公民社会则在特色小镇促进新型城镇化的话语中充当着“被受益者”的角色。权利与义务是相互统一的，公民社会义务是促进地区发展的重要组成部分，只有公民社会充分参与的地区发展方式才能最大限度地促进公民社会权利的实现。

四　结论与展望：以社会伦理为准则，实现特色小镇助推新型城镇化建设

当前全国各地正在轰轰烈烈地开展特色小镇建设，若单纯从市场理念、现代化思维来看，特色小镇似乎是推动新型城镇化建设的重要路径。但通过以上讨论说明，政策文本与学术话语共同构建的特色小镇建设促进我国新型城镇化建设的迷思不是普遍存在的。其一，我国经济发达地区与欠发达地区发展特色小镇的产业经济基础、社会文化背景不尽相同。这决定了不同地区特色小镇建设中政府与市场之间的权利义务关系也不尽相同。经济较为发达的浙江省，特色小镇体现着钟表修理工修理、上弦的功能定位，在这里特色小镇来源于市场，又服务于市场，政府充当着指导、服务、整合的角色。而在经济欠发达的重庆水镇，特色小镇体现着钟表修理工拨动指针的强势干预过程，在这里特色小镇来源于政策，又服务于政策，市场生态被强制干预，市场功能被挤占弱化，这不利于特色小镇的可持续发展。其二，特色小镇作为一项自上而下的政策干预发展方式，为了实现促进新型城镇化这一系统工程，就不可忽略参与主体、利益相关者的权利与义务的社会伦理原则。特色小镇对市场产业、公民社会的强制干预，是我国传统全能型政府的体现，这掩盖了政府、市场、公民社会在社会伦理中的权利与义务，必然违背特色小镇建设的原本意图。

可见，只要将社会伦理原则纳入特色小镇分析框架，结果必然挑战那些特色小镇普遍效应的话语迷思。当前，国家层面意识到小城镇在促进城市反哺农村、消除城乡二元结构、促进新型城镇化建设的重要作用，出台并实施了一系列促进小城镇发展的政策措施，特色小镇作为其中最受关注的措施之一，充当着推动新型城镇化建设这一顶层设计的重要定位，它的行动实施必须谨慎，决不能以发达地区的地方经验盲目推广至全国，决不能做忽视参与主体权利义务伦理准则，忽略利益相关者参与式发展的强制干预。从社会伦理学视角来看，特色小镇的可持续发展需要相关利益主体政府、市场、公民社会之间权利与义务的良性互动，有学者将其称为“善治”，[①] 它以实现公共利益最大化为目的。为了促进特色小镇可持续发展，其一，要厘清政府与市场之间的权利义务关系，在特色小镇建设中应该发挥市场的主体地位，发挥市场在资源配置中的决定性作用，政府发挥钟表修理工钟表上弦与养护的作用。其二，要厘清政府与公民社会的权利义务关系，在特色小镇建设中要发挥政府对公民社会的间接引导作用，重视公民社会的参与主体定位。特色小镇建设只有在遵照各参与主体权利义务的社会伦理准则基础上，从地区客观实际出发，实现政府、市场与公民社会的良性互动，才能促进特色小镇的可持续发展，实现国家宏观政策赋予它的责任。

（2017 年 9 月“中国草学会农业伦理学委员会”成立大会暨“农业伦理学与农业可持续发展”学术研讨会会议论文）

① 梁莹：《政府、市场与公民社会的良性互动》，《公共管理学报》2004 年第 4 期，第 86～96 页。

·农业文明史·

论传统农业伦理与中华农业文明的关系*

王思明　刘启振**

中国自古以农立国，农业是国民经济的基础生产部门，发展农业是中国这个人口大国的永恒主题。农学是以农业生产为目的的人为干预的生态系统科学，正确合理的农业应该遵循自然生态系统的基本原则，通过农业措施来取得产品，输送给社会。① 近年来，包括中国在内的世界农业经历了许多重大变化，包括科学技术的快速进步、资源基础的持续调整、新的更加广阔的国际市场的拓展，以及与生态环境的密切关联等。现代农业实现增产增收的同时，也给人类社会带来了生态环境污染、农业基础破坏以及食品安全危机等诸多问题，这些挑战和威胁不可能仅仅通过科学技术得到解决，有必要借助于人文社会科学特别是伦理学的理论和方法。作为农业大国的中国，拥有悠久的农业历史，劳动人民数千年农耕经验的积累和发展，形成了别具一格的农业伦理，同时造就了辉煌的中华农业文明。传统农业伦理从最普遍、最本质的意义上表达了中国历代先民对传统农业和农学的理论诠释。有鉴于此，本文在总结先贤时彦相关研究成果的基础上，试图系统梳理和探讨传统农业伦理同中华农耕文明形成与发展之间的关系。

---

* 基金项目：本文系国家社会科学基金重点项目“丝绸之路与中外农业交流研究”（编号：16AZS005）的阶段性研究成果。

** 作者简介：王思明，南京农业大学教授，科学技术史学科首席专家，中华农业文明研究院院长，研究领域为农业史、农业科技史；刘启振，南京农业大学中华农业文明研究院博士研究生，研究领域为农业科技史。

① 任继周：《中国农业伦理学史料汇编》（序言），江苏凤凰科学技术出版社，2015，第1页。

一　农业伦理的核心

伦理学由来已久，是一门古老的学问。关注伦理问题对于讨论人类社会的理想未来是十分重要且必要的。农业伦理从属于伦理范畴，可视为农业和伦理的交集。“伦理”作为一个词语最早见诸战国至秦汉之际的《礼记·乐记》，伦理即调整人伦关系的道理、原则或条理。伦理现象是人类社会所具有的特殊属性，其主体是人，调节的范围主要是人与人、人与社会（群体）以及人与自然等的诸种关系。

农业是指人类有意识地通过社会生产劳动，利用社会资源和自然资源促进与控制生物有机体生命机能的活动过程，以取得人类所需产品的生产活动，以及从属于这类生产活动的其他部门的总称。① 农业生产是自然再生产过程和经济再生产过程紧密结合的人类活动，既服从自然规律又服从经济规律，同时还具有区别于其他部门的一些重要的基本特征，如土地的特殊重要性、对社会经济的广泛依赖、自然环境的强大影响、农业生产的周期性和季节性等。在人类社会众多的职业门类中，农业是最古老、最基本甚至最重要的生产部门，它同其他行业以及社会各方面都发生着客观、普遍而多样的联系，从而也产生了诸多复杂的道德现象，这就涉及农业伦理的问题。

农业伦理是伦理学的一个分支学科。自20世纪90年代中国学者开始关注农业伦理学以来，学界对农业伦理学及其核心问题进行了较为深入的探讨，取得了一定的成果。邱仁宗对农业伦理学的兴起进行了探究，认为农业伦理学需要探讨农业的意义、农业的模型、科学和技术在农业中应用的伦理学、与农业相关的食品伦理学、与农业相关的动物伦理学以及与农业相关的环境伦理学，并讨论了农业的模型、科技在农业中应用的伦理学和与农业相关的食品伦理学等问题。② 任继周、林惠龙等认为农业伦理学探讨人类对自然生态系统农业化过程中发生的伦理关联的认知，判断这种关联的合理性与正义性；农业伦理学的核心应该聚焦于农业生态系统的生存权和发展权；农

---

① 中国自然辩证法研究会、《农业哲学基础》写作组：《农业哲学基础》，科学出版社，1991，第2页。

② 邱仁宗：《农业伦理学的兴起》，《伦理学研究》2015年第1期。

业伦理系统的多维结构应由时、地、度、法四者构成。[①] 齐文涛、任继周通过对比农业伦理学和环境伦理学，认为农业伦理学旨在探究农作活动的行为规范和农业的应然状态，是环境伦理学的补充和超越，前者聚焦作为基本实践活动的农作，关注人与环境之间的关系，直接促进人的发展和完善。[②] 严火其从自然观、害虫防治、土地观等几个方面对东西方传统农业伦理思想进行了比较分析。[③] 张永奇总结了中国学界农业伦理学的研究现状，并对未来的研究方向提出建设性意见。[④]

综合既有研究成果，我们认为：农业伦理研究和探讨的是农事活动过程中人类的伦理道德问题，主要包括人类如何保持农业的永续发展，如何在促进生产、繁荣经济和提高社会文明的同时，更加合理、科学地对待自然和保护生物，从而更好地协调人与人、个人与社会以及个人与自然之间的关系，它涉及传统农业和现代农业中的伦理问题，是具有新的生长点的一门复合性学科。

二　中华农业文明与传统农业伦理关系的演进

中国拥有上万年的农业发展史，古人所创造的农业科技文明，曾经长期领先于世界其他国家和地区。中国传统农业具有强大的生命力，是中华文明得以持续发展的最深厚之根基。万余年农耕畜牧的发展过程孕育了包含“四才论”、用养结合以及农牧结合等在内的很多农业生产原则和伦理。这在先秦诸子的众多论述中都有体现，可以说古代农业孕育了中国传统农业伦理。

（一）天地人稼“四才论”

天、地、人“三才论”是中华民族具有的一种普遍而独特的系统思想观念和思维方式，具体是指天、地、人宇宙系统论，在中国传统哲学和农业

---

① 任继周、林慧龙、胥刚：《中国农业伦理学的系统特征与多维结构刍议》，《伦理学研究》2015 年第 1 期。

② 齐文涛、任继周：《农业伦理学对环境伦理学的补充与超越》，《兰州大学学报》（社会科学版）2015 年第 3 期。

③ 严火其：《东西方传统农业伦理思想初探》，《伦理学研究》2015 年第 1 期。

④ 张永奇：《农业伦理学研究现状与未来走向谫论》，《西北农林科技大学学报》（社会科学版）2016 年第 3 期。

哲学中皆有充分体现。将“三才论”作为世界观和方法论，是中国古代儒、道、兵、杂、医等各家学派所具有的共同思想观念，《周易》《老子》《庄子》《孙子》《吕氏春秋》《黄帝内经》等诸多经典古籍中就有大量记载。传统农业伦理滥觞于以“三才论”为基础的传统哲学思想，有其独特而鲜明的特征，不妨称之为天地人稼“四才论”，这可以说是中国传统农业伦理的核心和总纲。对农业生产中天地人稼关系的明确表述，最早见于《吕氏春秋·审时》篇：“夫稼，为之者人也，生之者地也，养之者天也。”[①] 稼原指农作物，可以用其代表所有的农业生物，包括各种农作物和农业动物，它们是农业生产活动的对象。“四才论”和谐统一的思想观念，在中国古代农书尤其是几部重要农书中都有着广泛而深刻的反映。

西汉《氾胜之书·耕田》开篇就说：“凡耕之本，在于趣时和土，务粪泽，早锄早获。”[②] 即言农耕的基本原则在于赶上合宜的时令，整地和土，加施粪肥并注意保墒，及早锄地，及早收获。“趣时”是天，“和土”为地，“务粪泽，早锄早获”则指人与稼。农业耕作的这六个环节相辅相成，浑然一体。谈及土壤耕作技术，氾胜之曰：“春冻解，地气始通，土一和解。夏至，天气始暑，阴气始盛，土复解。夏至后九十日，昼夜分，天地气和。以此时耕田，一而当五，名曰膏泽，皆得时功。”[③] 这里分别讲了春耕、夏耕和秋耕的适宜时间。其结尾部分总结道：“得时之和，适地之宜，田虽薄恶，收可亩十石。”[④] 也就是说，如果在农业生产上做到天地人稼的和谐统一，即便在恶劣瘠薄的田地上也能取得亩产十石的丰收。

北魏贾思勰《齐民要术》记载了很多关于“四才论”的内容。《齐民要术·序》引用《尚书》曰：“稼穑之艰难”，紧接着又引《孝经》曰：“用天之道，因地之利”[⑤]，指出农业生产并非易事，农人必须遵循大自然和农作物生长发育的规律来安排劳作，协调外部环境与生物有机体之间的固有矛盾。《齐民要术·耕田》引用《礼记·月令》中的论述，对“孟春之月”

① 夏纬瑛校释《吕氏春秋上农等四篇校释》，农业出版社，1979，第 88 页。

② 万国鼎辑释《氾胜之书辑释》，中华书局，1957，第 20 页。

③ 万国鼎辑释《氾胜之书辑释》，中华书局，1957，第 20 页。

④ 万国鼎辑释《氾胜之书辑释》，中华书局，1957，第 27 页。

⑤ 缪启愉校释《齐民要术校释》，农业出版社，1982，第 4 ~ 5 页。

“仲春之月”“孟夏之月”“季秋之月”“孟冬之月”“仲冬之月”“季冬之月”的农事活动进行了明确[①]，以期规范农人的耕作活动。《齐民要术·种谷》云：“凡谷成熟有早晚，苗秆有高下，收实有多少，质性有强弱，米味有美恶，粒实有息耗。地势有良薄，山泽有异宜。顺天时，量地利，则用力少而成功多。任情反道，劳而无获。”[②] 实现天地人稼四才的有机协调是农业生产事半功倍的先决条件。

南宋《陈旉农书》特别注重对农学理论体系的构筑，其总体框架正是天地人稼“四才”的和谐统一。“地势之宜篇”认为应该根据各种土地的具体类型而合理利用之：“夫山川原隰，江湖薮泽，其高下之势既异，则寒燠肥瘠各不同。大率高地多寒，泉冽而土冷……下地多肥饶，易以淹浸。故治之各有宜也。”[③] 农耕活动的成功在很大程度上都要倚赖天时地利条件。篇末又言：“顺天地时利之宜，识阴阳消长之理，则百谷之成，斯可必矣。”[④] 述及农耕活动中的人力所为，“耕耨之宜篇”对早田、晚田以及“山川原隰”之田的耕作技术都进行了归纳总结[⑤]；“粪田之宜篇”对粪田改土、因土用粪的施肥经验进行了概括提炼，并在粪田改土的理论上有所创新，特别是“虽土壤异宜，顾治之如何耳，治之得宜，皆可成就”，“时加新沃之土壤，以粪治之，则益精熟肥美，其力常新壮矣”[⑥]，此即对后世影响深远的“地力常新壮”理论，是对古代土壤改良经验的高度概括。“六种之宜篇”详细规划了如何充分利用天时、地利等条件来安排农业生产，并详细制定了一份“种无虚日，收无虚月”的种植计划[⑦]；“善其根苗篇”专门论述培育壮秧的理论和技术，认为秧苗壮好仍要以天时、地利、人勤为前提条件，强调“欲根苗壮好，在夫种之以时，择地得宜，用粪得理，三者皆得，又从而勤勤顾省修治，俾无旱干、水涝、虫兽之害，则尽善矣。”[⑧]《陈旉农书》

① 缪启愉校释《齐民要术校释》，农业出版社，1982，第26页。
② 缪启愉校释《齐民要术校释》，农业出版社，1982，第43页。
③ 万国鼎：《陈旉农书校注》，农业出版社，1965，第24页。
④ 万国鼎：《陈旉农书校注》，农业出版社，1965，第28～29页。
⑤ 万国鼎：《陈旉农书校注》，农业出版社，1965，第26～27页。
⑥ 万国鼎：《陈旉农书校注》，农业出版社，1965，第33～34页。
⑦ 万国鼎：《陈旉农书校注》，农业出版社，1965，第30～32页。
⑧ 万国鼎：《陈旉农书校注》，农业出版社，1965，第45页。

在系统继承前世农业伦理思想的基础上，对“四才论”中人的论述有了新的发展，不仅要求农人严格遵守自然运行规律和农作物生长发育规律，而且明确指出应该认识和尊重社会经济规律，充分发挥人的主观能动性作用。

元代《王祯农书》的《农桑通诀》正文前三篇分别为“授时篇”、“地利篇”和“孝弟力田篇”，意在突出天地人三者为农业生产的先决条件。“授时篇”认为天时是取得农业丰收的关键，农事安排必须遵从农时，“四时各有其务，十二月各有其宜；先时而种，则失之太早而不生，后时而艺，则失之太晚而不成。”[①] 为规范农时，王祯还按照天体运行和气候变化的规律创制了一幅“授时执掌活法之图”，可与“授时历”配合使用，“授民时而节农事，即谓‘用天之道’也”[②]。“地利篇”提出了“风土论”观念：“风行地上，各有方位，土性所宜，因随气化，所以远近彼此之间风土各有别也。”[③] “风”指代气候条件，“土”则代表土壤条件。风土观念的提出，将农业生产的外部环境条件——“天”与“地”最终统一起来。农业地域不同，气候、土壤条件自然有所区别，甚至存在巨大差别，亦即“风土”不同，各地适宜生长的物种就会因之而异。诚如王祯所言：“九州之内，田各有等，土各有差；山川阻隔，风气不同，凡物之种，各有所宜；故宜于冀兖者，不可以青徐论，宜于荆扬者，不可以雍豫拟，此圣人所谓‘分地之利’者也。”[④] 只有根据当地的自然环境条件选择种植适宜的农业物种，才能取得理想的收成。

（二）土地的“用养结合”观

从土壤肥力的角度看，用地是核心，养地是基础，用地和养地是一对矛盾统一体。农业的持续发展必须建立在耕地肥力持续发展的基础之上。养地是为了更好地用地，巧妙地用地有利于保持和恢复土壤肥力。因此，用地和养地两个方面是相辅相成的。从农业增产的角度看，用地和养地都是增产的重要手段。养地可以提高土壤肥力，充足而持续地供应农作物所需的养分、空气、水分和热量。在不同的历史时期，传统农业“用养结合”理论的内

---

① 《王祯农书》，王毓瑚校，农业出版社，1981，第10页。

② 《王祯农书》，王毓瑚校，农业出版社，1981，第11页。

③ 《王祯农书》，王毓瑚校，农业出版社，1981，第13页

④ 《王祯农书》，王毓瑚校，农业出版社，1981，第13页。

容和重心又有所不同。

西周至春秋时期，农业生产以轮荒耕作制为主。虽然此时的土地利用率普遍不高，但是仍然需要养地。较低的生产力水平，加之人口数量有限，只得采用轮荒耕作的方式进行农业生产，土壤也可以利用自然植被自发地恢复地力。

战国时期，由于铁制农具和牛耕的大量应用，农业生产力进一步提高，轮荒耕作制逐步向土地连种制转变。新荒地被大量开垦，撂荒地也被充分利用起来，用地与养地的矛盾加剧。人们开始采取作物轮作复种制以及多粪肥田等措施来加强养地工作。到了战国末期，轮荒耕作制已经逐渐被废弃，土地连种制成为主导。土地利用率得到显著提高，养地措施也有了明显改进，基本实现了从完全依靠自然力养地向依靠人力养地的变迁。

秦汉至隋唐时期，中国城市出现较大发展，人口数量增加，对农产品的需求持续快速增长。这对进一步提高土地利用率提出了要求，人们在土地连种制的基础上开创了轮作复种制。同时，农人也注意到采取多种手段强化对土地的养护。例如，实行豆谷轮作和绿肥轮作相结合的方法进行生物养地；土地耕作方面，采用翻耕与免耕结合、免耕与耨耕结合的办法；采取增积粪肥与合理施肥的措施实现化学养地。中国农业的用养结合进入了一个新阶段。

宋元以降，尤其是明清时期，中国人口激增，加之玉米、甘薯、花生、烟草等大量美洲高产作物引入与快速传播，各地都在努力提高耕地复种指数，轮作复种和间作套种的形式也更为丰富，农业生产进入多熟制阶段，土地利用率又出现了大幅度的提升。此时的人们更加关注“地力”问题，纷纷提出各自的观点，主要分为两派，比较有代表性的是南宋吴怿《种艺必用》的“地久耕则耗”观和南宋陈旉《农书》的“地力常新壮”观。前者着眼于用地，而后者更关注养地，讲求用地与养地的平衡。陈旉《农书》和王祯《农书》都有意将“粪壤”列为专篇论述，对施肥理论和技术进行了深入细致的归纳总结，特别是在广辟肥源、增积粪肥以及积肥保肥等方面都有所创新。明清时期，徐光启《农政全书》和杨屾《知本提纲》对“粪壤”理论又有了新的发展，《知本提纲》提出“瘠薄常无济，自然间岁易亩；补助肯叠施，何妨一载数收”[①] 的论断，从而将用养结合理论推进到更高的层次。

（三）农牧结合，多种经营

中国的农业生产历来具有农牧结合的优良传统，先民们创造了以农养牧、以牧促农、农牧两旺等重要的农牧结合经验。新石器时代早期，黄河、长江流域的氏族部落已经出现原始农业和原始畜牧业，且具备了农牧结合的雏形。殷商时期，农牧业在原始形态的基础上有了进一步的发展，除了放牧之外，人们已经开始对家畜舍饲。周代的农牧业又有了更大的进步，《诗经》中记载了大量关于农事和畜牧的诗篇。大批出土的该时期家畜骨料以及用骨料制作的骨耒、骨耜、骨铲、骨刀等工具，也成为当时农牧结合进一步发展的明证。

春秋战国时期，农区与牧区逐步分化。其中，农区以农业为主，牧业为辅，农牧结合；牧区则以牧业为主，农业为辅，牧农结合。并且，存在着一个相当广阔的半农半牧区横亘在农区和牧区之间，这个区域就是西北黄土高原。人民种植五谷，饲养六畜，从事多种经营。《墨子·天志上》云：“四海之内，粒食人民，莫不犓牛羊，豢犬彘”。[②]《管子·牧民》曰：“务五谷则食足，养桑麻、育六畜则民富”。[③]《孟子·梁惠王上》更为具体：“五亩之宅，树之以桑，五十者可以衣帛矣。鸡豚狗彘之畜，无失其时，七十者可以食肉矣。百亩之田，勿夺其时，数口之家可以无饥矣。”[④]

秦汉至隋唐时期，农牧业都有较大发展，二者互相促进，相得益彰。第一，农业为牧业提供各种农副产品，以作为牲畜的饲草和饲料。以养马为例，西汉张骞出使西域，将大宛马、汗血马等名马带回中土的同时，也引进了苜蓿种，并广泛种植。此后，苜蓿栽培得到快速推广，大大促进了养马业的发展。北魏《齐民要术》对苜蓿的栽培技术、利用价值等都有详细的描述。唐代的苜蓿栽培区域更加广泛，为饲养马匹提供大量饲料来源。以官养驿马为例，“凡驿马，给地四顷，莳以苜蓿。凡三十里有驿，

① 王毓瑚辑《秦晋农言》，中华书局，1957，第36页。

② 《墨子》，中华书局，2007，第108页。

③ 《管子》，上海古籍出版社，2015，第3页。

④ 《孟子》，中华书局，2006，第5页。

驿有长，举天下四方之所达，为驿千六百三十九”[①]。由此保守估计官驿种植苜蓿面积在6550顷以上，足见唐代苜蓿栽培之盛。再如养羊，尤其是在大规模饲养的情况下，必须准备充足的饲料，“羊一千口者，三四月中，种大豆一顷杂谷，并草留之，不须锄治，八九月中，刈作青茭”[②]。“青茭”即是指豆在未老前收割，储藏为牲畜越冬的干饲料。除却民间利用农作物秸秆、茎叶等作为粗饲料饲养家畜，政府也向百姓征收刍藁以饲养官方牲畜，“殿中、太仆所管闲厩马，两都皆五百里内供其刍藁。其关内、陇右、西使、南使诸牧监马牛驼羊，皆贮藁及茭草”[③]。可见，农作物秸秆在唐代是饲养牲畜的重要饲料来源。第二，牧业为农业提供必要的动力和肥料。大约在春秋时期，中国开始推广牛耕。睡虎地秦墓竹简《厩苑律》记载了官方对耕牛的评比考核以及对饲牛农夫进行奖惩的律令。[④]西汉武帝时，搜粟都尉赵过大力推行代田法，在很大程度上都得益于牛耕动力的运用。东汉王景任庐江太守时，起初当地百姓不知牛耕，“致地力有余而食常不足”，于是“景乃驱率吏民，修起芜废，教用犁耕，由是垦辟倍多，境内丰给”[⑤]。这个时期农业生产的发展和繁荣，主要依赖于农耕动力的应用和推广。另外，中国有着悠久的畜粪肥田历史。早在战国时代，就已经非常重视多粪肥田，至迟在西汉时期就已经采用圈猪积肥之法。《氾胜之书》所言“溷中熟粪”[⑥]即指人、猪的粪尿混合后再经过腐熟的肥料。《齐民要术·杂说》记载了“踏粪法”，既能直接积攒牛粪尿，又可积制厩肥和堆肥。

中唐安史之乱以后，中国的传统畜牧业开始呈现颓败的趋势。战争频仍、土地兼并以及自然灾害的多发，更是加速了农牧业的衰落。政府对牛马等大牲口采取“和买”与“征括”的政策，严重破坏了畜牧业的发展。明初至中叶，农耕区的畜牧业有了较大恢复和发展，北方还保留了相当规模的官牧。明末清初之后，人口剧增，土地面临巨大压力，南北各地因地制宜地

① 《新唐书》，中华书局，1975，第1198页。

② 缪启愉校释《齐民要术校释》，农业出版社，1982，第313页。

③ 《旧唐书》，中华书局，1975，第1841页。

④ 睡虎地秦墓竹简整理小组：《睡虎地秦墓竹简》，文物出版社，1990，第22~23页。

⑤ 《后汉书》，中华书局，1973，第2466页。

⑥ 万国鼎辑释《氾胜之书辑释》，中华书局，1957，第149页。

创造出各种农牧结合的良好形式和经验，将传统农业农牧结合、共同发展的优良传统提升到一个新的层次。

三　中国传统农业伦理在农业生产中的实践

农业伦理脱胎于农业生产实践，而农业生产实践又受到农业伦理的支配和约束。中国传统农业伦理在古代农业生产实践中有着深刻而具体的表现，如“地力常新壮”的用地与养地农业措施、护林护渔等保护农业生物资源的农业禁忌以及多种形式的生态农业模式，等等。传统农业伦理对中国农业可持续发展有着非常积极的指导作用，使得中华文明成为世界上唯一留存至今的古代文明。

（一）“地力常新壮”——用地与养地农业措施

中华历代先民在充分利用土地的同时，还通过增施有机肥料、栽培绿肥、作物合理轮作、耕作改土以及采用亲田法等一系列措施，积极养护赖以生存的土地，有效维持着“地力常新壮”的局面，作物产量持续得到提高。

第一，广开肥源，增肥改土。古人历来重视施肥和积肥，西汉时期的肥料主要包括厩肥、羊矢、蚕矢、碎骨和豆萁等。春天种枲时，在播种之前要把粪肥均匀地撒在地里，将耕土覆盖严实，“春草生，布粪田，复耕，平摩之”①。该法既可增加土壤肥力，又能够保墒抗旱，给作物持续提供养分。汉代还逐步推广圈养猪，农家肥的数量和质量都得到较大提高。魏晋南北朝时期，肥料种类又大为增加，主要包括畜粪、厩肥、蚕矢、缫蛹汁、兽骨、草木灰、旧墙土和食盐等。此时已经广泛种植绿肥，《齐民要术》非常重视绿肥的功效。宋元时期，人们施用的肥料已达60余种。《陈旉农书》提及的肥料包括大粪、鸡粪、苗粪、草粪、火粪和泥粪等。《王祯农书》指出，只要根据不同的土壤施用相应的肥料，就能够做到少种多收，提高单产，还可以改良土壤，提高地力。人们还改进了积肥方法，如使用河泥积制、饼肥发酵处理、烧土粪和沤肥积制等，还设置粪屋、粪窖等保存肥效的设施。明清时期，农家肥源的发展达到传统社会的顶峰，肥料类型已经超过100种。《知本提纲》将肥料分为十类：人粪、牲畜粪、草粪、火粪、泥粪、骨蛤灰

① 万国鼎辑释《氾胜之书辑释》，中华书局，1957，第146页。

粪、苗粪、渣粪、黑豆粪、皮毛粪等。[①] 在肥料积制加工方面，除了沿用前代踏粪法和酿粪法之外，还创造了煨粪法、煮粪法、蓄粪法、蒸粪法和“粪丹”法等多种技术手段。从自然粪肥演进到人工造肥，标志着中国传统农家肥发展水平达到了一个新的高度。[②]

第二，合理施肥，增产肥田。中国历代先民逐步认识到，要实现施肥增产的目标，必须从合理施肥着手。传统农业非常注意施肥方法，不断提高施肥技术，并提出以基肥（“垫底”）为主、追肥（“接力”）为辅的施肥原则。农人非常重视“垫底”，如明末清初张履祥《补农书·运田地法》云：“凡种田总不出‘粪多力勤’四字，而垫底尤为紧要。”“若苗茂密，度其力短，俟抽穗之后，每亩下饼三斗，自足接其力。”又言：“盖田上生活，百凡容易，只有接力一壅，须相其时候，察其颜色，为农家最要紧机关。”[③] 这表明当时农家已经掌握看苗追肥的技术。《知本提纲》还详细阐述了培肥地力和培育壮干大穗取得高产的技术，明确了底肥与追肥的不同作用，以及以底粪为主、追肥为辅的重要意义。[④] 此外，传统农业还强调施肥一定要贯彻因土制宜、因时制宜以及因稼制宜的“三宜”原则。宋元时期的农家再三强调“用粪得理”，亦即合理施肥。《陈旉农书·粪田之宜》篇说：“相视其土之性类，以所宜粪而粪之，斯得其理矣。俚谚谓之粪药，以言用粪犹用药也。”[⑤]《王祯农书·粪壤》篇曰：“江南水多地冷，故用火粪，种麦种蔬尤佳……下田水冷，亦有石灰为粪，则土暖而苗易发。”[⑥]

第三，亲田之法，计划改土。亲田法由明代耿荫楼《国脉民天》提出：“亲田云者，言将地偏爱偏重，一切俱偏，如人之所私于彼而比别人加倍相亲厚之至也。每有田百亩者，除将八十亩照常耕种外，拣出二十亩，比那八十亩件件偏他些，其耕种、耙耢、上粪俱加数倍，务要耙得土细如面，搏土块可以八日不干方妙。旱则用水浇灌，即无水亦胜似常地。遇丰岁，所收较那八十亩定多数倍；即有旱涝，亦与八十亩之丰收者一般。遇蝗虫生发，合

① 王毓瑚辑《秦晋农言》，中华书局，1957，第38~39页。
② 郭文韬等：《中国传统农业与现代农业》，中国农业科技出版社，1986，第147页。
③ 陈恒力校释《补农书校释》，农业出版社，1983，第29~35页。
④ 王毓瑚辑《秦晋农言》，中华书局，1957，第40~41页。
⑤ 万国鼎：《陈旉农书校注》，农业出版社，1965，第34页。
⑥《王祯农书》，王毓瑚校，农业出版社，1981，第37页。

家之人守此二十亩之地，易于捕救，亦可免蝗。明年，又拣二十亩，照依前法作为亲田。是五年轮亲一遍，而百亩之田，即有磏薄，皆养成膏腴矣。如止有二十亩者，拣四亩作为亲田。量力为之，不拘多少，胜于无此法者。”[①]亲田法有效综合了区田法和代田法的一些优点，在大块土地上先选取出一小块，采用一整套精耕细作的栽培技术，在人工、肥料、灌溉等方面实行重点倾斜照顾，逐年轮换，有目的、有计划地改良瘠薄的低产土壤，培肥地力，争取稳产高产，是一种用地与养地相结合的典型范例。

此外，中国传统农业还拥有诸多栽培绿肥、轮作复种等各具特色的用地养地相结合的生产实践措施，做到既充分用地，又积极养地，使土地越种越肥沃。中国古人将“地力常新壮”理论积极而有效地应用于农业生产实践中，在认土、用土、改土和培肥地力等诸多方面都积累了丰富的经验，形成了一整套系统完整且行之有效的技术体系，平衡了土地用养两个方面的矛盾，充分用地、积极养地、用养结合的原则得到很好的体现。

（二）保护生物资源的农业禁忌

最迟在战国时代，中国古人就已经开始注意保护各种生物资源。《孟子·梁惠王上》曰：“数罟不入洿池，鱼鳖不可胜食也；斧斤以时入山林，材木不可胜用也。”[②]《荀子·王制》进一步强调：“草木荣华滋硕之时则斧斤不入山林，不夭其生，不绝其长也；鼋鼍、鱼鳖、鳅鳣孕别之时，罔罟、毒药不入泽，不夭其生，不绝其长也。”[③] 可见，此时的人们很重视保护生物资源的再生能力，反对过早、过滥地损害草木鱼鳖的生长发育。这种“不夭其生，不绝其长”的思想标志着华夏先民对保护生物资源的认识已然相当深刻。

在利用生物资源时，中国古人制定了“时禁”之制。《管子·八观》有云：“山林虽广，草木虽美，禁发必有时……江海虽广，池泽虽博，鱼鳖虽多，罔罟必有正。”[④]《荀子·王制》亦曰：“洿池、渊沼、川泽谨其时禁，

① 《续修四库全书·九七六·子部·农家类》，上海古籍出版社，1996，第619~620页。

② 《孟子》，中华书局，2006，第5页。

③ 《荀子》，中华书局，2007，第92页。

④ 《管子》，上海古籍出版社，2015，第82页。

故鱼鳖优多而百姓有余用也；斩伐养长不失其时，故山林不童而百姓有余材也。”① 为了保护生物资源，政府必须“禁发有时”“谨其时禁”。同时，还要对网罟作出政策规定，不准用过密的渔网从事捕捞。《吕氏春秋·上农》载有当时的“四时之禁”：“山不敢伐材下木，泽人不敢灰僇，缳网罝罦不敢出于门，罛罟不敢入深渊，泽非舟虞不敢缘（橇）名（罠）；为害其时也。”② 至汉代，政府制定的“时禁”愈发严格而具体。“豺未祭兽，罝罦不得布于野；獭未祭鱼，网罟不得入于水；鹰隼未挚，罗网不得张于溪谷；草木未落，斤斧不得入山林；昆虫未蛰，不得以火烧田。孕育不得杀，彀卵不得探，鱼不长尺不得取，彘不期年不得食。”（《淮南子·主术训》）只有严格遵守这些禁令，才能使得“草木之发若蒸气，禽兽归之若流原，飞鸟归之若烟云”③。为了贯彻“时禁”和执行相关的法令政策，春秋战国时代就开始设置专职官员。

总之，古代中国不仅给予生物资源保护以高度重视，而且制定了相关的法令法规，甚至设置专职官员。古人反对竭泽而渔、焚薮而田、焚林而猎、覆巢取卵等行为，而坚持“不夭其生，不绝其长”的思想和做法，都是中华传统农业伦理的生动体现。

（三）多种类型的生态农业模式

中国古代劳动人民在生态农业方面积累了非常丰富的经验。其中，嘉湖地区的“农牧桑蚕鱼”系统、珠江三角洲的“桑基鱼塘”系统以及太湖水网地区放养“三水一萍”的经验，都具有鲜明的特色和代表性。

1. 浙江嘉湖地区“农牧桑蚕鱼”系统

位于长江中下游的浙江嘉兴、湖州地区，十分适于发展农业生产。唐宋以降，该区域逐渐发展成为农林牧渔全面发展的富庶之地。然而，这里也常因水患频发而影响收成。历代生活于此的劳动人民总结经验教训，扬长避短，采取圩内种稻、圩上栽桑、圩外养鱼等措施，充分合理地利用各种资源，全面发展农业生产经营。嘉湖地区的农人实行农牧结合与农畜互养，建立了高效率的物质再循环和资源再利用的农业生态系统。明清时期，该地区

---

① 《荀子》，中华书局，2007，第92～93页。

② 夏纬瑛校释《吕氏春秋上农等四篇校释》，农业出版社，1979，第17～19页。

③ 张双棣：《淮南子校释》，北京大学出版社，1997，第1002～1003页。

农牧结合与农畜互养的形式主要有：农副产品养猪和猪粪肥田，桑叶养羊和养分壅桑，螺蛳水草养鱼和鱼粪肥桑。农牧结合和农畜互养是用地与养地结合的物质基础，也是保持“地力常新壮”的重要条件，更是实现农业稳产增产的必要保证。在种植业内部，嘉湖地区实行以田养田和田地互养的举措，这是合理利用土地资源非常重要的一个环节。①

2. 珠江三角洲“桑基鱼塘”系统

桑基鱼塘是一个由水陆相互作用、动植物相互作用所构成的独特的农业生态系统。桑是生产者，它吸收光热水肥，生产桑叶；蚕是第一消费者，食用桑叶；鱼是第二消费者，吃蚕沙、蚕蛹；微生物是分解者或还原者，它分解鱼粪和其他有机物，还给土壤以塘泥，为桑所用，又进入一个新的循环。这是一种合理的生态系统，充分而有效地利用了各种农业资源，创造了很高的资源利用率。珠江三角洲位于广东省中南部，水热条件相当优越，但是也容易遭受水涝等自然灾害的袭扰。此地桑基鱼塘的形成和发展经历了一个较为漫长的过程。唐代段公路《北户录·鱼种》记载：“南海诸郡，郡人至八、九月于池塘间采鱼子……即鲮、鲤之属，育于池塘间，一年内可供口腹也。”② 唐代刘恂《岭表录异·新、泷等山田》云：“新、泷州山田，拣荒平处，锄为町畦。伺春雨，丘中聚水，即先买鲩鱼子散于田内。一二年后，鱼儿长大，食草根并尽，既为熟田，又收鱼利。及种稻，且无稗草，乃齐民之上术也。”③ 明代中后期，珠江三角洲的部分地区已经出现了“果基鱼塘”的生产方式且以其为主，同时兼营桑基鱼塘。清代，桑基鱼塘的经营手段更加丰富，又增加了桑蚕猪鱼四者共养的新内容。珠江三角洲地区已经发展成为农林牧渔综合经营的农业系统，物质资源的循环利用达到了一个新的水平。④

3. 太湖水网地区放养“三水一萍”的经验

在长期的农业生产实践中，太湖水网地区的农人们创造了放养“三水一萍”的生产经营方式。“三水一萍”就是在当地纵横交错的水网中放养

① 郭文韬等：《中国传统农业与现代农业》，中国农业科技出版社，1986，第136～139页。

② 段公路：《北户录附校勘记》，崔龟图注，中华书局，1985，第16页。

③ 刘恂：《岭表录异校补》，商壁、潘博点校，广西民族出版社，1988，第40页。

④ 郭文韬：《中国传统农业思想研究》，中国农业科技出版社，2001，第492～493页。

“水葫芦”“水浮莲”“水花生”，而把红萍、绿萍放养在稻田里。这“三水一萍”不仅是优良的有机肥料，直接肥田改土，还是良好的饲料，用来饲喂牲畜。人们据此再发展“三水促三养（养猪、羊、兔）”模式，又以“三养促三熟”，“三熟”即指稻、稻、麦或稻、稻、油菜一年三熟。可见，这种肥、畜、粮有机结合的生物循环方式是物质再循环和资源再利用的典型范例之一，也是太湖水网地区农牧两旺、高产出低成本的重要途径。[①]

总之，上述传统生态农业模式是当地劳动人民长期生产实践经验的结晶。发展中国特色的现代农业、生态农业，实现农业的健康、可持续发展，非常有必要对这些凝聚了历代先民智慧与汗水的生产经营模式进行保护、研究和推广。

四　结论与思考

现代农业虽然大幅提高了土地生产力和劳动生产率，但是与此同时也产生了诸多弊端：大量消耗能源，资源紧张；滥用化肥、农药，造成环境污染；土壤遭到破坏，地力下降；过度砍伐放牧，导致水土流失，土壤沙化，等等。中国农业未来如何发展，具体来讲就是如何成功摆脱西方现代农业的窠臼而实现绿色、健康、可持续发展，这恐怕需要求助于中国的传统农业伦理的指导，这是由农业生产活动和农业科学技术的特点所决定的，合乎农业发展和人类发展的客观规律。

中国农业有着悠久辉煌的历史，祖先数千年的农耕实践留存下来十分丰富的农业文化遗产，传统农业伦理是其重要的组成部分。在农业现代化的历史进程中，应当怎样继承和弘扬中国传统农业伦理中的优秀思想观念？我们认为需要从以下几个方面着手。第一，继承和发扬中国传统农学思想精髓，认识并尊重客观规律，充分发挥人的主观能动性。第二，采取措施促进现代农业技术与精耕细作传统紧密结合，在实现农业健康可持续发展的过程中，创造出具有中国特色的现代化农业生产工艺。第三，坚持充分用地、积极养地、用养结合的“地力常新壮”传统，根据“三宜”原则充分利用土地，综合运用多种耕作制度，构筑一个有机的用地体系，继续保持较高的土地利

① 郭文韬等：《中国传统农业与现代农业》，中国农业科技出版社，1986，第28页。

用率。第四，农牧结合，多种经营，注重以大农业的视角全面审视农林牧渔生产，因地制宜、因时制宜，自觉将增殖五谷、繁育六畜、栽种桑麻、发展果蔬、兴修水利和植树造林等事项和谐统一起来。第五，保护自然资源，注意生态平衡，充分借鉴和运用传统生态农业经验，适度创新。第六，精心保护和充分利用中国丰富的品种资源。第七，综合利用农业防治法、生物防治法和天然药物防治法防治农业病虫害。

综上所述，我们应当正确理解传统农业伦理与中华农业文明之间的辩证统一关系，也需要充分认识中国传统农业伦理对发展中国特色现代农业的参考借鉴价值。在近代工业农业恶果日积月累的困境中，必须注意汲取中国传统农业伦理思想智慧的精髓，方能有效促进中国农业的绿色、健康和可持续发展。

（原文刊载于《中国农史》2016年第6期）

伦理学容量与中国农业现代化的史学启示*

任继周　方锡良　林慧龙**

一　伦理学容量的含义

伦理学容量（Ethical Capacity）意指社会伦理观对各类社会组分的系统性包容能力。它体现社会伦理观对社会诸系统的理解协调能力和弹性包容机制。

伦理学容量的大小与社会的多维结构有关。社会由它所包含的诸“系统”构成，例如农业系统、工业系统、商业系统、教育系统、卫生系统、金融系统、信息系统、宗教系统等。不同的系统为各自的“界面”（Interface）所包围，越出系统的界面，系统内部的相关运行规律即归于无效。社会所包含的系统越多，社会的多维结构越复杂，不同系统和族群之间的思维方式和伦理规范彼此融通越广泛深入，其伦理学容量也越大。生活于这个社会的人的视野也相较为开阔，较为能够容纳更多异于自我的事物或现象。

* 基金项目：本文系中国工程院重点咨询项目“中国草业发展战略研究”、国家社科基金西部项目“生态文明战略视域中的‘中国农业伦理学’研究”（编号：16XZX013）的阶段性研究成果。

** 作者简介：任继周，兰州大学草地农业科技学院教授，中国工程院院士，研究领域为草原学、草原调查与规划、草原生态化学、草地农业生态学系统和农业伦理学等；方锡良，兰州大学哲学社会学院副教授，研究领域为生态哲学与生态伦理；林慧龙，兰州大学草地农业科技学院教授，研究领域为草地农业生态学。

我们常说的“少见多怪”，就是从反面说明系统的容量特征。农业社会的人走进工业社会，就会发现许多难以理解的“怪事”而加以抵制。当工业化时代的人走进信息时代，也会感到处处新奇。不同种族的人也多因不能相互理解而互相敌视。为一个行业所定格的人，譬如商业系统的商人与科技系统的科学家相处，有时难以找到共同语言。为一个时代所定格的人，进入另一时代困难就更大。这是因为一个行业、一个时代，都有各自的思维方式、伦理规范所体现的伦理学容量。定位于特定社会的人对于另类时代，或另类社会现象常因了解不足而产生抗拒情绪。例如我们常见的宗教战争、民族纷争、意识形态斗争等，就源于此类互不适应而互相敌视的状态。其实质就是想保卫自己系统的界面，或以自己系统的界面来覆盖其他系统，实现系统入侵或系统吞并。

农业社会所包含系统的复杂性与工商业社会相比，要简单得多，与后工业化的信息时代相比，差距更大。我们回顾清末洋务运动暴露的许多笑柄，就不难理解当我们从农业社会步入后工业化时代的时候，我们的伦理学容量还处于“农耕文明”阶段，尽管在中华民族发展史中曾立下不朽的功勋，但到今天某些人还以此自满、自豪，不能客观评价其长短，是多么不合时宜。依据历史发展的时代需求，转变我国农业伦理观，拓展社会伦理学容量已刻不容缓。

我们用社会伦理学容量的视角来考察历史，会有新的理解；同样我们用它来审视我们当前的工作，也会发现不少盲点亟待纠正。

二　社会的进化与社会伦理学容量的扩增

人类从大自然的渔猎社会走来，逐步随着社会分工而产生了聚落，进而过渡为城堡，又逐步发展为城市。由城市分工而产生复杂的界面矩阵系统，进而产生界面矩阵群。界面矩阵群的巨量界面必然发生巨量的系统耦合与系统相悖，从而发生了巨量的社会伦理学问题。

人类原始社会结构简单而扁平，就是族群和他们的领袖简单组分。游牧社会因为迁徙频繁，不需定居的城邑。只是受了农耕社会的影响，或借鉴了某些农耕社会的管理技术，引入了小规模的冶炼锻造工艺，以制造生活用具，特别是战争所需要的武器，如锻造战刀，从而产生族群聚落。这时的社会伦理系统只有个人与个人、族群与头人、族群与生存地境之间的伦理关联。他们约定成俗，不需要契约性的或法律的约束。如青海、甘肃和内蒙古牧区至今仍遵循着放牧管理的“乡规民约”。他们的生存单位为“放牧系统单元”，即人居—草地—畜群的生存地境。这个放牧系统单元的概念至关重要，影响深远，西欧的现代农业系统即源于此，直到现代化的今天，我们到欧洲农村走走，仍然可见“放牧系统单元”的影子。在这里人居、畜群、草地和农田和谐相处。我们将“放牧系统单元”称之为人类文明的最初基因也许并不过分。当时发生的族群之间的纷争，无非就是满足放牧系统单元的竞争。游牧民族在广袤草原上游弋不定，衍生了以勇于冒险和掠夺为荣、维护族群生存发展的草原畜牧业伦理观。今天看来，这也许是最接近于海洋文明的陆地文明伦理观，内涵宝贵的伦理学基因。

随着游牧社会的发展，从放牧系统单元的草地中，分出部分土地用为农田，随之有了农耕系统的定居聚落。由此逐步发展为城堡及其所衍化的城市。有了城市，社会生态系统内部分工趋于细化。所谓分工细化，就是农业系统中各个子系统各自依据自己的界面，通过序参量[1]，与其他生态系统发生系统耦合，导致系统进化。系统进化中构建新的界面系统，随着系统耦合的层次不断增多，相应产生了界面矩阵。农业系统要处理如此复杂的界面关系，伦理学容量与之俱增。

在生活节奏缓慢的传统农业社会，其伦理学容量的扩大，从物理学层面的物质容量发展到精神层面的伦理学容量，往往需要一个漫长的历史过程。我们举一个山西农耕系统与内蒙古草原畜牧系统之间系统耦合的例子。我们都知道，晋商曾经富可敌国，他们的票号在清末民初曾遍布全国。但考察他们第一桶金的获得，不是“走西口”，就是“下关东”，几乎无一例外。这两个走向都可与草原畜牧系统实现系统耦合从而获取效益。从战国时期的晋国[2]开始，内地农耕民族与边境草原游牧民族在接壤部自发地发生系统耦合，此后经过数千年的历史融合而结出了晋商这个硕果。同样，内蒙古草原畜牧系统，汲取了农耕文明的有益部分，取得了相应的发展。他们从农耕系统中获取有益物资，生活变得相对富裕的同时，也使蒙古族文化达到新高

---

① 序参量不是某种具体物质，而是可发生系统耦合的不同生态系统所具有的“公质”，约当数学中的公约数。在农业系统中的系统耦合所采取序参量多为能（Energy）或能的异化物，如某些农产品采取以货易货方式而形成的茶马市场，或更进一步异化为货币。

② 战国时期农耕系统的晋国与草原游牧民族的匈奴接壤。

度。至今内蒙古甚至连语言也说的是山西方言。今天我们所见到的内蒙古现代大型产业的勃兴，如以伊利、蒙牛为代表的牛奶业，以鄂尔多斯为代表的绒毛业和以蒙草、草都集团为代表的草业等都可跻身世界大型企业行列。追索其文化源头，无不与农耕文明与草原文明两者的融合、扩大伦理学系统容量相关。这种融合应归功于农耕系统与草原畜牧业系统两者实现系统耦合和系统进化，归功于社会伦理学容量较大的、新的农牧业社会系统。与此同时衍生了农牧业社会文化。这个农牧业社会文化，是在得到序参量的护持，保持其本底系统不受损害，并在一定发展的前提下诞生的新系统，其社会伦理学容量大增，从而爆发了新的能量，达到新高度，即今天我们所看到的，GDP 处于全国第六位的内蒙古。

不妨再举一个反面的例子。那就是春秋时期的秦国。秦穆公在位时期（前 659—前 621）西向草原游牧系统大发展，"益国十二，开地千里，遂霸西戎"[①]，改封地为县治。秦在与西戎的长期斗争与融合中，不仅增强了国力，还吸纳了草原游牧文化，从西部给逐渐衰落的周朝"礼乐"伦理大厦送来新风。这发生在秦孝公时商鞅变法（前 356）以前三百年，远早于晋国与北邻的草原游牧系统的融合，从而产生了有别于内地文化的"虎狼之秦"新文化雏形。可惜限于当时的历史条件，不仅未能继续良性发展，扩大其社会伦理学容量，至秦始皇时期反而"以吏为师""焚书坑儒"[②]，建立了皇权政治，一扫战国时期百家争鸣的宽容气象，社会伦理学容量被急剧压缩，短短十几年就断送了秦国五百多年的基业。

秦亡汉兴，汉以"罢黜百家、独尊儒术"在先秦遗留的铁幕上打开了一扇窗口。这扇窗口实际上半开半闭，即所谓"内法外儒"，直到汉武帝时，其法家本质凸显，诚如司马光所说"孝武穷奢极欲，繁刑重敛，内侈宫室，外事四夷。信惑神怪，巡游无度。使百姓疲敝，起为盗贼，其所以异于秦始皇者无几矣。"[③] 这一传统伴随城乡二元结构和农耕文明，代代相传，历时两千多年，直到近代绵延不绝。"文革"期间，一度聚焦"评法批儒"，

① 司马迁：《史记》卷五《秦本纪第五》，中华书局，1959，第 194 页。

② 任继周、齐文涛、胥刚：《中华农耕文明伦理观的历史足迹及城乡二元结构伦理溯源》，《中国农史》2013 年第 6 期。

③ 司马光：《资治通鉴》卷第二十二《世宗孝武皇帝下之下》，中华书局，1956，第 747 页。

实为力挺农耕文明中法家的权术诡道和它所支撑的理论系统。这反射了我国源远流长的传统耕战思想的历史烙印。我国城乡二元结构之难以消除，农民的国民权利之迟迟未能落实，应与此不无关联。

三 伦理学容量与农业结构改革

前面我们说到晋人的农耕系统与蒙古人的草原畜牧系统之间的融合收获硕果。尽管从清末起，晋商就受到外国工商金融业入侵和民国初年军阀割据混战的干扰，但在不绝如缕的序参量的护持下，穿越历史重重磨难，与草原地区的融合从未中断。但是20世纪50～80年代的极“左”思潮高涨，“割资本主义尾巴”，断绝商贸活动，给序参量以致命打击。当时在内蒙古草原牧区提出“农业以粮为纲”“牧民不吃亏心粮”①，强制在草原上大举“开荒”种地，把优质草地开辟为粮田，农耕系统向草原畜牧系统大举扩张，破坏草原达1.5亿亩，使草原畜放牧系统遭受空前破坏。

与此同时，在农耕地区施行严格的户籍制，限制农民“外流”，将农村人口牢囿于当地农业集体之中，不论土地资源是否适当，一律实施“以粮为纲”的政策，强求粮食自给。排斥养殖业与其他产业，断绝与外地资源的流通，土地资源被严重耗竭。晋商的务商传统也被彻底断绝。好在农牧系统衍发的农牧业文化在民间一缕尚存，只要时机恰当就会伺机重生。因此在全国改革开放以后我们才看到今天内蒙古草牧业的振兴。

但是我们还必须看到由于农耕文明伦理学容量的局限，不少地方将农耕地系统的土改政策强行推广到草原牧区。将“放牧系统单元”的生存地境完整性置于不顾，推行草原承包到户，把草地按人头分割（见图1），各户普设围栏，施行定居定牧，草地资源被碎片化。原来设想围封保护草原，给家畜少量补充舍饲。但因缺少“放牧系统单元”的支撑，牧场不足，补饲逐步增加到几个月，甚至半年或大半年。牧民不但为补饲承受了难以负担的劳动量，而且买草补饲费用几乎倾其所有，有些牧民甚至债台高筑。但舍饲家畜营养不良，患偏食症，互相啃毛（见图2、图3、图4）。这种无视界面

① 马凤荣等：《大庆市土地沙化现状及治理对策》，《黑龙江八一农垦大学学报》2006年第4期。

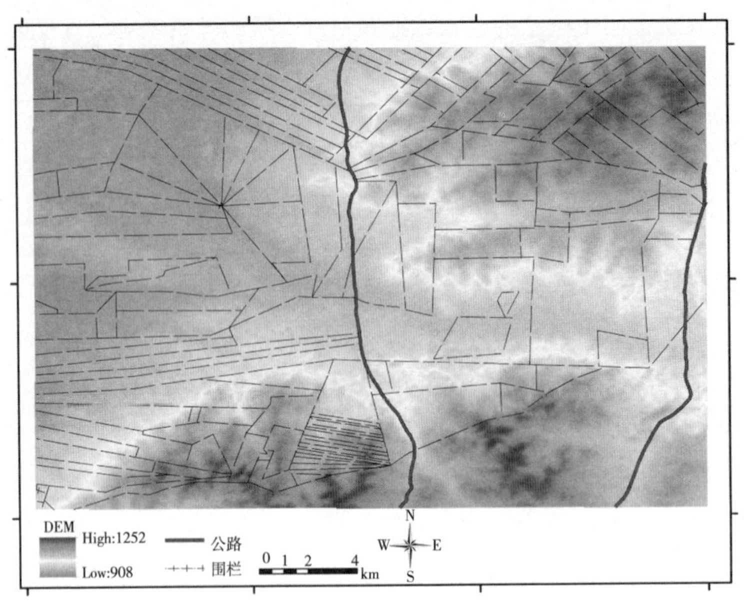

图1　内蒙古某巴嘎草地按户分割围栏示意

注：该地区总面积约为63万亩，被围栏分割为128块，最大地块面积约为3.38万亩，最小地块面积约为300亩（林慧龙制图）。

图2　因营养不良引发偏食症的舍饲绵羊已将羊毛啃光

资料来源：引自http：//www.xici.net/d33386148.htm。

图 3　牧民给羊穿上布衣，防止互啃羊毛

资料来源：引自 http：//www. xici. net/d33386148. htm。

图 4　内蒙古某巴嘎牧户舍饲绵羊因营养不良患偏食症，互啃羊毛，左图为一只羊正在啃另一只羊的毛，右图为防止防止互相啃毛给羊戴了口罩（韩念勇供稿）

区别，抛弃序参量的制约，以农耕系统覆盖草原畜牧系统的不当措施，导致草地资源和牧民生计陷于困境。

上述事例暴露了农耕文明衍生的农业伦理学容量过分狭小，一旦不适当地扩大到草原畜牧系统，将造成怎样的不良后果。

四　伦理学容量的扩大倒逼中国农业改革

1949 年中华人民共和国成立以来，中国在城乡二元结构的框架下，经历了两次全国规模的农业结构大改革。第一次是 1949 年到 20 世纪末，从小农经济改为计划经济的大农业系统，给我国带来怎样的大饥荒，大家记忆犹新，无须赘言。第二次是 20 世纪 90 年代初到现在，从计划经济到市场经济的改革。为了追求粮食高产，大水、大肥、大农药，高投入的结果，引发水土污染，食物污染，不但导致产品成本高于进口产品到岸价，还严重浪费了水土资源，危及食物及生态安全。原来支撑棉花、粮食生产的杠杆先后夭折，油料作物处于寻寻觅觅的艰苦处境。尤其突出的问题是在大国崛起的一片大好形势下，却发生了全国为之忧虑的“三农问题”。形势倒逼我们不得不考虑以调结构、去库存、去杠杆、供给侧改革为主要内容的重大改革措施。实际上第三次农业结构改革已经拉开序幕。

上述问题证明了源于农耕文明的“以粮为纲”的农业政策伦理学容量太小，既不能适应当今社会发展需求，又没有对弱势群体予以适当伦理关怀。

随着人类社会的生态系统增多，如草原系统、农耕系统、森林系统、水面系统（如东南沿海的疍民，以舟楫水产为生）、商贸系统、海洋系统，甚至扩大到后工业革命时代的信息系统等，形成界面复杂的矩阵群界面巨系统，各个界面之间无不发生伦理学关联，社会的伦理学容量处于无限量扩大之中。

社会系统由扁平发展厚实高大，进而无限量扩充，成为无所不在的恢恢巨网，笼罩大千世界。巨网的节点就是城市。其动力源于诸多产业系统，以城市为节点不停地发生系统耦合与系统相悖，在两者的争论中遵循中度原则，不断扩大伦理学容量，于是社会不断前进，文化也不断蜕变更新。

历史在永不停步的前进之中，系统耦合与系统相悖不断发生。前者使一部分社会成员受益，推动社会发展。后者则使社会另一部分成员成为较少受益者或受害者。两者之间的争斗成为社会永恒的话题。伦理学的任务就是如何妥善处理两者之间的关系，取得社会伦理学容量的扩大。农业生态系统总是倾向于获取最大的系统耦合效益，保持系统的生存和发展活力。但是伦理学的中度原则[①]告诫我们，永远不要忽略系统相悖的负能量。聆听系统相悖较少受益方甚至受害方的呼声至关重要，这是弱势群体的求生信号。世界的乱源，古今中外，莫不与系统相悖的处理不当有关。因此我们不应该把系统相悖全然视为与系统进化无关的负值。只有负值得到消减，正值才能稳增。农业伦理学所承担的重大任务就是扩大其系统伦理学容量，对系统相悖的弱势一方予以较多的关注、理解，保护他们的合理权益，建构保障社会公平、促进社会稳定的安全阀[②]。

社会稳定基于社会容量能包容的诸多相关系统，使参与系统耦合的各方都可获取适当的利益，即所谓共赢，同时相关各方承担适当的奉献。所谓奉献，其实质就是自愿接受可以承受的系统相悖带来的负值。这就是为什么我们在享受生态贡献的同时，要提倡生态保护；我们在与友邻交易时，要提倡适当让利；在武力对抗时要提倡“上兵伐谋”[③]，不杀俘虏；在收获农产品时，种植业要保护地力，林业砍伐要适度，畜牧业要留有“临界贮草量”[④]和保留基本畜群。概括言之，不要“竭泽而渔”，以利保持生态健康，力求系统相悖所含负能量处于社会伦理学容量以内。

在这个容量以内系统耦合的正能量保持大于系统相悖的负能量。社会增益多于社会耗损，合作多于对抗。从而使社会系统的凝聚力超过分散

---

① 中度原则，是从系统论角度和农业伦理学角度对传统“中道原则”的传承与发展。传统中道原则如“叩其两端而竭焉”（《论语·子罕》），“执其两端，用其中于民”（《礼记·中庸》），强调认识事物、分析问题时，充分把握事物的正面与负面、过度与不及等两端，相互叩问，换位思考，调节各系统之间的利益，达致必要的动态平衡。“中”就是必要的“度”和“节”，“执两用中”其实就是在“过与不及”之间保持弹性调剂，从而“中道而行”，与时俱进，既合乎大义（经），又能变易日新（权），是为“君子而时中”。约而言之，执两用中；中道而行；因势时中，经权相应；日新又新，社会中正，以底于社会伦理学容量之扩大。

② 对系统耦合过程中非受益方、弱势一方的关注，可借鉴美国著名政治哲学家和伦理学家罗尔斯“正义论”的两大原则：第一原则是平等自由原则，它强调每个人都平等地拥有普遍而广泛的自由权利；第二原则涉及不平等安排的合理机制，它同时包括差别原则和机会均等原则。第二原则强调不平等的社会或经济安排，应符合处于最不利地位的人的最大利益，同时机会应向所有符合条件的人均等开放。《正义论》中的“差别原则”，有助于我们多关注和思考系统相悖的弱势一方的权益保障。

③ 《孙子兵法·谋攻》：“故上兵伐谋，其次伐交，其次伐兵，其下攻城。攻城之法，为不得已”。参见《十一家注孙子》，杨丙安校理，中华书局，2012，第43～45页。

④ 任继周：《草原资源的草业评价指标体系刍议》，载农牧渔业部经济政策研究中心编《中国畜牧业发展战略研究》，中国展望出版社，1988，第242～262页。

力。正如张载在《正蒙·太和》中所说："有象斯有对，对必反其为；有反斯有仇，仇必和而解"[1]。这将是我们希望建立的世界利益共同体的康庄大道。否则，如超过这个容量，一旦对抗和斗争占据社会主流，社会系统将逐步失序而趋向崩溃。中国的十年"文化大革命"曾为我们提供难忘的教训。

我国农业在全球一体化的社会巨生态系统中，处于众多层次的界面矩阵之中。先是中国农业进入WTO所经历的震荡，接着迎来建设全球命运共同体的历史使命。其复杂的界面矩阵所引发的系统耦合无限量发生，而系统相悖也相应地无限量发生。面对这一系列复杂问题，其关键在于如何迎接人类从未遇到过的巨大农业伦理学容量这一新命题。

中国传统的城乡二元结构，城镇系统与乡村系统发生的系统耦合，维系了社会系统的生存，而且在漫长的历史时期中创建了以农耕文明为主体的中华文明。但在这一系统耦合过程中，系统相悖带来的重负总是压向农村一侧，为此做出牺牲最多的是因系统相悖而受益较少甚至权益受损的农村和农民。在当时的历史条件下，城乡系统耦合既使社会收益的正值和社会受害的负值并存，其结果还换来了社会发展，即中华农耕文明的发扬光大。这一伦理学悖论，在当时社会表达为利大于弊，处于社会伦理学容量以内。

但当社会进入后工业化以后，系统相悖受益较少的农村和农民，其所遭受的压力没有及时得到关注和解决，其所承受的压力超越了社会伦理学容量，城乡二元结构成为社会发展的巨大障碍。例如农村户口享受不到城市居民同样的医疗、教育、交通、文化以及一系列的公共福利。农民收入只有城市居民的1/3或更少一些。起于西周时代的农业劳动者所处的奴隶地位沿袭数千年而余绪未绝。尽管中华人民共和国成立以来，政府从未停止过多种支农政策，但传统的"城乡二元结构"不但没有破除，在一个时期反而有所强化。由于"城乡二元结构"的壁垒，使上亿进城务工农民失去完整的家庭结构，几十年来，数以千万计的"留守儿童"，一代又一代，累计当以亿计，得不到父母抚爱和社会关怀，这无疑将为社会发展

① 《张载集》，章锡琛点校，中华书局，1978，第10页。

留下隐患[①]。进入20世纪80年代以来，虽然对“城乡二元结构”弊端有所反思，但农村贫困沉疴已久，非短期可以逆转，严重阻滞了社会进步。这一非正义的社会现象，已经越过社会伦理学容量阈限，成为我国社会发展的阻力。

这里为我们提出一个值得深思的问题。中国共产党巧妙地利用中国传统“城乡二元结构”造成的城乡巨大反差，反其道而用之，动员农村和农民，以农村包围城市，取得了政权，应该对“城乡二元结构”有所反思而加以削弱。但遗憾的是，在20世纪80年代以前，“城乡二元结构”不但没有削弱，反而一度有所强化，直到2002年的中共十六大，才明确城市反哺农村，又过了十年，2012年中共十八大以后，提出消灭城乡差别的明确目标并采取有效措施，距中华人民共和国成立已经过了近70年了。这正是苏联从兴起到衰亡的一个周期，思念及此令人不寒而栗。城乡二元结构之泯灭如此艰难，其中有多种原因，但最主要问题在于对城市的社会生态学意义认识不足，甚至抱有偏见。

中华人民共和国成立初期，政府虽然利用了城市作为国家政权的中心，但对城市在社会系统中的伦理学意义缺乏全面正确的认识。当时的主流思想认为城市是罪恶的渊薮，即通常所说的资产阶级思想和资产阶级生活方式的“大染缸”。于是一度将公职人员统派到乡村去进行思想改造，即风行一时的“接受贫下中农再教育”的上山下乡运动。甚至发生这样的悖论，作为工农联盟的领导阶级的工人也要离开城市，到乡下去接受农民的再教育。1968年《甘肃日报》刊出的一篇报道《我们也有两只手，不在城里吃闲饭》（见图5），经《人民日报》转载并发表评论给以支持，一时间造成全国性离城下乡潮。追溯其思想根源，应含有中国历史上常见的固农耕之本，抑工商之末的思想烙印[②]。这与工业化和后工业化的现代社会格格不入，贻误了扩大农业伦理结构的时机，亦即抑制了农业发展的进程。

至于城市是当今社会系统各类产业及思想系统的界面汇集的中心，是推

① 仅从伦理亲情和性格养成角度来看，就已经留有诸多隐患。伦理亲情上的结构性缺失，对于广大留守儿童的健康成长和性格养成带来了极大的负面影响，而这种负面影响又会被城乡二元社会结构而进一步强化为某种内在的社会不公感，随着代际传递，伦理亲情的缺失、性格的孤僻偏激加之社会不公感三者叠加，甚至于转化为某种社会怨恨，削弱社会的凝聚力和向心力。

② 《管子·治国》：“凡为国之急者，必先禁末作文巧。……先王知众民、强兵、广地、富国之必生于粟也，故禁末作，止奇巧，而利农事。”黎翔凤：《管子校注》（中），中华书局，2004，第924页。

动社会发展的动力的观念更是无从谈起。处理国家诸多社会系统相悖问题，扩大社会伦理学容量，只有界面汇集的城市才能提供适当环境。

图5　1968年流行全国的“我们也有两只手，不在城市里吃闲饭”宣传画

资料来源：吴剑锋的博客，引自 http：//blog. sina. com. cn/s/blog_ 5f29bcef0100dc60. html。

上述事例显然看出传统农耕文明的伦理学容量过分狭小，不适当地扩大到其他社会系统，发生怎样的不良后果。

五　我国伦理学容量扩增，新的农业伦理学曙光在望

伦理学容量的问题，过去较少为伦理学工作者所关注。但它对社会发展意义重大，对一个时代的农业发展具有决定性影响。

目前我们面临社会伦理学容量扩大的良好机遇，即历史上长期使社会对立的城乡二元结构，自十八大以来已经取得重大突破性进展。特别是农村户籍壁垒的逐渐消除和城市房产购租同权的决定，对破除城乡二元结构起了“四两拨千斤”的作用。一旦进城务工的农民与城市居民将比肩而立，具有完全的国民身份，我国社会将呈现爆发式的历史性大跃进。

城乡二元结构的消亡强力推动我国农业现代化，伦理学巨大扩容势必相偕而至。不妨以陈剑平等 24 位工程院院士提出“关于推进现代农业综合体建设与示范的建议”为模型略加审视。这个建议提出“打造科学安全的生产管理、扁平高效的生产流通、全程追溯的监测检测三大体系。实现‘市民餐桌安全、农民创富增收、农业转型升级、美丽乡村与生态安全’四者共赢”。这“三大体系”“四个共赢”，涉及生产、加工、流通、管理、检验、监测、市场和资本金融等诸多领域，这几乎囊括了社会系统的绝大部分亚系统，内涵扩大社会伦理学容量的必要素材。这必将引发一系列系统进化和众多界面结构的重建，它所建设的不仅仅是现代化农业，还将对我们古老的“农耕文明”的伦理学容量带来飞跃式扩容，一个全新的有别于传统“农耕文明”的“中华文明”和它所包含的新型农业伦理学已经曙光在望。

（原文刊载于《中国农史》2017 年第 5 期）

“农禅并重”的农业伦理意境与佛教中国化

陈　坚*

引　言

作为一个众所周知的事实，16 世纪欧洲的“工业革命”与基督新教的产生有着密切的关系。基督新教所发展出来的那些与传统的天主教、东正教不同的价值理念实际上乃是“工业革命”所催生的工商业文明的宗教表达。马克斯·韦伯（Max Weber）的社会学名著《新教伦理与资本主义精神》就是发掘了资本主义工商业文明与基督新教之间的某种内在联系和双向互动，这是学术界津津乐道了多少年从而为众所知的一个学术观点；同样地，佛教自印度传入中国后，因为与中国古老的农业文明发生了实质性的联系，遂与以戒律来限制僧人参与农作的印度佛教有了不同，这主要表现在中国的农业伦理进入了中国佛教的价值体系和话语表达，从而使得中国的农业伦理超越经济领域在中国佛教中得到了宗教的升华，并为佛教中国化提供了丰富的精神资粮，这种精神资粮，若不深入考察中国佛教尤其是禅宗，是不足以发现的，因为在一般人的理解中，农业，对社会来讲，就是解决吃饭穿衣问题的基础产业，而对个人来讲，尤其在中国古代，就是一消耗体力的脏活累活，比如，笔者来自农村，小时候没少跟在父亲后面干农活。

* 作者简介：陈坚，山东大学佛教研究中心教授，博士生导师，研究领域为佛教、中国哲学和中西宗教比较。

农作劳动在我幼小心灵所留下的只是劳累和痛苦，没有半点人性之光芒。然而时过境迁，现在研究佛教的我，却从禅宗里发现了一条人性定律，那就是，如果你把某种令自己感到痛苦的活动直接当成是佛教修行，那么，这项活动立马便会成为提升你生命品质的功德之举，这就是所谓的"担水劈柴是道"，这就是所谓的"但用此心，直了成佛"，比如慧能就是在"破柴踏碓""腰石舂米"中悟得"菩提本无树，明镜亦非台；本来无一物，何处惹尘埃"这个"四句偈"的，而五代僧人布袋和尚则是在插秧时悟到如下之"插秧偈"的：

手把青秧插满田，
低头便见水中天；
六根清净方为道，
退步原来是向前。

无论是慧能的"四句偈"还是布袋和尚的"插秧偈"，都是当事人在农作劳动中体验到的生命感悟，尤其是布袋和尚的"插秧偈"，以水田波光稻秧翠绿鲜活的农作现场感把佛教忍让宽容"退一步海阔天空"的理念表达得淋漓尽致，堪称"农禅并重"的经典之作。

一

"农禅并重"乃是佛教中国化在古代最为典型和明显的表现。"农禅并重"这个词是中国佛教协会已故主席赵朴初先生最先提出来的。赵朴老在1983年向中国佛教协会理事会所做的工作报告《中国佛教协会三十年》中说，中国佛教有三大优良传统，即"农禅并重"、"学术研究"和"国际交往"。关于"农禅并重"，赵朴老是这样解释的。

中国古代的高僧大德们根据"净佛世界，成就众生"的思想，结合我国的国情，经过几百年的探索与实践，建立了农禅并重的丛林风规。从广义上理解，这里的"农"系指有益于社会的生产和服务性的劳动，"禅"系指宗教学修。正是在这一优良传统的影响下，我国古代许多僧徒们艰苦创业，辛勤劳作，精心管理，开创了田连阡陌、树木参天、环境幽静、风景优美的一座座名刹大寺，装点了我国锦绣河山。其中当然还凝结了劳动人民的劳动与智慧。中国佛教协会成立三十年来，一直大力发扬这一优良传统，号召全国佛教徒以“一日不作，一日不食”的精神，积极参加生产劳动和其他为社会主义建设事业服务的实践。在开创社会主义现代化建设新局面的今天，我们佛教徒更要大力发扬中国佛教的这一优良传统。①

虽然赵朴老在这里为适合当代佛教已不务农的实际情形而对“农禅并重”中的“农”作了广义的“方便”解释，即“‘农’系指有益于社会的生产和服务性的劳动”，但“农”在古代佛教中就是指实实在在的农业劳作，即“我国古代许多僧徒们艰苦创业，辛勤劳作，精心管理，开创了田连阡陌、树木参天、环境幽静、风景优美的一座座名刹大寺”，以至于最终出现了“天下名山僧占多”的中国佛寺分布局面——这是中国佛教“农禅并重”传统对中国社会文化以及自然生态的一大创造性贡献。回顾历史，我们不难发现，在中国古代儒、佛、道三家中，作为一种精神形态或意识形态，只有佛教热衷农业并要求其属下信徒直接参与农业，零距离接触农业，其他两家皆对农业了无兴趣，比如儒家，儒家的鼻祖孔子就极力反对弟子学农务农，比如《论语·子路》中曰：“樊迟请学稼，子曰：‘吾不如老农。’请学为圃，曰：‘吾不如老圃。’樊迟出，子曰：‘小人哉，樊须也。上好礼，则民莫敢不敬；上好义，则民莫敢不服；上好信，则民莫敢不用情。夫如是，则四方之民，襁负其子而至矣。焉用稼？’”

又《论语·卫灵公》中曰：“子曰：‘君子谋道不谋食。耕者，馁在其中矣；学也，禄在其中矣。君子忧道不忧贫。’”

看得出来，“万般皆下品，惟有读书高”，孔子是非常轻视“稼”、“圃”与“耕”这些农事活动的，因而非常看不起那些有志于农的弟子。虽然我们可以轻而易举地为孔子的“轻农”找到一个合理而体面的儒学解释，比如子夏所说的“仕而优则学，学而优则仕”（《论语·子张》），儒家本来就是培养仕官“君子”，为什么非要学做农民“小人”？更深入一步就是孟子所说的“或劳心，或劳力；劳心者治人，劳力者治于人；治于人者食人，

① 赵朴初：《中国佛教协会三十年——在中国佛教协会第四届理事会第二次会议上》，《法音》1983年第6期，第19页。

治人者食于人，天下之通义也”（《孟子·滕文公章句上》），也就是说，社会是有分工的，“或劳心，或劳力”，儒家是培养“劳心”之人的，因而没有必要去学“劳力”之事。然而，不管儒家如何辩解都改变不了儒家轻视农业这个历史事实，这个历史事实之惯性即使在今天的中国社会还能有所表现。虽然表面上看来并且很多学者也都这么认为，即儒学是中国古代小农经济的产物，但实际上儒学是在完全游离于中国古代小农经济之外而发展出来的一套“仁义礼智信”观念。“罢黜百家，独尊儒术”的董仲舒专心读书“三年不窥园”——《汉书·董仲舒传》。颜师古：“虽有园圃，不窥视之，言专学也。”——就是儒学与“农”无关的绝妙写照。

与儒家的“不窥园”相比，道家（包括后来吸收了其思想的道教）不但“窥园”，而且更是喜欢入深山隐居。不过，道家虽然身处山林，但却一点也不从事农作劳动，而是在那里专心修炼，也就是所谓的“炼丹”。“炼丹”有两种，一是“炼外丹”，也就是煞有介事地拿些汞啊铅的之类放在“八卦炉”里炼，人吃了可以“长生不老”或“长生不死”的丹药，英国科学技术史专家李约瑟将这称为“中国古代化学”——道家居然到山里搞“化学”而不是搞“农学”！除了作为“化学”的“炼外丹”，道家还有所谓的“炼内丹”，就是在山林里于岩壑间餐风露宿“辟谷”，采阴补阳吸自然造化之精华以养自身之元气，因而压根儿就用不着“为稻粱谋”开荒锄地种粮食，而这恰恰是佛教从印度来到中国后所特别看重的事，看重到什么程度呢？看重到将其与“禅”等量齐观，此之谓“农禅并重”。现在笔者想请大家看深受中国佛教影响的《西游记》第二回开头。

> 话表美猴王得了姓名，怡然踊跃，对菩提前作礼启谢。那祖师即命大众引孙悟空出二门外，教他洒扫应对，进退周旋之节，众仙奉行而出。悟空到门外，又拜了大众师兄，就于廊庑之间，安排寝处。次早，与众师兄学言语礼貌，讲经论道，习字焚香，每日如此。闲时即扫地锄园，养花修树，寻柴燃火，挑水运浆，凡所用之物，无一不备。在洞中不觉倏六七年。①

① （明）吴承恩：《西游记》，湖南教育出版社，2011，第10页。

若剔除无关而捡要紧的说，那么这段话中的美猴王孙悟空“闲时即扫地锄园，养花修树，寻柴燃火，挑水运浆，凡所用之物，无一不备”，便是中国佛教“农禅并重”的典型写照。中国佛教的这种“农禅并重”传统直到当代都还余风犹存，尽管不是很严格，比如在香港的“大屿山宝林寺，及几十处‘茅篷’（名为茅篷，实际都是洋房），或住几十人，或住十几人，乃至一、二人不等，她们多数是尼众，少数是僧人，都是退休后在山中建一所房子，自己种菜、搬柴、运水，自给自足。”① 这里，人们不禁要问了，中国佛教的尼众僧人们为什么要“自己种菜、搬柴、运水，自给自足”并发展出“农禅并重”这种制度呢?

二

我们都知道，印度佛教实行“供养制”，僧人通过“乞食”来获得信徒的日常供养。据《金刚经·法会因由分》的描写，到吃饭时间了，释迦牟尼便“著衣持钵，入舍卫大城乞食。于其城中，次第乞已，还至本处。饭食讫，收衣钵，洗足已，敷座而坐”，开始讲佛法。在这种“供养—乞食”制度中，僧人自己显然用不着锄地种粮，同时，印度佛教戒律出于“不杀生”的考虑也严格禁止僧人从事农业劳动以避免锄地时伤害虫蚁，如《长阿含经·梵动经》中说：“沙门瞿昙舍离饮酒，不着香华，不观歌舞，不坐高床，非时不食，不执金银，不畜妻息……不畜田宅种植五谷……此是持戒小小因缘。”② 并且佛教界还广泛流传着这样的故事，说“悉达多太子在幼年的时候，就有沉思的习惯，世间许多现象被他看到之后，都容易引起他的感触和深思。在传统的‘王耕节’时国王要在这一天亲自耕种土地，净饭王带领悉达多太子来到田野，太子看见在田地里的农夫赤背裸身在烈日下吃力地劳作，耕田的牛被绳索鞭打皮破血流，被犁铧翻出来的小虫蚯蚓，被鸟雀竞相啄食，鸟雀又被蛇、鹰吞食。这一幅幅生存斗争，弱肉强食的情景，使王子感到很痛苦，他无心游玩，就走到一

① 《茗山长老文集》，中国江南文化书院，2014，第88页。

② 《大正藏》（第1册），第89页。

棵阎浮树下静坐沉思。"[①] 在这里，悉达多太子，也就是释迦牟尼，自己并没有参与农田劳动，只是见农民在田间劳作的种种现象而思考人生。然而，佛教自两汉之际传入中国后，情况就慢慢发生了改变，当然这种改变也不是一夜之间就完成的。一般而言，在汉魏两晋南北朝时期，僧人虽然不再沿街"乞食"，但是他们的日常生活依然还是依赖信徒和政府的供养，而且当时的寺院都还是位于城市及其附近村镇。唐代杜牧曾有《江南春》诗曰："千里莺啼绿映红，水村山郭酒旗风；南朝四百八十寺，多少楼台烟雨中。"这是描写南京及其周边寺院之多，说的是南方；再看北方，据北魏杨衒之《洛阳伽蓝记》，当是洛阳"京城内外，凡有一千余寺"，真所谓"寺在城中，城在寺中"。然而，隋唐以后，中国佛教地理发生了一个根本性的或者说方向性的我称之为中国佛教"井冈山道路"的转变，即寺院开始慢慢地由城市向山林转移，也就是原本的"寺在城中，城在寺中"渐渐地为"深山藏古寺"所取代，直至形成今天"天下名山僧占多"这种佛教格局。

从世界宗教史上看，中国佛教"深山藏古寺"或"天下名山僧占多"的现象是违背宗教发展的一般规律的。我们都知道，宗教的目的就是要教化众生，为了更好地落实这个目的，世界上绝大多数的宗教，无论是伊斯兰教、印度教，还是基督教，抑或是东南亚的南传佛教，还有西藏的藏传佛教，一般都把教堂寺院建在居民点，也就是哪儿人多就往哪儿建，惟其如此，才能得众生而教化之。然而中国佛教（当然也包括与本文主题无关，因而这里不予讨论的道教）何以偏偏要远离居民点而走向人烟荒芜的山林呢？很多人可能会想当然地回答，说这是因为山林更适合僧人们修身养性之

① 佚名《释迦牟尼的故事》，参见 http：//www. hputi. com/article. php？ classid = 880&id = 244，2016 - 01 - 16。这个故事出自《过去现在因果经》，其原文是这样的，曰："尔时太子，启王出游，王即听许。时王即与太子并诸群臣，前后导从，按行国界，次复前行；到王田所，即便止息，阎浮树下，看诸耕人。尔时净居天，化作壤虫，乌随啄之。太子见已，起慈悲心，众生可愍，互相吞食；即便思惟：离欲界爱，如是乃至得四禅地。日光昕赫，树为曲枝，随荫太子。"（载《大正藏》第 3 册，第 629 页上）另外，《修行本起经·游观品》中亦有类似的记载，曰："设何方术，当令太子不出学道。有一臣言，宜令太子监农种殖，役其意思，使不念道。便以农器犁牛千具，仆从大小相率上田，令监课之。太子坐阎浮树下，见耕者垦壤出虫，天复化令牛领兴坏。虫下淋落，乌随啄吞。又作虾蟆，追食曲蟺；蛇从穴出，吞食虾蟆；孔雀飞下，啄吞其蛇；有鹰飞来，搏取孔雀；雕鹫复来，搏撮食之，菩萨见此众生品类展转相吞，慈心愍伤，即于树下得第一禅。日光赫奕，树为曲枝，随荫其躯。"参见《大正藏》（第 3 册），第 629 页。

修行。我说你错了！即使这是个原因，也是个很次要的原因，因为佛教并不提倡甚至反对到“世外桃源”的山林里去修行，“佛法在世间，不离世间觉；离世觅菩提，恰如求兔角”（《坛经·般若品》），兔子哪有角啊？离开世间到山林里修行“觅菩提”，“恰如求兔角”岂不是子虚乌有？佛教真正的修行是要在滚滚红尘的现实生活中，是要在上海南京路、北京西单那样的地方，而不是到大兴安岭、神农架那样的地方。然而，我们看到的事实却是，中国佛教的寺院连同僧人在隋唐以后大都退到山林里去了，这该如何解释呢？大体说来，中国佛教的“山林化”颇有几分“无可奈何花落去”——违逆佛教本愿的意思，其中既有社会历史文化方面的原因，也有佛教自身的原因，择其大者而言之，一是隔三差五地战争动乱以及“灭佛运动”使得城市寺院遭尽劫难，难以存续；二是即使在和平时期，城市寺院也受到政府的严格限制而没有宗教自由难以施展宗教抱负；三是受中国传统“隐士文化”的影响；四是随着中国化佛教的成熟，不需要再利用城市的方便来翻译佛经研究佛经了。总之，原因是多方面的，限于篇幅，我这里就谈第一点，举个例子来说明社会动乱和灭佛运动对于中国佛教“山林化”的影响。比如禅宗二祖慧可曾对三祖僧璨说：“汝受吾教，宜处深山，未可行化，当有国难。”① 这个“三祖僧璨大师者，不知何许人也。初以白衣谒二祖，既受度传法，隐于舒州之皖公山。属后周武帝破灭佛法，祖往来太湖县司空山，居无常处，积十余载，时人无能知者。”② 二祖和三祖都是南北朝时候的人，那时社会动乱再加上北魏和北周的两次继踵而至的“灭佛运动”，很多僧人都像三祖那样被逼进了山林。僧人进了山林，随之寺院肯定也就往山林里造了。这是当时佛教界所面临的真实状况。我们现在所要着重关心的是僧人和寺院退到山林去后发展出来的“农禅并重”这种新的佛教风尚及其演变出来的相关的佛教制度。

儒家有“民以食为天”的思想，马克思主义也认为，人只有先解决了吃饭穿衣问题才能从事其他活动，一般人如此，僧人也不例外。僧人来到了山里后，原本在城里时的那种优渥的供养没了，于是就需要自力更生自己来

① （宋）普济《五灯会元》（上册），中华书局，2002，第48页。

② （宋）普济《五灯会元》（上册），中华书局，2002，第48页。

解决吃饭问题。现在佛教界一般认为隋唐之交的禅宗四祖道信大师在今天的湖北黄梅一带山里带领徒众开荒种地，开了中国佛教史上僧人为养活自己而参与农业劳作之先河。虽然此前许多城市寺院在乡下也有土地，但僧人自己不种地，而是有佃农代劳，这依然还是属于“供养制”的范畴，与僧人扛起锄头亲自下地不可同日而语。自从道信大师之后，中国的山川丛林就多了僧人劳动的场景，比如：

（香严智闲禅师）一日因山中芟除草本，以瓦砾击竹作声，俄失笑间，廓然省悟。遽归沐浴，烧香遥礼沩山。①

（沩山灵佑禅师）摘茶次，谓仰山曰：“终日摘茶只闻子声，不见子形。”仰撼茶树，师曰：“子只得其用，不得其体。”仰曰：“未审和尚如何？”师良久，仰曰：“和尚只得其体，不得其用。”②

（百丈怀海禅师）普请锄地次，忽有一僧闻鼓鸣，举起锄头，大笑而归。师曰：“俊哉！此是观音入理之门。”师归院，乃唤其僧曰：“适来见甚么道理，便恁么？”曰：“适来肚饥，闻鼓声，归吃饭。”师乃笑。③

大家可别以为这些僧人的“除草”、“摘茶”和“锄地”就仅仅只是像农民那样的“除草”、“摘茶”和“锄地”，僧人们是把“除草”、“摘茶”和“锄地”当成修行当成禅，这就是所谓的“农禅并重”，或者套用时下流行的禅宗“禅茶一味”的说法，叫“禅农一味”也可以。然而，禅是禅，农是农，怎么会“禅农一味”呢？农是世间法，禅是出世间法，怎么可以“农禅并重”呢？中国佛教之提倡“农禅并重”既有现实方面的考虑，也有佛教方面的安立。就现实而言，刚才已经说了，僧人们从城市退隐到山里，供养没了，于是只好自己当农民种粮食以自养，然而他们虽然要干农民的活但实际上却又不是农民。一个农民白天在地里辛辛苦苦地劳作，晚上回去还有个家可以休息，可以享受天伦之乐，然而一个僧人就不一样了，因为其主业是修行而不是劳动。如果他白天在修行，那就没时间劳动，就没饭吃；相反，如果他白天像农民一样辛辛苦苦地劳作，晚上回去还得按传统佛教的要求念经坐禅做法事做各种各样的修行，那是不现实的，因为做这些修行也是

① （宋）普济《五灯会元》（中册），中华书局，2002，第537页。
② （宋）普济《五灯会元》（中册），中华书局，2002，第522页。
③ （宋）普济《五灯会元》（上册），中华书局，2002，第133页。

需要体力和精力的，僧人也是人，谁有那么大的能耐啊！有鉴于此，具有圆融和随缘性格的僧人干脆来它个“二合一”的“方便善巧”，就把田间的劳动当作佛教的修行，不必再另外作念经坐禅之修行了，且看发生在禅宗大佬临济义玄禅师与前来寺院拜访他的王常侍之间的下面这段对话：

王常侍一日访师（指临济义玄），同师于僧堂前看，乃问：“这一堂僧还看经么？”

师云：“不看经。”

侍云：“还学禅么？”

师云：“不学禅。”

侍云：“经又不看，禅又不学，毕竟作个什么？”

师云：“总教伊成佛作祖去。”①

“不看经”“不学禅”光在田间锄地劳动怎么就能“成佛作祖”呢？这是中国佛教所要解决的至关重要的理论问题，也是中国佛学的核心问题。

三

对于“农禅并重”在田间锄地劳动如何就能“成佛作祖”这个问题，中国佛教史实际上大致有三个维度的阐发和演绎。

（1）佛学理念。“空有不二”或“世出世间不二”，也就是世间法即出世间法，担水、劈柴、吃、喝、拉、撒、睡皆是禅。基于此，不但“除草”、“摘茶”和“锄地”等农活是禅，少林寺的打拳也是禅。你如果不反对拳是禅，那么也就没有理由怀疑农是禅。

“空有不二”乃是大乘佛教的理论基石，无论是中观还是唯识，抑或是后来的密教，对此都有深入的阐发。所谓“空有不二”，若落实到现象层面，就是表面上看来似乎没啥关系甚至正相反的两件事，却能在一定的境界上“相即圆融”在一起，比如天台宗所说的“烦恼即菩提，生死即涅槃”“三谛圆融”“止观并重”等，禅宗《坛经·定慧品》中所宣扬的“定慧不二”，实际上都是“空有不二”思想的体现，而且本文所说的“农禅并重”亦不例外。我们前文将“农禅并重”中的“农”解释为农业劳作，实际上，

① （唐）慧然：《临济录》，杨曾文编校，中州古籍出版社，2001，第35页。

在中国佛教史上，广义的"农禅并重"，其中的"农"，不仅仅是指农业劳作，而且还包括农业劳作的对象和场景，比如田间地头、花草树木等，因为从佛教"缘起论"的角度看，无论什么样的农业劳作，光有劳动者乃是"独木不成林"的，劳动实际上是由劳动者、劳动工具、劳动场景、劳动对象等"众缘和合"而成的。所以，从"缘起论"的角度看，所谓"农禅并重"乃是指农业劳作本身及其对象和场景都因为佛教"空有不二"而与佛与禅"相即不二"。若从现代"深层生态学"的角度来看，这种"农禅并重"或"农即禅"的观念实际上就是"生态即佛教"或"生态本身即是佛教"的"生态佛教"，因为我们现在所谓的生态，实际上就是程度不同地与农业相关的种种自然要素的集合。

"生态佛教"这个理念，若用禅宗的话来说，就是"青青翠竹尽是法身，郁郁黄花无非般若"，翠竹黄花本身就是佛，既然本身就是佛，那么你还有必要去砍掉翠竹铲掉黄花来建什么庙立其他什么佛吗？把翠竹黄花当佛供起来不就是对生态最有意境的保护吗？如果我们把"青青翠竹尽是法身，郁郁黄花无非般若"在空间上扩大再扩大，那就是苏东坡的下面这首题为《赠东林总长老》的诗，曰：

溪声尽是广长舌，
山色无非清净身；
夜来八万四千偈，
他日如何举似人？

诗中的"广长舌"乃是佛的三十二相之一，而"清净身"则就是佛的法身。在苏东坡的眼中，青山就是佛，而山涧的流水（也有可能是瀑布）就是佛的广长舌，而潺潺的流水声乃是佛在说法，说"八万四千偈"的佛法，这其实便是慧忠国师所说的"无情说法"，其中的所谓"无情"就是自然界的草木瓦石，山涧流水，就是自然生态。对于自然生态中这样的佛山佛水，你还忍心去破坏它吗？一如我冬天看到洁白平整的雪地不忍心下脚去踩一样——如此美妙，还有什么恶心不被融化？恶心一旦被融化，便是"面朝大海，春暖花开"，这便是禅宗的"生态佛教"。实际上，不但禅宗提倡

“生态佛教”，中国佛教的其他宗派“亦复如是”，比如天台宗，被尊为该宗九祖的湛然大师便在《金刚錍》中提出“无情有性”思想，所谓“无情有性”就是自然界草木瓦石也有佛性的意思，这岂不就是“生态佛教”？再看净土宗，其生态佛教思想更是明显和有坚实的基础，因为该宗的宗经《佛说阿弥陀经》就宣扬这个理念。在《佛说阿弥陀经》中，佛在给舍利弗描述“西方极乐世界”的场景时说：

复次，舍利弗，彼国常有种种奇妙杂色之鸟，白鹤、孔雀、鹦鹉、舍利、迦陵频伽、共命之鸟，是诸众鸟，昼夜六时，出和雅音，其音演畅五根、五力、七菩提分、八圣道分如是等法，其土众生，闻是音已，皆悉念佛、念法、念僧。舍利弗，汝勿谓此鸟，实是罪报所生，所以者何？彼佛国土，无三恶道。舍利弗，其佛国土，尚无恶道之名，何况有实？是诸众鸟，皆是阿弥陀佛，欲令法音宣流，变化所作。舍利弗，彼佛国土，微风吹动诸宝行树及宝罗网，出微妙音，譬如百千种乐，同时俱作，闻是音者，自然皆生念佛、念法、念僧之心。舍利弗、其佛国土，成就如是功德庄严。

你看在这个“西方极乐世界”，无论是鸟鸣雀叫还是风吹树响，都是在言说能令众生生起“念佛、念法、念僧之心”的佛法，在佛看来，这就是“西方极乐世界”所成就的“功德庄严”，这种“功德庄严”，净土宗谓之“净土”，而我则名之曰“鸟树皆是佛”的“生态佛教”图景。

（2）佛教制度。唐代百丈怀海禅师制定了后来流行佛门的《百丈清规》，要求寺院“上下均力”，从住持到普通僧众一律做到“一日不作，一日不食”，尤其是住持一定要“与众均其劳”，全寺上下大家都要参加生产粮食的农业劳动，这叫“普请”。“普请制”将“农禅并重”作为佛门的一项规式定了下来，其制如下：

普请之法，盖上下均力也。凡安众处，有必合资众力而办者，库司先禀住持，次令行者传语首座维那，分付堂司行者，报众挂普请牌，仍用小片纸书贴牌上，云：（某时某处）或闻木鱼，或闻鼓声，各持绊膊搭左臂上，趍普请处宣力，除守寮、直堂、老病外，并宜齐赴，当思古人一日不作，一日不食之诫。[①]

① 《乾隆大藏经》（第149册），全国图书馆文献缩微复制中心，2001，第826页。

“普请制”中的“请”，就是“请你参加农业劳动”的意思，这表明参加农业劳动是受到尊敬的而不是被人看不起的，它与通常所说的“请客”的“请”是一个意思。我们都知道，虽然中国自古以来无不在政治层面强调农业的重要性，但诚如前文已经提到的，由于受孔子“轻农”思想的影响，在现实生活中，人们却是看不起农业劳动和从事农业劳动的人。你想啊，一个僧人，按照佛经上的说法，乃是从事佛教精神活动的，是应该受人供养和尊敬的，现在倒好，只见他卷起裤腿、抡起锄头在田间劳动，这怎么能让人生起恭敬心呢？人们对僧人没有恭敬心，又怎么能诚心接受其教化呢？然而，当时僧人们出于种种原因又不得不到田间劳动，于是乎，为了使在田间劳动的僧人不再受人鄙视，相反而是受人尊敬，所以在《百丈清规》中就用了一个体面的敬词“请”字，是请你劳动而不是你自己去劳动，这就将整个情势给翻转了，变不利为有利，变被动为主动，这种方法在佛教中名之曰“方便”。被如此“方便”了的“普请”农作劳动已不是为了解决和尚的吃饭问题，而是被当作是像坐禅、念经一样的每日功课，借以训练和尚的佛教精神和人格，此时的“普请”也常被称为“出坡”，因为“当时禅宗的寺院是在山间，每天是到山上耕作，所以叫作‘出坡’；每一个人都应该出坡，上从一寺之主的方丈和尚，下及所有的常住大众乃至少弥、行者，全体出动，都得工作，没有例外，故称为‘普请’。白天在工作之中，也就是在过着自利利他的修行生活……同时培养互相支援、彼此合作，大家付出，共同分享的和合精神，以维持道场，住持三宝，正法住世，佛日增辉，所以需要劳务的工作，来作为禅修的生活。”[①] 中国台湾法鼓山有个农禅寺，这个寺的寺名本身就意味着“农禅并重”，其已故方丈圣严法师就曾将“出坡”与佛教的其他修行方法等量齐观，他说：

禅堂中打坐、经行、拜佛、课诵是修行，斋堂用餐、饮水、寝室睡觉、起床、饭后出坡劳作等，每一处每一时，都是修行的地方和修行的时间。……出坡时，你的手在哪里，身在哪里，心也就在哪里，……尽心尽力，全心全力，把事情做得妥妥贴贴、干净利落，便是修行。[②]

① 圣严法师：《禅钥》，法鼓文化事业股份有限公司，1999，第 171 ~ 172 页。

② 圣严法师：《禅的体验 · 禅的开示》，法鼓文化事业股份有限公司，1999，第 241 页。

（3）道德基础。中国古代重农抑商，而其之所以重农，除了农业能提供人们赖以生存的粮食，更是因为农业能培育朴实无华的美德而有利于社会稳定，而此一美德实际上也是一切佛教修行的道德基础，中国佛教之提倡“农禅并重”在一定程度上也是因为看到了这一基础，[①] 并且尤其适合于当代中国佛教。我们都知道，今天的中国已经渐渐步入了工商社会，由于种种原因，包括佛教界在内的社会各个领域都程度不等地存在着“民风不古，道德滑坡”的现象，而且由于佛教制度的变迁和社会物质生产的丰富，僧人们实际上也不用去田间劳动了，既不需要靠农作劳动来维持生计，也没必要将农作劳动当作修行，那这“农禅并重”在今天还有什么意义呢？是不是像有的人所倡导的那样在当代工商社会要废除“农禅并重”而改走“商禅并重”或“工禅并重”之路呢？实际上，作为中国佛教的一项有着悠久历史传统，“农禅并重”虽然因为时过境迁在当代不再表现为一种生存形态和修行形态，但其精神价值依然还是可以作为中国佛教之道风基础的，比如净慧法师认为，虽然当代的中国佛教寺院有着健全的供养制度，出家人衣食无忧，根本不必“出坡”农作而“为稻粱谋”，但佛教僧团还是要从“一日不作，一日不食”的“农禅”制度中吸收养分以自规，他说：

> 我屡次提到，僧团的道风要传统化，僧团的管理要律制化，僧团的弘法要大众化，僧团的生活要平民化。平民化，从什么地方着手呢？就是从农禅并重着手，就是要过一种古代丛林的农禅并重的生活。我们每一个出家人，每一个年轻的出家人，一定要知道稻子是什么，麦子是什么，萝卜是什么，白菜是什么，这些东西从哪里长出来，这些东西怎么样从生的弄成熟的。我相信有不少年轻的出家人，特别是生长在城里的年轻人，走到寺院来了以后，基本上与身会脱节，对于社会生活的艰难不是很理解，对于我们一天三餐饭、穿的衣服、所用的一切资具、寺院的一切设施，是怎么来的，并不是很清楚。要怎么样才能清楚得了呢？

① 陈坚：《论〈商君书〉中的“精神重农主义”——兼谈中国佛教“农禅并重”的“普请制”》，《华南农业大学学报》（社会科学版）2008 年第 2 期。

我们大家都到地里去，去种菜，去锄地，去栽树，去拔草；到农田里去走一走，看看稻子是什么，看看麦子是什么，看看一年二十四节气十二个月，哪一个月该做什么农活，哪一个月种什么农作物。作为一个出家人，一定要有这个本领。[①]

在净慧法师看来，坚持“出坡”农作的“农禅”制度可以使佛教僧团回归传统，养成一种“平民化”的道风；同时，对出家人个体而言，通过“出坡”农作，了解衣食之来之不易，这有助于形成佛教所特别强调的“感恩”之心，即对十方供养的感恩。

结　语

以上这三点乃是从根上来保证中国佛教“农禅并重”得以鼎立的“三足”，至关重要。当然在中国佛教史上还有一个意在为“农禅并重”做外在支撑的著名理论，那就是所谓的“无情有性”，其意思是说花草树木这些无情物也有佛性也是佛。我们都知道，当僧人们来到山林后，整天面对着花草树木。此时，如果你是一位诗人，那么可以写诗；如果你是画家，那么可以画画；而对于一个僧人来说，他的最高境界就是把这些花草树木当作佛来尊重供养——僧人们对花草树木的这种态度被很多当代西方学者称为“深度生态学”，这种“深度生态学”以“庄严国土”为导向，从某种意义上来说也是我们在当代中国生态建设中所需要的，难道不是这样吗？现在凡是有寺院的地方，别的不说，最起码肯定都是花木扶疏环境优美，比如山西省佛教协会会长根通长老在一次采访中回忆说：“当时的五台山大都是‘荒山秃岭’，可不像如今这般树木葱郁，是名副其实的‘清凉世界’。……当时在五台山，为首的能海老和尚（现代著名的显密圆通的高僧）告诉我们，五台山是文殊道场，我们没有什么可以供养文殊菩萨，多种一棵树，多给文殊菩萨的道场增加庄严，等若干年以后，这里会变成林海，这就是我们出家人应该做的事。……能海老和尚住的清凉寺原来是荒山秃岭，现在前前后后都

① 净慧：《重走佛祖路》，河北省佛教协会虚云印经功德藏，2007，第53～54页。

是树林，非常茂盛，基本上是不到庙门口，就看不到庙。”[①] 根通长老在这里提到了一代高僧能海老和尚当年在五台山时说到的一个观点，即我们穷，没什么好供养文殊菩萨的，那就多种点树供养文殊菩萨吧！能老在那个艰苦的时代说这话可能是个无奈的玩笑，或黑色的幽默，但是时空大挪移到了今天，能老这话就是佛教的环保真理。面对今天全球性如此严重的环境问题，佛教与其把树砍了做成香来供养诸佛菩萨，还不如直接就把树当成香来供养菩萨。尤其是像五台山那样的佛教圣地，那一棵棵树不就是一支支飘忽着绿色火焰的香吗？我们都知道中国佛教自古流传的一句谚话，曰：“世上好话佛说尽，天下名山僧占多”，我们中国佛教发展到今天，其主要物质形态就是山林佛教，从而几乎所有的佛教元素和佛教语境都与山林树木有关，比如，“松下问童子，言师采药去；只在此山中，云深不知处”，这是唐代诗人贾岛在其入选中学语文课本的名作《寻隐者不遇》中所描写的一次“寻隐经历”，其中的“隐者”虽然不一定就是指僧人，但是中国古代僧人大都隐住山林却也是不争的事实。可以说，僧人住山乃是中国汉传佛教区别于南传佛教和藏传佛教的一个重要传统，直至今天我们中国汉传佛教都还基本上是这种僧人住山的“山林佛教”格局；或者说“山林佛教”依然是今天中国汉传佛教的主流模式。这既是中国佛教“农禅并重”在当代的历史发展之必然，同时也是禅宗“青青翠竹尽是法身，郁郁黄花无非般若”的庄严境界的真实写照。最后，我想从《五灯会元》中选取禅宗六代祖师之间递相传承以及六祖慧能给众生的“传法偈”来表明“农禅并重”的意境，因为禅宗的这些“传法偈”每一首都是用农业的话语来表达的，且看：

> 初祖赠二祖偈：
> 吾本来兹土，传法救迷情；
> 一花开五叶，结果自然成。[②]
> 二祖赠三祖偈：
> 本来缘有地，因地种华生；

① 李巍：《信仰即是生活——根通长老访问记》，《中国宗教》2014 年第 4 期，第 44 页。

② （宋）普济《五灯会元》（上册），中华书局，2002，第 45 页。

本来无有种，华亦不曾生。[①]

三祖赠偈四祖：

华种虽因地，从地种华生；

若无人下种，华地尽无生。[②]

四祖赠五祖偈：

华种有生性，因地华生生；

大缘与性合，当生生不生。[③]

五祖赠六祖偈：

有情来下种，因地果还生；

无情亦无种，无性亦无生。[④]

六祖赠众生偈：

心地含诸种，普雨悉皆萌；

顿悟华情已，菩提果自成。[⑤]

禅宗的这六首"传法偈"与本文开头所引的布袋和尚的"插秧偈"，它们的文学风格都是一样的，即都是用农业场景和话语来表达禅宗和佛教的理念，这应该是"农禅并重"的标志性作品。现在我们谈农业伦理学，中国作为自古以来的农业大国，应该有着丰富的农业伦理思想资源，这些思想资源应该有三个从低到高的维度，一是最基本的农业伦理本身，也就是"形而下"意义上的农业伦理；二是"形而上"意义上的农业伦理，主要就是佛教和道教的思想。佛道两教思想，说到底都是农业文明的"宗教化结晶"，本文讲的"农禅并重"即为其例。三是作为一种方法的农业伦理。我们现在讲农业伦理，无论是"形而下"的还是"形而上"的，这农业伦理

① （宋）普济《五灯会元》（上册），中华书局，2002，第47页。

② （宋）普济《五灯会元》（上册），中华书局，2002，第49页。

③ （宋）普济《五灯会元》（上册），中华书局，2002，第50页。

④ （宋）普济《五灯会元》（上册），中华书局，2002，第52页。

⑤ （宋）普济《五灯会元》（上册），中华书局，2002，第56页。以上这六个著名的"传法偈"在《五灯会元》中并非是像这里一样同时出现的或放在一起的，而是笔者从《五灯会元》的相关章节中引出后为了便于大家的阅读而将它们组合到一块以便于更集中地表达"农禅并重"的主题。其中，初祖赠二祖、五祖赠六祖以及六祖赠众生这三个"传法偈"在通行本《坛经》中也有，需者往检。

能否为解决中国社会目前所存在的一些问题以及更大范围的西方工业文明所带来的一些负面效应提供有益的思路，这是我们今天研究农业伦理和本文研究“农禅并重”所要思考的问题。

（原文刊载于《兰州大学学报》（社会科学版）2016年第5期）

农业生产和宗教禁忌：基于人类食物文明的一个考察

陈　坚*

什么是农业？农业就是人类利用地球表面资源（如土、水、气、阳光等）对有生命的动植物施以适当的人工影响而进一步获取更多动植物产品的活动。人们之所以要从事农业活动，其目的，或是为了获取食物，或是为了获取工业原料，或是为了美化环境（现在所谓的“观光农业”或“休闲农业”就是基于这样的考虑），或是为了保护生态。当然，这是就现代农业形态而言的，若从农业史上看，人类从事农业活动的初衷是为了获取更多的食物，而且获取食物也一直是农业活动的根本宗旨并贯穿整个农业史始终，毕竟“民以食为天”，只有农业活动才能为地球上越来越多的人口提供足够的食物以维持其生存和发展，从而推动人类文明的不断进步。

一　食物与人类文明的发展

1883 年 3 月 14 日，马克思逝世。恩格斯在马克思的葬礼上致悼词，这篇悼词亦叫《在马克思墓前的讲话》。在该讲话中，恩格斯指出了马克思一生最伟大的发现，他说：

> 正像达尔文发现有机界的发展规律一样，马克思发现了人类历史的

* 作者简介：陈坚，山东大学佛教研究中心教授，博士生导师，研究领域为佛教、中国哲学和中西宗教比较。

> 发展规律，即历来为纷繁芜杂的意识形态所掩盖着的一个简单事实：人们首先必须吃、喝、住、穿，然后才能从事政治、科学、艺术、宗教等等。所以，直接的物质的生活资料的生产，从而一个民族或一个时代的一定的经济发展阶段，便构成基础，人们的国家设施、法的观点、艺术以至宗教观念，就是从这个基础上发展起来的。因而，也必须由这个基础来解释，而不是像过去那样做得相反。①

这段话所说的就是我们现在一般大学生都知道的作为马克思主义基本原理之一的“经济基础决定上层建筑”，这个原理，恩格斯将其通俗地归纳为“人们首先必须吃、喝、住、穿，然后才能从事政治、科学、艺术、宗教等等”，而首先之首先，就是“吃、喝”两字，也就是我们中国人常说的，先要解决“温饱问题”，其中的道理很简单，就是人不“吃、喝”就会死，人只有通过“吃、喝”而活着，“才能从事政治、科学、艺术、宗教等等”更为重要的社会活动，否则，没吃没喝，人都死了，“皮之不存毛将焉附”？还从事哪门子“政治、科学、艺术、宗教”？还提什么人类文明的发展？这样看来，五谷杂粮鸡鸭鱼肉还真有超越食物的大作用，因而千万不能小瞧了！正是基于这样一种“食物”历史唯物主义的视角，与马克思生活在同一时代的美国人类学家摩尔根（Lewis Henry Morgan）在其《古代社会》一书中认为，人类社会先后经历了一个从“蒙昧时代”经“野蛮时代”再到“文明时代”的发展过程，而推动这一发展过程的根本动力乃是人类获取食物的生存技术的不断进步。下面就是他发现的人类早期食物演变路线图：

> 人类征服地球——以控制生活资料为条件——只有人类控制了生活资料——顺序相承的五种生存技术——（一）天然食物；（二）鱼类食物；（三）淀粉食物；（四）肉类和乳类食物；（五）通过田野农业而获得无穷食物——从一种生存技术到另一种生存技术都经历很长一段时间距离。②

① 《马克思恩格斯全集》第25卷，人民出版社，2001，第597页。

② 〔美〕路易斯·亨利·摩尔根：《古代社会》（上册），商务印书馆，1981，第18页。

在摩尔根看来，“蒙昧时代”的食物先是“天然食物”，也就是采集自然界中现成的植物果实和根茎作为食物；后来是“鱼类食物”，也就是捕获河里的鱼并用火烤熟了吃。“野蛮时代”的食物，先是“淀粉食物”，也就是种植谷物瓜豆和薯类——摩尔根称之为“园艺农业”——以为食物；然后是“肉类和乳类食物”，也就是饲养动物以为食物；最后就是“通过田野农业而获得无穷食物”。在摩尔根看来，“田野农业”乃是真正意义上的农业，它的出现标志着人类从“野蛮时代”进入到了“文明时代”。摩尔根如是描述“田野农业”，他说：

> 人们饲养牲畜以后，用畜力来补充人力，这种方法提供了一个价值极高的新因素。接着，由于有了铁，制出了带铁铧的犁和更为合用的铲子、斧头。由于有了这些发明，由于早先已经有了园艺，于是，田野农业便出现了；人类也就因此开始获得了无穷的事物。用畜力拉犁，可以视为一项技术革新。这时候，人们开始产生开发森林和垦种辽阔的田野的念头。而且，也只有到了这个时候才可能在有限的地域内容下稠密的人口。在田野农业兴起以前，地球上任何地区都不可能发展到五十万人口而共同隶属于一个政府之下。如果有例外的话，那必定是平原上的畜牧生活所造成的结果，或者是在特殊的例外情况下由于灌溉事业改进了园艺所造成的结果。[①]

摩尔根认为，“田野农业”以有疆界的农田为基础（我国商朝时出现的“井田制”就是典型的“田野农业”），它不同于其前以没有疆界的在自然土地上随便撒点种子而形成的“园圃”为基础的“园艺农业”。摩尔根说：“按农田（Ager）一词仅泛指有疆界之土地，而园圃（Hortos）一词则直接表示‘被圈围的场地’；但园圃的出现早于农田，所以园艺的出现早于田野农业。”[②] 如果说“园艺农业”虽然有人工的介入但还是与自然界混沌不分，那么“田野农业”一定是伴随着家庭和村落而出现，换言之，家庭和村落乃

---

① 〔美〕路易斯·亨利·摩尔根：《古代社会》（上册），商务印书馆，1981，第24页。
② 〔美〕路易斯·亨利·摩尔根：《古代社会》（上册），商务印书馆，1981，第22页。

是“田野农业”的重要组成部分，这必然使得“田野农业”与自然界有了明显的分野。我国农村地区的一个个自然村其实就是“田野农业”的标准样式，尽管摩尔根当初并没有对中国村落进行过研究。南宋诗人范成大的大型田园组诗《四时田园杂兴》就描写了村落“田野农业”在春、夏、秋、冬四个季节所展现出来的不同风光，限于篇幅，我们且看其中《夏日田园杂兴》中的两首，曰：

下田戽水出江流，高垄翻江逆上沟；地势不齐人力尽，丁男长在踏车头。

昼出耘田夜绩麻，村庄儿女各当家；童孙未解供耕织，也傍桑阴学种瓜。

二　宗教精神与“伊甸园农业”

按照摩尔根在《古代社会》中的研究结论，当人们发明了可以自主获得更多食物以养活越来越多人口的“田野农业”后，人类社会便进入了“文明时代”，而人类“文明时代”的第一期便是“农业文明”，接下来，按照我们现在一般的说法，“农业文明”之后是“工业文明”，“工业文明”之后是“后工业文明”[①]，这是“田野农业”之后的人类文明的演化。在这个演化过程中，随着工业技术介入食物生产和加工，人类食物的种类、品质和结构都发生了变化，比如酸奶出现了、肯德基出现了、转基因大豆出现了，如此云云，至于以后还会出现什么，天晓得！我们暂且们不去管它，现

① 摩尔根将“工业文明”称为“近代文明”，并历数其表现曰：“近代文明社会的主要贡献在于电报；煤气；纺纱机；动力织布机；蒸汽机以及与它有关的无数机器，包括火车头、铁路和轮船在内；望远镜；大气层和太阳系可测性的发现；印刷术；运河闸门；航海罗盘；火药等。此外还有许多发明是根据上述某项发明而得来的，如埃里克森氏推进器即属其中之一例；但也有不属于此例者，如照相机和无数不需一一列举的机器之类。必须与这些发明一起列举的近代科学；宗教自由与公共学校；代议制的民主政治；设有国会的立宪君主制；封建王国；近代特权阶级；国际法、成文法和习惯法；等等。”（〔美〕路易斯·亨利·摩尔根《古代社会》（上册），商务印书馆，1981，第29页。）至于“后工业文明”，由于时代的局限，摩尔根那时乃是无缘得见，所以他也就“巧妇难为无米之炊”，没有也不可能去说什么。

在还是调转头来从“田野农业”往前追溯，这个摩尔根其实已经帮我们设定好了路线，也就是沿着“①天然食物；②鱼类食物；③淀粉食物；④肉类和乳类食物；⑤通过田野农业而获得无穷食物”逆推回去，回到“天然食物”和“鱼类食物”时期，那时人们不事稼穑不事养殖，只是把自然界中本有的动植物拿来当作自己的食物，那么现在就有一个说大确实大说小也算小的问题来了，自然界本有的人们可以随便拿来就吃的动植物究竟是谁种的谁养的呢？或者再往前推，按照达尔文进化论的观点，在人类出现之前，自然界就已经有了生机盎然像《西游记》中的“花果山”一样的动植物世界，既然如此，那么请问，这些不是由人种养的动植物，又是谁种养的呢？“花果山”中后来变成人的猴子以及当时猴子喜欢吃的野果究竟是怎么来的呢？也许你会觉得我问这个“花果山”问题实在是太幼稚了，简直就是多此一问。充其量，这是一个自然科学的问题，人文科学没必要去关注它。人固然可以培育动植物，至于自然界中那些没有人去培育而本来就有的动植物，也就是自己在那里自生自灭呗，“近取诸譬”，比如，湖北的神农架，黑龙江的大兴安岭，人迹罕至，动植物不就是自己在那里自生自灭吗？所谓自然而然者，意思就是按自己的样子发展，不受自己以外的任何东西的干扰，与自己以外的任何东西都没有关系。如果你这样看问题，那你可能是忘了人类除了自然科学和人文科学，还有所谓的宗教。宗教就非常关心人类出现之前自然界的动植物并赋予其崇高的意义，从而解决我刚才提到的“花果山”问题。当然，“花果山”是我拿来做比喻的，因为我们中国人比较熟悉“花果山”。若回到宗教上，基督教《圣经》中相当于“花果山”的“伊甸园”才是我们要用心考察的对象。我现在请大家看《圣经》。

《圣经·创世纪》中说，天地间包括人在内一切万物都是神（或者说上帝）创造的，并且神是用六天时间完成这种创造的，其中，第一天创造出一个有昼夜光暗之分的天地；第二天创造出水和空气；第三天将陆地和大海分开并创造出陆地上的植物，其创造植物的具体情形是这样的，曰：

神说，地要发生青草，和结种子的菜蔬，并结果子的树木，各从其类，果子都包着核。事就这样成了。于是地发生了青草，和结种子的菜蔬，各从其类，并结果子的树木，各从其类，果子都包着核。神看着是好的。①

第四天创造春夏秋天之节令和年岁；第五天创造水中游和天上飞的动物，其具体情形是这样的，曰：

神说，水要多多滋生有生命的物，要有雀鸟飞在地面以上，天空之中。神就造出大鱼和水中所滋生各样有生命的动物，各从其类。又造出各样飞鸟，各从其类。神看着是好的。神就赐福给这一切，说，滋生繁多，充满海中的水。雀鸟也要多生在地上。②

到了第六天，神才创造陆地上的动物，其具体情形是这样的，曰：

神说，地要生出活物来，各从其类。牲畜，昆虫，野兽，各从其类。事就这样成了。于是神造出野兽，各从其类。牲畜，各从其类。地上一切昆虫，各从其类。神看着是好的。③

至此，神将天地和天地间的动植物都造好了，这样一个充满动植物的天地被《圣经》称为“伊甸园”，在这个“伊甸园”里，“四时行焉，百物生焉”④，“鸢飞戾天，鱼跃于渊”⑤。很显然，“四时百物”“鸢飞鱼跃”，这些个生机盎然的动植物都是神创造的，也可以说是神培育的，因为那时还没有人，神乃是天地间第一个种养动植物的“农民”，这个“农民”为我们开创了人类出现以前的“伊甸园农业”，此一“伊甸园农业”乃是神在为即将创造出来的人预备丰富的食物，这体现了神对人类的无限大爱以及在天地间所

① 《圣经·创世纪》第1章11~12节。
② 《圣经·创世纪》第1章20~21节。
③ 《圣经·创世纪》第1章24~25节。
④ 《论语·阳货》。
⑤ 《诗经·大雅·旱麓》。

展示出来的崇高的宗教精神，因为若没有“伊甸园农业”在先就把人创造出来，那人肯定就会因没有食物而饿死。

三　神创造人并限制人的食物

神在创造了天地间的一切动植物而有了“伊甸园农业”后，便想着要创造人。人乃是神所创造的最后作品。那神为什么要创造人呢？且看：

> 神说，我们要照着我们的形象，按着我们的样式造人，使他们管理海里的鱼，空中的鸟，地上的牲畜，和全地，并地上所爬的一切昆虫。神就照着自己的形象造人，乃是照着他的形象造男造女。神就赐福给他们，又对他们说，要生养众多，遍满地面，治理这地。也要管理海里的鱼，空中的鸟，和地上各样行动的活物。神说，看哪，我将遍地上一切结种子的菜蔬和一切树上所结有核的果子，全赐给你们作食物。至于地上的走兽和空中的飞鸟，并各样爬在地上有生命的物，我将青草赐给它们作食物。事就这样成了。[①]

上述经文告诉我们，神创造了人后，第一，让人来管理海里、空中和地上的一切动物，这等于是将人与其他动物分开，并使人高于其他动物；第二，“将遍地上一切结种子的菜蔬和一切树上所结有核的果子”赐给人作食物，而将青草作为“地上的走兽和空中的飞鸟，并各样爬在地上有生命的物”的食物，这从实际上乃是从食物的角度再次将人和其他动物分开，因为神赐给他们的食物是不一样的。这里请大家特别注意，神创造了各种各样的动植物，但并没有将所有的动植物都作为人的食物，首先所有的动物都不能作为人的食物，人不但不能吃动物，而且还要使它们“生养众多，遍满地面”；其次，也不是所有的植物都被允许用作人的食物，只有“遍地上一切结种子的菜蔬和一切树上所结有核的果子”才能作为人的食物，这就明确地告诉我们，神对人所吃的食物是有明确的限制的，也就是人不能什么都吃，惟其如此，人才能成为人，才能成为高于其他动物的人。实际上，不仅

① 《圣经·创世纪》第1章26～30节。

是基督教，世界上其他一切宗教在吃的方面都是有不同程度限制的，也就是说都有自己的食物禁忌。世界上古往今来各种各样的宗教，尽管其历史、教义和实践各不相同，但都少不了食物禁忌。可以说，食物禁忌乃是宗教的共性，而且还是宗教的第一禁忌，你看《圣经》的描述，神创造了人，而神创造的第一个人叫亚当，是个男性。神创造了亚当后，首先便“吩咐他说，园中各样树上的果子，你可以随意吃。只是分别善恶树上的果子，你不可吃，因为你吃的日子必定死”①，这就是人类宗教史上最早的不许吃“禁果”的“食物禁忌”。本来，这个“食物禁忌”，亚当执行得好好的，后来，神看亚当一个人怪可怜的，就用从他身上取的一根肋骨造了个女人给他做配偶兼帮手，这个女人就叫夏娃。夏娃后来听信了蛇的谗言，和亚当一起偷吃了“禁果”，其具体情形是这样的，曰：

> 耶和华神所造的，惟有蛇比田野一切的活物更狡猾。蛇对女人说，神岂是真说，不许你们吃园中所有树上的果子吗？女人对蛇说，园中树上的果子，我们可以吃，惟有园当中那棵树上的果子，神曾说，你们不可吃，也不可摸，免得你们死。蛇对女人说，你们不一定死，因为神知道，你们吃的日子眼睛就明亮了，你们便如神能知道善恶。于是女人见那棵树的果子好作食物，也悦人的眼目，且是可喜爱的，能使人有智慧，就摘下果子来吃了；又给她丈夫，她丈夫也吃了。他们二人的眼睛就明亮了，才知道自己是赤身露体，便拿无花果树的叶子，为自己编作裙子。②

这就是《圣经》中著名的“偷吃禁果”故事。亚当和夏娃违反神给人规定的食物禁忌而“偷吃禁果”，肯定会受到神的惩罚，且看：

> （神）又对女人说，我必多多加增你怀胎的苦楚，你生产儿女必多受苦楚。你必恋慕你丈夫，你丈夫必管辖你。又对亚当说，你既听从妻

① 《圣经·创世纪》第2章16~18节。

② 《圣经·创世纪》第2章1~7节。

子的话，吃了我所吩咐你不可吃的那树上的果子，地必为你的缘故受咒诅。你必终身劳苦，才能从地里得吃的。地必给你长出荆棘和蒺藜来，你也要吃田间的菜蔬。你必汗流满面才得糊口，直到你归了土，因为你是从土而出的。你本是尘土，仍要归于尘土。……耶和华神便打发他出伊甸园去，耕种他所自出之土。于是把他赶出去了。又在伊甸园的东边安设基路伯和四面转动发火焰的剑，要把守生命树的道路。[①]

神对亚当和夏娃的惩罚就代表了对整个人类的惩罚，这种惩罚一言以蔽之，就是将在“伊甸园”里快乐无忧的人赶出“伊甸园”而使之沦为遭受种种苦难的尘世凡人，比如女人怀孕生孩子以及受男人管辖之苦，男人耕种田地以养家糊口之苦，当然还有他们都要面对的“归于尘土”的死亡之苦。英国著名诗人弥尔顿（John Milton）的著名长诗《失乐园》就是描写作为人类始祖的亚当和夏娃受蛇（魔鬼撒旦的化身）之引诱而堕落结果被神逐出“伊甸园”的故事，其开宗明义便曰：

人类最初违反天神命令而偷尝禁果，
把死亡和其他各种各样的灾难带到人间，
于是失去了伊甸乐园，
直到出现了一个更伟大的人，
才为我们恢复了这乐土。

弥尔顿是想借亚当和夏娃“偷吃禁果”这个故事来揭示基督教的“原罪”观念，并昭示人类应以现实的态度直面尘世苦难并勇于承担相应的尘世责任，以救赎自身。当然，弥尔顿是从基督教神学的角度来解读亚当和夏娃之“偷吃禁果”，而我则想从人类“食物文明”的角度来对之加以审视。

亚当和夏娃因为“偷吃禁果”而被神赶出“伊甸园”，这产生了两方面的效应，一是坐实了宗教的“食物禁忌”，即若违犯了“食物禁忌”就要遭受惩罚；二是作为这种惩罚的内容之一，就是神要求人类自己耕种田地开发

① 《圣经·创世纪》第3章16~24节。

农业以生产自己所需的食物，于是乎，从此以后，生产食物的农业和实行“食物禁忌”的宗教便成了人类食物史上的“阴阳”两面，即在“阳”的一面，人需要要农业来提供食物；而在“阴”的一面，人又需要宗教来限制食物，正是农业和宗教在食物问题上这“阴阳”两面之交互作用才促成人类食物文明的发展，通俗地说就是，在食物的问题上，人一方面要吃，一方面又要不吃，有些食物即使能吃也不能吃。总之，人不能什么都吃，一定要有所限制，哪怕农业再发达也要有所限制，而这种限制的最好模式莫过于宗教“食物禁忌”。

四 宗教中的“食物禁忌”

我们前文说“基督教《圣经》”，这实际上只是随顺世间的方便说法。天主教、东正教和基督教（也叫“新教”、“基督新教”或“抗议宗”）是西方社会的三大宗教，一般为了方便起见，我们就用“基督教”来通称这三大宗教（下同）；至于《圣经》，也分《旧约》和《新约》，其中《旧约》，严格说来乃是犹太教的经典，后来基督教兴起，基督教不但将《旧约》当作自己的经典，而且还尊《新约》为经典。我们前面分析的《圣经·创世纪》乃是《旧约》的第一篇，在这一篇中，神将一部分植物赐予人作食物，但却禁止人吃一切动物。不过在《旧约》的往后篇章中，神又允许人吃一部分动物，大致情形如下，曰：

> 《旧约》中的禁食物主要有血液、自死物、奇蹄不反刍动物、骆驼、沙番（蹄兔）、兔子、各种爬行动物、无鳍无鳞的水中动物以及为数众多的肉食性、杂食性鸟类，昆虫中可食用的只有会蹦跳的蝗虫、蚱蜢类。具体内容如下：《创世纪》9：4“惟独肉带着血，那就是他的生命，你们不可吃”；《利未记》11：3～30：“凡蹄分两瓣、倒嚼的走兽，你们都可以吃。但那倒嚼或分蹄之中不可吃的乃是骆驼，因为倒嚼不分蹄，就与你们不洁净。沙番因为倒嚼不分蹄，就与你们不洁净。兔子因为倒嚼不分蹄，就与你们不洁净。猪因为蹄分两瓣，却不倒嚼，就与你们不洁净。这些兽的肉，你们不可吃；死的，你们不可摸，都与你们不洁净”；“水中可吃的，乃是这些：

凡在水里、海里、河里，有翅有鳞的、都可以吃；凡在海里、河里并一切水里游动的活物，无翅无鳞的，你们都当以为可憎，这些无翅无鳞以为可憎的，你们不可吃他的肉，死的也当以为可憎"；"雀鸟中你们当以为可憎不可吃的，乃是雕、狗头雕、红头雕、鹞鹰、小鹰与其类，乌鸦与其类，鸵鸟、夜鹰、鱼鹰、鹰与其类，鸮鸟、鸬鹚、猫头鹰、角鸱、鹈鹕、秃雕、鹳、鹭鸶与其类，戴胜与蝙蝠"；"凡有翅膀用四足爬行的物，你们都当以为可憎。只是有翅膀用四足爬行的物中，有足有腿、在地上蹦跳的，你们还可以吃，其中有蝗虫、蚂蚱、蟋蟀、与其类，蚱蜢与其类，这些你们都可以吃"；"地上爬物，与你们不洁净的，乃是鼬鼠、鼫鼠、蜥蜴与其类，壁虎、龙子、守宫、蛇医、蝘蜓"。关于这些禁忌，在《申命记》14章中也有同样的记载。[①]

犹太教对于《旧约》的"食物禁忌"不但照单全收，后来甚至还变得更为严格，比如"在正统拉比的鉴定下，则认为所有蠕虫、昆仲、爬虫、节肢动物均不可食，除了蜂蜜"[②]，这显然是超出了《旧约》"食物禁忌"的范围。至于基督教，却是没有什么"食物禁忌"，究其原因，与它以《新约》为主不太重视《旧约》并且还跟犹太教有历史的冤仇有关，当然也与它在西方社会受自由主义和科学主义的影响有关。不过，除了基督教，其他宗教一般都还有比较严格的"食物禁忌"，尽管所禁忌的食物种类不等，比如现在一说到宗教的"食物禁忌"，社会大众可能立马就会想到伊斯兰教之禁食猪肉、印度教之禁食牛肉、道教的"辟谷"以及佛教之禁食一切动物之肉，亦即佛教之实行素食。佛教的素食，或者说佛教的"食物禁忌"，是指不食"荤腥"，其中的"荤"，并非我们世俗坊间所说的肉食，而是指葱蒜之类有刺激性的植物。你看这个"荤"字，一个表示植物的"草"字头，下加一个"军"字，"军"者，有刺激性之谓也。不食"荤"乃是印度佛

① 灵迹 2015：《解读犹太人的食物禁忌》，2015 年 1 月 20 日，http：//bbs. tianya. cn/post－no05－378081－1. shtml? event = rss | rss_ web。

② 甘氏春秋：《犹太教饮食法》，2015 年 4 月 28 日，http：//www. 360doc. com/content/15/0428/00/19962827_ 466484617. shtml。

教的“食物禁忌”。印度佛教不允许吃五种带有强烈刺激性的植物，此之谓不食“五荤”，有时也叫不食“五辛”，这“五辛”即是指葱、蒜、韭菜、茭头、兴渠——这是《楞严经》中关于“五辛”的说法。实际上在不同的佛典中，“五辛”的所指并非完全一致，见表1。

表1　佛典中的五辛

佛典	五辛
《楞严经》	葱、蒜、韭菜、茭头、兴渠
《梵网经》	大蒜、革葱、慈葱、兰葱、兴渠
《菩萨戒义疏》	蒜、葱、兴渠、韭、薤
《翻译名义大集》	蒜（梵 laśuna）、葱（梵 latārka）、小根菜（梵 palāndu）、韭（梵 grñjana）、兴渠（梵 hingu）
《大藏法数》	葱、薤、蒜、韭、胡荽
《法苑珠林》	小蒜、大蒜、薤、兴渠、胡荽

当然，这个表并没有穷尽所有的佛典，只是取其部分而述之。不同的佛典虽然对“五辛”的指称不完全相同，但有的也仅仅只是名称不同而已，比如“茭头”就是“薤”（读作 xiè），也就是我们浙赣一带人常将其根茎腌了当菜吃的藠（jiào）头；有的则可能是由于当时信息不通，人们在汉译佛典的时候，按照译者自己的理解及其在中国之所见而确定“五辛”之名目，比如“胡荽（suī）”，也叫“芫荽”，就是我们现在通常所说的“香菜”，这香菜在印度佛教中乃是不属于“五辛”范围的。总之，关于“五辛”，中国佛教中有大同小异不同版本的说法，不过，我们现在说到“五辛”，一般都是按照《楞严经》上的说法，是指葱、蒜、韭菜、茭头、兴渠这五种植物。了解了“辛”，也就是“荤”，再来看“腥”。“腥”就是肉，包括一切动物的“肉”。实际上，在世界佛教版图中，也只有我们中国的汉传佛教禁止食肉，藏传佛教和南亚、东南亚一带的南传佛教则没有这样的禁忌，那里的佛教徒是可以吃肉的，或者说，吃不吃肉，随缘，没有什么硬性规定。那为什么中国汉传佛教偏偏要禁止吃肉呢？这与梁武帝有关。梁武帝是虔诚的佛教徒，他鉴于当时僧人喝酒吃肉有损佛门形象，乃颁行《断酒肉令》，利用政治的威力禁止境内一切僧人喝酒吃肉，后来他的这一纸禁令竟然渐渐地成了中国汉传佛教的戒律，直至今天都还是中国汉传佛教僧人不能突破的底线。总之，作为

中国汉传佛教的僧人，乃至一般的佛教徒，都必须食素，包括不食“五辛”和动物之肉。

五　食物文明中的农业和宗教

虽然并非世界上所有的宗教都有食物禁忌，或都有严格的食物禁忌，但宗教的食物禁忌无疑应该是能产生强大社会力量甚至在某种程度上能影响人类文明进程的食物禁忌。相比于宗教的食物禁忌，诸如病人的食物禁忌、个人口味偏好的食物禁忌（比如有的人就是不喜欢吃鱼）以及某些地区风俗习惯中的食物禁忌则要内敛得多，不会有多大的社会影响。在人类社会的发展过程中，宗教的食物禁忌与农业的食物生产，这两者的对立统一促进了人类食物文明的发展，一如《易传》中所说的“一阴一阳之谓道”。

所谓“食物文明”，应该有两个考量维度，一是食物对人类个体的影响，二是食物对人类社会的影响，这两个方面既相互关联又各有自己的独立性。先看第一个方面，即食物对人类个体的影响。农业生产的基础工作，或者说最重要的工作，就是为人类个体提供越来越多优质的能促进人类健康食物，足够而又有利健康乃是衡量食物文明的两个基本标准[①]，尤其是有利健康，在我国古代就十分关注，比如战国末期思想家韩非子就曾这样说：

> 上古之世……民食果蓏、蜯、蛤，腥臊恶臭，而伤害腹胃，民多疾病。有圣人作，钻燧取火，以化腥臊，而民悦之，使王天下，号之曰燧人氏。[②]

又，汉初陆贾也曾说：

> 民人食肉饮血，衣皮毛，至于神农，以为行虫走兽难以养民，乃求可食之物，尝百草之实，察酸苦之味，教民食五谷。[③]

① 人类对于食物，实际上是有三个维度之考虑的，一是能吃饱的足够，二是吃了有利于健康，最后才是好吃，也就是食物的味道要好。足够、健康、美味就是人类对食物的三大要求。

② 《韩非子·五蠹》。

③ 《新语·道基》。

韩非子和陆贾两人分别借上古圣人燧人氏和神农教人如何饮食的传说来强调人类所吃的食物一定要有利于健康[①]，这可能是后来中医“药食同源”思想以及“饮食疗法”的人类学根源。当然，也不唯中国，世界其他地区人民在饮食上肯定也都是非常注重健康的，因为谁都无比关爱自己的生命。虽然从理论上讲，农业应该生产有利于健康的食物，但在实践中，农业可能更关注食物的产量而不是健康，尤其以工业化的方式来生产食物的现代农业更是如此。现代农业以农药、化肥、动植物生长剂和其他化学药剂催生出来的食物究竟是不是有利于人类健康都要打个问号，甚至现在已经有很多农产品出了问题，比如荷兰、比利时和德国等欧洲国家受到杀虫剂污染的“毒鸡蛋”[②]，至于目前闹得沸沸扬扬的转基因食物，那更是莫衷一是，目前还是公说婆说、见仁见智难有定论，再加上美国疯牛病牛肉和含廋肉精的猪肉[③]，简直就是热闹非凡。与农业相比，宗教可能更为关注食物健康问题，比如在犹太教和伊斯兰教的食物禁忌中就有“洁净”这条标准，被认为不洁净动物就会被列入食物禁忌，而佛教除了因为遵循“不杀生”的戒律而行素食外，一般都还要强调素食有利于健康，甚至认为素食乃是人类最为健康的一种饮食习惯，甚至现在还用种种科学理论和科学实验来对之加以证明，比如专业做佛教宣传的“凤凰佛教网”上有一篇题为《素食健康：吃素到底有没有营养，事实真相告诉你》的文章，文中提出了吃素对身体的种种好处，比如吃素可抗癌，吃素对心脏有益，吃素能增强免疫力，吃素使身体强健，吃素更长寿，吃素可祛斑和美肤等，其中关于“吃素对心脏有益”，文章还引用了美国的一些研究结论，且看：

---

① 实际上，孔子就非常关心饮食健康的问题，比如据《论语·乡党》的记载，孔子“食不厌精，脍不厌细。食饐而餲，鱼馁而肉败，不食。色恶，不食。臭恶，不食。失饪，不食。不时，不食。割不正，不食。不得其酱，不食。肉虽多，不使胜食气。惟酒无量，不及乱。沽酒市脯，不食。不撤姜食，不多食。祭于公，不宿肉。祭肉不出三日。出三日，不食之矣。”孔子这也“不食”，那也“不食”，那都是从健康角度考虑的。当然孔子的“不食”，主要不是从食物种类角度考量的，而是从食物品质角度来考量的。

② 《受杀虫剂污染，“毒鸡蛋”波及欧洲多国》,2017 年 8 月 11 日，http：//news. sina. com. cn/w/2017 - 08 - 11/doc - ifyixipt0977995. shtml。《愈演愈烈！罗马尼亚查获 1 吨德国进口毒蛋黄浆》，2017 年 8 月 11，http：//life. china. com. cn/2017 - 08/11/content_ 24446. html。

③ 《台媒：台湾被迫开放美国牛肉进口换贸易》，2015 年 3 月 24 日，http：//money. 163. com/15/0324/16/ALG1I4O400254TI5. html。

吃大量蔬菜、水果可以降低心脏病发和中风的概率。哈佛大学科学家研究指出，每天多吃一根胡萝卜或半粒番茄的妇女，可以减少22%心脏病和70%中风的病发机会。在心脏病发之后，蔬菜水果也是一剂良药，美国白宫健康医疗顾问欧宁胥曾长期做过一项心脏病病理研究，发现心脏病人要成功恢复健康，就必须全面改变饮食，即停止吃肉，改吃素食！他自己也是个素食者。①

在所有宗教中，佛教的食物禁忌应该是最为严格的。佛教要求严格素食，不吃任何肉，也就是所谓的“纯素”。现在越来越多的有识之士认为，佛教所提倡的素食不但有利于个人健康，而且还有助于解决目前越来越严重的人类所居住的地球生存环境恶化的问题，这是对食物文明另一个维度的考量，即食物对人类社会的影响。此一维度实际上也是前文已经提到的摩尔根在《古代社会》中所特别关注的，而我们现在更不能忽视。还是那个能左右佛教舆论的“凤凰佛教网”上，有一篇题为《素食心说：素食拯救地球，是牵强杜撰还是科学真相?》的文章，文章认为，现在全球气候变暖，“温室效应”愈演愈烈，人类饮食结构中大量食肉以及由此而导致的农业“饲养供肉动物是造成气候变化最大的元凶”，且看：

如何应对全球暖化问题日趋严重的局势？英国环境部长宾·布莱德萧（Ben Bradshaw）最近在英国政府启用新的公众服务网站（Directgov）时向大众警告，如果气候变化继续失控，英国民众可能恢复到二次世界大战时期粮食配额供给的生活形态，宾布莱德萧指出食物生产过程对温室效应的影响等于私人交通运输所产生的影响，饮食中去掉肉类的消耗是稳定气候变化的长久之计。减少动物养殖带来的影响是环保政策重要的焦点之一。全球温室效应气体排放有二成是来自动物养殖业，超过世界上所有的车、卡车、船、飞机与火车排放的量。动物排泄物会产生甲烷比交通工具产生的甲烷多23倍；也会产生氧化亚氮，

① 《素食健康：吃素到底有没有营养，事实真相告诉你》，2014年12月10日，http://fo.ifeng.com/a/20141209/40898266_0.shtml。

比交通工具产生的氧化亚氮多296倍；还会产生氨，氨会造成酸雨，使生态环境酸化。全球氨的排放几乎三分之二是来自牲畜（联合国报告）。[①]

此处提到的“联合国报告”是指2006年末联合国粮农组织发布的《牲畜的巨大阴影：环境问题与选择》（*Livestock's Long Shadow: Environmental Issues and Options*）。该报告“比较系统地阐述了动物产品对生态环境的巨大破坏，特别是牲畜产生的温室气体已经超过了交通运输业，包括汽车、飞机和船只等。粮农组织畜牧信息政策科科长、该报告的高级撰稿人 Henning Steinfeld 说：‘畜牧生产是造成当今最严重环境问题的最大责任方之一。’畜牧业对环境的破坏相当广泛，包括空气污染、气候变化、水资源的浪费、水污染、森林砍伐、土地和土壤的破坏、物种的消亡等等。该报告同时还指出解决畜牧业造成的环境问题是我们当前非常紧迫的任务”[②]，并建议各国，“为了拯救地球免于饥饿、家庭取暖燃料匮乏及气候变迁所带来最严重的影响，全球改采纯素饮食（Vegan）至关重要”，因为“人口增加带来越来越多的肉食消费，而农牧业对环境带来的冲击，预料将大幅地增加。不像石化燃料，农牧业不容易有替代方案：人都得吃东西。所以，如果要减轻农牧业对环境带来的冲击，唯一可行的办法，只有靠全世界大规模的饮食改变，不吃动物产品。”[③] 这显然又回到了《圣经·创世纪》中神最初关于人类食物的告诫，即人只能吃植物而不能吃动物，也就是说，今天联合国粮农组织的这个报告居然与远古的宗教精神相吻合了。

结　语

“素食拯救地球”，现在，无论是民间，还是宗教，抑或是政府和联合

① 《素食心说：素食拯救地球，是牵强杜撰还是科学真相?》，2010年1月19日，http://fo.ifeng.com/sushi/sushixinshuo/detail_2012_01/19/12074883_0.shtml。

② 《联合国粮农组织的报告〈牲畜的巨大阴影：环境问题与选择〉》，http://www.veg520.com/html/201004/sushi_127139785425902.html。

③ 《联合国强烈呼吁：改吃纯素食以拯救地球》，2012年8月13日，http://bbs.tianya.cn/post-worldlook-529598-1.shtml。

国机构，大家都已经隐隐约约地感觉到为了避免人类所居住的地球环境的进一步恶化，不吃动物产品而改食素食是必要的，然而，必要并不等于就能做到，这涉及许多复杂的问题。首先，不吃动物产品，包括不吃野生的动物产品以及不吃畜牧养殖的动物产品，前者属于动物保护问题，这个通过立法和宗教基本上就可以解决，而后者就很难办了，因为它意味着要停止和取消一切畜牧业，而这又是牵涉经济和民生的大问题。尽管现在哪个国家都不可能实际上也没有必要去取消畜牧业，甚至还有进一步发展畜牧业的可能，因为现在世界上还有很多穷人没有肉吃而很想吃肉呢！不过，面对全球环境的恶化，我们还是应该考虑畜牧业生产对地球环境的破坏，就像我们需要考虑汽车生产破坏地球环境一样，这是一个伦理责任问题。总之，现在的畜牧业不单单是经济学和动物学的问题，其间也有伦理问题。其次，虽然现在随着社会的进步和物质生活水平的提高，素食主义在社会上也有人提倡和实践，但佛教的素食文化还是最有生命力，因为它已经具有了强大的宗教约束力和制度化的实践体系。如何在今天推行佛教的素食文化是我们今天所应该考虑的问题——有些佛寺举办面向公众的素食文化节不失为一种较好的方法。最后，回顾历史，宗教是在农业社会发展起来的，因而带有深深的农业社会的烙印（后来因受到工商业的影响而有“移情别恋”现象的发生）。我们都知道，农业最初是为解决人类的食物问题而出现并存在的，食物乃是农业的第一关怀，这造成宗教一开始也非常关注人类的食物问题，从而使得食物禁忌成为宗教最为重要的初始教条之一。农业提供食物，宗教限制食物，宗教和农业两者“一阴一阳”为人类的食物文明“保驾护航”，直至今天，我们的食物文明还是需要宗教和农业来提供各自的资源、思想或物质。

（2017 年 9 月“中国草学会农业伦理学委员会”成立大会暨
“农业伦理学与农业可持续发展”学术研讨会会议论文）

《齐民要术》天地人和合思想及其文化意义*

孙金荣**

《齐民要术》借鉴优秀的中国传统文化，通过对人与天地自然和合的阐释，构建自然与人文环境的整体观、系统观、伦理观，维护自然环境与人文环境的规律性、平衡性和可持续发展，具有重要的理论意义和实践价值。

一　《齐民要术》的天地人和合思想

《齐民要术》在对土地耕作，农作物、蔬菜、果树、林木等的种植栽培，动物饲养，食品酿造加工等记述中，广泛地蕴涵着天地人和合思想。这一思想表现在两个层面。

（一）《齐民要术》对传统天地人和合思想的借鉴传承

《齐民要术·序》引《仲长子》云："天为之时，而我不农，谷亦不可得而取之。青春至焉，时雨降焉，始之耕田，终之簠、簋，惰者釜之，勤者钟之。矧夫不为，而尚乎食也哉？"强调违天时则不可得而食，依时而作则丰衣足食。

---

* 基金项目：本文系国家社科基金重大委托研究项目《〈子海〉整理与研究》（10@ZH011）子项目《〈齐民要术〉研究校注》、山东省社科规划研究项目《〈齐民要术〉研究》（编号：13CWXJ10）、山东省社科规划研究重点项目《山东省重要农业文化遗产调查与保护开发利用研究》（编号：16BZWJ02）的阶段性研究成果。

** 作者简介：孙金荣，山东农业大学文法学院教授、副院长，研究领域为中国古代文学、文化史。

《齐民要术·序》引《孝经》云："用天之道，分地之利，谨身节用，以养父母。"强调用天道、借地利、自律节用、孝养父母。

《齐民要术·耕田第一》引《孟子》云："不违农时，谷不可胜食。"强调不违农时，才能丰衣足食。

《齐民要术·耕田第一》引《氾胜之书》云："凡耕之本，在于趣时，和土，务粪泽，早锄早获。"强调耕种生产的根本要领在于符合时令，墒情适宜，注重施肥与田间管理。

《齐民要术·种谷第三》引《淮南子》云："霜降而树谷，冰泮而求获，欲得食则难矣。"强调依时而作。

《齐民要术·种谷第三》引《淮南子》云："夫日回而月周，时不与人游。故圣人不贵尺璧而重寸阴，时难得而易失也。故禹之趋时也，履遗而不纳（《淮南子》原作"弗取"），冠挂而不顾，非争其先也，而争其得时也。"也特别强调适得其时的重要性。

《齐民要术·耕田第一》引《礼记·月令》曰："孟春之月，天子乃以元日，祈谷于上帝。乃择元辰，天子亲载耒耜，帅三公、九卿、诸侯、大夫，躬耕帝籍。是月也，天气下降，地气上腾，天地同和，草木萌动。命田司，善相丘、陵、阪、险、原、隰，土地所宜，五谷所殖，以教导民。"强调天地同和，草木才能萌动。而人又必须与天地和合，方能五谷丰登。

《齐民要术·伐木第五十五》引《礼记·月令》"孟春之月，禁止伐木。"（郑玄注云："为盛德所在也。"）"孟夏之月，无伐大树。"（逆时气也。）"季夏之月，树木方盛，乃命虞人，入山行木，无为斩伐。"（为其未坚肕也。）"季秋之月，草木黄落，乃伐薪为炭。仲冬之月，日短至，则伐木取竹箭。此其坚成之极时也。"强调根据不同时令季节，树木生长的规律和特点，在树木的生长期不要采伐树木。在树木成熟时落叶，生长期结束时采伐。在树木质地最好的季节采伐。这首先是在强调人对树木的采伐行为要顺应天时，要合乎自然规律。也是强调采伐有节制，才能维持生态平衡，实现可持续利用。

《齐民要术·伐木第五十五》引《孟子》云："斧斤以时入山林，材木不可胜用。"《齐民要术·伐木第五十五》引《淮南子》云："草木未落，斤斧不入山林。"做到斧斤以时入森林，采伐有节制，意在尊重树木的自然本性和生长规律，让其充分生长发育，维护树木的自然生态。这样就可以实现树木的永久可持续利用，做到人与自然和谐并存发展。

《齐民要术·伐木第五十五》引崔寔曰："自正月以终季夏，不可伐木；必生蠹虫。或曰：'其月无壬子日，以上旬伐之。'虽春夏不蠹，犹有剖析间解之害；又犯时令，非急无伐。""十一月，伐竹木。"指出了伐木时令与树木品质的关系，强调根据季节时令变化及树木生长的自然规律适时采伐树木，保证木材品质，合理高效地利用森林资源。其中应有了维护森林生态平衡，尊重树木自然生态的思想。

《齐民要术·种谷第三》引《汉书·食货志》云："鸡、豚、狗、彘，毋失其时，女修蚕织，则五十可以衣帛，七十可以食肉。"强调按时令饲养动物，养蚕织布，才能衣食无忧。

《齐民要术·耕田第一》引《氾胜之书》云："凡耕之本，在于趣时，和土，务粪泽，早锄早获。春冻解，地气始通，土一和解。夏至，天气始暑，阴气始盛，土复解。夏至后九十日，昼夜分，天地气和。以此时耕田，一尔当五，名曰膏泽，皆得时功。春地气通，可耕坚硬强地黑垆土，辄平摩其块以生草，草生复耕之，天有小雨复耕和之，勿令有块以待时。所谓强土尔弱之也。春候地气始通：椓橛木长尺二寸，埋尺，见其二寸；立春后，土块散，上没橛，陈根可拔。此时二十日以后，和气去，即土刚。以时耕，一而当四；和气去耕，四不当一。""得时之和，适地之宜，田虽薄恶，收可亩十石。"认为耕种适时，才能提高效益，获得好收成，均体现天地人和合思想。

《齐民要术》吸收了儒家的"三才之道"。秉承孟子的"天时不如地利，地利不如人和"[①]；荀子的"上得天时，下得地利，中得人和"[②]；"天有其时，地有其财，人有其治，夫是之谓能参"[③]；《易传》天、地、人统一的"三才之道"。强调遵循天时、地宜的自然规律，强调遵循自然规律对农业生产的重要性。

① 《孟子·公孙丑下》。

② 《荀子·富国》。

③ 《荀子·天论》。

（二）《齐民要术》天地人和合思想的理论与实践

《齐民要术·种谷第三》云："人君上因天时，下尽地利，中用人力，是以群生遂长，五谷蕃殖。教民养育六畜，以时种树，务修田畴，滋殖桑麻。肥硗高下，各因其宜。"贾思勰认为必须因天时、尽地利、用人力，作物才能生长、发育、繁盛，充分体现了天地人和合思想。养育六畜、以时种树、修田畴、植桑麻是强调多种经营并存，并协调发展。肥硗高下，各因其宜，是强调种植栽培因地制宜。

《齐民要术·种谷第三》云："凡谷，成熟有早晚，苗秆有高下，收实有多少，质性有强弱，米味有美恶，粒实有息耗。（早熟者，苗短而收多；晚熟者，苗长而收少。强苗者短，黄谷之属是也；弱苗者长，青、白、黑是也。收少者，美而耗；收多者，恶而息也。）地势有良薄，（良田宜种晚，薄田宜种早。良地，非独宜晚，早亦无害，薄地宜早，晚必不成实也。）山泽有异宜。（山田，种强苗以避风霜；泽田，种弱苗以求华实也。）顺天时，量地利，则用力少而成功多。任情返道，劳而无获。（入泉伐木，登山求鱼，手必虚；迎风散水，逆阪走丸，其势难。）""凡春种欲深，宜曳重挞。夏种欲浅，直置自生。（春气冷，生迟，不曳挞则根虚，虽生辄死。夏气热而生速，曳挞遇雨必坚垎。其春泽多者，或亦不须挞；必欲挞者，宜须待白背，湿挞令地坚硬故也。）"

认识到粮食谷物自身的生长习性、特征和规律，品质性状，谷物与地力的关系。成熟早晚、播种早晚与收成的关系。

认识到种植粮食谷物必须尊重自然规律、顺应天时、利用天时。并把农作物种植的时间分为"上时""中时""下时"，见表1。

表1 《齐民要术》作物播种期上中下时表

谷	二月上旬	三月上旬	四月上旬
黍稷	三月上旬	四月上旬	五月上旬
春大豆	二月中旬	三月上旬	四月上旬
小豆	夏至后十日	初伏断手	中伏断手
麻	夏至前十日	夏至	夏至后十日
麻子	三月	四月	五月
大麦	八月中戊社前	下戊前	八月末九月初

续表

小麦	八月上戊社前	中戊前	下戊前
水稻	三月	四月上旬	四月中旬
旱稻	三月半	三月	四月
胡麻	二、三月	四月上旬	五月上旬
瓜	二月上旬	三月上旬	四月上旬

资料来源：王靖轩、张法瑞：《〈齐民要术〉中地主家庭经济管理思想形成背景》，《安徽农业科学》2008 年第 10 期，第 4364 页。

讲地力差异、山泽差异与种植的关系，意在强调人要根据自然与地理条件，因地制宜，从事谷物种植。明确阐明天时、地力、人和的重要性和必要性。如果任由个人性情，违背自然规律，无异于入泉伐木，登山求鱼。强调在尊重自然规律的前提下，发挥人的主观能动性。

《齐民要术·耕田第一》“凡耕高下田，不问春秋，必须燥湿得所为佳。若水旱不调，宁燥不湿。（燥耕虽块，一经得雨，地则粉解，湿耕坚垎）”。“凡秋耕欲深，春夏欲浅。犁欲廉，劳欲再。（犁廉耕细，牛复不疲；再劳地熟，旱亦保泽也）”。

认识到耕作与气候、地温、土壤、水分等的密切关系，以及这些要素与产量的关系。同时，作者还注意到土地生熟硬度与畜力劳作的关系，充满人性色彩。作者将耕作体系，纳入到四时、五行、天、地、人有机结合的整体系统中去研究，具有系统性、科学性和生态文明的光辉。

《齐民要术·种蒜第十九》云：“今并州无大蒜，朝歌取种，一岁之后，还成百子蒜矣，其瓣粗细，正与条中子同。芜菁根，其大如碗口，虽种他州子，一年亦变大。蒜瓣变小，芜菁根变大，二事相反，其理难推。又八月中方得熟，九月中始刈得花子。至于五谷蔬果，与余州早晚不殊，亦一异也。并州豌豆，度井陉以东，山东谷子，入壶关、上党，苗而无实，皆余目所亲见，非信传疑。盖土地之异者也。”

贾思勰注意到大蒜、芜菁种植，因地域不同，而生长状况发生极大差异。认识到差异的根源在于“土地之异”。因此，植物种植要因地制宜，要具体分析，辩证分析，要注意植物生长与自然地理的关系，也就要求我们用联系、辩证的观点去看问题。

《齐民要术·种地黄法》曰：“须黑良田，五遍细耕。三月上旬为上时，中旬为中时，下旬为下时。一亩下种五石，其种还用三月中掘取者；逐犁后如禾麦法下之。至四月末、五月初生苗。讫至八月尽九月初，根成，中染。”“若须留为种者，即在地中勿掘之。待来年三月，取之为种。计一亩可收根三十石。”“有草，锄不限遍数。锄时别作小刃锄，勿使细土覆心。今秋取讫，至来年更不须种，自旅生也。唯须锄之。如此，得四年不要种之，皆余根自出矣。”强调种地除草也要遵循时令和自然规律。

《齐民要术·养牛、马、驴、骡第五十六》云：“服牛乘马，量其力能；寒温饮饲，适其天性。”

强调牲畜的使用要量力而行，牲畜的饲养要注重其自然本性。

《齐民要术·养猪第五十八》曰：“春夏草生，随时放牧。（糟糠之属，当日别与。糟糠经夏辄败，不中停故。）八、九、十月，放而不饲。所有糟糠，则蓄待穷冬春初。（猪性甚便水生之草，杷耧水藻等令近岸，猪则食之，皆肥）”。

《齐民要术·养鸡第五十九》引《家政法》曰：“养鸡法：二月先耕一亩作田，秫粥洒之，刈生茅覆上，自生白虫。便买黄雌鸡十只，雄一只。于地上作屋，方广丈五，于屋下悬箦，令鸡宿上。并作鸡笼，悬中。夏月盛昼，鸡当还屋下息。并于园中筑作小屋，覆鸡得养子，乌不得就。”

这两段文字，指出利用动植物之间的生态关系和食物链关系，力求较少的物质投入和较多的物质产出，达到生产系统整体优化。主张生物能量的循环利用和层级优化。对于我们今天发展循环经济、立体农业、生态农业，具有理论和实践价值。

贾思勰《齐民要术》将传统天地人思想加以借鉴、思考，并在农业生产中不断总结、具体运用，是中国文化思想史、农业史的宝贵资源。

《齐民要术》在种植、养殖、食品加工、酿造等诸多方面，都蕴涵着天地人和合思想。

“三才”理论是从农业推广应用到政治、军事、经济、文化（如哲学、文学、艺术）等各个领域中去。

二　《齐民要术》天地人和合思想的文化渊源

天地人和合思想是中华传统农业的指导思想，是中国传统文化中一个古老的哲学命题。《周易》将天、地与人并称三才，所谓“天地一大生命，人身一小天地”。《周易正义卷第八·系辞下》云：“《易》之为书也，广大悉备。有天道焉，有人道焉，有地道焉。兼三材而两之，故六。六者非它也，三材之道也。”[①] 说卦云：“立天之道曰阴与阳，立地之道曰柔与刚，立人之道曰仁与义，兼三才而两之。”才与材通。郑注：“材，道也。”三才即天道、人道、地道。“三才”指天、地、人，或天道、地道、人道的关系。三材即三才，把宇宙万物归纳成既相互制约又相互依存和统一的三大系统。借天道明人事，认识到人与自然界的相通、相融与统一。反对将人类和自然对立起来。

《说文解字》云：“元气初分，轻清阳为天，重浊阴为地。万物所陈列也。”《白虎通》：“地者，易也。言养万物怀任交易变化也。”《释名》：“地，底也，其体底下，载万物也。”

《礼记·礼运》云：“人者，天地之德，阴阳之交，鬼神之会，五行之秀气也。”《说文解字》云：“人，天地之性最贵者也。”

在上古的宗教天命观中已孕育着天地人和合思想。甲骨文中的“天”字是一个大头人的形象，作“大”或“上”解，用以表示人之顶巅。约在殷商末年至西周初年，“天”又被用来指称人们头顶上的苍天。因苍天被认为是至高无上的神的住所，所以“天”又成为至上神的代称。西周初年“天”已逐渐代替殷人的“帝”（拥有主宰人间吉凶祸福，具有至高无上的权威的神）的称呼。“天”和“人”作为相互对应的概念也同时出现在当时的文献中。“天”通过龟卜向人间发号施令，赐福降祸，于是就产生了人们对“天”的敬畏。《诗经·周颂·我将》云：“我将我享，维羊维牛，维天其右之。……我其夙夜，畏天之威，于时保之。”通过用烹调好的牛羊，祭祀天帝，祈求上帝保佑并给予好的运道。要日夜祭祀祈祷，崇敬天威、尊奉天道，这样才能保有天下。《诗经·大雅·烝民》云：“天生烝民，有物有则。民之秉彝，好是懿德。天监有周，昭假于下，保兹天子，生仲山甫。”上天生下芸芸众生，万事万物都有自己生存变化的法则。人之禀赋、常理，天生具有向善的美德。上帝观察我周朝，周王虔诚地祈祷降神，为保佑天子中兴，生下仲山甫以辅佐天子。一方面肯定天人一体，万物有自在的规律，另一方面又肯定上天的主宰与神圣，人对天的敬畏与服从。《尚书·大诰》

① （清）阮元校刻：《十三经注疏·周易正义卷第八·系辞下》，中华书局，1980，第90页。

云："予不敢闭于天降威，用宁王遗我大宝龟，绍天明。"周公在上天降大灾难的时候不敢把他闭藏着，只有用文王遗留下来的大宝龟，卜问天命。宗教天命的浓重色彩，贯穿在天人关系中。

西周晚期，史伯阳用天地阴阳二气的失序来解释地震的产生问题（《国语·周语上》）春秋时期，又出现了"天有六气"，地有"五行"的理论学说（《左传·昭公元年》、《国语·周语上》）。作为具有客观物质属性的"气""五行"成为"天"的重要内涵，原来神化的"天"向物化的"天"过度。人们对"天"的理解逐日趋多元化。如：自然之天、神性之天、理念之天、本然之天、命运之天等等的理解和认知并存。对"天人关系"的论述也不尽相同。

对天、地、人之间的关系的论述虽有差异，但有一个基本事实就是，至春秋战国时期，天地与人之间的关系逐渐趋向或纯化为自然与人的关系。[①]

《吕氏春秋·情欲》云"人与天地同"。《乐记》中说："天地顺而四时当，民有德而五谷昌"。

《周易·干卦》云："夫大人者，与天地合其德，与日月合其明，与四时合其序，与鬼神合其吉凶。先天而天弗违，后天而奉天时。"强调人与自然要相互适应，相互协调。

《周易·象传》云："辅相天地。"《周易·系辞上传》云："范围天地之化而不过，曲成万物而不遗，通乎昼夜之道而知。""辅相""范围""曲成"，即调整辅助之义。强调人与天地自然的协调共存。

《吕氏春秋·审时》云"夫稼，为之者人也，生之者地也，养之者天也。"阐明了天、地、人三才对农业生产缺一不可的关系。

《老子》二十五章云："有物混成，先天地生。寂兮寥兮，独立不改，周行而不殆，可以为天下母。吾不知其名，字之曰道，强为之名曰大。大曰逝，逝曰远，远曰反。故道大，天大，地大，人亦大。域中有四大，而人居其一焉。人法地，地法天，天法道，道法自然。"那个混然而生的，无名无形的"道"，就是天地万物的本源。并且认识到那个"道""周行而不殆"的自然运行规律。就域中"四大"的生存法则和依存关系看，人取法地，

① 孙金荣等：《中国传统文化与当代文化构建》，中国农业出版社，2010，第27页。

地取法天，天取法道，道是四大中居最高位者，但“道”并不发号施令，道纯任自然，道因任自然，道自然而然地体现着自己的无穷造化。王弼在《老子道德经注》中解释：“法，谓法则也。人不违地，乃得全安，法地也。地不违天，乃得全载，法天也。天不违道，乃得全覆，法道也。道不违自然，乃得其性，法自然也。法自然者，在方而法方，在圆而法圆，与自然无所违也。自然者，无称之言，无极之辞也。用智不及无知，而形魄不及精象，精象不计无形，有仪不及无仪，故转相法也。道法自然，天故资焉。天法于道，地故则焉。地法于天，人故象焉。”老子强调道的本体、本源属性，强调道对天地人的作用，强调道的自然而然状态。强调人的所作所为要合乎道的真精神，人的活动要与天地自然和谐统一。老子对自然万物的起源与发展的探索尽管是宏观体悟而非微观实证，但在中国自然科学与哲学的发展史上的意义却是重大的。[①]

《庄子·齐物论》云：“天地与我并生，而万物与我为一。”[②] 老庄的“天人合一”思想蕴涵了科学的和谐的自然观、人生观、价值观，对后世的生态文明建设有着重要意义。

《管子·形势解》云：“天生四时，地生万财，以养万物而无取焉。明主配天地者也，教民以时，劝之以耕织，以厚民养，而不伐其功，不私其利。”

《管子·禁藏》云：“顺天之时，约地之宜，忠人之和，故风雨时，五谷实，草木美多，六畜蕃息，国富兵强。”

《吕氏春秋·审时》云：“夫稼，为之者人也，生之者地也，养之者天也。”

《淮南子·主术训》云：“上因天时，下尽地利，中用人力。”

上述都认识到天地生养万物而不取的大道厚德，认识到统治者顺应四时，厚养万民的意义。认识到自然环境和人对天地自然的有效利用，对农业生产的发展，国家的强盛，具有重要意义。

《荀子·王制》云：“草木荣华滋硕之时，则斤斧不入山林，不夭其生，不绝其长也；鼋鼍、鱼鳖、鳅鳝孕别之时，网罟、毒药不入泽，不夭其生，

① 孙金荣等：《中国传统文化与当代文化构建》，中国农业出版社，2010，第75页。

② 陈鼓应注译《庄子今注今译》，中华书局，1983。

不绝其长也。春耕、夏耘、秋收、冬藏，四者不失其时，故五谷不绝而百姓有余食也；洿池渊沼川泽，谨其时禁，故鱼鳖尤多而百姓有余用也；斩伐养长不失其时，故山林不童而百姓有余用也。”形成生产与收获依时而作、注重生态平衡、资源合理开发、资源再生、农业持续发展等思想。其中，关于种植、饮食与农时的关系表达得非常清楚。

《春秋繁露·深察名号》云：“天生之，地养之，人成之，天生之以孝悌，地养之以衣食，人成之以礼乐，三者相为手足，合以成体，不可一无也，天人之际，合而为一。”董仲舒认为天、地、人的地位功用不同，但它们相通、相融，合而为一。

天地人和合，是中国传统文化的精髓。中国古代文化为什么重视天地人？因为文化的形成发展与人的生存发展息息相关。中国的传统农业文化也就构成了中国传统文化的基础元素，而天地人和合是动植物生长发育和人类生存的重要条件。因此，《齐民要术》等农书继承、发展、运用天地人和合思想也就不足为奇了。

三　《齐民要术》天地人和合思想的文化意义①

天地人和合思想是中国传统文化的精髓。在上古的宗教天命观中已孕育着天地人和合思想。贾思勰《齐民要术》继承传统天地人和合思想，并在农业生产的理论与实践中总结、运用、推广、发展。其中，顺天应时、因地制宜，合理种植与养殖等思想，是中国文化史、农业史的宝贵思想文化资源。对后世的农业科技思想、农业生产的理论与实践产生了积极影响，对现代农业生态文明发展有着重要意义。

（一）《齐民要术》天地人和合思想对后世的农业科技思想和农业生产实践产生了重要影响

后世农业科技图书在农业生产技术方面对《齐民要术》有着多方面的继承。如：

陈旉《农书·天时之宜篇》云：“农事必知天地时宜，则生之、蓄之、

① 孙金荣：《齐民要术研究》，中国农业出版社，2015，第159页。

长之、育之、成之、熟之，无不遂矣。”“顺天地时利之宜，识阴阳消长之理，则百谷之成，斯可必矣。”[①] 强调农业生产只有顺应天时，认识天地阴阳之理，万物才能成长。陈旉《农书·天时之宜》篇与另两篇《农书·地势之宜》篇和《农书·耕耘之宜》篇通而观之，明显地体现出对《齐民要术》天地人和合思想的继承。

徐光启《农政全书·农事·营治上》云：“《齐民要术》云：凡春种欲深，宜曳重挞。(春气冷，生迟，不曳挞则根虚，虽生辄死。虽生夏气热而速，曳挞遇雨必坚垎。其春泽多者，或亦不须挞。必欲挞者，宜须待白背，湿挞令地坚硬也。)”[②]

《农政全书·树艺·谷部》云：“《齐民要术》曰：春种大豆，次稙谷之后。二月中旬为上时，（一亩用子八升。）三月上旬为中时，（一亩用子一斗。）四月上旬为下时，（一亩用子一斗二升。）岁宜晚者，五、六月亦得。然稍晚稍加种子。”

《农政全书·树艺·谷部》云：“《齐民要术》曰：种瞿麦，以伏为时。(一名地面。良地一亩，用子五升，薄田三四升。）亩收十石。”

《农政全书·树艺·谷部》云：“《齐民要术》曰：胡麻宜白地种。二三月为上时，四月上旬为中时，五月上旬为下时。（月半前种者，实多而成；月半后种者，少子而多秕也。)”

《农政全书·树艺·瓜部》云：“《齐民要术》曰：芋种宜软白沙地，近水为善。”

《农政全书·种植·种法》云：“《齐民要术》曰：凡伐木，四月、七月则不虫而坚肕。榆荚下，桑椹落，亦其时也。然则凡木有子实者，候其子实将熟，皆其时也。(非时者，虫蛀且脆也。)”

《农政全书·种植·木部》云：“《齐民要术》曰：棠熟时，收种之。否则春月移栽。八月初，天晴时，摘叶薄布，晒令干，可以染绛。(必候天晴时，少摘叶，干之；复更摘。慎勿顿收：若遇阴雨则浥，浥不堪染绛也。)”

《齐民要术》农业生产技术思想不仅在理论上被后世借鉴、传承，并且

① 陈旉：《农书》,《知不足斋丛书》本。

② 徐光启：《农政全书》，明上海徐光启原本。

在农业生产实践中被广泛地运用着。

（二）《齐民要术》天地人和合思想对现代农业生态文明有着重要意义

《齐民要术》讲作物种植时，强调根据时令、地力、干湿等自然条件的不同，确定播种数量。这些人与自然和合的种植方法在今天的农作物种植中被广泛地借鉴并应用。

《齐民要术》继承先秦孟子、荀子等先贤的生态伦理思想，强调斤斧依时入山林，春耕、夏耘、秋收、冬藏，不失其时，而百姓有余用。这些思想对警示今天对森林的乱砍滥伐，对土地资源的贪婪地采挖、开垦、耕种等，都有积极的现实意义。

《齐民要术》利用动植物之间的生态关系和食物链关系，追求生产系统整体优化。主张生物能量的循环利用和层级优化。对于我们今天发展循环经济、立体农业、生态农业，具有现实意义。

《齐民要术》在提倡开辟肥源、栽培绿肥，防治病虫害，探讨植物的遗传、驯化和变异，人工选择、人工杂交和定向培育，繁殖、生长和改良品种等诸多方面都体现出自然辩证思维和科学的农业生态观。

在当今全球人口、资源、环境矛盾日益突出，其中人口与土地资源和环境的矛盾尤为突出的形势下，中国传统文化中蕴涵的丰富的环境伦理思想，《齐民要术》中的人为与天地自然和合的思想极具现实意义。世界诸多科学家的目光聚焦于生态学。诸多中外学者认为现代生态学的哲学基础应追溯到中国传统哲学，现代西方学者也承认世界上最早的环保理论在中国，那就是天地人合一。现代西方环境伦理学的形成、发展，就直接汲取了中国哲学中环境伦理思想的精华。一百多年前，恩格斯在《自然辩证法·劳动在从猿到人转变过程中的作用》一文中就曾告诫人类："我们不要过分陶醉于我们对自然界的胜利。对于每一次这样的胜利，自然界都报复了我们。"[①] 法国著名环境伦理学家阿尔贝特·史怀泽（A. Schweitzer）盛赞中国古代哲学"通过简单的思想建立与世界的精神关系，并在生活中证实与他合一的存在"，"奇迹般深刻的直接精神，

① 《马克思恩格斯选集》第3卷，人民出版社，1972，第517页。

是最丰富和无所不包的哲学。”[①] 天地人和合思想，对于解决现代社会面临的农业环境问题、环境伦理问题、可持续发展问题等，具有重要意义。

今天，环境形势依然严峻。人口的膨胀、生存空间的相对缩小、工业的发展、产品的加工与储存、农药、汽车尾气、噪声、矿产的过度开采、森林的乱砍滥伐、对土地资源贪婪地采挖开垦耕种、工商农牧渔间的矛盾、核威胁、核辐射、工业污染等问题均对传统的农业生态环境和文化生态环境造成破坏，但新型的现代农业农村文明和工业文明又没有很好地建立起来。随着工业化、农业产业化和现代化进程的加快，必须是科学技术、行政手段、经济手段、经营模式、文化宣传、生态意识、环保措施、环保设施并行发展。牢固树立生态文化观，真正做到物质与精神、经济与文化的协调发展，促进经济与社会的全面进步和持续、持久发展。可持续发展思想，为人类重新认识赖以生存的环境，科学、有效、合理地利用环境资源，提供了更广阔的思维和视野。弘扬传统文化及《齐民要术》天、地、人和合思想，维护农业生态平衡、生态文明，人类才能更好地生存与发展。

今天，我们注重天地自然与人文的和合，构建起自然与人文环境的整体观、系统观、伦理观，以维护自然环境与人文环境的整体性、平衡性和可持续发展。我们必须确立人与自然和谐共处的整体观。确保自然生态尤其是农业生态的整体性、规律性，世间万物才会拥有一个自然生态和谐的家园，人类也会有一个健康的生存基础。

天、地、人和谐，构建农业生态文明家园是必要的，也是美好的。借鉴中国传统文化及《齐民要术》中的天地人和合思想，创建面向现代与未来的，适合中国国情的环境伦理学、农业生态学，有效地解决中国当代农业可持续发展问题，构建自然生态文明与人文生态文明和谐并行的家园，实现自然、社会、人类的健康、全面、和谐、可持续地发展，是一项具有理论意义和实践价值的重大课题。

（2017年9月“中国草学会农业伦理学委员会”成立大会暨
“农业伦理学与农业可持续发展”学术研讨会会议论文）

① 〔法〕阿尔贝特·史怀泽：《敬畏生命》，上海社会科学出版社，1992，第23页。

农业文化遗产的内涵及保护中应注意把握的八组关系

王思明*

一　什么是农业文化遗产?

所谓遗产指的是前人留下来的有一定价值的东西。当传统农业仍然是一种主流生产方式而处处皆有、普遍存在时，它是一种“正在进行时”，不会被作为一种“文化遗产”受到关注。只是在经济转型或传统农业逐渐为现代农业所取代之时，它的流失与价值才开始为人们所重视，继而有了“农业文化遗产”的概念。①

在国际上引发人们对农业文化遗产关注的是2002年启动的联合国粮农组织（FAO）全球重要农业文化遗产（GIAHS）计划。迄今，13个国家的32个项目已被选列这一名录。其中中国占了1/3（11个）。

然而，在世界遗产体系中，农业文化遗产是一个新的概念和新兴事业，什么是农业遗产，如何保护，存在诸多理论上和实践中的争议，需要深入探讨。联合国粮农组织（FAO）关于“全球重要农业遗产”（Globally Important Agricultural Heritage System，简称GIAHS）的概念是这样的：

“GIAHS is remarkable land use systems and landscapes which are rich in

* 作者简介：王思明，南京农业大学教授，科学技术史学科首席专家，中华农业文明研究院院长，研究领域为农业史、农业科技史。

① 王思明：《农史研究：回顾与展望》，《新华文摘》2003年第3期。

globally significant biological diversity evolving from the co – adaptation of a community with its environment and its needs and aspirations for sustainable development. ”①

它强调的是“农业生产系统、生物多样性和生态可持续发展”。可见，GIAHS的概念是一个项目遴选的概念，侧重农业生产系统，许多静态的、产前、产后的农业遗产，非生产性农业遗产不在其关注之列。这是可以理解的。因为任何项目遴选都需设定有限目标，具有可操作性。但这不代表它就是农业文化遗产的完整概念。例如，中国重要农业古籍《齐民要术》《王祯农书》等（如中华农业文明研究院收存的中国现存最早古农书《齐民要术》，被列为国家古籍珍本，属国宝级文物，当然属于农业文化遗产）；农产品利用与加工环节农业遗产；河姆渡等重要农业遗址，等等。河姆渡遗址等虽然早已失去了农业生产功能，但其文化遗产价值今天仍受到社会的广泛关注，每年都有成千上万的人前往参观，成为人们了解中华农业文明的重要窗口，当然是应当珍视的农业文化遗产。不能因为它不再具有生产功能就断定它不是农业文化遗产。

在农业文化遗产保护中不知农业遗产到底包括些什么，保护工作必然失去保护的依据，引发理论和实践中的混乱。事实上，因所处位置不同、职责任务不同，各职能部门对于文化遗产的视野和理解也各不相同。例如国家文物局关注的是珍贵文物，很多农业生产的东西还上升不到文物的层次；文化部因职责关系，更关注非物质文化遗产，如文学、音乐、美术、图书等，当然就包括重要的农业古籍；住建部也关注历史文化名村或传统村落，但它更重视古民居、古祠堂、古桥、古井等不可移动建筑遗产；水利部关注水利工程遗产；国家林业局关注林业遗产；农业部自然更关注农业文化遗产，但它更侧重农业生产系统的农业遗产。显然，我们不能依据部门关注点不同来界定农业遗产，而应根据其本质属性来进行界定。那么，一个完整和科学的农业文化遗产概念应该包括些什么呢？我们看看几位农业文化遗产学研究的前辈是如何界定的。

① 见GIAHS官网：http：//www. fao. org/giahs/giahs/pt/。

中国农史事业的开创者之一万国鼎先生①认为："祖国农业遗产，一方面固然必须充分掌握古农书和其他书籍上的有关资料（有时还须兼及考古学上的发现），同时必须广泛而深入地调查研究那些世代流传在农民实践中的经验和实践后获得的成就。"（见《万国鼎文集》"祖国丰富的农学遗产"）在万先生的理解中，农业遗产既包括古代农业文献、考古发掘材料，也包括农民长期实践中积累的经验。在这一思想观念的影响下，中国农业遗产研究室陈恒力先生与其助手王达多次深入杭嘉湖地区，将古农书研究与该农书所反映地区的实地调查相结合，撰写了专著《补农书研究》。1958年初版后多次再版，至今仍是研究明清农学史、经济史和江南地方史必读的参考书。

北京农学院王毓瑚先生②认为："通过整理，我们不但要确定我国劳动人民在农业生产理论和技术上的各种成就，以及各种发现和发明的时代，而且更重要的是要尽量发掘出现在仍然具有现实价值的思想和工作方法。"（《关于整理祖国农业学术遗产问题的初步意见》）。王先生不仅关注古代农业理论和技术发明，也关注其现代价值与传承。

华南农学院梁家勉先生③将农业遗产划分为3个大类，即：文献类（包括谣谚）；实物类（生物与文物）；传统操作类（生产技术），显然包括了众多农业的物质与非物质文化遗产。

西北农学院石声汉先生④对农业遗产体系做过最深入系统的思考，曾专门撰写《中国农业遗产要略》一书。他认为农业遗产既包括理论知识，也包括实践经验，既包括静态遗产，也包括活态经验。他将农业遗产划分为

① 万国鼎，江苏武进人，中国农史学科主要开创者之一。曾任金陵大学教授，中国农业科学院—南京农学院中国农业遗产研究室首任主任。终生致力于农业历史与农业遗产研究，创建了中国第一个农史研究室，编辑整理《先农集成》4000余万字，创办了中国最早的农史研究刊物《中国农业遗产研究集刊》和《农史研究集刊》。代表作有《中国历史纪年表》《中国田制史》《中国农学史》《万国鼎文集》等。

② 王毓瑚，中国农史学科主要奠基人之一。曾任复旦大学教授、北京大学教授和北京农学院教授、图书馆馆长。代表作有《中国农学书录》《中国畜牧史料集》等。

③ 梁家勉，中国农史学科主要奠基人之一。曾任华南农学院教授、图书馆馆长。创建华南农学院农业遗产研究室。代表作有《中国农业科技史稿》（主编）等。

④ 石声汉，中国农史学科主要奠基人之一。曾任武汉大学教授、西北农学院教授、古农学研究室主任。代表作有《齐民要术校注》《农政全书校注》《氾胜之书辑释》等15种。

“具体物质”和“技术方法”两大类，其下又分利用自然、驯养动物、栽培植物、农业工具和土地利用等5个子类。农业部1958年组织大规模农谚收集工作，将搜集的10万余条农谚整理后编成《中国农谚》三册由中国农业出版社出版，说明对民间口口相传的农业遗产的重视。

从国际上看，“文化遗产”也是一个不断扩展的概念。“遗产”最初指前人留下的“有形遗产”，今天则扩展为历经长期积淀，代代相传的生活传统、特征及品质，物质形态和非物质形态的综合体系（Collins Dictionary）。1972年公布的“保护世界文化和自然遗产公约”将世界遗产划分为自然遗产、文化遗产及自然与文化混合体三种类型。1992年联合国教科文组织又将“文化景观遗产”纳入世界遗产名录。同年，教科文组织又启动了一个旨在抢救和保护珍贵历史文献记录的“世界记忆文献遗产”（也称“世界记忆工程”），作为世界文化遗产的延伸。1998年，联合国教科文组织通过决议设立“非物质文化遗产”评选，将以前为人们所忽视的民间技艺、经验、表演等非物质文化遗产内容纳入保护范围，作为与物质文化遗产并列的世界遗产名录。1998年奥地利塞默林铁路、印度大吉岭喜马拉雅铁路被列入世界遗产名录，又延伸出一个具有旅游开发价值的“线性文化遗产”类型。2002年，联合国粮农组织、开发计划署和全球环境基金启动“全球重要农业遗产”项目（GIAHS）。2009年，湿地国际联盟设立“湿地遗产”项目，启动将湿地纳入世界遗产名录的战略。①

可见，人们对文化遗产的认识和理解是在不断延伸和扩展的。农业生产的复合性与交叉性也自然反映到农业文化遗产的界定，在多种其他类型文化遗产中发现其身影自然就不足为怪了。例如已经被纳入世界文化遗产名录的都江堰，其本质就是一个农田水利工程；皖南古村落、福建土楼就是农民生产生活聚集之地；云南红河哈尼梯田，其本质上就是一种传统农业的生产和生活方式。它们既是世界文化遗产，同时也是农业文化遗产，因为这些文化遗产本质上是以农耕文化为特征而存在的。虽然它们被分别列入不同的遗产名录，但并不能改变其农业遗产的本质。在中国传统村落保护的过程中人们的认知也在不断深化。起初人们将传统村落归入物质文化遗产保护范畴，侧

① 李明、王思明：《农业文化遗产学》，南京大学出版社，2015。

重古建筑，由住建部负责实施。但这样的结果是保护了乡土建筑，忽略了村落灵魂的精神文化内涵，使得乡居徒具空壳，形存实亡。后来认识到传统村落具有物质与非物质文化融合的特点，必须实施综合保护，住建部、文化部、国家文物局和财政部组建了联席会议，共同遴选和实施传统村落的保护工作。

人类的农、林、牧、渔活动是一个经济再生产与自然再生产相互融合的过程，不仅要考虑人和经济的因素，也必须考虑自然环境的因素。完整的农业文化遗产应该是一个“五位一体”的复合系统。既包括农业生产的主体（农民）、农业生产的对象（土地）、农业生产的方式方法（技术）、农业生产的组织管理（政策与制度）及农业生产依托的生态环境。

完整的农业文化遗产的概念是什么？

农业文化遗产是人类文化遗产的重要组成部分，是历史时期人类农事活动发明创造、积累传承的，具有历史、科学和人文价值的物质与非物质文化的综合体系。这里说的农业是“大农业”的概念，既包括农耕，也包括畜牧业、林业和渔业；既包括农业生产的过程，也包括经过人工干预的农业生产环境条件、农产品加工及民俗民风。

就具体内容构成来说，农业文化遗产可分为10个大类：既包括有形物质遗产（具体实物），也包括无形非物质遗产（技术方法），还包括农业物质与非物质遗产相互融合的形态。

（1）农业物种。包括历史时期培育的农作物品种和驯养的动物品种等。例如中国农科院建立了国家种质资源库，收存了作物种质36万份。这些种质已提供育种和生产利用5万份次，3389份得到有效利用。其已成为中国农业创新和可持续发展的重要资源。

（2）农业遗址。体现农业起源及农耕文明历史进程的重要考古遗存，如江西万年仙人洞、湖南道县玉蟾岩、浙江河姆渡遗址，等等。

（3）农业技术方法。如浙江青田稻田养鱼系统、贵州从江稻—鱼—鸭系统，江南桑基鱼塘、果基鱼塘等多种有机农业和生态农业技术体系。

（4）农业工具与器械。世界最早的畜力条播机耧车、农田灌溉工具龙骨水车，等等。

（5）农业工程。如已经入列世界文化遗产的都江堰水利工程，新疆坎儿井，等等。

（6）农业聚落。如已经入列世界文化遗产的皖南村落、福建土楼等。

（7）农业景观。因农业生产活动长期积淀形成的独特人文与自然结合的景观，如已经入列世界文化遗产和全球重要农业文化遗产的云南红河哈尼梯田、江西婺源和江苏兴化垛田等。

（8）农业特产。具有长期历史传承和地域特色的农产品及加工农产品。相当一部分中国地理标志产品大多属于这一类。

（9）农业文献。既包括古代农书，也包括涉及农业的文书、笔记、档案、碑刻等。

（10）农业制度与民俗。长期传承的成文农业制度，不成文习惯等民风民俗。包括与农事活动有关的村规民约、农业节庆、民间艺术、农业信仰等。

二　保护中应注意把握的八组关系

因为农业文化遗产的广布性、复合性、交叉性、分散性以及弱质性等特点决定了农业文化遗产保护必须是一个系统工程，需要政府、农民、社会、市场及学术界方方面面的共同努力。因为农业文化遗产保护的复杂性和地域性，不可能有一试百灵的灵丹妙药。要因时而变，因地制宜。在农业遗产保护过程中应特别注意把握以下八组关系。

1. 传统农业与现代农业的关系

传统农业与现代农业的关系仅仅是时间序列上的先后关系，而非正确与错误、先进与落后的关系。孔夫子生活在两千年前，然而孔子的许多话在今天仍然是我们尊奉的至理名言。长沙马王堆汉墓出土的素纱禅衣重仅 49 克，相关专业机构花 20 年时间复制一件，结果仍比原来的重 0.5 克。我国第一个诺贝尔科学奖获得者屠呦呦称其获奖是中医药对世界文明的贡献，因为其灵感和实践得益于中国医药古籍东晋葛洪的《肘后备急方》。

因为农业生产既是经济再生产，也是自然再生产，对环境气候的依赖性影响了技术的适用性，并非最新的、最现代的技术就是最好的，适宜的技术才是最好的技术。19 世纪，美国“西进运动”中农业大规模开发，仅仅经历数十年时间，大平原就出现大面积地力衰竭的现象，20 世纪初席卷北美大陆的“尘暴”（Dustbowl）频现，昔日“农场主的天堂”成为农夫伤心之地。[①]

为什么中国的农田连续耕种了上万年，地力不仅没有减退，反而越种越肥沃？1909 年，美国国家土壤局局长富兰克林·金（Franklin H. King）带着这些疑问专程来东亚，花了 9 个月的时间考察中国、日本和朝鲜的农业，撰写了影响广泛的专著《四千年的农民》（*Farmers of Forty Centuries*），倡导美国农民向中国农民学习。[②] 美国“可持续农业先驱”罗戴尔[③]（J. I. Rodale）也认为世界农业的可持续发展可以从中国传统农业汲取智慧。

农业文化遗产保护并非要阻止人类现代化进程或用传统农业取代现代农业，而是希望传承中国传统农业中天、地、人、稼和谐统一，可持续发展的理念和一些经千百年证明与自然和谐的有机农业和生态农业技术。事实上，具有地理标志品牌的农产品有相当多一部分是传统优质农业品种，它们具有很旺盛的市场需求和竞争能力，应当好好挖掘和利用。全球重要农业文化遗产浙江青田龙现村的“田鱼”、云南的普洱茶价格比同类农产品高得多，但市场上仍供不应求。传统不等于落后。实际上，注重保护生态环境，处处都是绿水青山；善于挖掘农业文化遗产，就是寻觅金山银山。

2. 农业遗产保护与农民利益的关系

农业遗产的创造者和传承者是农民，保护主体是农民，遗产保护必须调动农民的积极性。农业文化遗产保护的目的是为了传承千百年积淀的文化传统，在保护中促进农业健康发展，增进经济、社会与生态的和谐。保护农业遗产的目的是让农民经济上可持续，精神上愉悦，文化上感到自豪，而不是相反。那种完全不顾农民经济需求和感受，单纯为保护而保护的做法是不可取的。我们没有理由限制农民迁徙的自由，把农民羁留在农村；我们也没有理由自己在城市享受现代化生活设施的同时，要求农民一成不变地保留原来的生产和生活设施。我们应该做的是支持和帮助农民挖掘其传统文化资源及

① 王思明：《中美农业发展比较研究》，中国农业科技出版社，1999。

② Franklin H. King, *Farmers of Forty Centuries or Permanent Agriculture in China, Korean and Japan*, 1911.

③ Jerome I. Rodale（1898—1971），美国有机农业和可持续农业发展的先驱。1940 年创建“罗戴尔有机园艺实验农场”。1942 年创建罗戴尔出版社，出版《有机园艺》杂志，对世界可持续农业发展产生重要影响。

生态环境的优势，通过发展特色农产品生产、农业旅游、乡村旅游、休闲和生态旅游等方式，发展经济，保护环境，传承文化。让他们过上富裕、和谐、可持续的生活。

挖掘传统农业文化遗产的魅力，努力发展农业旅游、乡村旅游是带动农村发展，增加农民收入的有效方式，值得认真探索。例如被誉为“太湖第一古村落”的江苏苏州陆巷村是一个有近千年历史的古村落，至今保存完好的明清建筑有30余处。全村1500多户农民都积极参与古村落保护，也分享古村落保护的利益，成为远近闻名的最美乡村旅游地，达到了村民同保、共建、共享的目的。贵州石阡县坪山乡尧上村，是一个仡佬族占80%的少数民族村寨。因为这里水清如镜、风景如画的自然环境和独特的民族风情，近年来生态旅游日趋活跃。刚开始搞乡村旅游的时候，村里也曾考虑争取外地人投资带动旅游发展，但发现这种模式不利于村民共享共富，因此，他们决定依靠村民自己的智慧和力量。村里成立了涵盖110户300多人的尧上旅游协会，现拥有集体资产300多万元。通过门面房出租、运营石阡至尧上中巴车等，旅游协会2014年盈利70多万元，其中10%的利润返还给入股村民，其余用来发展基础设施建设，利益共享模式让尧上村寨旅游越发红火。如今，拥有90%森林覆盖率、仡佬族文化浓郁的尧上村寨，不管是清晨还是傍晚，都游人如织、热闹非凡，年接待游客超50万人、人均年收入2万元，昔日赤贫的民族村寨变成了富裕的“尧上”。①

然而，也有许多地方，一味追求经济利益，以牺牲农民利益为代价大力推动乡村旅游。其中公司化运作是一种司空见惯的方式。如山东朱家峪村，将农民赶离村庄，异地居住，整个村庄变成“没有村民的村庄”。河南方顶村也将农民迁出，由公司来经营。然而，公司化运营和“假农民”虽然可能获取可观经济利益，但严重背离了农业遗产保护的初衷和目的。

是不是公司和社会资本就不能进入传统村落保护领域呢？当然不是，在资金缺乏的情况下，多渠道筹集社会资金开展农业文化遗产保护是应当鼓励和支持的，甚至不排除对一些已经完全被废弃的、有价值的古村落通过社会

---

① 李平、罗羽：《从“窑上”到“尧上”：一个仡佬族村寨的旅游致富路》，新华网，2015年11月30日，http://www.xinhuanet.com/fortune/2015-11/30/C_1117304434.htm。

化筹资进行抢救和保护，但前提是要尊重农民的选择，鼓励农民的参与，不损害农民的利益。

为确保农业文化遗产保护过程中关注农民的利益，还需要建立一些稳定的制度和机制，明确农业遗产资源的所有权、使用权、处分权和收益权，只有在产权明晰的情况下，农民的利益才有望得到有效的保护，避免他人随意的剥夺、征用和侵占，农民能够真正共享文化遗产保护的利益。

3. 生产生态功能与文化功能的关系

农业遗产的价值和魅力在于其千百年来孕育的生产功能、生活功能和文化功能的统一。传统文化与民间习俗建筑在传统生产方式和生活方式基础之上。2015 年美国 CNN（美国有线电视新闻网）评选出“中国最美 40 景”，其中排列第一的是具有 900 年历史、依水而建的安徽皖南宏村，入选的还有江西婺源、浙江云和梯田的乡村美景。这些乡村美景共同的特点是依托于青山绿水，历史悠久，农业生产功能、生态功能、生活功能与文化功能和谐统一。

是不是说凡是属于传统文化的东西就一点不能动、一点不能变化呢？当然不是，传统文化本身就是千百年来不断变化的结果。时移境迁，没有不变的东西。贵州石阡县仡佬族山寨尧上村村民，由最初采集渔猎到烧窑制陶，再到种稻捕蛇，一直在因地制宜，因时而变。近年随着乡村旅游的发展大多数人已经开始经营农家乐和民宿。但他们珍视自己的生态环境和民族文化。每年农历二月初一他们都要举办传统的“敬雀节”，全国各地有数万游客前来观赏这一奇特的节庆，而“敬雀节”与仡佬族的传统生产方式、生态环境、生活方式及民族习俗是互为一体、密不可分的。

沧海桑田，昔日传统农区如果已经或部分城镇化了，就不可能恢复到从前。保护的关键是要重视传统文化资源的价值，再与时俱进、因地制宜地进行保护和利用。第一、第二届世界互联网大会均在江南水乡浙江绍兴乌镇举行。这里传统农村小镇的传统，因旅游业的发展也增添了诸多现代生活的元素。保护与利用工作的方式与措施当然也会有所变化。事实上，这里虽有不少星级酒店，但价格最高的还是清末民初留存至今的民居装修的四大行馆，最受欢迎的还是以传统民居改造、经济实惠的众多民宿。可见，对农业遗产善加利用的话，传统文化有着无限的魅力。

但是，现实中，也有不少地方因经济利益的驱动，片面强调它的旅游功能，为了旅游业的发展过度强化其娱乐功能，以吸引游客眼球。如浙江绍兴有近600年历史的三江村，将原来戚继光抗倭时留存下来的一些古宅和台门推倒拆除，建设所谓仿古建筑群和休闲文化园区。这样的“毁旧立新”，严重违背了文化遗产保护的宗旨。又如云南丽江、湖南凤凰等地已是著名的世界文化遗产，但过度的商业化在不断侵蚀地方文化和民族文化空间，消减其历史内涵和民族韵味。如果西洋风格、日本风格的酒吧、摇滚爵士表演在这些地方遍地皆是的话，北京、上海则更容易复制一个比它们更加豪华、更绚丽的酒吧一条街。但如果这样，它们的地方特色、民族特色、民族风情将不知所踪；如果贵州、广西农村的斗牛失去了其原有的文化内涵，仅仅流于斗牛表演，那与西班牙斗牛有何区别？人们为什么去那里体味？去西班牙看西班牙斗牛也是一样。这样的“嘉年华式”的“喧哗”与“繁荣”背离了文化遗产保护的初衷，是难以持久的，因为它失去了特色，失去了存在的基础。

传统农业文化的魅力在于其生产功能、生活功能和文化功能的和谐统一。笔者去云南普洱拉祜族山寨调研的时候，亲身体验了拉祜族农民的生产、生活、歌舞及饮食文化，他们既是特色农产品的生产者、生态环境的维护者，也是民间文化的创造者和传承者，他们黑里透红的皮肤、热情洋溢的笑脸、与农事活动密切相关的歌舞给笔者留下了深刻的印象。他们生活在这一文化环境之中，也深为自己的文化感到自豪和骄傲。我们已经越来越重视生物多样性在生态环境可持续发展中的重要性，但我们还没有意识到文化多样性对文化发展和文化创新的重要意义。保护多元文化就是保护我们文化的根脉及我们未来文化创新的重要资源。

4. 保护主体与多方协调的关系

农业文化遗产的多样性与复合性必然要求保护工作的多元化及交叉性。除遗产地农民之外，目前涉及农业文化遗产保护的管理部门包括农业、林业、牧业、渔业、水利、文化、文物、住建等多个部门。然而，在实际工作中，因各自的职责任务不同，各部门在工作中各自为政，不通声气、重复建设的情况普遍存在。

文化部管理的非物质文化遗产有不少与农业文化遗产相关，但很少有农口部门或高校参加；建设部和国家文物局联合评选的“中国历史文化名村”和传统村落大多属于农业文化遗产，但与农业部也缺乏沟通协调机制。甚至农、林、水等联系紧密的大农业部门之间，也缺乏统一协调的机制。事实上，很多农业遗产具有复合性、交叉性，一个红河哈尼梯田就包括农、林、牧、渔、水等多方面内容。目前，一些地方已经注意到这种不协调的情况，如红河哈尼、浙江青田都成立了跨部门的文化遗产综合协调管理的专门机构，较好地整合了资源，提高了工作效率，避免了重复浪费。

5. 理论研究与实践推进的关系

农业遗产保护是一种新兴文化遗产保护活动，存在诸多理论、政策和实践方面的困惑和问题，需要加强相关理论研究和实践探索。这需要创建和发展农业遗产保护的学术共同体并加强共同体与实践主体的密切联系。包括建立专门农业文化遗产专门研究机构，在高校增设相关本科和研究生专业，建立全国性专门学术团体，编辑出版农业文化遗产方面的学术刊物。

令人欣喜的是这些年在遗产保护方面有了不少进展。如中科院地理资源所设立的“自然与文化遗产保护研究中心”，南京农业大学中华农业文明研究院创建的“农业文化遗产保护研究中心”（江苏省“首批非物质文化遗产研究基地”）、浙江农林大学建立了“中国农民发展协同创新中心”等。中国农学会设立了农业文化遗产分会，江苏省成立了江苏省农业文化遗产学会。

在农业文化遗产保护学术刊物方面，也有令人欣喜的进展。国家核心期刊、中国农业历史学会会刊《中国农史》杂志自 2013 年开始设立“农业遗产保护专栏”，《中国农业大学学报》（社会科学版）也每年两期刊发农业文化遗产保护专栏。中国农业博物馆主办的《古今农业》、江西省社会科学院主办的《农业考古》也都积极支持，扶持和刊发农业文化遗产保护方面的论作。

学术界在这方面的积极努力还是有一定成效的。如浙江青田龙现村，2005 年时有人口 765 人，已有 650 多人侨居世界 50 多个国家和地区。如果不是先后被农业部评为“中国田鱼村”和联合国粮农组织“全球重要农业文化遗产”，这个村庄可能早已不复存在，稻田养鱼的传统可能已经消失。中科院地理所李文华院士领导的团队在“青田稻田养鱼系统”申报全球重要农业文化遗产和具体保护规划的制定为这一农业文化遗产保护的成功做出了突出的贡献。2015 年 10 月农业部在浙江青田还专门举行了中国首个全球重要农业文化遗产 10 周年庆典暨学术研讨会。

6. 现实保护与记忆留存的关系

经过近四十年的改革开放，中国经济社会发生了巨大的变化，经济与社会转型正在加速，可以说，目前中国面临着两个不可逆转：一是经济转型的趋势不可逆转，农业在整体经济中的占比已低于 10%，部分发达地区低于 5%，甚至不到 2%；二是城镇化进程不可逆转。2000 年中国仍有 363 万个自然村，2010 年减少至 271 万个，平均一年约 9 万个村庄消失。1979 年江苏、浙江农村人口占总人口比例仍超过 85%，2014 年分别下降至 35% 和 36%。[①] 目前已列入国家传统村落名录的有 2555 个，以中西部地区为主，贵州最多（276 个）。东部浙江省虽为发达的省份，但地区发展极不平衡，浙西山区较多，仍有 176 个入选。相比之下，以平原为主的“鱼米之乡”江苏受城镇化进程的影响巨大，仅有 26 个入选传统村落。但根据我们实地考察，真正保存比较完好的也只有 3 ~ 5 个，其他传统村落大多面目全非。经济发展滞后，交通不便，无形中成为传统村落留存至今的主要原因。

黔东南从江县小黄村是著名的“侗族大歌之乡”。当地村民因改善生活住房的刚性需求，拆旧建新，因缺乏规划和协调，原来民族山寨的风味正在日渐减退。

皮之不存，毛将焉附？无论我们愿意与否，传统农村生产方式和生活方式的巨变必然导致很多农业文化遗产不可避免地永久消失。如果我们留不住历史的脚步，我们能否留住些历史的记忆？对于社会，对于学术界，这是一个非常现实，也是可以有所作为的领域，也就是我们常说的“摸家底、存记忆、留文脉”。

目前，社会大众已经注意到了生物多样性是生态可持续发展的物质基础，但却忽略了文化多样性对文化传承和创新的重要性。有鉴于此，我们在学术刊物、政府座谈会、政协等不同场合倡导加快推进“乡村文化记忆工程”，希望经由多方面的努力，通过文字、录音、录像、照片、档案馆、博

① 刘馨秋、王思明：《中国传统村落保护的困境与出路》，《中国农史》2015 年第 4 期。

物馆等方式，多留存一些农耕文明的记忆，包括乡土文献、族谱家谱、各类碑刻、口传资料、私人笔记、老照片、民歌民谣、传统工艺、建筑档案，等等，建成数据库、档案馆、陈列馆或博物馆，使之成为人们认识乡村历史及未来文化创新的宝贵资源。

部分单位目前已经在尝试开展这方面的基础工作。如南京农业大学中华农业文明研究院的《江苏省农业文化遗产调查研究》《中国农业文化遗产调查研究》《中国农业文化遗产数据库建设》；浙江省农林大学开展的《千村故事》系列；中国农业大学社会学系乡土文化调研工作等。

7. 政策导向与制度建设的关系

农业文化遗产的公益性、多样性和长远性决定了保护工作单靠市场利益驱动难以实现，政府应站在文化传承和生态保护的高度，加强顶层规划和设计，在政策、物质和资金上积极引导和扶持。这方面的工作包括以下五点。

（1）为农业文化遗产保护立法。直到目前，我们还没有农业文化遗产保护法。江苏等部分省市颁布过《历史文化名城名镇保护管理办法》，但至今尚未将历史文化名村和传统村落纳入其中。

（2）在政策上引导和支持农业文化遗产的保护工作。这方面的工作已经有了一定进展。2013 年，农业部先后成立了“全球重要农业文化遗产专家委员会”和“中国重要农业文化遗产专家委员会”，并于 2013 年开始评选中国重要文化遗产（NIAHS）。迄今已有 3 批 62 个项目进入中国重要农业文化遗产名录。2015 年，农业部还颁布了《中国重要农业文化遗产保护管理办法》并对已入选项目进行监测和跟踪调查，对农业文化遗产保护工作的开展起到了积极推动作用。

（3）分级分类开展农业遗产保护规划。农业文化遗产类型太多，数量庞大，单靠国家统筹不太可能，应充分发挥各级地方政府、农民及社会的积极性。

（4）将农业文化遗产保护经费列入常规预算。将经费列入常规预算就能够使遗产保护工作形成制度，持之以恒，常抓不懈。此外，还应调动政府、社会及企业等多方面的积极性，设立专项“农业遗产保护基金”，推动遗产保护工作。令人欣慰的是，在这方面的工作也有了良好开端。中央决定，2014～2016 年中央财政计划拿出 114 亿元资金，支持传统村落保护，平均每个村落 300 万元。2015 年，贵州省也率先成立“贵州传统村落联盟”，设立“贵州传统村落保护发展基金”，加强贵州传统村落的保护。

（5）不少农业文化遗产的功能主要表现为长远生态效益和社会效益，个人和企业不太可能有积极性地进行投入，单纯依靠市场的力量是行不通的，因此，对于这类农业文化遗产，应该以政府为主，多方筹资，对已列入重点保护名录且弱质的一些保护项目实施生态补偿机制。在这方面，欧美和日本都有一些成功经验可资借鉴。

8. 保护主体与社会大众的关系

文化如果没有社会认同和传承就没有意义。因此，文化传承和保护工作的成败最终取决于社会大众认知和认同的程度。应当努力培养社会大众对农业文化遗产保护的意识，通过广播、电视、网络、博物馆等多种途径弘扬中国优秀农业文化。

去过日本、德国参观旅游的人，大都会对他们细致而规范的垃圾分类回收体系留下深刻的印象：四五个，甚至七八个垃圾回收桶并列，生活垃圾、塑料制品、玻璃制品、纸张、电池等各归其类，一周中不同垃圾可能在不同时间统一回收，物质尽可能循环利用。这些措施有利于节约资源型经济和循环经济的发展。但它的成功实施必须依赖于社会大众环保意识的提高。相比之下，我们的城乡垃圾分类大多是摆设，即便分类有桶，收回又归为一堆。景区垃圾遍地，污物遍野，甚至不得不派专人冒生命危险在悬崖边清理垃圾。为什么会出现这种情况？因为社会大众还没有真正培养出环境保护、文化遗产保护的意识。

20 世纪 80 年代清华大学建筑学院的几位教师在浙江西部发现一个留存非常完整的古村落，曾经向当地政府和文物管理部门建议作为文化遗产保护，但被领导和相关部门当成一个笑话，这样的破村子有什么必要保护？这样的村子当地太多了。但相距不远的另一个由诸葛亮后裔组成的诸葛村认为祖宗留下来的东西应当保护，这样才对得起祖先。因为认识和重视程度的不同，村民保护自身文化遗产的积极性和主动性就不同，诸葛村得以保护，并于 1995 年成为国家级文物保护单位。因为知名度高了，前来参观旅游的人络绎不绝，门票收入一年超过 2000 万。村民因保护意识增强，有意识地限制人流，以期更好地保护文化遗产。相比之下，因缺乏文化遗产保护意识，一些历史悠久，文化积淀深厚的村落变得杂乱无序，失却了原有的清新秀丽和文化魅力。①

令人欣慰的是，经过近年来多方面的宣传和引导，现在已经有越来越多的人开始关注农业文化遗产，越来越多遗产地的农民开始珍视自己的传统文化。在与皖南村民和普洱茶农的交谈中我们能够看出他们对自己传统文化的珍视和自豪。一些老的物件过去随意丢弃，现在则把它珍藏起来；过去对民居改扩建追求所谓的“现代”“洋气”，现在则自觉追求它的民族特色及风格上的和谐统一。这是一个令人欣慰的变化。文化的保护与传承，归根结底，只有生活在这个文化系统中的成员真正从内心认同、珍视这一文化价值和传统，它的保护与传承才可能真正落到实处，也才可能持久地传承下去。

让我们共同努力，珍爱农业文化遗产，守护人类精神家园！

（原文刊载于《中国农业大学学报》（社会科学版）2016 年第 2 期）

① 《古村被“城市化”强势吞噬，乡土需反哺传承文明》，《瞭望新闻周刊》2012 年 1 月 4 日，http：//news. sohu. com/20120101/n330972005. shtml。

图书在版编目(CIP)数据

农业伦理学进展. 第一辑 / 王思明主编. -- 北京: 社会科学文献出版社, 2018.4

ISBN 978-7-5201-2325-9

Ⅰ.①农… Ⅱ.①王… Ⅲ.①农学-伦理学-文集 Ⅳ.①S3-05

中国版本图书馆CIP数据核字(2018)第037944号

农业伦理学进展(第一辑)

主　　编 / 王思明
副 主 编 / 李建军　林慧龙

出 版 人 / 谢寿光
项目统筹 / 陈凤玲
责任编辑 / 陈凤玲　李吉环

出　　版 / 社会科学文献出版社·经济与管理分社(010)59367226
地址: 北京市北三环中路甲29号院华龙大厦　邮编: 100029
网址: www.ssap.com.cn
发　　行 / 市场营销中心(010)59367081　59367018
印　　装 / 三河市尚艺印装有限公司

规　　格 / 开 本: 787mm×1092mm　1/16
印 张: 28　字 数: 455千字
版　　次 / 2018年4月第1版　2018年4月第1次印刷
书　　号 / ISBN 978-7-5201-2325-9
定　　价 / 148.00元